民國建築工程期刊匯編

MINGUO JIANZHU GONGCHENG QIKAN HUIBIAN

14

《民國建築工程期刊匯編》編寫組 編

廣西師范大學出版社
GUANGXI NORMAL UNIVERSITY PRESS
·桂林·

第十四册目録

工程

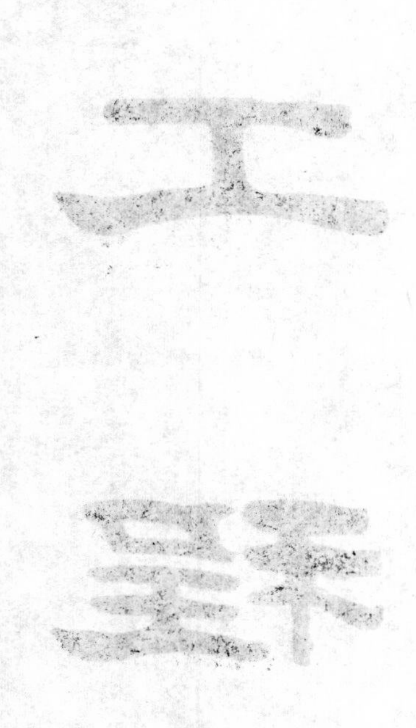
工
程

德國之汽車路

關於德國年來建築汽車專用路之情形本刊第九卷第六號及第十卷第三號曾有簡單之介紹本期內載有沈君怡君所撰一文內容既較詳晰且參以目視實況之敘述尤爲親切有味下圖[illegible]福朗府(Frankfurt am Main)至腸城(Darmstadt)之一段現已通車

第十卷第五號

二十四年十月一日

中國工程師學會會刊

工程

第十卷第五號

目　錄

中國工程師學會發行

分售處
上海四馬路現代書局
上海四馬路中華什誌公司
上海四馬路作者書社
上海四馬路生活書店
上海四馬路上海什誌公司
上海愛麥虞限路中華學藝社服務處
上海徐家匯蘇新書社
天津大公報社
南京太平路正中書局南京發行所
南京太平路花牌樓書店
濟南芙蓉街教育圖書社
南昌民德路科學儀器館南昌發行所
太原柳巷街同仁書店
昆明市西華大街實權書店
重慶天主堂街重慶書店
廣州永漢北路上海什誌公司廣州分店

編 輯 部 啓 事

中國工程師學會二十四年年會論文，現定自十卷六號（十二月一日出版）起，由本刊專號揭載。如無特別原因，當不致稽延。特此預告！

正 誤

本刊第十卷第三號「相似性力學之原理……」篇著者譚葆泰君函送正誤表，照登如次：

頁數	行數	誤	正
225	13	Gallilie	Galilei
226	4	$u=\sqrt{RJ}$	$u=\underline{c}\sqrt{RJ}$
228	4	[水比較法]	[力比較法]
230	2	$\frac{\varrho_2 L_1^2 u_2^2}{\varrho_1 L_1^2 u_1^2}=\frac{\eta_2 \boxed{v_2} L_2}{\eta_1 u_1 L_1}$	$\frac{\varrho_2 L_2^2 u_2^2}{\varrho_1 L_1^2 u_1^2}=\frac{\eta_2 \boxed{u_2} L_2}{\eta_1 u_1 L_1}$
231	11	[公斤／平方公分]	[公斤／公分]
234	9	其所受主要力爲地心吸力	此句錯誤應删去
237	4	$\lambda<\sim 30-50\left(\frac{\boxed{u_2^2}}{\underline{B}}\right)^{\frac{2}{3}}$	$\lambda<\sim 30-50\left(\frac{\boxed{Q_2}}{\underline{B_2}}\right)^{\frac{2}{3}}$
	8	$\underline{u}=\sqrt{\frac{2g}{f}}\cdot\sqrt{R\underline{J}}$	$\underline{u_1}=\sqrt{\frac{2g}{f}}\cdot\sqrt{R_1\underline{J}}$
	9	$\sqrt{\frac{2g}{f}}\cdot\sqrt{\underline{t}\cdot J}<\sqrt{g\underline{t}}$	$\sqrt{\frac{2g}{f}}\cdot\sqrt{\underline{t_1}\cdot J}<\sqrt{g\underline{t_1}}$
240	9	1932年黃河試驗變形比例等於$2\underline{0}$,	等於$2.\underline{0}$

德國之汽車路

沈　　怡

近年以來,各國築路事業甚見猛進,其最大原因,厥爲汽車製造業之一日千里。一般意見,俱以爲既有如此進步之交通器具,惟有使之充分發揮其效能,不當加以阻礙,而已往道路之建築,因使用方法不同,標準亦隨之而異;故欲求汽車效能之充分發揮,惟有出於建築合乎近代需要之汽車路之一途。近來各國無不紛紛以建築汽車路爲事,其表面上最大之原因,殆不過如此。此外則軍事關係,亦甚重要;其次則對於失業問題之解決,均不無相當效用也。

德國自國社黨秉政以還,建設方面,頗以提倡道路事業爲標榜。現在建築中之汽車路(Reichsautobahn),德人至尊稱之曰「希武萊之道路」,無非表示現當局對於築路之熱心也。希氏登台後推行道路政策之第一聲,厥爲汽車出廠稅之廢除。據官方宣布,廢除後之結果,全國客用汽車之製造,年由37,000輛(1932)增至75,000輛(1933)。同時汽車製造業工作人數,則由三萬三千人(1932),增至六萬四千人(1933)。再者全國汽車出廠稅收入,原爲7,500,000馬克,廢除以後,在其他方面,直接或間接反增加收入56,800,000馬克。以上數字,是否不含有宣傳成分在內,雖不可知,但其出品及工作人數之增加,要爲不可諱之事實也!

一九三三年六月廿七日德政府公布國有汽車路建築條例,由是正式産生德國國有汽車路公司,其任務爲汽車路之建築與管理,使成一具有充分運輸效率之汽車路網,幷任命托特博士(Dr

Todt)爲德國道路總監,直隸於內閣總理,全國道路均受其管轄。自托氏受任以還,德國汽車路之建築,即如火如荼。按現在進行中之計劃,爲建築汽車路6,900公里(第一圖)。此項汽車路係專供汽車

第一圖　德國之汽車路網

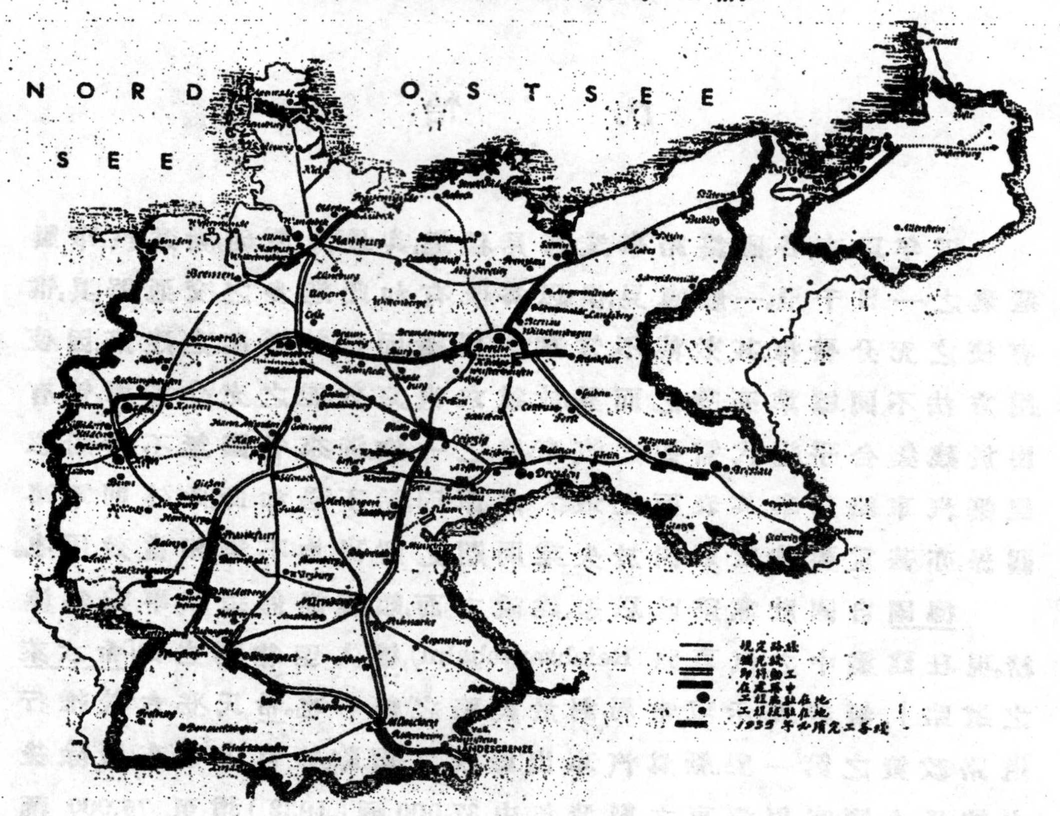

疾駛之用,絕對禁止其他車輛之通行,故其性質略似鐵路,而與一般公路根本有別。照現計劃,自本年(1935)起,每年建築1,000公里,分七年完成,年需建築費四萬萬馬克,約當吾國全年支出之半,亦可謂鉅矣!德國國有汽車路公司係鐵路公司之一部分,下設十五工程處;工程處之下,復設六十五工程段;其組織系統有如第二圖。

一九三四年九月間德國明興道路展覽會中,陳列特製圖表,說明德國此次籌築汽車路之經過,頗爲詳盡。茲分籌備及開工二部分介紹於後:

第二圖　德國國有汽車路公司之組織系統

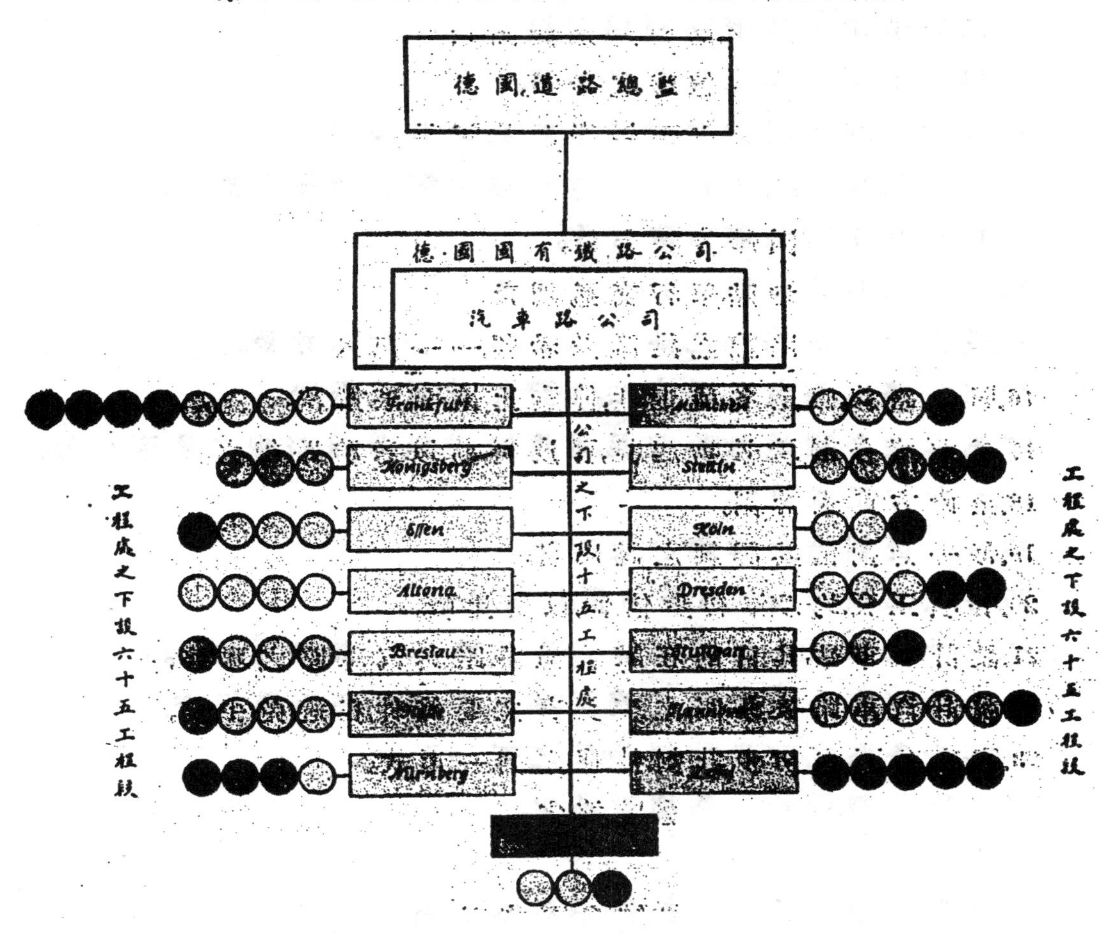

甲.籌備

1.一九三三年八月十八日宣布築路計劃。

2.將全國劃成十一工作區,每區設正副主任各一人。

3.召集各區正副主任,交換意見。

4.對於在經濟方面本有地位之都市,仍力予維持,并注意其未來之發展。

5.現有交通要道及村落之關係,在在均須兼顧。

6.實地察勘各假定路線,以資比較。

7.與鐵路及運河之交叉,如何最爲適當,尤爲注意。

8.缺乏詳細地形圖之處,派測量隊步行察勘。

9.難以步測之地形,則利用飛機測量。

10.研究地質,以備定線時之參考。

11.規定路線後,召集有關係機關共同討論。

12.前項討論時,特別聽取森林及礦山管理機關之意見。

13.與當地工商團體力謀合作。

14.在特別重要地點舉行交通調查。

15.各方面對於路線之建議及希望,一一記入地圖。

16.同一路線,假定各種走法,俾資比較,而謀解決。

17.爲求適合環境景物起見,再度實勘,以考驗路線之是否良好。

18.至此方正式計劃。

19.每一計劃,備具詳細之說明書。

20.各項工程,均須作初步估價,以資比較。

21.設計汽車站,其目的在謀普通公路與汽車路之聯絡。

22.設計汽車路彼此間之交叉,其主要條件,在避免平交。

23.審查各區之初步計劃,并使之劃一形式。

24.上項計劃,送請道路總監核定。

乙.開工

1.國有汽車路公司之組織(參看第三圖)。

2.各區工程處實地複查計劃線之是否適宜。

3.路線之正式測定。

4.建橋所在,并探測河底形勢。

5.掘井以驗土質。

6.在試驗室中,試驗掘井所得土樣。

7.風景建築師,研究如何使路線與自然界一致。

8.召集負管理地方道路修養之責者,研究汽車路究應凌空或由下經過之問題。

9.總統批准收用土地之命令。

10.設計詳細之工程圖樣,及縱橫斷面之測定。

11.工程圖樣,按照地方習慣,公開陳列。

12.道路總監最後批准工程圖樣。

13.零碎不一之地形,依照「土地重劃法」重行整理。

14.公開招標。

15.築路乃解決失業問題。據官方宣布,自開工後已有十萬人獲得工作另有間接受僱與築路有關之其他事業,達十五萬人。

16.在失業者較多之區域,有優先受僱權。

17.一九三三年九月二十三日在福朗府(Frankfurt a. M.)瑪茵(Main)河畔舉行破土禮,希忒萊親自出席(第三圖)。

第三圖　德總理希忒勒行破土禮
(一九三三,九,二三)

18.挖除沿路樹根。

19.取標之標準,務使大小承包人,均有工作機會。

20.土方工程,以用人工爲前提,以期減少失業。

21.考古學者同時活動。

22.路基開工。

大戰以後,歐洲各國之失業問題,均甚嚴重,德國自亦不能逃此例外。國社黨爲安定社會起見,竭力以解決失業問題爲已任,故汽車路之建築,雖有種種其他原因,但協助解決失業亦未始非重要目的之一。據官方宣布,汽車路自開工以來,直接參加工作者達十萬人,另有間接獲得工作者十五萬人,每年因是節省之失業補助金額,達一萬二千萬馬克。此次建築汽車路時所採辦法,有若干點至堪注意,如招標方面,其標準,務使大小各業均有參加工作之機會。例如有若干處,本可建築鐵筋土橋,乃故意代以鐵橋;又道路路面之築法,任何人均知斷無鐵製路面之必要,但據作者此次觀察所得,則德國確在若干地方試築鐵製路面。凡此種種,無非使鋼鐵工業不太冷落之故,卽此一端,可以概知其他矣。

汽車路寬24公尺,其橫斷面有如第四及第五圖。車行道有二,分別來去,每車行道寬7.5公尺,車行道相互間之距離,則爲5公尺,上植樹木草皮之屬;道旁各有隙地2公尺;以上乃大概布置情形。

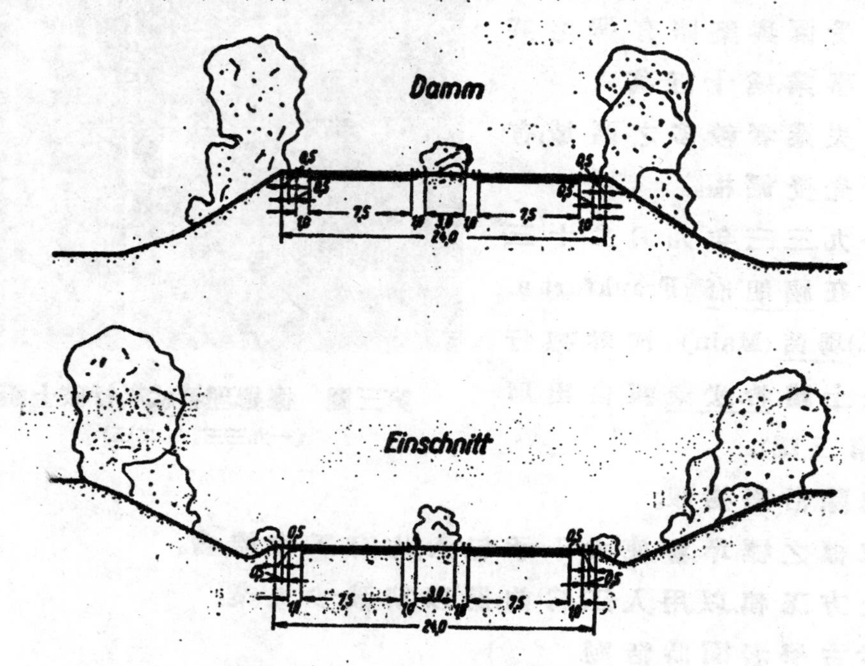

第四圖 汽車路之橫斷面

間有因地勢及交通需要,不無出入;如取消中央5公尺之隔離帶;或車行道雖分來去,但其寬度則改爲6公尺;或道旁隙地少於2公尺。凡此變更,事實上均在所難免。汽車路最大坡度爲2.5%,但在山中,亦有達6%及以上者。曲線半徑,照一般規定,不得小於2,000公尺,但因限於地勢,亦有減至400公尺者。作者於去夏曾參觀

福朗府附近正在建築中之瑪茵奈客段(Main-Neckar汽車路,特略述其大概如下:

甲. 直　線

乙. 彎　線

第五圖　完工後之汽車路

瑪茵奈客段爲福朗府至海德堡(Heidelberg)汽車路中間之一段,長僅20公里弱。全段共分四小段,各長4或7公里不等。大部分爲雙層之鐵筋混凝土路面,厚25公分。該段內之土基,屬於沙礫(Kiessand)一類,故排水設備及路基,均未設置;換言之,混凝土路面係直接築於土基之上。按第七屆國際道路會議第一議題總結論之第五項有云:『在排水良好,土壤優良之土基,單層或雙層混凝土路面,可直接鋪築於上,因無須另加路基,故甚經濟。』車行道之中央,設有「縱伸縮縫。」(按路面寬於5公尺者,路之中央須設「縱伸縮縫」,此點亦爲七屆道路會議所決定。)每隔若干公尺,另設「橫伸縮縫」一條,其距離並不一律,以17.50公尺爲最大限度。其所以不一律之原因,乃在避免車身之有規則的顛動(因他日伸縮縫填料之漲高而起),以免車身之損壞,及減少駕駛者之疲勞。橫伸縮縫與縱伸縮縫,互成直角,但橫縫並不貫直,而排成錯列之狀,其距離相差爲40公分。縱橫縫均由路頂起,直貫至土基止,寬約1公分;其塡料以瀝青居多。車行道之路邊,砌以鐵筋混凝土枕木,高寬咸為25公分。現所築之汽車路,他日開放以後,究竟其交通負荷至何種程度,目前猶無法可以預料;同時又為減少此後之修養費起見,故汽車路之建築,莫不根據道路工程上最新之經驗,及採用最上等之材料。凡澆好之混凝土,在其凝結時期中,均設法不使過分受日曬,以免水份之蒸發過速;換言之,最初之十四日中,務使之保持潮濕。至於混凝土之拌合,分配,及夯擊則一律以機器為之(第六圖)。

第六圖 做混凝土路面

前已述及德國此次所築之汽車路,指定專供高速度汽車行駛之用,凡遇河流須架橋而過,無論矣,即遇鐵路或道路交叉之處,亦莫不築橋;換言之,其經過非在上,即在其下也。因是沿路橋梁特多,其建築或為鐵製,或為鐵筋混凝土製,式樣均甚美觀,與環境風景十分適合,實有足多者。至於汽車路彼此間之聯絡,則莫不有特別布置,以期增進行車之速率與安全。他若二汽車路在同一地點相交,而彼此又有互相貫通之必要,則其布置概如第七圖。

作者於去歲旅德三月,耳所聞,目所接,無非為「汽車路」三字;報章雜誌,亦莫不充滿討論「汽車路」之文字。全國人士對於築路之熱烈,實所罕見。今者自福朗府至腸城(Darmstadt)之一段(參閱封面圖),業於本年五月十九日正式通車。據德國道路總監部發表之報告,自一九三四年起,汽車路之先後興工者,已有2,700公里,包括貫通德國南北及東西間之交通幹道;此二大交通幹道,至一九三七年即可完工。至於第一期築路計劃(包括汽車路6,900公里)之全部完

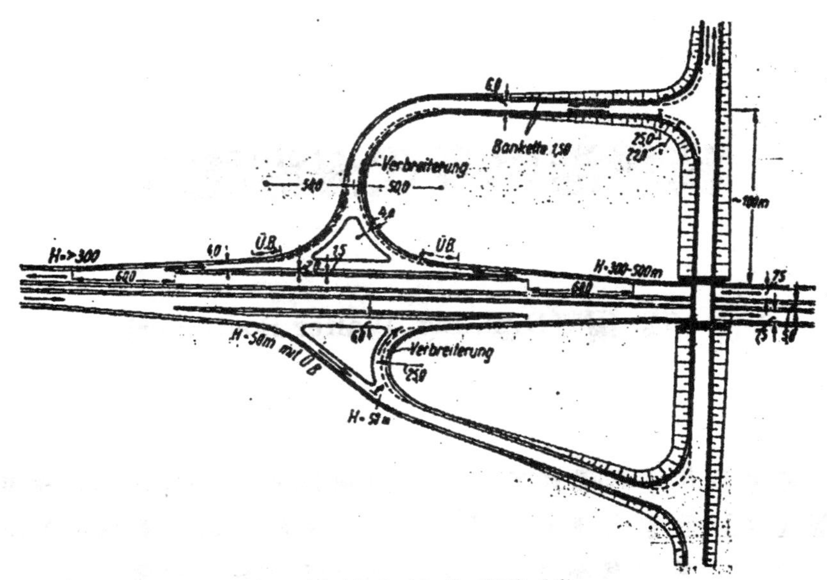

甲. 標準設計圖樣

乙. 完工後之狀

第七圖 汽車路之互相聯絡

成期,當在一九四〇年。以戰後滿目瘡痍之德國,竟能不折不撓,努力建設,以復興其國家,德人之毅力與精神,誠堪令人欽羡不已也!事在人爲,國人其勉旃。

漢堡港與現代海港建設

卜其爾 (Dipl. Ing. Walter Boettcher)

按卜其爾氏係德人,現任青島港務局顧問,曾於不久以前在中國工程師學會上海分會演講上項題目,佐以影片幻燈,聽衆頗爲踴躍。茲承以原稿見寄,用爲譯登本刊,以介紹於讀者。又原稿未附圖片,雖承著者函囑,就所撰論漢堡港之專書中選取,以手頭尚未備有此書,只得付諸缺如。好在本文僅涉原則,讀者於此已可得明確概念,故附圖與否殊無關重要。

編者附識

要知道現代歐洲海港的特點,只須認識其中之一便夠,因爲歐洲主要海港的建築和設備,所依據的原則,處處是大致相同的。顯著的差別只有一點:若干海港水位隨潮汐漲落很少(至多二三公尺),所以是照「開敞式」(Offene Haefen)建築;另一些海港,因爲水位漲落常有三四公尺,甚至七八公尺之多,所以用「船閘」(Schleusen)對海面或河面封鎖,而一切進港出港的船隻必須經過船閘。除此以外,歐洲現代的商港,在一切重要觀點上,是彼此很相類似的。這裏要舉例介紹,自然應該就最大的,最完備的和最進步的裏面選擇一個。歐洲最著名的六個海港是:德國的漢堡(Hamburg)和卜內門(Bremen),英國的倫敦(London)和利物浦(Liverpool),荷蘭的洛特丹(Rotterdam),比國的安凡爾(Anvers; Antwerpen)。其中最大的一個是倫敦港,但設備最新式的却要算漢堡港。所以本篇就漢堡港作簡單的介紹。

漢堡港的規模和牠對於世界交通的重要性可從下面的統

計數字看出：

每年進港船舶的數目	2,700
每年進港船舶的噸位	22,000,000NRT
海船所卸貨物	16,600,000公噸
海船所裝貨物	9,300,000公噸
河船所卸貨物	4,700,000公噸
河船所裝貨物	5,300,000公噸
鐵路運出貨物	5,600,000公噸
鐵路運入貨物	8,700,000公噸
本港所佔地面	40　平方公里
海船碼頭的長度	35,000　公尺
河船碼頭的長度	16,000　公尺
海船沿繫船樁停泊地位的長度	34,000　公尺
河船沿繫船樁停泊地位的長度	41,000　公尺
碼頭上還貨機的數目	100
起重機械的數目	2,000　以上

漢堡港係開敞式，所以一切船舶無論何時可通行無阻。本港連同市區雖然深處腹地，離海約有 100 公里，在 300—400 公尺寬的愛爾伯河(Elbe)旁邊，但是水位的漲落尋常亦有2.10公尺之多；在不良情形之下，水位差別更大。為使巨舶在日夜間無論何時不論潮汐情形怎樣都可出入本港起見，特將長過 100 公里的通海航道浚深至「尋常高水位」(normales Hochwasser)以下13公尺，并不惜鉅款，建築堤壩(Damm-und Buhnenbauten)來保護牠。這些堤壩自然不能單獨使航道永不淤淺，因此還須時常舉辦大規模的挖泥工程(Baggerarbeiten)。這條航道有許多彎曲部分，船舶經過這種地方，在日間有浮筒(Schwimmboye)數百隻，夜間有燈火68處(一部分在岸上，一部分在水中)，指示航路。

漢堡港的地位，緊接漢堡市的中央，離商業區與交易所亦不遠，所以港面雖大，商家往來却無不便。這一點是在建港的時候始終顧到的。不過與市區同在愛爾伯河一邊的港面只佔一小部分，較大部分却在此河的另一邊。因此為聯絡此河的兩岸起見,建築了大橋多座與水下隧道一條(深達地面下25公尺,河底下6公尺),設備了渡輪多艘。

漢堡港的一般佈置,與任何在不很寬的河流邊設置的船港一樣,便是:從河邊向陸地開挖船塢,以供停船地位。在船塢之間留有狹長的陸地,上面便是碼頭設備所在。〔過貨棧,起重機,鐵路,公路都在碼頭牆的上面與後面;碼頭牆很厚,一方面是水陸的分界,一方面便於船舶的停靠。〕

所有的船塢都與河流成銳角,所以船隻出入很是便利。多數船塢的闊度,使船隻不但可靠碼頭停泊,并可靠中間的繫船樁停泊。在船塢內,大海船與小駁船或河船之間,可用自備的起重機或藉起重機船(Schwimmkrane),穀類或煤炭的虹吸式裝卸設備(Getreideheber oder Kohlenheber)直接上貨卸貨。因此最新的船塢寬達200—300公尺;舊的船塢寬約100—150公尺。供海船用的深塢共有25個,供河船用的較淺船塢亦有17個。由此可知漢堡不單是世界最大海港之一,亦是最重要的河港之一,因為牠與中歐的腹地間有緊密的河流與運河系統為之聯絡。

船塢間陸地上轉裝貨物的設備(Umschlagseinrichtungen)有成長列的碼頭過貨棧(Kaischuppen),只供貨物在少數日期內堆存。在兩列過貨棧之間,有寬闊的公路一條,供汽車馬車使用。過貨棧的兩邊,即無論向陸地或向水邊,都有充分鐵路軌道使貨物可以迅速的運去或由腹地或市區運到船上。

供貨物在較長時期存儲的,另有多數倉庫(Lagerhaeuser)。這些倉庫與碼頭設備不直接聯絡,構造亦與過貨棧完全不同。過貨棧是無樓的房屋;倉庫是多層的樓房。大多數的倉庫集中在一處,成為遼闊的「倉庫區」,在市區與「自由港」(Freihafen)的邊緣上。不過在港內別的地方亦可遇見此種倉庫。一部分的倉庫是為冷藏貨物,如蛋,奶油,魚肉等等,設備的。

港內除轉裝與存儲貨物的設備外,又有許多工廠。這些工廠亦大都設在號稱「自由港」的部分裏面。「自由港」的意義是在牠的以圍籬(設在陸地或水上)爲界的範圍內,一切貨物不「驗關」,不繳納關稅,即可裝卸存儲以及改製工業品。如此,可使貨物的裝卸節省很多時間,並且使全港具有一種强大的吸引力量。因爲在自由港內一切轉口運輸與精製工業(Veredelungsindustrie)在經濟上無疑的可得很大利益。

在港內的最大工廠裏面,有全世界著名的造船廠多家,就中"Blohm und Voss"廠曾承造世界最大的與最快的船舶若干艘。

在任務如此繁重的海港內,鐵路業務自然佔特別重要的地位。漢堡市周圍的三個「調車場」(Rangierbahnhoefe),漢堡港本身裏面的四個「貨車站」(Gueterbahnhoefe)與碼頭上無數的小調車場(Rangiergruppen)以及其他「接軌場所」(Anschlussplaetze)迅速的分拆從全歐各處到達的列車與組合開往全歐各處的列車。沒有一處船舶裝貨場所,沒有一家工廠,與這些調車場所沒有適宜的聯絡。因此全港可說是統一管理的大調車場。

除却佈置大致相同的處理普通「件貨」(Stueckgut)的設備以外,另有很多處理特別貨物——須特別處理的貨物——的設備。現在先就煤炭一項來說。爲避免煤粉染汙其他貨物起見,特設煤船卸貨的港區,盡量遠離其他港區。在卸煤港區內有宏大的「裝貨橋」(Verladebruecken)12座,使煤船6艘可同時在很短的時間內卸清。船舶上煤入艙,可在港內任何處所舉行,但絕對不准從岸邊上船,只許用虹吸船(schwimmende Heber)從水面上船。此種虹吸船,港內備有多具。因爲從愛惜煤炭,保持港身、船舶與貨物的清潔,以及加快裝運手續着想,自然只好借助最新式的機械裝煤,而不可用人工。鐵路運來的煤亦用機械卸下,即藉所謂「車輛傾卸機」(Waggonkipper)將整個車輛舉起,并傾卸牠的裝載物。

穀類亦是特別貨物的一種。從海船用「虹吸船」吸出,同時裝入河船或鐵路車輛內。此種穀類虹吸船在漢堡共有23具,每具每小時可卸貨至 300 公噸之多。

燃油及其他危險貨物,因爲易肇火災,所以在港內盡頭處,即離其他一切設備最遠之處,處理。此港區可用浮船(Schwimmponton)對其他港區封鎖,俗呼「煤油港」(Petroleum-Hafen),周圍有許多安儲燃油類的油池(Tanks),總容量在 700,000 公噸以上。燃油的儲藏,灌入與裝桶,均依照警察機關施行的,很嚴格的安全辦法辦理。

容易腐壞的貨物必須冷藏。爲冷藏而設置的倉庫,前面已經提及。茲再補充幾句,便是有一所爲中國蛋特備的倉庫,可容蛋 200,000,000枚,又有一所鯖魚倉庫,可容鯖魚 100,000 桶。冷凍的方法係用壓氣機照林德(Linde)式「亞摩尼亞法」(Ammoniak-Verfahren)實行。另有一些貨物,須防凍壞,特別是冬天運到的南方水菓。爲便此種水菓由船轉車起見,備有有暖氣設備的過貨棧 7 所,裏面的溫度祇須維持到攝氏十 4 度以上。

爲求本文內容完備起見,再將其他特別設備簡單的一說:

牲畜的起卸設備,與港內的屠宰場(與市區裏規模宏大的總屠宰場無關)聯絡;

漁業港,與各大魚市場聯絡,將容易腐敗的魚立刻拍賣;

旅客登陸的設備,附有現代旅行家到達或離開大海港時所能見到的各種便利設備(Komfort);

候船所 (Auswandererheim)一處,設在港內,其規模與小市鎮無異,有旅館,衞生設備,各種教堂等等,可容納大批出境旅客;

電力廠數處,供給本港大量電力與電燈的需要;

船舶與港務衞生管理設備,連同醫院一所,及世界著名的熱帶衞生學院;

船舶消毒與殺鼠防疫的設備;

進口食糧植物檢驗所;

以淨水供給船舶的大批「水船」Wasserboote);

組織良好的港務警察機關,備有種種消防器械,包括消防快船隊在內;

關員43人分佈於自由港的四邊;

領港事務所連同港口的大領港站;

許多利用光與聲的報時信號 (optische und akustische Zeitsignale),每日夜各對船舶報時三次。

漢堡港重要的設備既經概舉如上,現在再將幾項特別有趣的技術問題簡單的論列一下:

碼頭上的過貨棧除去很少的例外,是寬大的,空氣流通與光線充足的木質平房。這些過貨棧必須有相當之大,使各個船舶裏的全部貨物可沿船舶全長醒目的堆放在裏面。因此各貨棧大小不一;最小的約寬16公尺,長100公尺;最大的約寬50公尺,長300公尺。每一所過貨棧可以應付船舶兩艘。當面從大是特別注意的一點。棧裏地面高出公路1.2公尺,以便裝貨上車(公路與鐵路車輛)。棧外有寬闊的,便利裝卸貨物用的斜坡。斜坡之前為裝貨軌路,在向水一邊計一條至兩條,向陸一邊計三條至四條。向水邊的牆面完全用推動的門扇組成。

過貨棧的起重設備是經過特別精心擘劃的。向陸一面的牆邊設有固定的旋轉起重機(feststehende Drehkrane)。向水一邊專設活動的半門式起重機(fahrbare Halbportalkrane),平均每沿棧長20—25公尺設一具。所有起重機均用電力發動。起重力通常是3公噸,但新近設置的起重機亦有5公噸與10公噸的。所有新式的起重機均有在載重下可撥移的「懸臂」(unter Last verstellbare Ausleger),即所謂「蹺蹺式起重機」(Wippkrane);如此,可使貨物越過甲板上任何聳出部分或阻礙物,而比以前用呆笨的起重機時更得兼具船艙口起重機的效用。大部分的新式起重機構成雙重式以至三重式,換言之,即門式結構 (Portal) 上面的旋轉起重機另於下面活動的承梁(fahrbare Traeger 上設有「滾輪起重機」(Laufkatzenkrane)一二具,所以每一架起重機可用兩三吊鈎(Haken)在一處工作,因此裝卸工作的效率增進很多。對於較重貨物,設有「塔式起重機」(Turmkrane) 9 架,其起重力為 10,20,30,200,250, 公噸;此外尚有起重力達100公噸之「起重機船」(Schwimmkrane) 多具。最新的起重機船具有自備的發動機,不需拖曳,因此可以很迅速的到達需用之處,而不必勞船舶移動地位。

過貨棧裏的運輸器械,亦隨着起重機時有改良。除人力器具之外,有各種運輸機器的設備,擇要而言,為「小電車」(Elektrokarren),載重 1.50 公噸,又可用以拖曳小車隊,與「堆貨車」(fahrbare Stapelgeräte),可將貨物(無論輕重)迅速省事的重疊堆置。

碼頭牆(Kaimauern)的建築費居漢堡港資金的大部分。因為地基鬆軟,牆基須入土很深。牆身係用混凝土築成,在最深的港塢內者厚度達12公尺之多。碼頭牆的正面用玄武石 (Basalt) 與花崗石 (Granit) 鑲砌。牆身支在木質平台 (Rost aus Holzkonstruktion) 上,平台又支在木質排樁上。在牆身的下面後邊打木板樁一排。後建的碼頭牆亦有用鋼筋混凝土構成的。一部分的舊碼頭牆,因為現代船舶吃水較深與形狀改變,曾經過一番困難而有趣味的手續,於事後將其加厚,以便將牆前塢身浚深。

另一特別設施為設備鐵路輪渡 (Eisenbahn-Faehre) 以聯絡設在島地上的新港區。每一渡輪(Faehrboote,可裝載鐵路車輛 6 輛;兩頭均有推進螺旋(Schrauben)兩個,同時可當柁用,所以不必掉頭。為適應水位的變易起見,載車的甲板可上下擡移至 4 公尺的高低差,使甲板常與地面齊平。

在技術上最饒趣味的建築物,即前面已說過的愛爾伯河下隧道。此隧道有直徑 6 公尺的管路兩條,使車輛與行人在河底下面往來於市區與港區之間。兩管係用鐵環組成,兩頭各通至直徑24公尺的垂直井,每一井內各設升降機 6 具。兩井相距 480 公尺。

本隧道係用「壓氣法」(Druckluft-Verfahren)建築,經過4年,工程費計11兆(Millionen)馬克。

關於漢堡港技術上各種設施,自然還有很多的其他詳細節目可以報告,但因此處篇幅有限,祇得從略。如讀者感覺興趣,有所詢問,著者很願竭誠奉答。著者擬於不久之後寫一篇文字,報告美洲方面如何解決關於現代海港的佈置與機械設備的各項困難問題(其大部分辦法與這裏所說的很不相同)。　(胡樹楫代譯)

直接力率分配法

(本年度中國工程師學會朱母獎學金給獎論文)

林同棪

(一) 緒言

克勞氏力率分配法[1],近者風行美國,為構造學生與工程師所必學而用者。以之計算連架,其方便實遠在舊法之上。惟仍須用連續近似之手續,為其美中不足。本文介紹作者所自創之直接力率分配法[2]。此法係利用力率分配之基本原理,推算得兩個公式,然後用以計算連架,其力率之分配可以一氣了事;毋需輾轉多次。

以此法與克勞氏法相較,二者各有所長。然本法之最妙處,不在其節省時間,減少錯誤;其與設計者以連架中力率相傳之直接觀念,而使之明瞭連架受力之情形,瞭若普通簡單構架焉者,乃其特點。故凡從事構造設計者,不可不一學此法。

(二) 定義

第一圖:桿件 AB 之A端為平支端或鉸鏈端,B端為固定端。在A端加以力率,使之發生單位坡度,則

K_{AB} = 在A端所當用之力率 = 桿件 AB 之A端硬度,

$\gamma_{AB} K_{AB}$ = B端因此所生之力率,

(1) "Analysis of Continuous Frames by Distributing Fixed-end Moments", by Hardy Cross, Transactions, American Society of Civil Engineers, 1932.

(2) "A Direct Method of Moment Distribution", by T. Y. Lin, Proceedings, American Society of Civil Engineers, December, 1934.

γ_{AB} = A 至 B 之播過因數。

第二圖桿件 AB 之 A 端仍爲平支端或鉸鏈端，其 B 端却與其他桿件 B1, B2, B3, …… 相連如圖。在 A 端加以力率，使之發生單位坡度，則

K_{ABM} = 在 A 端所當用之力率 = 當 B 端與其他桿件相連時之 A 端硬度，名之曰 AB 之 A 端之改變硬度。

$\gamma_{ABM}K_{ABM}$ = 此時桿件 AB 之 B 端之力率

γ_{ABM} = A 至 B 之改變播過因數

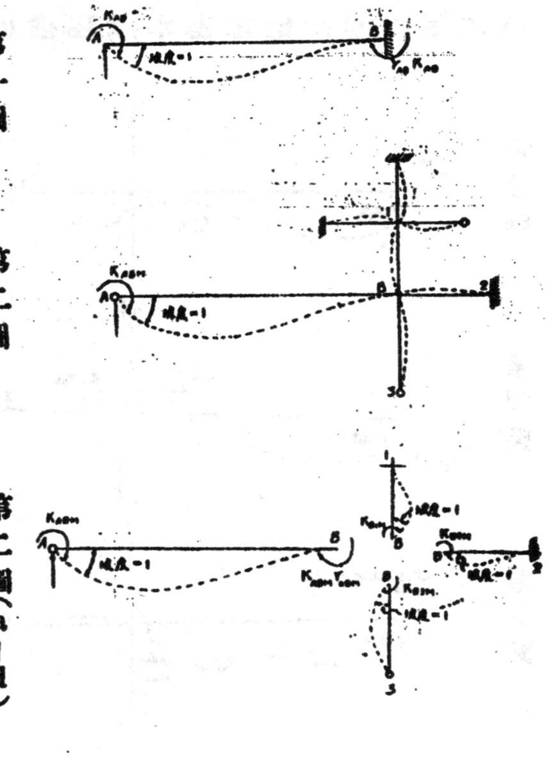

第一圖

第二圖

第二圖(a—d)

再設

$$R_{BA}=\frac{K_{BA}+K_{B1M}+K_{B2M}+K_{B3M}+\cdots\cdots}{K_{BA}}$$

$$=\frac{K_{BA}+\Sigma K_{BNM}}{K_{BA}}$$ (R_{BA} 表示桿件 AB 之 B 端拘束情形)

(三) 理論與公式

應用克勞氏力率分配法時，所用之硬度 K 與播過因數 γ，係假設該桿件之他端爲固定端以求得者（如第一圖）。故方其放鬆一點，必將交在此點各桿件之他端暫行固定者，然後可以用 K 以分配之，而用 γ 以播過之。本文之直接力率分配法則不然。各 K_M 及 γ_M 係視該桿件他端在此連架中之實際拘束情形以求得者，故可將架中各交點同時放鬆，而將不平力率，一氣分畫也。

本法只須公式兩個，一爲求 K_{ABM} 者，一爲求 γ_{ABM} 者，茲將此兩

公式,用力率分配之基本原理推出之如下:——

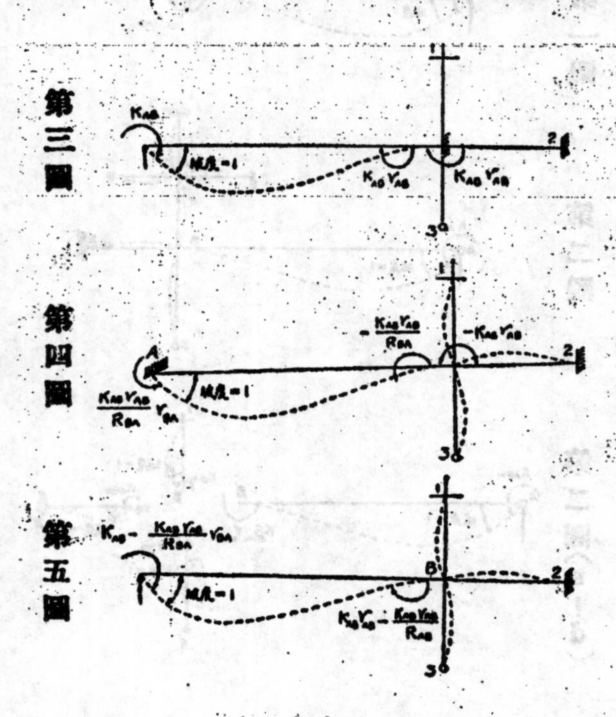

設:桿件 AB 之B端與其他桿件相連,如第三圖。已知桿件AB之K_{AB}, K_{BA}, γ_{AB}, γ_{BA} 並交在B點其他桿件之改變硬度K_{B1M}, K_{B2M}, K_{B3M}…………。

求:桿件 AB 之A端改變硬度K_{ABM},並自A至B之改變播過因數γ_{ABM}。

求法:

第一步:將B點暫行固定如第三圖。在A點加以力率K_{AB}使A端發生單位坡度。故桿件 AB 之B端此時即發生力率$K_{AB}\gamma_{AB}$,而B點之不平力率亦為$K_{AB}\gamma_{AB}$。

第二步:此時再將A端固定着,使之不再發生坡度,如第四圖。將B點之不平力率放鬆(意即在B點加以外來力率$-K_{AB}\gamma_{AB}$,使B點之總外來力率等於零)。此時交在B點之各桿件均發生相等坡度;且其所生之力率,當與各桿件B端在此種情形下之改變硬度成正比例。故桿件 AB 之B端所分得之力率,應為,

$$-K_{AB}\gamma_{AB}\left(\frac{K_{BA}}{K_{BA}+K_{B1M}+K_{B2M}+K_{B3M}+\cdots\cdots}\right)=-\frac{K_{AB}\gamma_{AB}}{R_{BA}}$$

而其A端所播過得之力率為,

$$-\frac{K_{AB}\gamma_{AB}}{R_{BA}}\gamma_{BA}$$

第三步:將第三,四兩圖相加,即得桿件 AB 經以上兩步後之情形。其變形與受力當如下(第五圖):——

(1) A 端之坡度 = 1。

(2) B 端與其他各桿件相連,發生相等之坡度。B 點之外來力率 = 0。

(3) A 端之力率 $= K_{AB} - \frac{K_{AB}\gamma_{AB}}{R_{BA}}\gamma_{BA}$

(4) B 端之力率 $= K_{AB}\gamma_{AB} - \frac{K_{AB}\gamma_{AB}}{R_{BA}}$

故第五圖 A 端之力率即為 K_{ABM},而 A,B 兩端力率之比即為 γ_{ABM},

$$\therefore K_{ABM} = K_{AB}\left(1-\frac{\gamma_{AB}\gamma_{BA}}{R_{BA}}\right) \cdots\cdots(1)$$

$$\gamma_{ABM} = \frac{K_{AB}\gamma_{AB} - \frac{K_{AB}\gamma_{AB}}{R_{BA}}}{K_{AB}\left(1-\frac{\gamma_{AB}\gamma_{BA}}{R_{BA}}\right)}$$

$$= \gamma_{AB}\left(\frac{R_{BA}-1}{R_{BA}-\gamma_{AB}\gamma_{BA}}\right) \cdots\cdots(2)$$

以上兩公式可簡化之如下:——

(1) 如 B 端係固定端,則 $R_{BA} = \infty$(無窮大),而 $K_{ABM} = K_{AB}$, $\gamma_{ABM} = \gamma_{AB}$。

(2) 如 B 端係鉸鏈端或平支端,則 $R_{BA} = 1$,而 $K_{ABM} = K_{AB}(1-\gamma_{AB}\gamma_{BA})$, $\gamma_{ABM} = 0$。

(3) 如 AB 係定惰力率之桿件,則 $\gamma_{AB} = \gamma_{BA} = \frac{1}{2}$,而 $K_{ABM} = K_{AB}\left(1-\frac{1}{4R_{BA}}\right)$, $\gamma_{ABM} = \frac{1}{2}\left(\frac{R_{BA}-1}{R_{BA}-\frac{1}{4}}\right)$。

(四) 應用之步驟

本法之應用,可分為兩步。第一步係用公式(1),(2)分析聯架本身之情形。此與連架之載重毫無關係。第二步始求載重或其他原因所生之定端力率而分配之。

第一步:用尋常方法,求得各桿件兩端之 K 與 γ。[3] 算各桿端之

(3) K 與 γ 之算法與圖表,多不勝數。參看 "Continuous Frames of Reinforced Concret", by Cross and Morgan, 1932.

R,以用於公式(1),(2),求出各 K_M 及 C_M。鉸鏈端之R為1;固定端之R為∞。如此端與其他桿件相連,則其R當在1與∞之間,可由各桿件之或 K_M 算出或推料出。

第二步:用尋常之方法,求得各桿件之定端力率。將每節點之不平力率,分與交在該點之各桿端,與其K_M成正比例。將每桿端所分得之力率,用C_M播過至其他端。再將每端所播過得之力率,分與交在此端之其他桿端。再繼續播過而分配之,直至各力率均傳至支座為止。將每端之定端力率,並其分配與播過得之力率加起,以得其真力率。

以上係本法之普通步驟。為適宜於特種情形起見,常可略為變更之。

(五) 應用之範圍

本法與克勞氏法之惟一不同點,只在多兩公式。而此兩公式,皆由動率分配之原理推算出。故兩法之應用範圍相同。克勞氏法之各種間接應用法,如連架之偏倚等等,[1]本法亦可依樣用之。

(六) 正負號

桿端力率之正負號,一概以外來力率為標準。力率之順鐘向者為正,反者為負。

(七) 實例

(A) 設連架如第六圖。G,F為鉸鏈端。H,J為固定端。A,B兩端與其他桿件相連,A端之 $R_{AD}=3.00$,B端之 $R_{BE}=6.00$,在D點加以外來力率 $=100$,求各桿端力率。

——第一步:設已知各桿端之K,γ。用公式(1),(2)算得各R, K_M, γ_M,寫入第六圖(各數之位置,當如第六圖b所示者)。其算法下:——

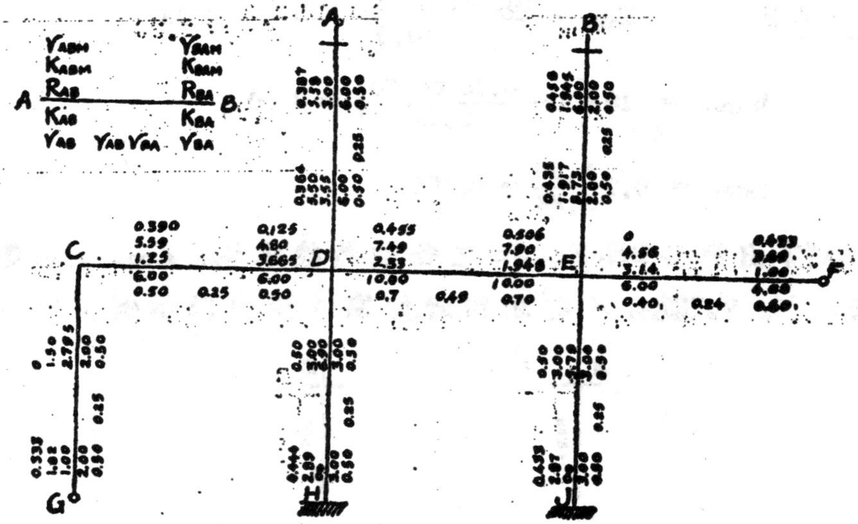

第　六　圖

桿件GC　　G為鉸鏈端, $R_{GC}=1$,

$$\therefore K_{CGM}=K_{CG}\left(1-\frac{\gamma_{CG}\,\gamma_{GC}}{R_{GC}}\right)=2\left(1-\frac{0.50\times0.50}{1}\right)=1.50$$

$$\gamma_{CGM}=\gamma_{CG}\left(\frac{R_{GC}-1}{R_{GC}-\gamma_{GC}\,\gamma_{CG}}\right)=0$$

桿件CD　　$R_{CD}=\frac{6+1.5}{6}=1.25$

$$K_{DCM}=6\left(1-\frac{0.25}{1.25}\right)=4.80$$

$$\gamma_{DCM}=0.5\left(\frac{0.25}{1.00}\right)=0.125$$

桿件HD　　$R_{HD}=\infty$

$$K_{DHM}=K_{DH}=3$$

$$\gamma_{DHM}=\gamma_{DH}=0.50$$

桿件AD　　$R_{AD}=3$

$$K_{DAM}=6\left(1-\frac{0.25}{3}\right)=5.50$$

$$\gamma_{DAM}=0.5\left(\frac{3-1}{3-0.25}\right)=0.364$$

桿件DE $R_{DE}=\frac{10.0+5.5+4.8+3.0}{10.0}=2.33$

$$K_{EDM}=10\left(1-\frac{0.70\times0.70}{2.33}\right)=7.90$$

$$\gamma_{EDM}=0.7\frac{1.33}{2.84}=0.506$$

依次算出桿件BE, FE, JE之各數,然後求R_{ED}, K_{DEM}, γ_{DEM}等等。(圖中各R, K_M, γ_M雖有不必求出者,姑寫入圖中,以示例而已)。

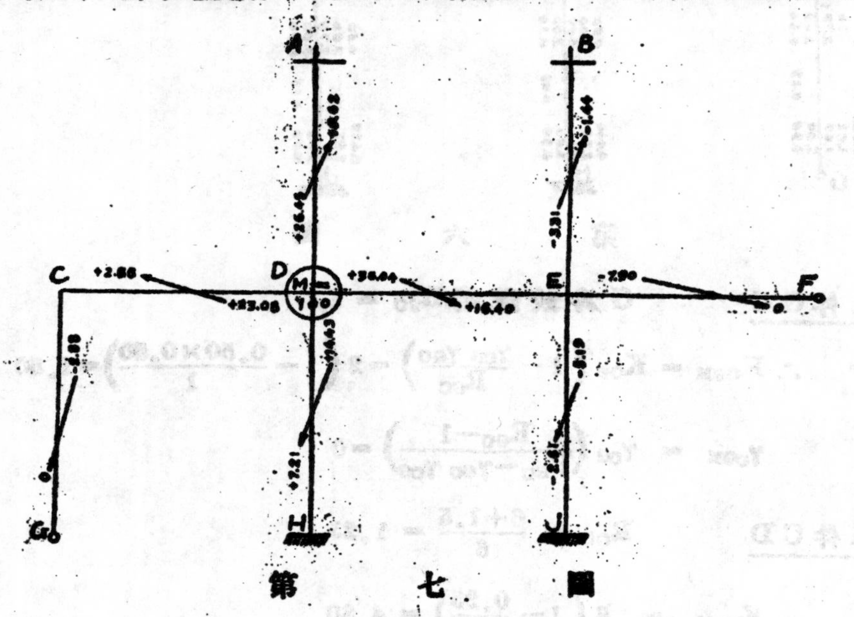

第 七 圖

第二步:如在D點加以外來力率 = 100, 則可將此力率分與交在D點之各桿件,使與其K_M成正比例:——(參看第七圖)

$$M_{DC}=4.80\times\frac{100}{20.79}=23.08$$

$$M_{DA}=5.50\times4.810=26.45$$

$$M_{DE}=7.49\times4.810=36.04$$

$$M_{DH}=\frac{3.00}{20.79}\times4.810=\frac{14.43}{100.00}$$

將各桿端分得之力率,用γ_M遞過於其他端,則

$$M_{CD}=M_{DC}\times\gamma_{DCM}=23.08\times0.125=2.88$$

M_{AD} $= 26.45 \times 0.364 = 9.62$

M_{ED} $= 36.04 \times 0.455 = 16.40$

M_{HD} $= 14.43 \times 0.500 = 7.21$

將每端所播過得之力率,分與連在該點之其他桿端,使與其K_M成正比例:——

在C點,$M_{CG} = -M_{CD} = -2.88$

A點與H點爲連架之端,不必再分。

在E點,$M_{ED} = 16.40$可分與EB, EF, 及EJ:——

$$M_{EB} = 1.917 \times \frac{-16.40}{9.477} = -3.31$$

$$M_{EF} = 4.56 \times -1.73 = -7.90$$

$$M_{EJ} = \frac{3.00}{9.477} \times -1.73 = \frac{-5.19}{-16.40}$$

再將各分得之力率,播過於其他端,

$$M_{BE} = M_{EB} \times \gamma_{EBM} = -3.31 \times 0.435 = -1.44$$

結果各桿端力率均如第七圖所示。

(B) 設連架同上其桿件CD因載重而生定端力率$F_{CD} = -1000$, $F_{DC} = 2000$(第八圖)。故C點之不平力率爲-1000, D點爲2000。

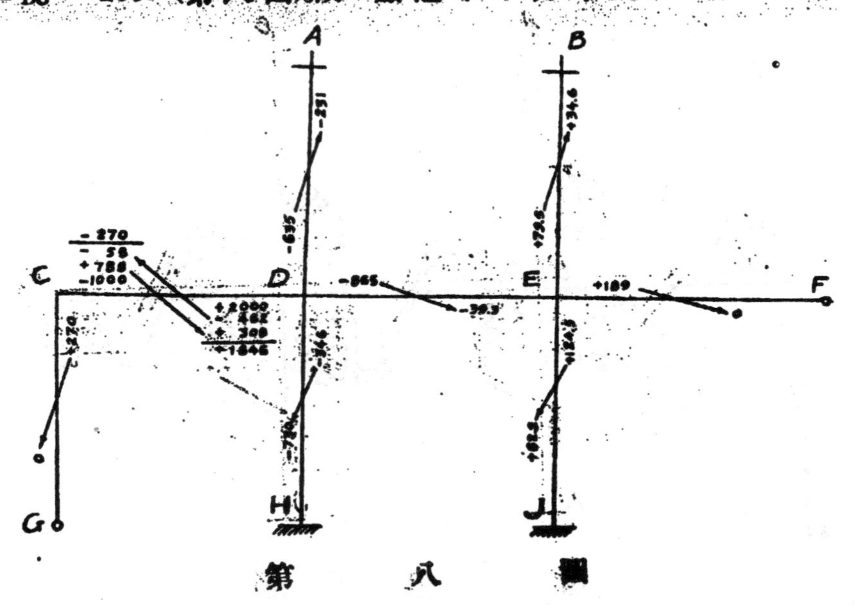

第　八　圖

吾人固可用上題算法,在C點加以力率＝1000,在D點加以力率＝－2000,分別計算之,然後再求各桿端力率之和。然將兩不平勸率,同時分配,其法更簡:——

將各點同時放鬆,則桿件CD之C端所分得之力率為

$$1000\times\frac{5.59}{5.59+1.50}=788$$

桿件CD之D端所分得之力率為

$$2000\times\frac{4.80}{4.80+5.50+7.49+3.00}=-462$$

CD兩端所播過得之力率為

C點, $-462\times0.125=-58$

D點, $788\times0.390=308$

故CD兩端之總力率為

C點, $-1000+788-58=-270$

D點, $2000-462+308=1846$

此項力率須被支在各該點之桿端抵住。故可分配而播過之如第八圖,以求各桿端力率。

(C) 設連架同上。桿件CD, DE, EF均生定端力率如第九圖

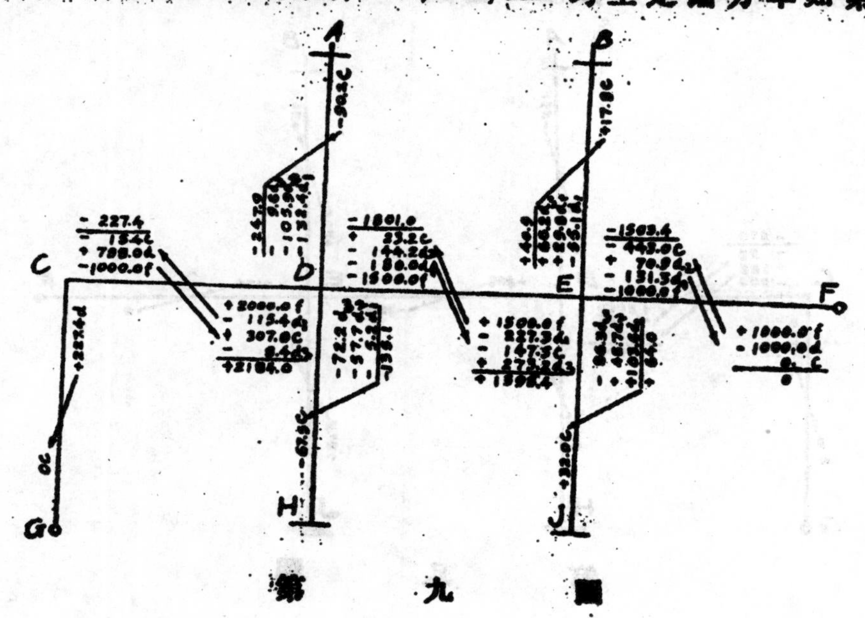

第　九　圖

(註以"f"字者)。此題可將三桿件分開,用例(B)之算法,或將C,D,E,F四點分開,用例(A)之算法。但第九圖之算法爲較簡。其法先將每點之不平力率,分與交在該點之各桿件(所分得之力率,以"d"字註之)。分畢之後,自連架之一首開始,將桿件CD之C點力率788d,攜過至D變爲788 × 0.390 = 307.8。(所攜過之力率,均以"c"字註之)。將307.8分與連接D點之桿端,故DE得

$$M_{DE} = -307.8 \times \frac{7.49}{7.49+5.5+3.0} = -144.2d$$

桿件 DE 之D端,前已分得 −180d,玆又分得 −144.2d,故共分得 −324.2d,將此力率攜過至E端,故E端發生

$$-324.2 \times 0.455 = -147.5。$$

如此繼續分配,直至所有不平力率,均傳至支座爲止。

(D) 設連續盒架如第十圖。桿件 AB 之定端力率爲 $F_{AB} = -1000$, $F_{BA} = 1000$。此盒各桿件均係定惰力率者,故其 C 均爲 0.5。只將其K寫於圖上足矣。

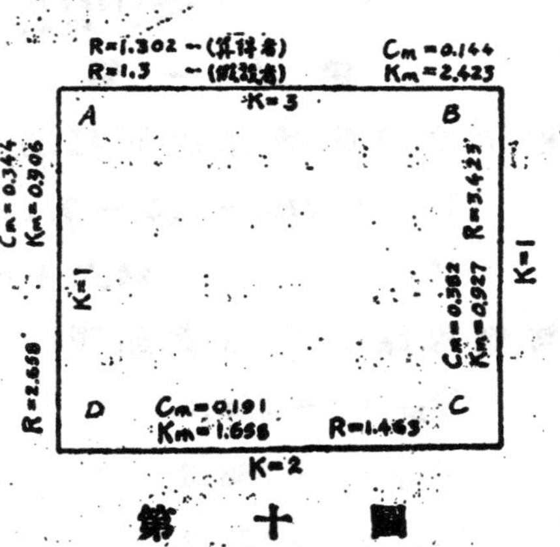

第　十　圖

第一步:此係盒架,無架端,故須先假設一桿件之R,而後複算之以觀其準確與否。設桿件 AB 之A端,其 $R_{AB} = \frac{3+1}{3} = 1.333$

$$\therefore K_{BAM} = 3\left(1-\frac{\frac{1}{4}}{1.3}\right) = 2.423$$

$$\therefore R_{BCM} = \frac{1+2.423}{1} = 3.423$$

$$\therefore K_{CBM} = 1\left(1-\frac{\frac{1}{4}}{3.423}\right) = 0.927$$

如此算出 R_{CD}, K_{DCM}, R_{DA}, K_{ADM},直至 R_{AB},而得 $R_{AB} = 1.302$,與前所假設者極近,無須再算。若此 R_{AB} 與前者相差太遠,則可用之以算

K_{BAM}而略爲改變之。集舉,再求各γ_M如圖。

第二步:(第十一圖)將A,B兩點之不平力率分配之。將桿件AB之A端力率728d播遞至B端,發生播遞力率105d。故BC之B端共得 − 105d − 272d = − 377d,將其播遞至C端,如此繼續進行,直至播遞力率化至極小爲止。此架與其載重均係左右相同者,故如將AB之B端力率 − 728d播遞至A端,而繼續分配之,則其得數當與前者相同,惟符號各相反而已,是以桿件AD之桿端力率爲,

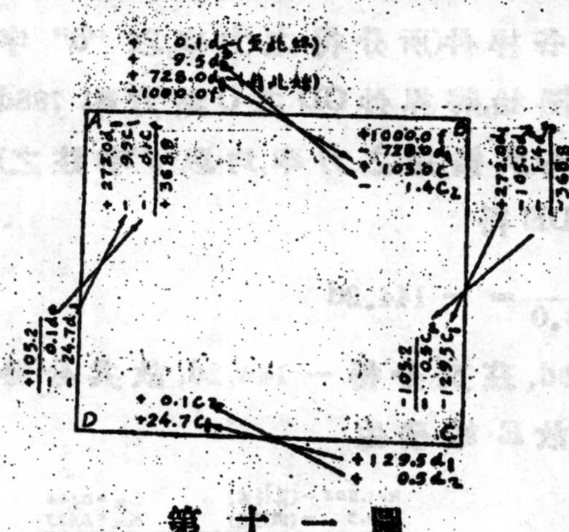

第十一圖

$$M_{AD} = 272 - 9.5 - 0.1 + 105 + 1.4 = 368.8$$

$$M_{DA} = -0.1 - 24.7 + 0.5 + 129.5 = 105.2$$

其他桿端力率自當如下:——

$M_{BC} = -368.8,$　　$M_{CB} = -105.2$

$M_{AB} = -368.8,$　　$M_{BA} = +368.8$

$M_{DC} = -105.2,$　　$M_{CD} = +105.2$

(七) 結論

本法之妙處,在其簡單與直接兩點除力率分配之基本原理外,只有新公式兩個,且此兩公式,亦簡單無比。熟用之者,可立見其得數焉。桿端支座對於力率之影響,可於R_{BA}看出。幾惰力率之影響,可於γ_{AB}, γ_{BA}看出。

最有趣者,力率分配法經本文改變之後,與德國之定點法[4],美國之對點法[5]以及美國最近新出各法[6]均有相似之點,然著作者所

(4) "Die Methode der Festpunkte", Suter, 1923, Berlin.

(5) "Moments in Restrained and Continuous Beams by the Method of Conjugate Points", Nishkian and Steinman, Transactions, A.S.C.E., 1927.

(6) "Analysis of Continuous Frames", Earle B. Russell, San Francisco, U.S.A.

知,未有若本法之簡明容易而應用範圍之大者。克勞氏本人,亦另創有端旋定數法,[7]與本法相類似。惟其應用之範圍甚小,未可與本法較。

此文只將用法寫出。至於此法特別適宜之處,如用於變惰力率之連架等等,此文暫不提及。應用本法以觀視力率的傳遞,尤爲有味焉。

附錄　本文所用各名詞英漢對照表

Carry-over factor	遞過因數
Continuous frames	連續結架,連架
End-rotation constant	端旋定數
Fixed end	固定端
Fixed-point method	定點法
Hinge	鉸鏈
Joint	節點,點
Member	桿件,桿
Method of Conjugate points	對點法
Modified	改變
Moment	力率
Sidesway	偏倚
Simply-supported	平支
Slope	坡度
Stiffness	硬度
Structure	構造
Support	支座
Unbalanced	不平
Uniform moment of inertia	定惰力率
Variable moment of inertia	變惰力率

(7) 看註(3)。

湖北金水閘沉井工程

李學海

金水閘已於本年三月間落成。全部工程計劃(參看第一圖)經揚子江水道整理委員會慘淡經營,歷時十載。其梗要已見諸工程週刊第三十二號,以及全國經濟委員會金水閘建閘紀略,茲不贅論。本文僅就該工程所用圓沉井之設計構造施工等各項問題加以申說,藉供研究。

此項沉井專為裝置斯東耐閘門而設。閘門原擬裝於6.4×8.2公尺之就地灌注鋼筋混凝土長方箱內,先由山頂向下挖深,至洩水洞底面,再由該處向上接做門箱;惟該山石質不堅,多成塊粒,與從前洗鑽機鑽探結果不合,故當土方大半開挖之際,四周沙石忽向坑內崩陷,撐木折斷,以致此項計劃不能實行。故不得不改為預製之鋼筋混凝土圓沉井,將圓井逐段在山頂做就,由井內向下開挖,使井身憑藉體重逐漸下沉。此項新計劃雖造價較貴,施工較難,歷時較久,然按諸當時實地情形,捨此恐更無良策,故不得不採用之。圓井斷面較方井為大,故不能利用原有土坑,為便於下沉而同時防止坑內碎石崩坍致生危險計,所有下面從前開挖之處,均先填實,並將地面(水平高度31.5公尺)上部照圓井尺寸重行掘深7.5公尺至9.0公尺左右,庶使第一段井頂面高出地面1—2.5公尺。然後於該處坑內做模壳,紮鋼筋,灌注混凝土以備下沉(參看第二圖)。

全井計分五段預製。其做法見第三圖。每段新製底面均在井

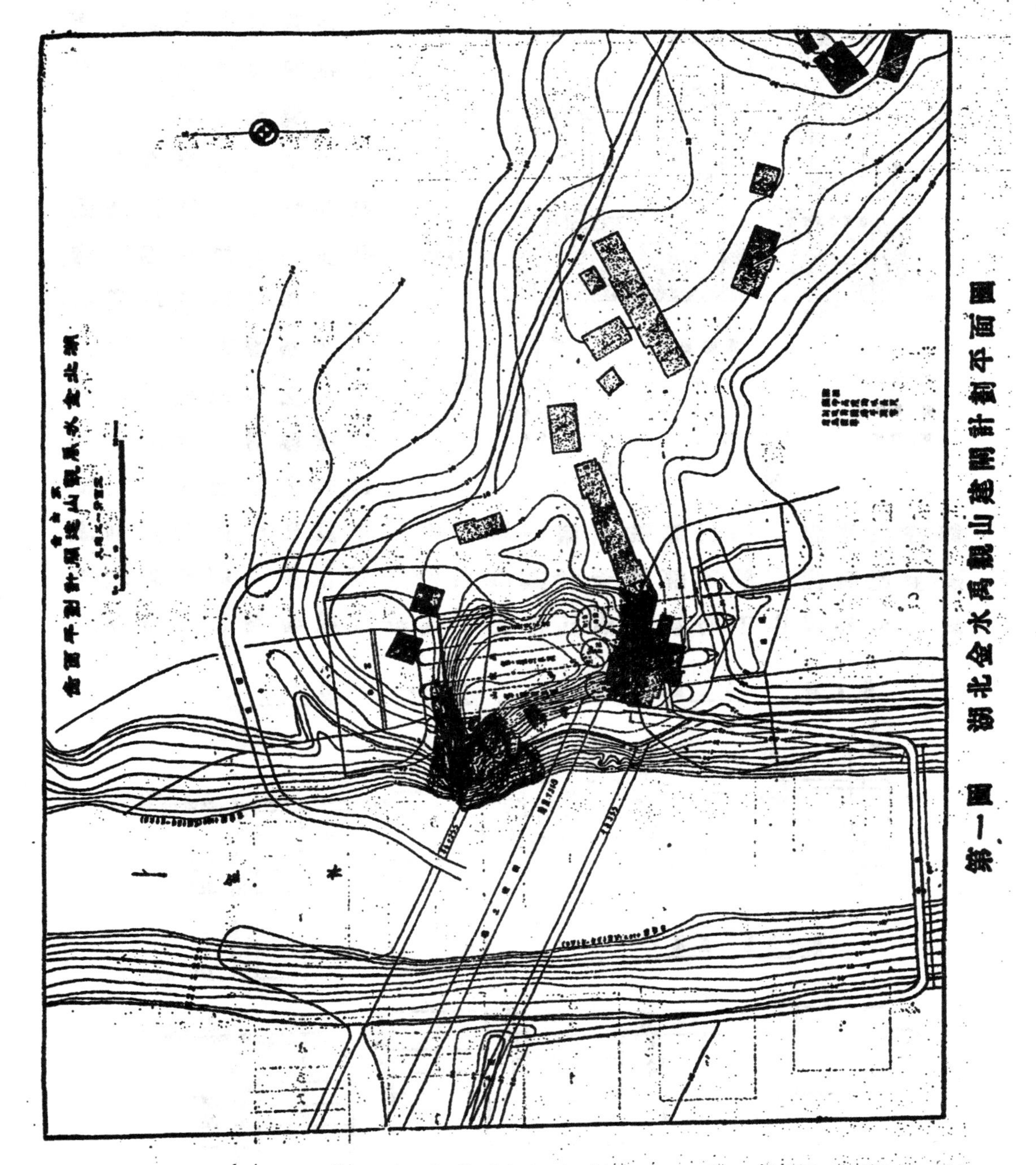

第一圖　湖北金水兩觀山建閘計劃平面圖

頂平台面(即現有山頂地面,水平爲 31.5 公尺)下 2 公尺左右,庶使所有新舊兩段接頭均得埋入土內,而不外露。同時又使每段新製頂面不得高出井頂平台面 2.5 公尺。第一段須較高,故做10公尺,

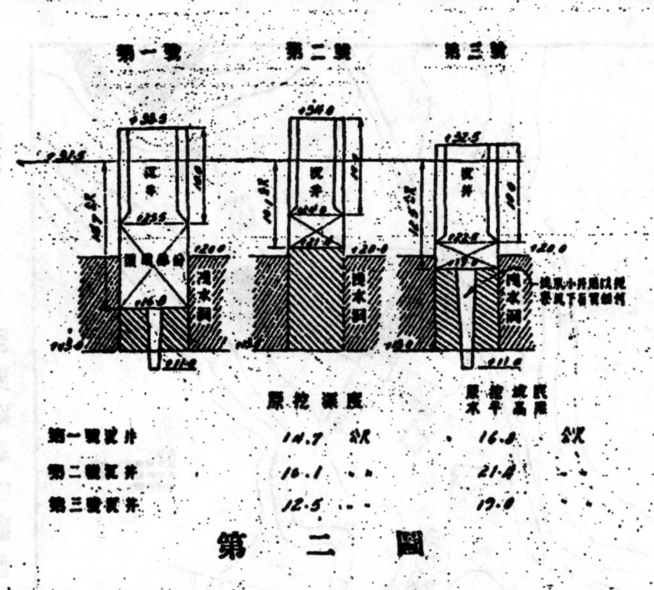

第 二 圖

庶使重量夠大,易於下沉。惟該段露出尺寸又不宜過大(現以 2.5 公尺爲度),故惟有將下部在坑內起造。全部圓井上面,均搭建棚屋,庶使工作可以連續進行,不因雨雪而致間斷,每座井上均裝設手搖升降機輪兩架,擱於水平鋼軸上,以便用水桶起卸井內挖出之砂泥等物。若第一段圓井上部露出坑面過多,則屋面須連帶做高,頗不經濟。至於其他各段之露出高度,則又均須小於 2.5 公尺,以不妨礙從前已有之手搖輪及屋面等設備爲準。本

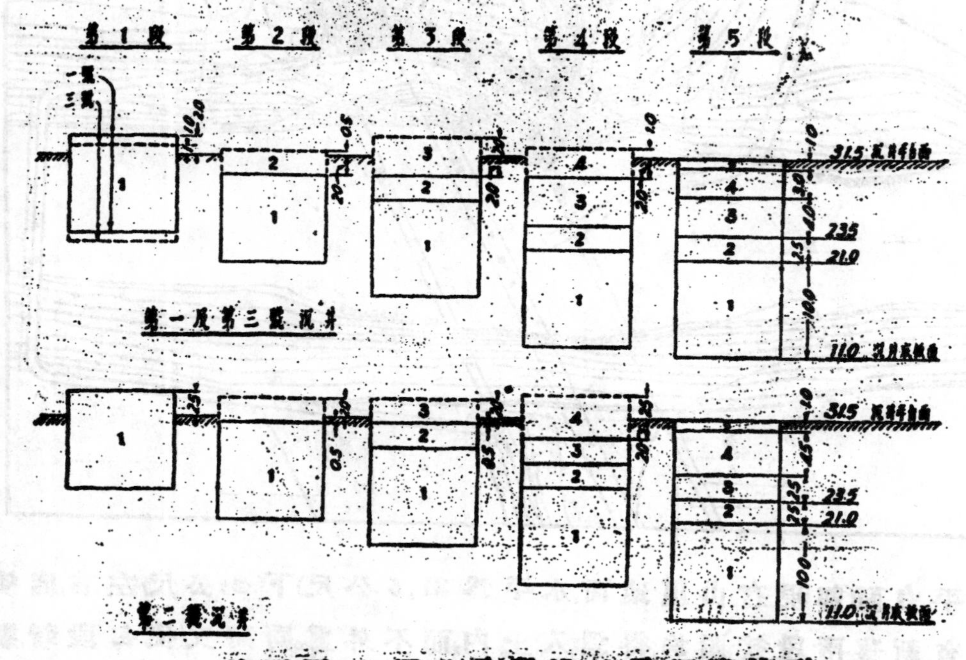

第三圖 沉井分段澆注及沉降情形

工程施工地點遠在鄉僻,不易裝設電氣升降機,故惟有利用人力以起卸井內砂石。茲將全井構造及受力情形與設計方法等略述如次(參看第四圖):

(一)上部牆身(水平高度23.5—30.5公尺)

此段牆身除承載井頂平台上之垂直重載外,兼受由外面水平土壓力(對稱)及水壓力(假定江面最高水位為30.0公尺,同時湖面水位為24.0公尺,則最大水位高差當為6.0公尺)而生之水平環壓力。沉井上部對徑較下部略小,故井身下沉後。上部砂土得與混凝土面分離,井牆上部不受任何垂直拉力。閘門兩邊加做門槽,以便上落,惟無由閘門傳來之任何水壓力。

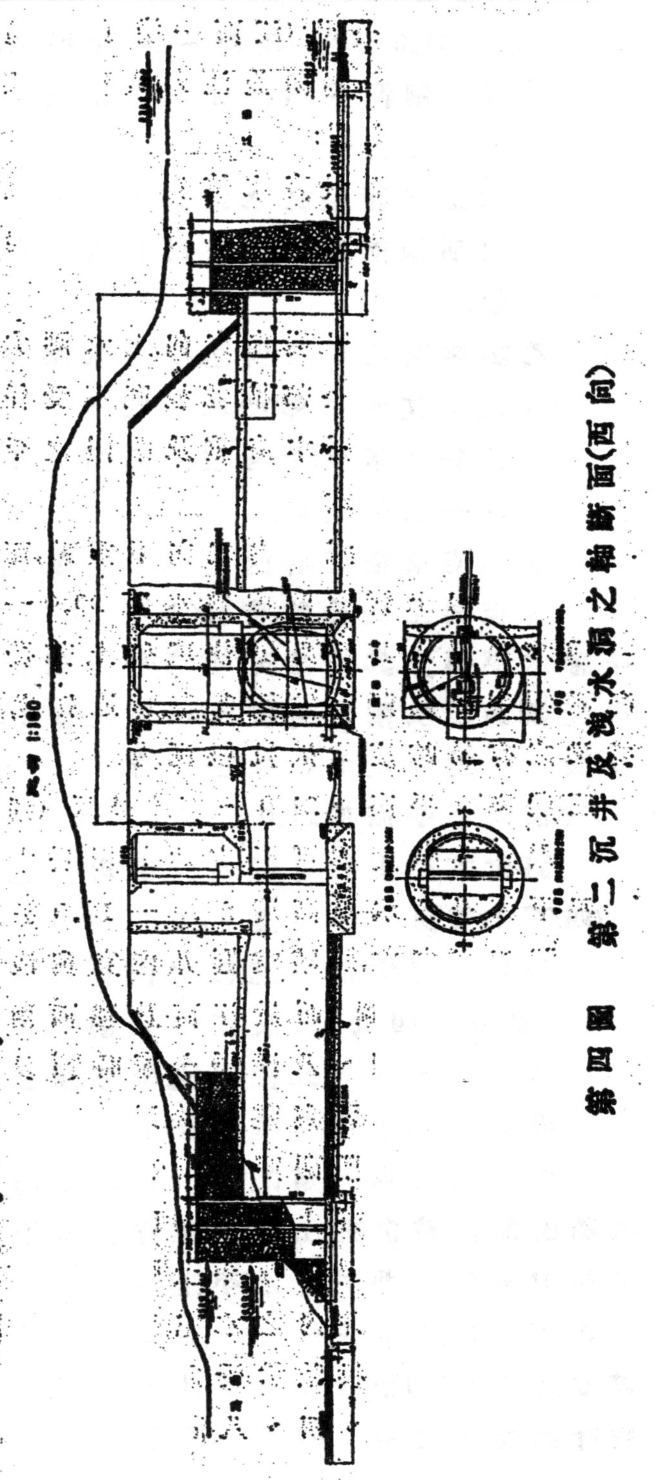

第四圖　第二沉井及洩水涵之軸斷面(西向)

(二)過梁挑板(水平高度

23.5—21.0 公尺)(江面一邊)此項過梁專爲減低閘門高度而設,庶使閘門關閉後江水無從浸入井內。過梁須能安全承載以下四種力量:

(甲)假定江面最高水位爲 30.0 公尺,同時湖面水位爲 24.0 公尺,則須能承載 6 公尺高差之向上水壓力面成一反挑式板。

(乙)須能承載甲項內之向上水壓力,面成一反雙支式板。

(丙)板下江水全部抽乾,板底不受任何向上水壓力後,板上須能安全承受本身重及閘門之平衡鉈(Ccunter Weight)重而成一正挑式板。

(丁)須能承載丙項內之向下重載,而成一正雙支式板。

挑板向上彎曲時,環牆(水平 20.0—23.5 公尺一段)外面發生一種水平偶力,其結果更使環牆上部發生水平環拉力,故於該處配置鋼環以抗禦之。挑板與環牆連接處,加做大斜口一道,以減少挑梁之有效跨度,並抵抗扭應力。

(三)環梁(水平高度 21.0 — 20.0 公尺)(湖面一邊) 此項環梁,兩端固定,其跨度約可假定爲環周長之四分之一。

(四)下部牆身水平高度 20.0 — 13.0 公尺) 此段爲圓井與洩水洞相交之處,故該處圓井內寬與洩水洞內寬同爲 6.0 公尺(參看第四圖)而於江面及湖面兩邊洩水洞斷面所在之處,各用一、四、八混凝土臨時預製,速圓井沉降後再將此項混凝土鑿去,而與隧道接通。

此段又爲閘門關閉時所在之地,門槽兩邊各有豎拱壁一道,其斷面除承載沉井上部之垂直重載及受由沉井下部重載所生之拉力外,兼受井外之水平土壓力及水壓力。假定湖面普通高水位爲 22.0 公尺,而井內之水完全抽出修閘時,則兩邊最大水位高差當爲 9.0 公尺。拱壁承受此項水平壓力之情形,可依下列兩種設計而說明之(一、四、八混凝土鑿去後)。

(甲)假定拱壁由若干單位厚度之水平拱梁疊接而成,並于拱壁兩邊洩水洞口旁)各做垂直大梁一道,則所有水平壓力均經由此項拱梁分佈於垂直大梁上,此項垂直大梁兩端固定,上端則支持於環梁湖面)及環牆江面)上,下端則支持於井脚環梁上。

(乙)倘甲種作用不能完全實現,則又可假定拱壁由若干單位寬度之垂直平板連接而成,此項平板兩端固定,上端則支持於環梁湖面)或過梁挑板(江面)上,下端則支持於井底圓板上。

(五)井脚環梁　井趾四圍做環梁一道,下端裝配鐵脚,此項趾梁須能安全承載由井底板之一部橫推力而生之環拉力,故於其斜面滿佈鋼筋以抵抗之。沉井下降畢,井脚環梁外一帶之砂石大都鬆脫,為抗禦井底板之另一部橫推力計,須於未鑿去一、四、八混凝土以前,將該處空隙用高壓機由井脚下及洩水洞內將混凝土或水泥沙漿,經由鐵管內打入填實。

(六)井底平板　為雙支反梁式,支持於閘門兩邊拱壁上。其與井趾鐵脚之混合底面積須足夠安全承托全井所負各種重量於現有腐石之上。

(七)井頂平台　須能安全承載台上各種起門機重本身重以及每平方公尺240公斤至120公斤之平均活重,並須能將井牆頂際牽牢。各個沉井上之平台須互不相連,以免萬一井身下沉不匀時發生斷裂之事。每兩沉井間之平台,則僅用混凝土舖做參看第四圖)。

江面之水位高差最大8公尺)較湖面之水位高差最大9公尺)為大,故為減輕洩水洞內汪水倒灌時之水壓力計,沉井地位似以偏近出口一頭為宜,惟因出口附近,下面石質甚壞,不堪荷重,故將沉井移置於南面之腐石層內,該處下面石質較出口為佳,既可免開鑿北面堅石,並得將大石塊墩基置於較堅質石層上參看第四及第五圖。

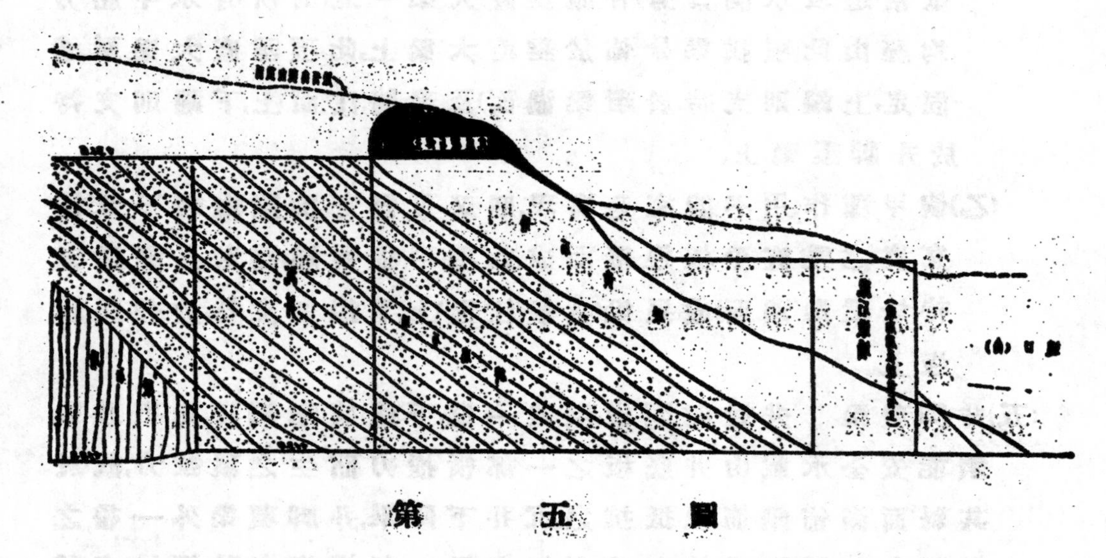

第　五　圖

沉井附近之石層均向入口一邊斜下。沉井裏邊下端頗受堅石影響,非特下降困難,並且易於外傾。故一二兩號沉井均沿石層傾斜方向,向湖面一邊傾出。第一及第二兩段上面之過梁挑板,祇占井斷面半邊,故該兩段之重心不在井斷面之體心上。下沉時雖將對邊加放相當重載,有時仍要傾斜,故第三號沉井因是而向江面一邊傾出。

此項沉井若祇向江面(北)或湖面(南)略為傾斜,而東西兩面保仍垂直,則過梁挑板沿閘門方面仍得居水平地位,對於裝設閘門尚無大礙。惟在東西方面稍有參差,即成問題,故須較為精確。

沉井上面加放重載以助沉降時,倘不能使周圍重量均等,則祇可在江面及湖面兩邊堆積,不可置於門槽兩邊,以防重量不勻,致向東西傾側。

沉井已向一邊傾側後,其補救方法,約有下列數種:

(一)將高邊上面之重載加大,並將低邊上面之重載減輕。

(二)將高邊下面之泥土挖鬆(依新月形將拱頂置於最高處,向兩邊開挖);低邊下面之泥土不動。

(三)將低邊上面用木料支撑於附近堅石上。

井內東西門槽內各置垂線一根,由頂至底,每日量計頂底兩面,該線與槽內混凝土面之三方距離,而比較其傾斜程度。

爲工作便利起見,每次開挖井底時,須先在井心一帶,然後至牆趾下面。爲阻力甚大不易沉降時,尚須沿牆趾外面加挖。牆外阻力較大下沉甚緩時,開挖井底,毋需將牆趾下面支撑,惟當阻力較小,易於下沉時,則須將牆趾下面四週撑牢,以防驟然下降,發生不測,又當第四段澆好後,沉井不待開挖,自行降落70公分之多,故沉至最後一公尺時,須將井上所加鐵石等物逐漸移去,並須特別注意,徐徐開挖井脚,以防驟然下降,超過規定深度。

混凝土沉井外面之阻力,已較木質或鐵質爲大,而禹觀山之碎石層尤界混凝土面以極大阻力。本工程所用之鋼筋混凝土牆,其平均重量雖有每方英尺六百磅之大,超出普通牆面磨阻力,無奈井面所遇之阻力過高,故仍不易憑藉本重下沉,其下降速度見附表,爲減輕井面阻力計,採用下列辦法:

(一)井上堆積大石塊或舊鋼軌,以增加本重(一二兩號沉井均用四百噸舊鋼軌及一百噸大石塊壓下)。

(二)井外四周不時灌水。

(三)將井身上部做小,便於下沉後,上部得與砂土分離。

一二兩號沉井,除照上述辦法外,復于廿三年五月十八日先在二號沉井北面,沿井邊開挖二公尺丁方小井一道,直達洩水洞內,次日又於一號北面挖一同樣小井,庶將井脚北面之硬石層鑿開,同時並將井外四周碎石層內之環壓力鬆動,當時並擬定:該井等如再不能下沉,則在井外自新開小井(將拱頂置於該井底)依新月形向兩邊挖開或自井底洩水洞向進出口兩頭開挖先由井內向下,再平行向外,再向上,(井趾已達洩水洞拱頂下面)。沉井下降速度恆不一致。其下降多出於驟然之間,其聲歷歷可辨,若壓碎石然,故遭遇甚大阻力時,往往有利用炸藥在井下轟炸之力,以震動井周砂石者。惟應用此法時,倘一不慎混凝土即受傷損故本工程未加採用。

沉井就位後,將牆趾下面鑿成踏步式,然後沿井趾四周灌注井底平板之外線,下寬上窄,成為一種臨時底脚,承托井牆本重,以防牆身下降最後再做底板內部。灌注四周井底平板時,須先在湖面井趾四分之一周長下開挖沙石及灌注混凝土,而令其他四分之三周長處照舊支承不動,然後如法做對方江面四分之一周長,將井底積水排至洩水洞內。最後再依次做東邊或西邊四分之一周長一帶。

井底平板灌好後,板周與岩石連接處泥沙雜質甚多,不宜用普通方法灌注水泥漿將隙縫堵塞,泥沙混入其內故於每個洩水洞兩旁,沿板周相向開鑿一公尺闊,二公尺高之隧道各一條,俾可入內先將泥沙雜質掃除。然後用水泥黃沙及大石塊將該隧道砌實。

各個沉井間淨距不大,於井身下沉時,沙土已多鬆動,故自井底向上加做1.5公尺厚之大石塊隔牆一道,以防湖面與江面間有滲漏之虞,並使得承載由井底平板傳來之拱推力。井牆與洩水洞頂連接處構造複雜,施工困難,故於每個沉井南北兩邊,各挖一公尺丁方小井一座,以便於各該小井內工作。

附表　沉井進行程序

二十二年六月廿七日　　探擬方沉箱開始挖土

二十二年八月廿二日　　原擬方沉箱終止挖土

二十二年九月廿三日　　現擬圓沉井開始挖土

二十三年一月六日　　第一段圓沉井開始灌注混凝土

二十三年一月十二日　　第一段(水平11.0—21.0)圓沉井之混凝土灌完

二十三年二月六日　　第一段圓沉井開始下沉

日　期	時　間	第一號沉井	第二號沉井	第三號沉井
二月八日	上午七時		本段共沉24.5公分	

	下午一時半		25.5公分	
	六時		26.5公分	
二月九日	上午七時		30.0公分	
	十時		31.0公分	
二月十二日	上午十時		55.0公分	
	下午三時	本段共沉42.0公分	56.0公分	本段共沉55.0公分
	六時			56.0公分
	七時	43.0公分		59.0公分
	八時			63.0公分
	八時十五分			135.0公分（滲水以後）
二月十三日	上午九時	45.0公分		
	下午一時	46.0公分		
	一時半	46.5公分		
二月十三日	下午一時四十分	本段共沉48.0公分		
	一時五十分	49.0公分		
	二時二十分	56.0公分	本段共沉61.0公分	
	二時二十五分	61.0公分		
	二時三十五分	105.0公分		
	二時四十五分		62.5公分	
	二時五十五分		66.0公分	
	三時		148.0公分	
二月十八日	下午四時	167.0公分	165.0公分	本段共沉135.0公分
二月十九日		214.0公分	177.0公分	
二月二十日	下午五時		205.0公分	
二月二十一日	下午六時	287.0公分		
二月二十二日	下午五時		280.0公分	
三月十二日 三月十三日				第二段（水平218—235）圓沉井之混凝土澆完
三月十四日			第二段圓沉井之混凝土澆完	
三月十五日		第二段圓沉井之混凝土澆完		
三月二十二日		第二段圓沉井開始下沉	第二段圓沉井開始下沉	第二段圓沉井開始挖土就下沉

日期			第一號沉井	第二號沉井	第三號沉井
三月二十六日			本段共沉20.0公分	—	本段共沉100.0公分
四月二日			雖經濬水亦不下沉	雖經濬水亦不下沉	
四月三日			仝　　上		
四月十七日					第三段圓沉井之混凝土澆完
四月十九日				第三段圓沉井之混凝土澆完	
四月二十日			第三段圓沉井之混凝土澆完		

日期	第一號沉井				第二號沉井				第三號沉井			
	東北角	西北角	東南角	西南角	東北角	西北角	東南角	西南角	東北角	西北角	東南角	西南角
五月十二日					本段共沉(公分)							
					3.1	4.3	2.7	3.0				
五月十三日	本段共沉(公分)											
		4.5	2.7									
五月十四日		5.0	4.5		3.1	4.9	3.0	3.3	本段共沉(公尺)			
									3.205	3.205	3.203	3.202
五月十五日					3.3	5.7	3.0	3.4				
五月十六日					3.2	5.5	2.9	3.1				
五月十八日		8.7		6.7	3.3	6.4	3.1	3.6				
五月十九日		9.2		7.8	3.3	7.6	3.2	4.0				
五月二十一日		9.6		8.6	3.8	8.4	3.4	4.0				
五月二十二日		9.8		8.5	3.6	8.6	3.4	4.1				
五月二十三日		10.3	5.0	8.6								
五月二十五日		10.4	5.5	8.9	4.0	9.0	3.4	4.1				
五月二十七日					4.0	9.5	3.4	4.2				
五月二十九日		11.3	6.0	10.3	4.4	9.3	3.4	4.5				
	北	東	南	西					北	東	南	西
六月二十七日									1.1	0.8	1.5	2.3
六月二十九日									1.34	1.30	1.31	1.32

日期	第一號沉井	第二號沉井	第三號沉井
六月廿九日			下午三時下沉1.3公尺 手搖幫浦開始工作
六月三十日			手搖幫浦損壞乃以桶汲水
七月一日			機器幫浦之平台搭設妥當
七月二日			機器幫浦裝就，少量水抽出
七月三日			修整機器幫浦
七月四日			仍僅少量水抽出，旋竟不能出水
七月五日			飭令包商另備完善之機器幫浦
七月六日至十日			無工作
七月九日至十二日	開始裝以百噸重之鋼軌		
七月十一日			在出口試驗新機器幫浦
七月十二日 七月十三日			裝設新機器幫浦水深五公尺
七月十四日			開始抽水
七月十五日			昨今兩日共抽水二・五公尺
七月十六日			移置機器幫浦於平台上
七月十七日			上午八時至下午四時抽水，四時後新幫浦又毀
七月十八日	再裝以百噸重之鋼軌		新幫浦運到，漏夜裝就
七月十九日	仝上		新幫浦不能工作
七月二十日	仝上		新幫浦置于混凝土撐台上水深四・八公尺，漏夜抽水
七月二十一日			繼續抽水工作，水深僅一・六公尺
七月二十二日			水深僅零・六公尺，吸

			水管頭不及，再搭平台於井上較低處預備裝設機器幫浦
七月二十三日			水抽乾，開始取出沙，石並挖土，重立飛查鏡繼續工作，協助通風具
七月二十四日			
七月二十五日			全　上
七月二十六日		該井最後沉下最後四公尺在兩星期內沉畢	

本篇第五圖為手民誤製反板,因發覺時出板期已迫,不及改製,特此聲明。

編者

乙種調幅器及其設計

王端驤

不失眞之擴大　自三極眞空管發明以來,用之以爲不失眞之擴大,早已應用於世。其作用法,使眞空管柵極電壓(E_g)及輸入電壓(e_g)用於一種情形下,使屏極永遠有電流,(i_p)通過。輸出之電壓較原輸入電壓雖强若干倍,而其形式則完全相同,此之謂甲種擴大作用。

依第一圖丙,設有一切形(sinusoidal)電波e_g用於柵極,則其屏極電壓及電流成爲第一圖甲乙兩圖之形狀。

屏極直流電輸入之電力爲:

$$E_p \times I_p = W \quad \cdots\cdots(1)$$

其輸出之電力爲

$$\frac{e_{pm}}{\sqrt{2}} \times \frac{i_{pm}}{\sqrt{2}} = \frac{e_{pm} \cdot i_{pm}}{2} = w \quad \cdots\cdots(2)$$

屏極之效率爲

$$\frac{w}{W} = \frac{e_{pm} \cdot i_{pm}}{E_p I_p} \quad \cdots\cdots(3)$$

由第一圖可知e_{pm}最高之數值爲E_p,i_{pm}最高之數值爲I_p,則此種擴大器最高之效率爲

$$\frac{w}{W} = \frac{1}{2} = 50\% \quad \cdots\cdots(3_a)$$

但此種擴大卽以不失眞爲前提,則其作用方面發生不少之限制,效率因之大減。

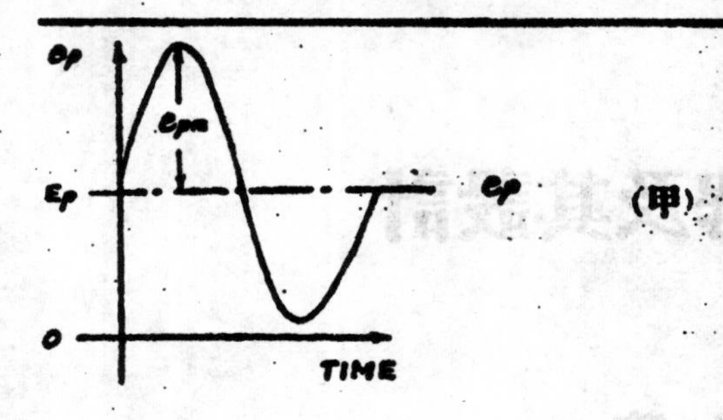

(甲)

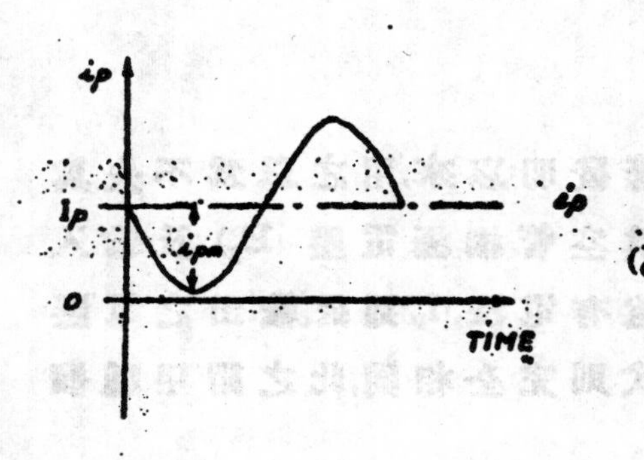

(乙)

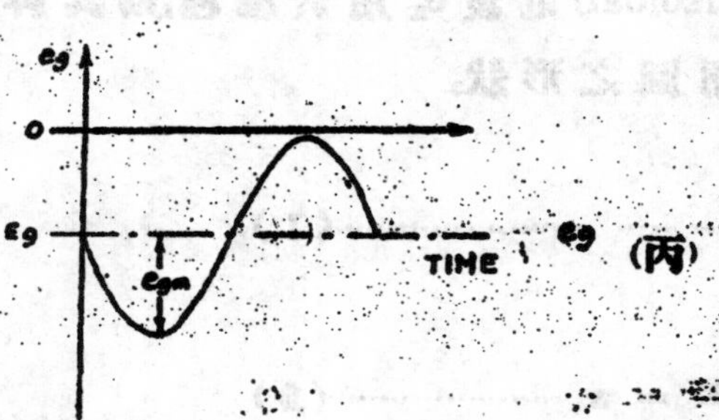

(丙)

第 一 圖

真空管之e_g i_p特性曲線，並非完全爲一直線，故用管時爲求輸出之不失真起見，不得不祇用其直線部份。當此種擴大之使用時，其柵極永需在負電壓中，使其無柵電流通過。今如將輸入電力增高，使柵電壓成爲正電壓，柵電流有時發生，不免有下列之弊：設如此輸入之電壓爲e，其內部電阻爲γ，在柵極無電流通過時，柵極輸入電壓爲e_g。e_g等於e。今如有電流i_g通過柵極，則柵極所受之電壓爲

$$e_g = e - i_g\gamma$$

因此而改變其輸出電力之波狀。

以上所謂之限制，固不難增加屏電壓以增其輸出電力，但增高電壓又發生兩種困難：真空管有其一定最高之電壓，過此則易於損壞。此外增加屏電壓，則屏電流亦隨之而增，兩者皆增，即或輸出能增，如上公式(3)，但所謂增加之輸入不能完全同於輸出，則損失亦必隨之增加。所損失之電力變爲熱能於屏極而傳散。今真空管屏極之最高散熱量有一定之限制，則屏電壓及電流之增加亦有一定限制，故如增加屏電壓，又不得不增高負性柵電壓，以減低屏電流及屏極之損失。

設真空管用屏電壓自E_{p1}，(第二圖)，增至E_{p2}，則電能輸出可以增加，但如自E_{p2}再增至E_{p3}，則因柵電壓之必須自E_{g2}增至E_{g3}

以減少屏極損失,其柵極最高可輸入電壓 e_{g2m} 亦不能較前增加。換言之,卽增加屏電壓,輸出並不能增加。

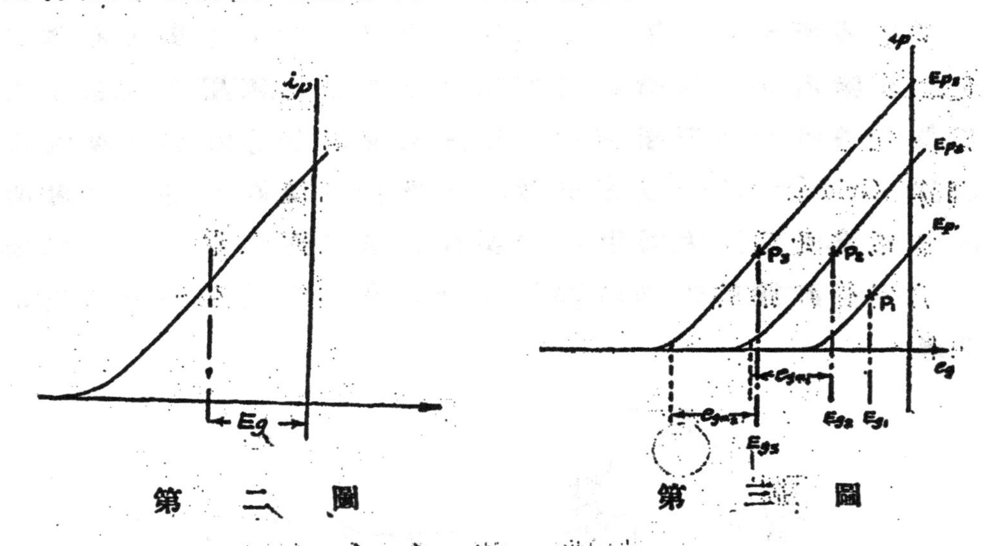

第二圖　第三圖

以上所謂「屏失」,爲(屏輸入)—(屏輸出)。

在屏極無輸出時,則屏輸入完全變爲屏失。在不能保持屏極永有最高輸出時,則不能不減低屏極輸入,因之更減少屏極輸出。自公式(3a所得之最高效率爲50%,但在普通眞空管祇能在10%至25%而已。

調幅器爲擴大器之一種,其輸出電力,係用以調隔高週波級者。假設被調隔之眞空管需大量電力之輸入,且欲使調幅係數(Modulation Factor)增高,則不得不增加調幅器之輸出。但甲種調幅器之輸出旣受上者之限制,故欲調幅於高週波之輸出級,因其所需電力甚大,亦必需甚大之調幅眞空管,以得相當之調幅成份。然眞空管之價値,隨可能屏極散熱量爲定。爲經濟起見,較大之廣播電台,每在初級調幅(Low Level Modulation),已調幅之電波,再經擴大,而發出於天綫。在乙種調幅器未見實用之前,較大電台多採用此種制度,以減眞空管之費用。

乙種調幅　自播音台及無線電話所用之電力需要,隨時代而增加,故必需用較經濟之方法發生大量成音週率電力(Audio

frequency power)以爲調幅之用,於是方有乙種擴大器爲調幅器之應用。

按乙種擴大器之作用,在使其輸出電壓與柵極輸入電壓爲正比;卽其輸出電力與輸入電壓之平方爲正比。使用之法,在使用相當負性柵壓,使在柵極無輸入時,屏電流減至零,或幾至零。如此,則柵激(Grid excitation)在正電壓時,屏極有電流通過;至負電壓時,屏極無電流。此種擴大器用以爲成音週率之擴大,當然失眞。但如用兩只眞空管作推挽式(Push Pull),則每個眞空管發生一半作用,如第四圖。

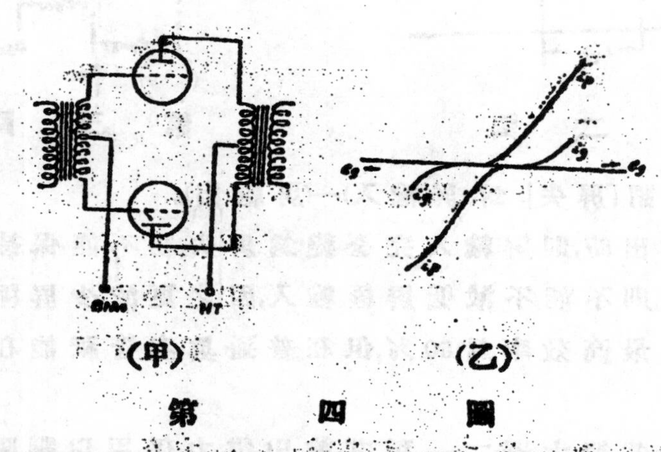

(甲)　　(乙)

第　四　圖

如此,亦能發生不失眞之擴大作用,因兩只眞空管之 $i_p e_g$ 綫可連用爲一直綫也。設如輸入爲切形電波,其作用約如第五圖。輸出電力,因有電流時間,爲全週波之半;故屏極輸出電力爲

$$W = \frac{e_{pm}}{\sqrt{2}} \times \frac{i_{pm}}{2 \times \sqrt{2}} \quad \cdots\cdots(4)$$

屏極直流電輸入爲

$$W = E_p \times \text{Average plate current}$$

$$= E_p \times \frac{2}{2 \times \pi} i_{pm} \quad \cdots\cdots(5)$$

屏極效率爲

$$\frac{W}{W} = \frac{\pi e_{pm}}{4 E_p} \quad \cdots\cdots(6)$$

屏失為

$$w_L = W - w' = i_{pm}\left(\frac{E_p}{\pi} - \frac{e_p}{4}\right) \cdots\cdots\cdots(7)$$

e_{pm}之最高限制為E_p如

$$e_{pm} = E_p$$

則公式(6)變為:

$$\text{效率} = \frac{\pi}{4} = 78.4\% \cdots\cdots\cdots\cdots(8)$$

以上數值雖較甲種擴大器效率只增加28.4%,但在實際,在無刺激時,則無屏電流,故雖在無輸出時,其屏失亦甚少。非如甲種擴大,在無輸出時,其屏失反而加多,效率亦因之減少也。故用一同樣大小之真空管。在實際上用乙種擴大,每能得較甲種高數倍之輸出。如在美國KDKA電台,其調幅器為UV863真空管六只,為乙種調幅。如用甲種調幅法,則至少需用同樣大小之UV848真空管二十只,以得同樣之輸出電力。但如用848號真空管廿只,則屏極輸入需120KW。用乙種調幅,則在最高輸出時,屏極輸入亦不過75KW。在平常使用時,只需40至50KW。可見兩者不同之一般。

乙種調幅器雖能輸出較多之電力,較高之效率。但使用時亦

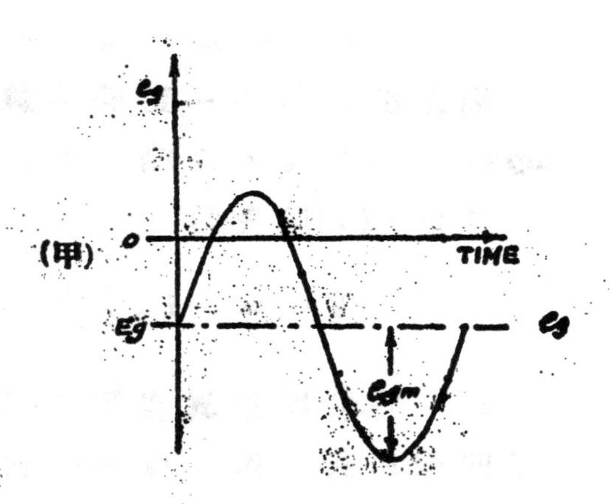

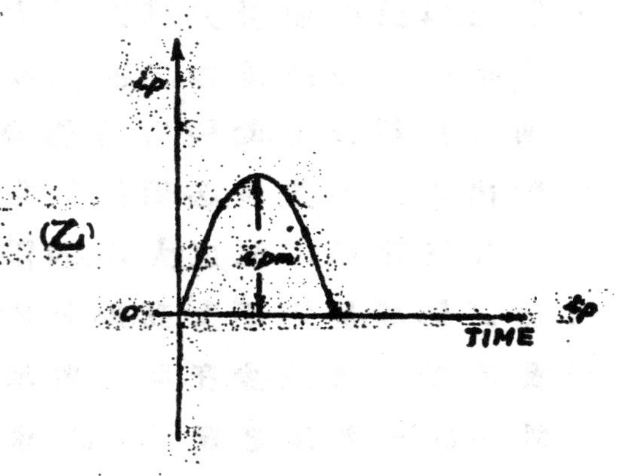

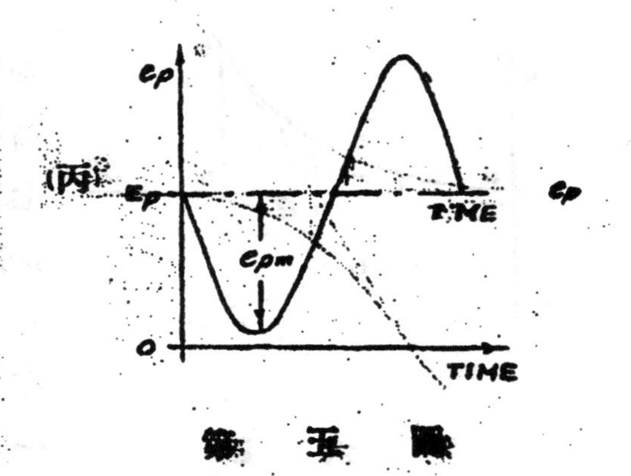

第五圖

有相當之限制及困難。真空管屏極最高散熱量,屏極最高電壓,及最高電流,三者為當然之限制。但如欲得較高之輸出,柵極每需有電流通過,足以使輸出失真。

乙種擴大器之設計 自公式(4)得:

$$4W = e_{pm} \times i_{pm} \quad \cdots\cdots\cdots\cdots (9)$$

以上公式可以一正雙曲線(hyperbola)代表之,其兩漸近綫(Asymptotes)一為 $i_p = 0$ 軸,一為 $e_p = E_p$ 線,如第七圖之A組各線。

由公式(7)屏失為

$$W - w = i_{pm}\left(\frac{E_p}{\pi} - \frac{e_p}{4}\right) = w_L \quad \cdots\cdots (7)$$

如w_L等於所用真空管之屏極最高散熱量,則上列公式為另一雙曲線,如第七圖B線,在任何情形下,真空管工作點不得在此線以上,以免屏極損失電力過大。

如欲得較高電力之輸出,e_g不得不入於正電勢(positive)中,如此則發生柵電流。此種電流,能擾亂其輸入之電壓如上所述,故欲使輸出電力不失真,必須減低電流。

真空管柵電流之大小,固隨柵壓之高低而變動,此外亦受屏電壓之影響。屏電壓加高,則真空管中自絲極所射出電力多被屏極吸收,柵電流減少,在屏電壓E_p時,柵電流隨負荷之電阻R_p而增減。故在同一數值之柵激時,務求負荷電阻之減低,以減低柵電流。

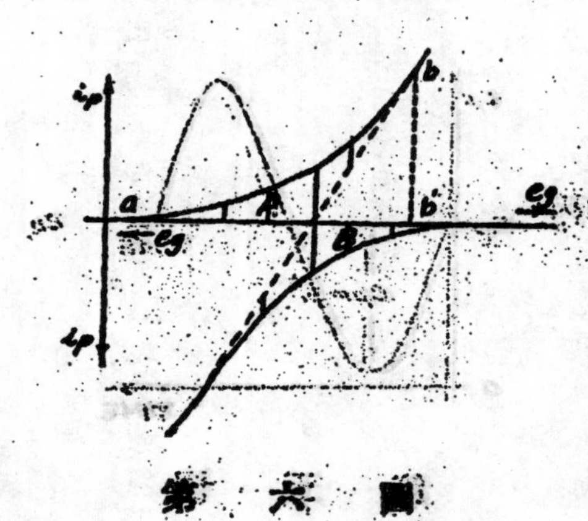

第 六 圖

真空管特性曲線下部為曲形,故在乙種放大時屏電流在無輸出時並不等於零。交流電所需者既為真空管 e_g i_p 之特性曲線之斜度(slope)不變,故並無需一方真空管之屏電流減至零,而另一方面之真空管亦在零,但欲保持其斜度不變,在每一地位A定間之 i_p 皆需最近於B

間之i_p,此種湊合並非易事。

再者此種彎曲所受之影響並不甚大。如按上法湊合,則結果必致柵電壓(grid bias)太低,而損及輸出之電力。故普通習慣所用柵電壓之數值,在使屏電流減至最高則於直線時十分之一,即bb'十分之一。

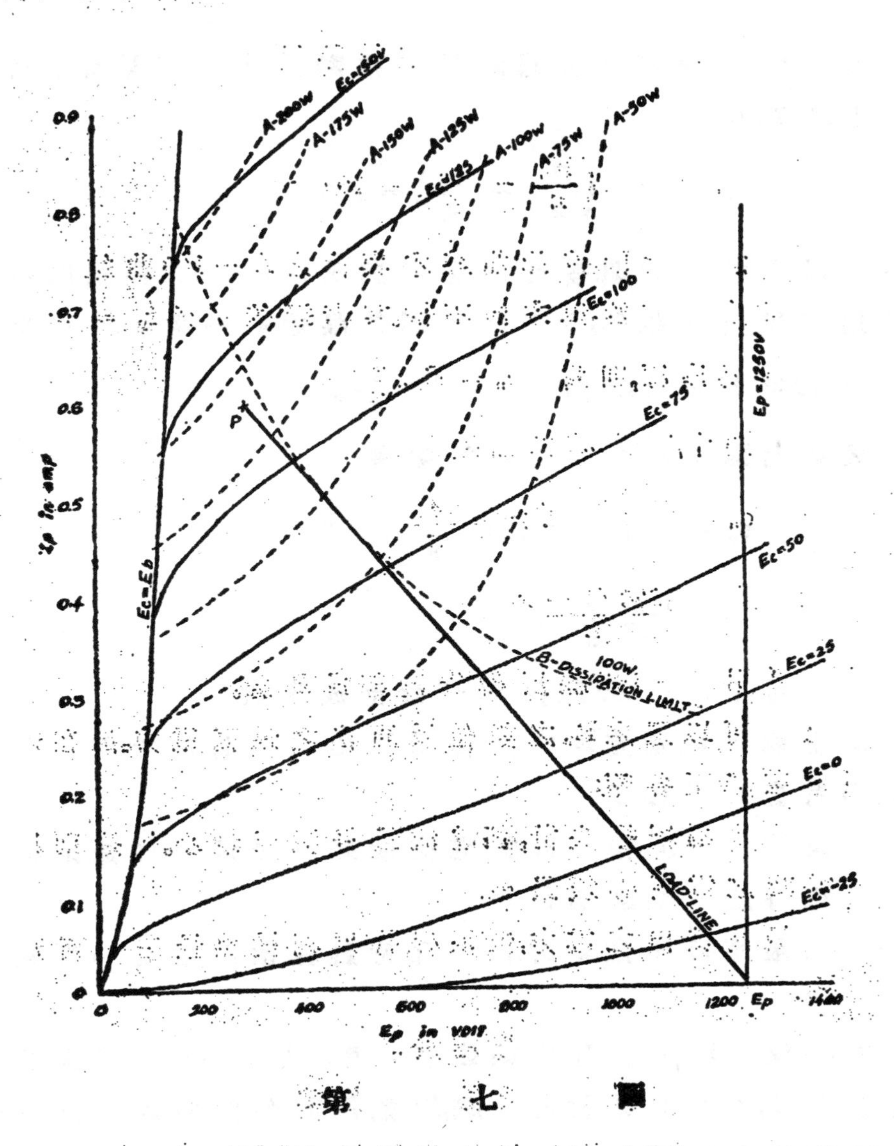

第七圖

今設有乙種擴大器用R.C.A. 203 A真空管兩只,其屏極特性

曲線見第七圖。今將第九公式

$$4w = e_{pm} \times i_{pm} \cdots\cdots\cdots\cdots(9)$$

用不同w之數值畫出若干曲線,表示若干不同之輸出電力,如A組各曲線,每曲線所標之數目爲w之瓦特數。以上各曲線係假設$E_p = 1250V$;今卽以此爲座標,各曲線以　$i_p = 0$及$e_p = E_p$爲漸近線。

UV 203 A眞空管屏極最高之散熱量爲一百瓦特,將此數目代入公式(7),則

$$w_L = i_{pm}\left(\frac{E_p}{\pi} - \frac{e_p}{4}\right) = 100$$

畫一曲線B於第七圖。按此曲線本與前之A－100曲線同一形狀,其所用之尺度亦相等,但方向不同。其漸近線一爲$i_p = 0$;另一如以$E_p = 1250$爲座標,則爲　$e_p = E_p\dfrac{4}{\pi}$。

今用於第七圖中,則其第二漸近線爲

$$e_p = 1250 - P.\ 1250\ \frac{4}{\pi}$$

$$= \frac{1250\,(4-\pi)}{\pi}$$

畫此圖時,可用A－100線反轉安置卽成B線。

由上圖,可以選定R_p之數值及可出之最高電力。但在未決定之前,須考慮以下各點:

(1)爲減少柵極損失計,柵電流最好減至最小。如是則柵在正電時之電壓必須最小。

(2)得最高發出之電力,但須保持屏極散熱量在一百瓦特之內。

畫一線自E_p點貼近B線達於P點。(蓋$E_p = E_o$線,爲屏電流最高之限度;P點不可太近此線,以免用其特性曲線之彎曲部份)是爲負荷線。由此線之斜度可以算出負荷電阻爲

$$\frac{1250-300}{0,590}=1442\ \Omega$$

以上所得電阻為單管電阻。如用於雙管時,需此數之四倍,即 5768 Ω。最高柵極正電壓為 116V。

由第七圖可以看出,所用之屏電壓愈高,則 $(E_p,0)$ 點愈向右移。設屏電壓加高 E_p' 弗,B 綫雖亦向右移動,但其所移動者只為

$$\frac{4-\pi}{\pi}\times E_p'=0.274\ E_p'$$

故負荷電阻在屏電壓加高時亦需加高。屏電壓加高,$e_p=E_p$ 綫向右移動,則 A 組各綫皆隨之向右移動,去 $E_b=E_c$ 之飽和綫漸遠;發出電力可以增加。

自第八圖 e_g, I_p 特性曲綫,最初不同於直綫時為 140 m.A.,則無輸入之屏電流為 14 m.A.,柵電壓須為 −40 弗。

今自第八圖在 UV 203A 眞空管負荷在 1442 區其柵電壓為負電時,輸入電阻永為無量數 ∞。在柵電壓為正 116 弗時,電阻為 100 區。在正 75 弗時,柵電阻為負 1000 區。此負電阻易生振盪之形式,如此,非但使發生聲音不清,並能發生意外電壓,毀壞變壓器之絕緣。欲避此種困難,在與柵極平行處另加一電阻,如第十圖 R_1 R_2。此電阻之數值太大,發生效率甚微,如過小時損失電力過大。今如以電通 (Conductance) 計之。在柵電

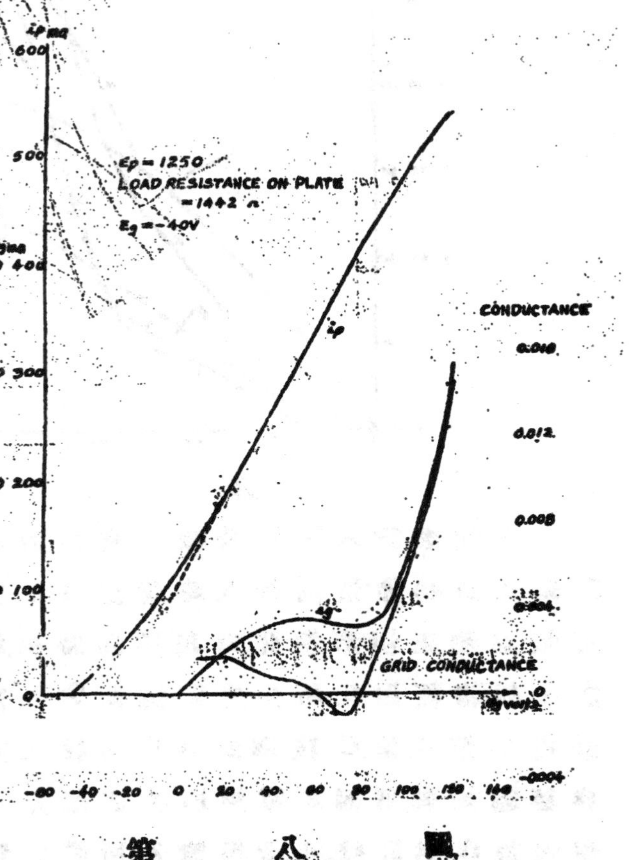

第八圖

6579

壓為 116 弗時,電通為 0.01 mho。在 75 弗時為負 0.001。今欲使柵電通永為正數,則需另加一電通,其數值為正 0.001 mho 或其電阻為 1000 歐。

現需與柵極並行,另加有 1000 Ω 之電阻,如欲設計一變壓器,使其輸出能適合於柵極電阻之總輸入,則須求其平均數。

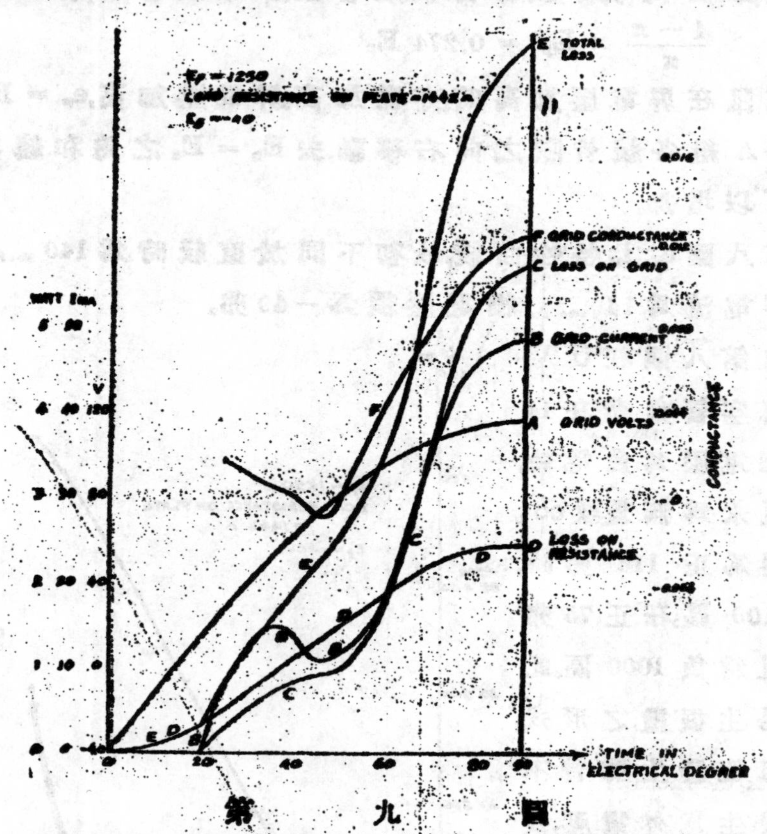

第　　九　　圖

今欲求輸入電阻及輸入電力。由第七八兩圖,柵電壓在無輸入時為負 40 弗;最高輸入時為正 116 弗,則總共為 156 弗。假設輸入電壓隨正切形變化,則在不同時間,柵極所受之電壓如第九圖之 A 線,柵極因此所生之電流如第九圖 B 線。電力損失如 C 線。B 線得自第八圖。C 線則為 A B 兩線之乘積。今如加 1000 Ω 之電阻與柵極並聯,則因 A 電壓所生之電力損失如 D 線。D 線與 C 線兩者相加成為 E 線。今欲得輸入所需之電力,以 E 線平均之,其平均數爲 3.05 瓦特,此即輸入所需電力。柵極電通,蓋於第九圖成爲 F 綫,今加入 0.001 之電通,只須將其座標改下 0.001 mho,以此求得其平均數爲 0.00452 mho 或電阻爲 221 歐。

由以上所得結果列表如下:

眞空管	RCAUV203A
屏電壓 E_p	1250 V
屏極最高散熱量	100 瓦特
柵電壓 E_g	—40 V
最高柵電壓	116 V
無輸出時屏電流	14 m.a.
最高輸出時屏電流	600 m.a.
最高輸出時屏電流平均數	600/π = 192 m.a.
負荷電阻	1412 歐
最高輸出	140 瓦特
柵極並聯電阻	1000 歐
柵極輸入電阻	221 歐
輸入電力	3.05 瓦特

乙種調幅器之變壓器　無論何種成音週率(Audio Frequency)

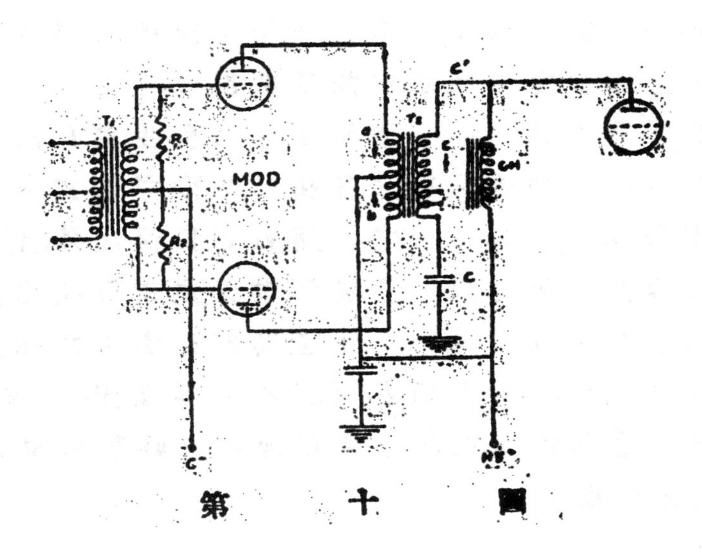

第　十　圖

變壓器,欲求其不失眞及效率高,必須:

(1) 減低銅鐵各部之損失;

(2) 減低激動電流(Exciting Current);

(3) 加高輸出與輸入線圈之偶數;

(4) 減低不同頻度時所生影響。

在乙種調幅所用變壓器,則更須注意下列數點:

(5) 由高電壓所生絕綠問題;

(6) 配合電阻(impedance matching)。

今略分述如下:

(1)減低銅鐵之損失—— 銅線之損失,完全在於所用銅線之電阻。故在可能範圍內,使圈數減少,及每圈平均長度減低(mean length)。鐵部之損失,因其頻度之增高,其損失較普通電力變壓器爲小。但在此種作用中,其電力得來不易,故須更減少其損失,以得較高之輸出。設計變壓器,減低損失,尚無一定之公式。祇有用試探(cut and try)法,試設計功用相當而銅鐵量各不同之變壓器多只,在每只算出其銅部與鐵部之損失,用兩種損失之合畫成一曲線,取其最低點而決定其最終設計。在製此曲綫時,如銅部增加,加多圈數,則鐵部所留之綫圈空處亦必增加,每易增加鐵量。如鐵部之切面(Crossection)加大,則銅部因每圈平均長增加,銅部亦可增加也。此外所用之鐵質尤需注意,以減低其損失。

(2)減低激動電流 —— 激動電流之發生,與有用電流不同向(Out off phase)。如鐵質損失甚少時,激動電流與有用電流大約成九十度角。其對於眞空管之作用,如在負荷之外,另加一電感(Inductance)。負荷綫因之成一扁圓形,其頭尾兩部超出眞空管之直綫部份因之失眞。故欲免此,需用較高感磁力(u)之鐵質,以減此弊。如無直流電通過變壓器鐵心,可以不用空氣隙(air gap)以加高磁力。激動電流之問題,尤須注意其在低頻度時,蓋頻度愈低則激動電流愈須加多也。

(3)加高輸出與輸入綫圈之偶數(Coupling)——此種問題,完全在於兩綫圈之紋法。但偶數愈高,則紋綫時之手續愈繁。今試舉二例如十一圖

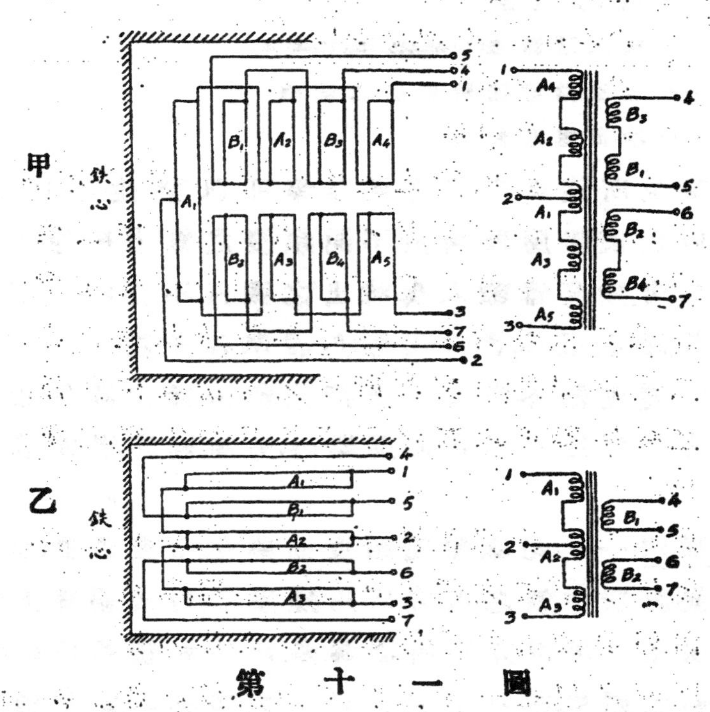

第十一圖

以上兩種紋法,皆能得較高之偶數。但輸入與輸出綫圈接觸之面積加多,必需注意其電壓及絕緣。

(4)減低不同頻度時所生之影響——變壓器可以演化成下列綫路:

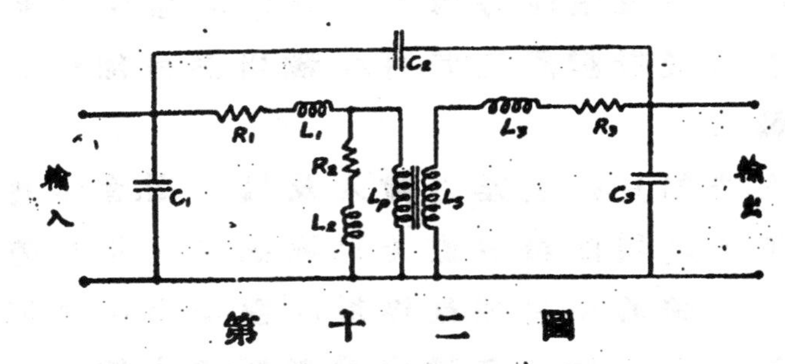

第十二圖

R_1——輸入圈電阻

R_2——鋼心中損失電阻

R_3 —— 輸出圈電阻

C_1 —— 輸入圈電容(Distributed Capacity)

C_2 —— 輸入與輸出圈間所生電容

C_3 —— 輸出圈電容

L_1 —— 輸入圈漏感(Leakage inductance)

L_2 —— 因激勵電流所發生之電感

L_3 —— 輸出圈電漏感

以上各項及所連眞空管之電容等可以發生不同之協振(Resonence),因而使變壓器對於不同頻度之電力發生不同之增損。吾人所希望者,變壓器輸入與輸出之關係不受頻度影響。但以上各項之計算,除電阻外,皆甚困難,亦難準確。故設計亦須用試探法。頻度關係,除變壓器外;尙與其所接之部份發生關係。故在製造少數或較大之變壓器,可以在變壓器外,另加電容,電感或電阻,以得直綫之輸出。

(5)絕緣問題—— 絕緣體隨頻度而變化。頻度愈高,則絕緣愈弱。故在此種變壓器中,較之電力所用變壓器,對於絕緣尤需注意。驟電(Surge)關係易較電力變壓器爲多。此外如接頭(Terminal)等亦須量其電壓而應用。在一千瓦特以上之變壓器,需加油箱以增絕緣及散熱之效能。

(6)配合電阻—— 眞空管最高之輸出,必需在其最優之負荷電阻。故電阻之發生變化,足以影響其輸出。依作者經驗,被調幅之眞空管,其屏極電壓及電流,每因別種關係,與原定之數值不能完全符合。故在初次設計變壓器時,可在輸出圈,另加接出綫數處,以配得其最高輸出。

爲製造經濟起見,變壓器之輸入及輸出圈,皆不可有直流電作用發生。推挽式之綫圈,雖有直流電通過,其作用只有增加銅部之損失。所發生於鐵心中之磁性作用因兩個半圈之直流電方向相反,互相抵消。故最好輸入與輸出變壓器(第十圖,T_1 T_2皆爲推挽式。但如T_2其輸出非推挽式,如直流電通過其輸出圈,發生直流磁場於鐵心中,方向如第十圖C。在a真空管發生作用時,所發生磁綫與c相加,b真空管與c相消,因此推挽式失其平衡關係,故在此情形必需加接c與CH,使直流電不能通過變壓器。案第十圖中原無妨將c裝於C'處其功效不變。惟在完美之變壓器其輸入與輸出綫圈層疊如第十一圖。後者接法使輸入與輸出兩圈受不同之高壓,而更易損壞。

參　考　書

1. Manfred Von Ardenne "On the Theory of Power Amplification" Proceeding I.R.E. P193 1928.
2. Koehler "Transformer for Audio frequency Amplifier" P1763 I.R.E. 1928.
3. Hutcheson "Application of Transformer Coupled Modulator" P951 I.R.E. 1933.
4. Barton "Tube Consideration in Class B Amplification" Aug. 1934 Broadcast News.
5. B. J. Thompson "Graphical Determination of Performence of Push Pull Amplifier" P591 I.R.E. 1933.
6. C. J. de Lussanet de la Sabloniere "Design of Class B Amplifier" Philips transmitting News V.I. No. 2.
7. Kilgour "Graphical Analysis of Output tube Performance" P43 I.R.E. 1931.
8. Barton "High Audio output from Relatively small tube" P1131 I.R.E. 1931.
9. Davis and Trount "Westinghouse Radio Station at Saxonburg, Pa" P921. I.R.E. 1932.
10. R.C.A. Bulletin-50.

紙型與建築

(本年度中國工程師學會朱母獎學金給獎論文)

吳華慶

為符合本刊體裁起見,本篇文字經略加刪改。——編者附識

(一)引言

建築師或土木工程師在設計某房屋以後,必示其圖案於業主,然後命工人按圖建造。然多數業主每缺乏工程知識,僅根據圖案,不能完全瞭解該房屋內容之一切,而每於房屋完成後有不滿之點。故事前有備模型之必要,俾業主可以按型詳察,毫無隔閡。尤有進者:各種建築工人,雖能按圖工作,究不如對具體而微之模型之一目了然。更有若干新進之建築師或工程師,在設計一房屋時,雖自覺滿意,然造成之後,實際上又有若干不如人意之處。如有模型,則可預先詳細觀察實際情形,將計劃加以改善。

現時製造模型,大都係用木料,故須僱用木匠及漆匠,所費較大,需時較多,而出品有時仍不免粗糙之弊。若採用紙質模型,則可以自製,需時不多,成本又輕,出品亦靈巧可觀,舉凡木製模型之弊病,竟可完全避免矣!

(二)製造紙型之工具與材料

(一)紙料——紙料之優劣,影響作品最大。所謂優良之紙張至低限度須合下列各條件:

(甲)須薄而堅韌,厚則摺展不便,每有脫節之處。如牆角以一薄紙

影(一)製造紙型之工具及材料

(1)卡紙(2)刀(3)玻璃(4)繪圖儀器(5)墨水(6)顏料(7)膠水(8)木軋(10)打洞機

影(四)　本文作者及其手製紙型

影(二)及(三)　一二八事變前上海北站房屋之紙製模型

影(三)屋頂上之圖案係象徵一二八之無情砲火

影(五)　軍艦之紙型

影(六)及(七) 公共汽車之紙製模型

影(八) 汽車軍艦飛機等之紙製模型

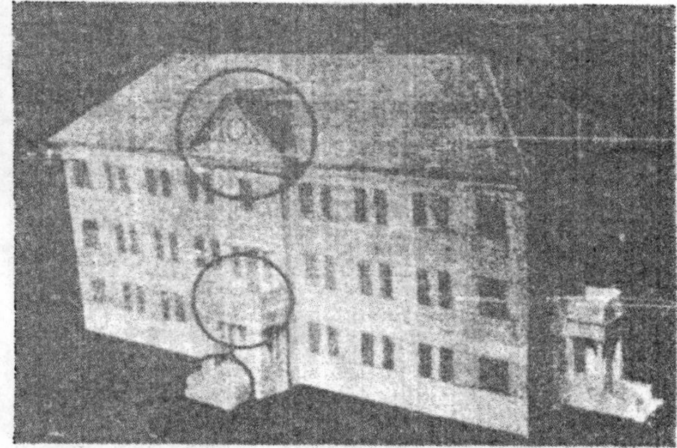

影(九)至(十一) 某房屋之紙型(上中兩圖)與實物(下圖)之對照

摺成,其邊當爲一直線,(如圖一甲),若易以厚紙,則必顯露三平行線(圖一乙),對於實際情形卽不吻合。

(甲)

(乙)顏色須潔白,方可隨心所欲,任意着色。否則,雖具丹青妙筆,未免有美中不足之憾。間或需用他種單純色者,則可逕用該種色紙,當强於自塗顏色。

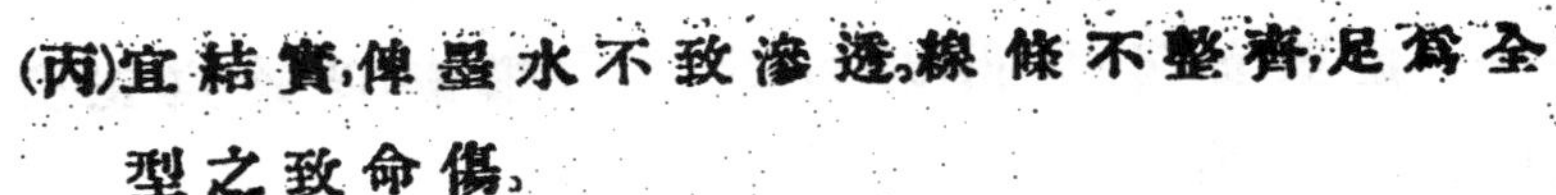

(丙)宜結實,俾墨水不致滲透,線條不整齊,足爲全型之致命傷。

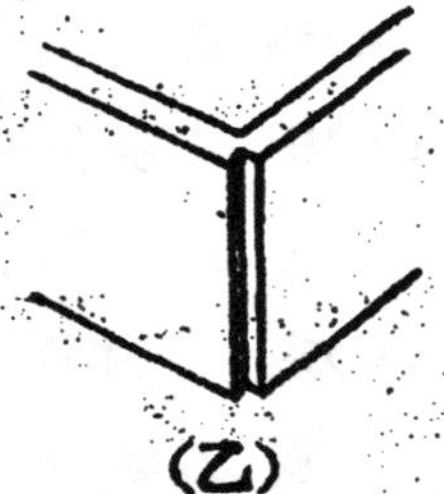

(乙)

圖(一)

(丁)須易於黏貼,且貼後牢着,方合實用。

綜觀以上各點,可知最不宜於製作精細紙型之紙料爲馬糞紙,而白色卡片紙張(簡稱卡紙)實爲上乘。代表窗戶玻璃之材料,如模型內部空虛,可用半透明紙(印圖紙)充之;如室內亦有裝飾,則當用全透明紙。

(二)刀

(a)手工刀——須備二種,一爲平鋒,便於豎切,一爲斜鋒,便於橫割。刀柄上宜繫以絨繩,否則,皮膚每易因摩擦而起泡。

(b)剃刀片——以一邊有包鐵者爲最適宜。

(c)剪刀——大小各一,鋒須尖銳。

(三)玻璃——爲襯割紙用,其質不必優良,因易爲刀鋒破壞之故。

(四)繪圖儀器——基本儀器當爲鉛筆,尺,圓規,三角板,丁字尺,直線筆,及量角器等等。其他配件,視需要而定。

(五)畫圖墨水——以黑爲主,各色輔之。

(六)水彩顏料

(七)膠水

(八)夾子——(甲)木衣軋;(乙)鐵絲夾。

(九)線

(十)打洞機

(三) 紙型之製法

(甲)工作之步驟

紙型之完成,必先事計劃,然後草擬圖樣,繪諸卡紙,再事切,剪,以及雕剝,摺疊,黏貼。玆將各項工作逐一申述如下:

(一)規劃—— 關於製造實物模型,所根據之資料有下列四種:

(a)根據藍圖—— 此法最精確而合實際工程應用。

(b)根據照片—— 藍圖如不易得,則可就實物攝影,以確定正旁各面之形狀,照比例繪圖。

(c)實地測繪—— 如幷照片亦不可得,則可就實物視各部分性質之輕重,分別用儀器測量或用目察,作簡明記錄。此法間或可與第二法並用。

(d)約略估計—— 如三者皆不可得,估計法亦可應用,但有如自由寫生,祇能象其形而不可求其正確也。

資料既得,則應考慮模型之比例尺,何處宜由整紙摺疊?何部宜由零塊拚成?材料之應用,支部之黏合等問題,並計算各項未知尺寸,然後擬就草樣。

(二)繪圖—— 依草樣之規定,用紅鉛筆按尺寸一一繪於大卡紙上。所謂草樣者,祇表示何處宜切去何處宜輕輕劃道等,如圖(二)所示。草樣既竣,模型已具雛形,已可直接裁貼而成實物。然欲求其逼眞,猶須加繪圖案,使屋有瓦,牆有磚,庶維妙維肖。但此時祇可以儀器繪其形廓,着色則須在黏貼之後,以防指印之沾污。

(三)切,剪,剝,劃,—— 草圖內所畫之線條,或爲切斷線,或爲劃道線,須有所區別。暫規定如下:(參閱圖二)

(a)連續線————須切或剪斷者;

(b)等點線…………須在正面輕輕劃道者;

(c)不等點線—·—·—·—須在背面輕輕劃道者。

劃道之作用,在便於摺折,否則其摺縫必不能成直線。摺向前者,

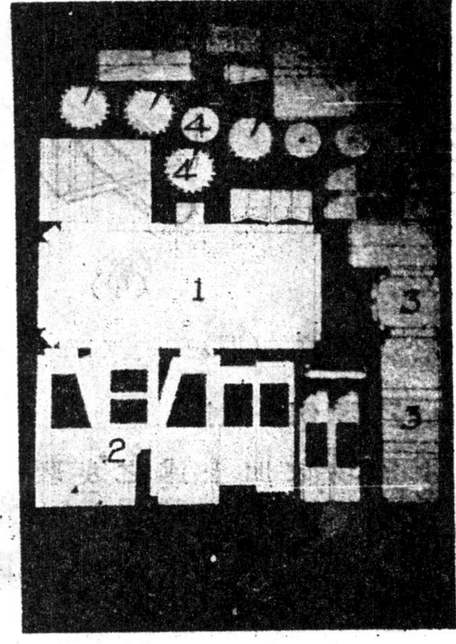

圖 (二)

劃道於後,其理甚明。剪,速而不直,故以切爲尙。精細處則須小心雕刻。

(四)摺疊—— 膠合之前,宜依綫摺折,以利黏貼。

(五)黏貼—— 兩紙相接,端賴膠質。此步手續,實重要而困難。膠水有一種特性,即其黏性與黏貼之時間成正比。當初黏時,其黏性等於清水,如無相當方法湊緊,必復鬆散,但維持若干分鐘後,即牢牢緊貼。維持之法約有數端:

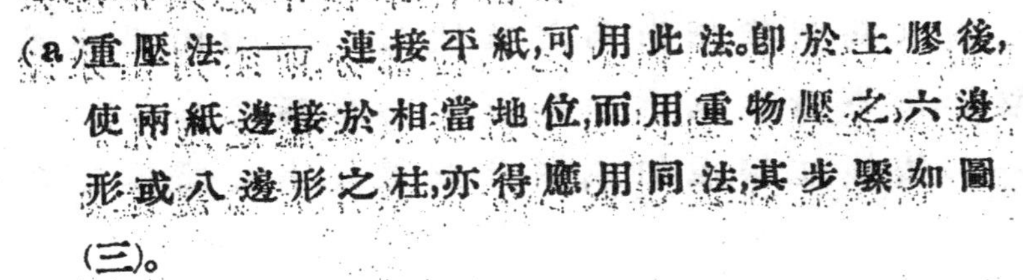

(a)重壓法—— 連接平紙,可用此法。即於上膠後,使兩紙邊接於相當地位,而用重物壓之。六邊形或八邊形之柱,亦得應用同法,其步驟如圖(三)。

(b)夾攏法—— 凡成立體之形,即難應用重壓法,但可用夾子將兩邊夾攏以維持之(圖四甲)。

(c)綫繞法—— 或有無隙加夾者,當用綫環繞其

(備用之紙)

(壓在書下)

(乾後拼開)

圖 (三)

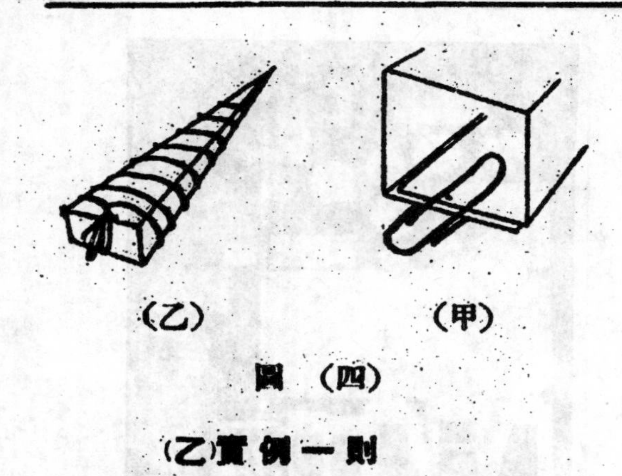

圖 (四)

周圍即不致鬆散,待膠乾後再解散之(圖四乙)。如無法可用工具維持,祇得以手指按捺若干分鐘。

(六)白胚製就後,乃在各部着色。

至此一具紙型卽告完成矣。

(乙)實例一則

今舉下例以說明上述之步驟:

(一)規劃—— 放學回家,以公共汽車代步.車行後,獨坐無聊,乃環顧車身,詳察其車廂,車頭,座位,窗戶等之形狀,記其大概,估其高寬,靜心盤算,預備製成紙型。

(二)草擬圖樣—— 返家後隨手抽紙提筆,將車之輪廓,草草描出。分析其各部如左:

A. 幹體:

(a)車身 (b)車廂 (c)機頭

B. 配件:

(a)座位 (b)車輪 (c)機輪 (d)梯級

(e)活門 (f)輪葉 (g)廣告燈 (h)軸托

(三)繪圖—— 草圖既畢,乃規定尺寸,務使各接合處在在相稱,然後繪諸卡紙。其草樣已見圖(二)。欲求醒目,草樣中之須摺疊及切劃處,可用紅鉛筆鈎劃,詳細描寫之其他部分,則須用墨水繪畫。畫時如加陰影,則更覺生動(例如影五所示軍艦之炮孔)。

(四)分切摺疊—— 依據紅線,或切或劃,分成散片。有虛線處則摺屈之。

(五)各部黏合—— 下列各部之黏合,如圖(五)至(九)。各圖中之(一)示如何繪畫及切劃.各圖中之(二),(三),等示摺疊黏合之次序。製成之模型全體見影(六)及(七)。

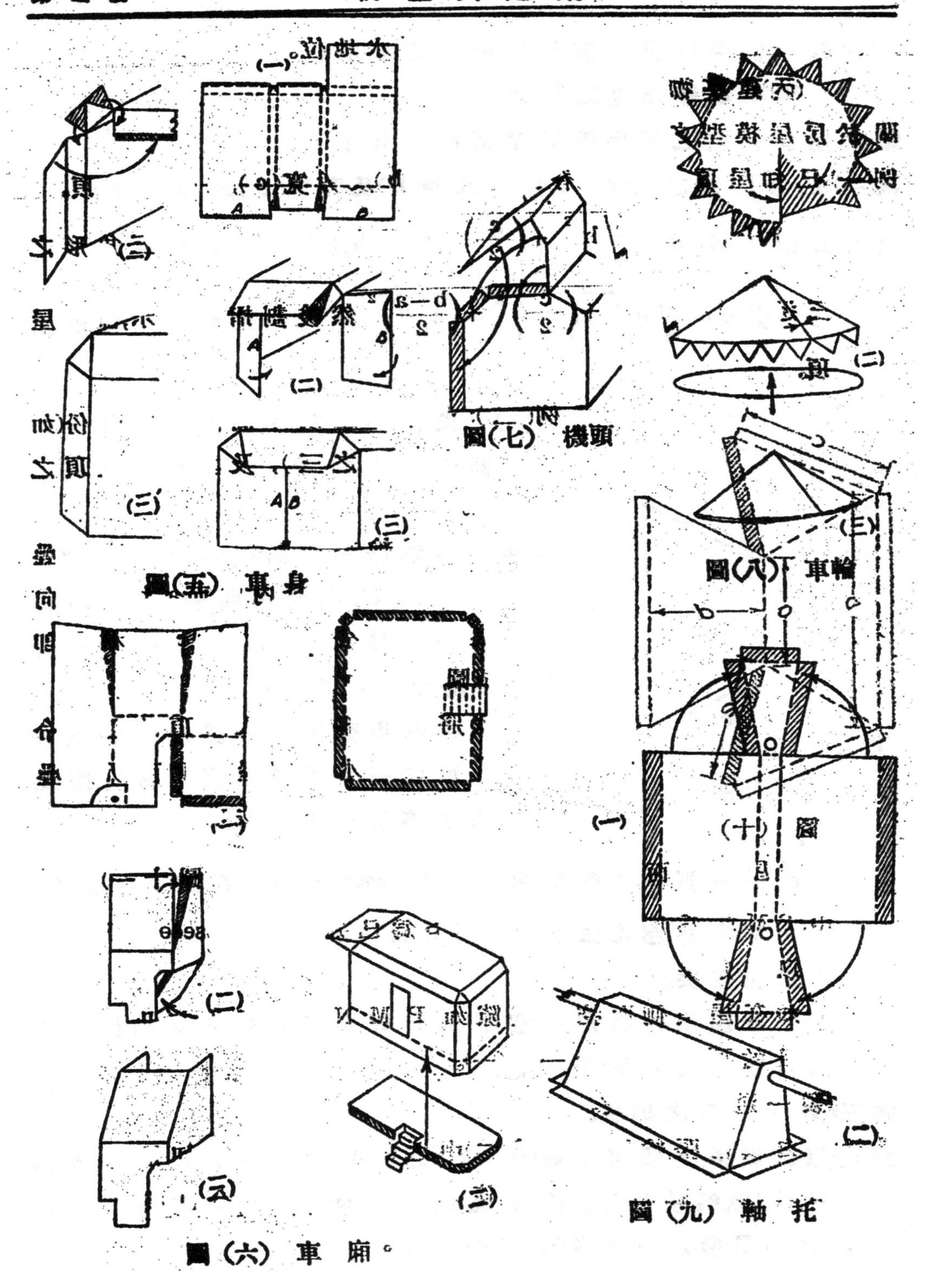

圖(六) 車廂。

「註」圖中畫平行排線部分表示上膠水地位。

(丙)建築物紙型之設計

關於房屋模型之局部設計,舉例數則如下:

例(一):已知屋頂之高(h),脊長(a)底邊(b)及旁寬(c),求作此屋頂。

製法:如圖(十),令 $d=\sqrt{h^2+\left(\frac{c}{2}\right)^2}$ (因 d, h,及$\frac{c}{2}$成一直角三角形之三邊)及 $e=\sqrt{h^2+\left(\frac{c}{2}\right)^2+\left(\frac{b-a}{2}\right)^2}$ 然後剪摺如圖示,即成屋頂。

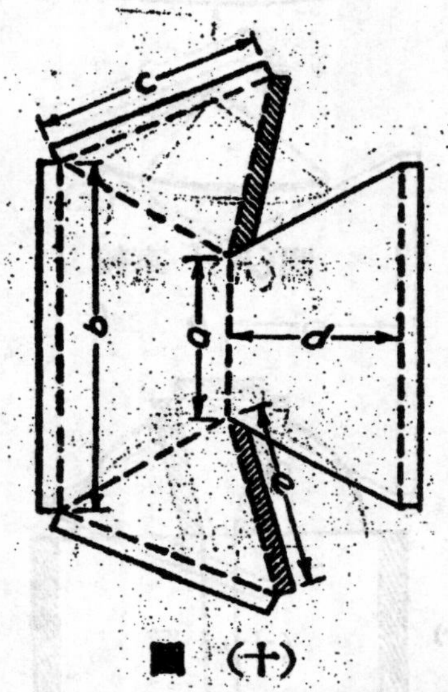

圖 (十)

例(二):求作一屋頂中間凸出之部份(如圖十一中之三),及其插入屋頂之法。

製法:用白紙繪畫如圖(十一)之(二)。摺疊時,令G, H, K, 向內曲,而a, b, c, 更向裏曲,然後令 a, a'; b, b'; c, c'; 相合,即成圖(十一)中之(三)。

欲將凸出部份嵌入屋頂時,必須令EF成一水平線。屋頂側面所應疊去之部份,可用下法求之:

設屋頂側面之傾斜角爲 θ,則 $\cot\theta=\frac{h}{\frac{c}{2}}$。在圖(十一)之四)中,PMN 爲應挖去之部份。QS 爲已知,PS = QSsecθ,則 PMN 可以決定矣。

如在屋頂側面挖一空隙如 PMN,然後插入其凸出部份,則目的可達,如圖(十一)之(一)。

例(三):製一通常之烟突。

製法:用白紙兩張,繪製如圖(十二)中之(一)及(二)。依線切摺,即各成(三)及(四)。然後黏(三)於(四),使aa', bb', cc', dd', 相合,即得。

例四):製一圓形頂蓋,如圖(十三)中之(一)。

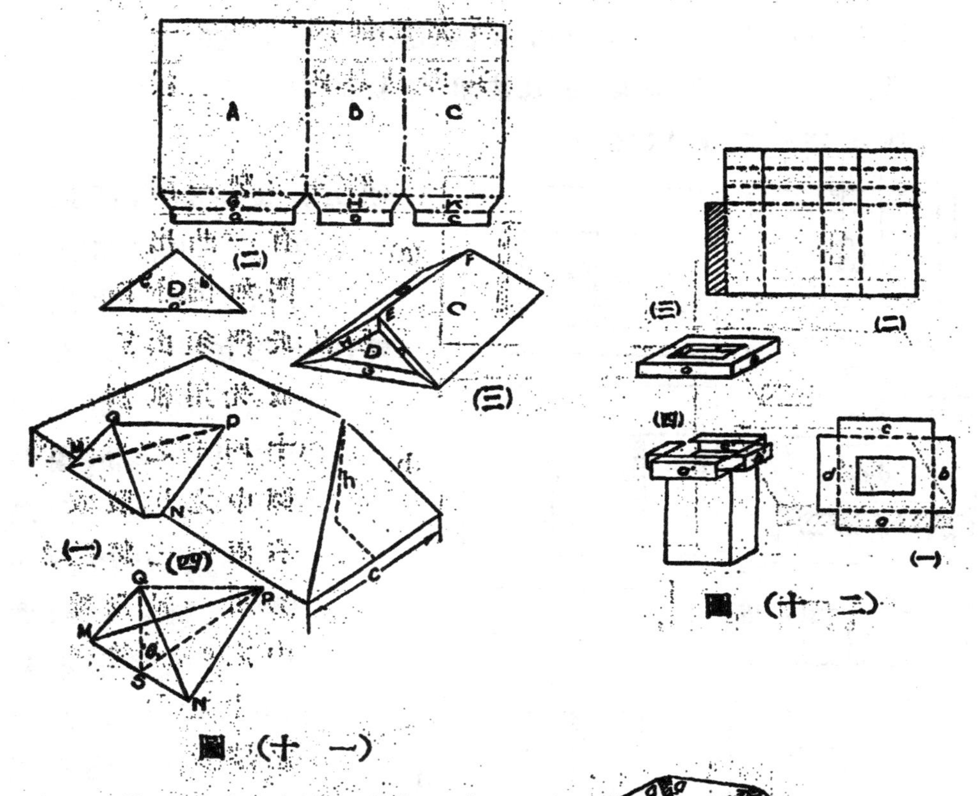

圖(十一)

製法:在白紙上畫兩同心圓,如圖(十三)中之(二)。在較小之圓周上用圓規切成若干等分,如ABCDEF最後之部份AF,爲留作接合之用者。其空隙可隨意,愈窄者其所成之圓錐形愈矮。次彎曲該紙,使G G'相合。該相合處因受張力,故常易脫散,須用夾子夾住,俟膠水已乾,方能取去(如圖中之(三))。然後將圖上之若干梯形,如A,

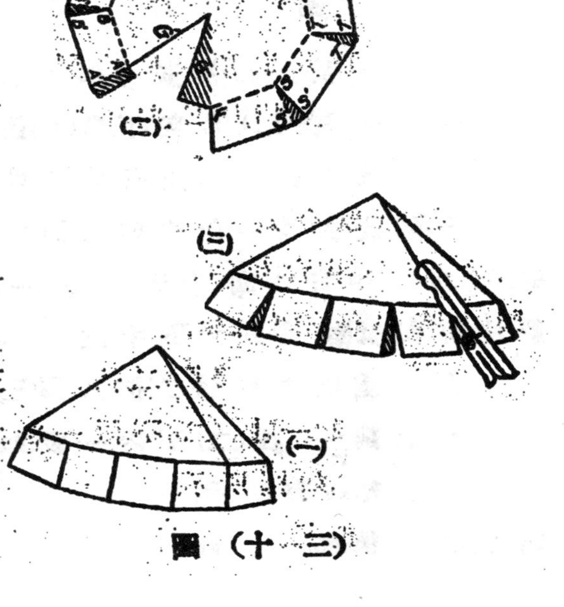

圖(十三)

A' B,B'; B B'' C C'';…………曲折黏住,即成圖中之(十)。

欲用紙作一完全球面形,甚非易易,此爲紙製模型缺點之一。前法爲一種近似之方法。

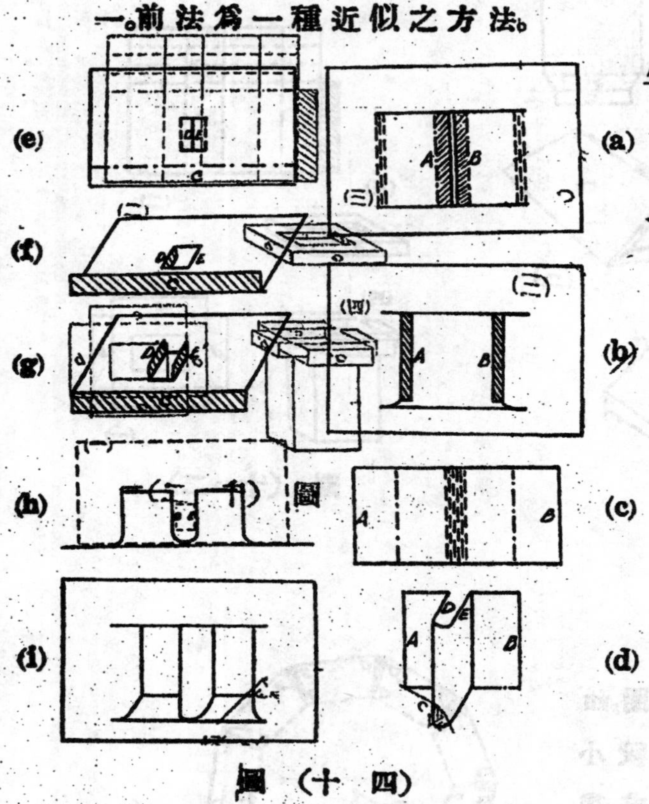

圖(十四)

例(五):製一兩扇凹進(中有一凸出之牆)之大門,如圖(十四)中之(九)。

製法:此門須由三部分拼成。先用紙劃線如圖(十四)中之(a),摺疊如圖中之(b),製成門左右兩側之牆壁。然後另用一紙,劃線如圖中之(c),然後摺疊如圖中之(d),作爲凸出之牆。及兩大門,貼於前紙,使AB相合,則門之形廓已成。欲使其穩定而不搖動,必須加頂及底。頂及底之製成,有如圖中之(e)(f)及(g)。圖(f)係頂狀,C向上摺,D E向下。圖(g)係底狀,D,E向上摺,C向下,黏在前二紙之合成物上,使C D E均各相合,圖中之(h)即其頂圖。三紙既合爲一,此門即已製成,如圖中之(i)。

例(六):作一平台,如圖(十五)中之(一)。

製法:將厚紙繪成圖(十五)中之(二)(三)兩圖,切下合圖(三)之L P R互相垂直,再將圖(二)插入圖(三)之縫中,使a嵌入a' b嵌入b',即成圖(一)。圖(二)不限一紙,如並用大小數張,則可分出凹凸之層次,如圖所示。

例(七):製一樓梯。

[illegible]圖(十六)中[illegible]abcd[illegible]bd[illegible]將 bd,[illegible]

[illegible]將 bg 及[illegible]一

旁之小塊,須上膠後黏於 ijkl 上,[illegible]之

地位。

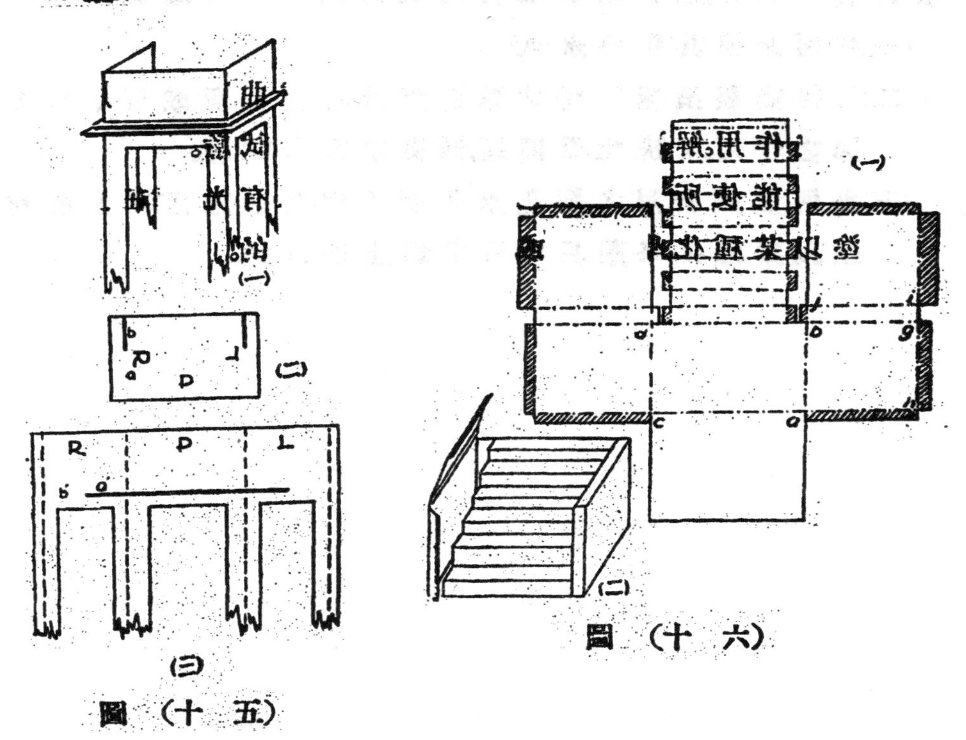

圖(十五)　圖(十六)

(四) 紙製模型尚待改進之點

據作者經驗所得,紙製模型有下列三種缺憾:

(一)不能耐久　模型既係紙製,當然缺乏耐久性,如日曬或受濕,皆易使其損傷,尤以屋頂及牆壁之連接處,最易坍塌。故所用紙質,宜以堅韌者為上選。至於連接處之坍塌,則可另用紙條嵌入頂住之。

(二)球形及曲面之難於製造　欲用一平面紙張製成球面或曲面形(如我國宮殿式房屋之飛檐等),殊非易易,紙得間或用他種原料如泥或木等代替之。

(三)着色不易　紙製模型之圖案。較爲精細，着色用漆，甚不方便。如不用漆而用顏料。則不易均勻。補救之法，可用各色等距離平行線條代替之(參觀影九及十)。

作者此後之工作。即在研究如何能改善紙型之各種疵點：

(一)如何能使其保持永久？

(二)如何能製造極平滑之球面形及他種曲面：或可用加熱壓榨之作用。解决此項問題，惟尙未實際試驗。

(三)如何能使所用之顏色永久而不變，且有光澤？在上色前後，塗以某種化學藥品，或可達到上述目的。

加固橋梁電銲法

嵇銓譯述

近代鐵路車速增高，軸重加大。尤以電氣化之鐵路爲然。因此舊有橋樑往往不勝負荷。非改建或加固不可。昔日加固之法。均用鉚合，需費甚鉅，工作亦難，故改建與加固，究以何者爲經濟須事先研究比較。方能決定。今也電銲發明，鋼質建築物之加固及修理工作上起一大革命；加以X光綫檢驗銲工之堅度非常可靠，近來用途日廣，經驗愈富，較鉚合法經濟上爲省，質地上爲優，歐洲各國，骎骎乎將以電銲爲加固橋樑之唯一辦法。英國採用此法最早，成績甚優，僅澳洲一處至一九三一年末，用此法加固之橋已有七十三座。德國採用較遲，但近年進步神速，許多工件頗有借鏡之價值，此文引用之實例，均取自德國，即以此耳。

(一)電焊法之優點　此法之優點有七：

(甲)電銲工作進行時，並不妨礙行車，舊有鉚釘毫不牽動橋樑負荷力，無一時減少者而隨銲工之進行增加。

(乙)工作架(脚手)可用極輕者，發電器毋須置於橋上。

(丙)設計者對於加固各件之佈置，有完全自由，例如增大桿件之惰性力率，或放大其截面，可完全照需要辦理，並無絲毫顧忌。

(丁)有時添設托翅(Bracket)減輕鉚釘負荷，建築物之壽命大爲增加。

(戊)此法可將接縫銲蓋，原係豁露截面可變成掩藏截面，使鋼料與空氣接觸之總面積減少，銹蝕機會自少，重油工價可以減省。

(己)電銲工價，僅佔新橋價，極少之百分數，且加固後建築物在技術上較原來鉚合法為優越。

(庚)電銲法較鉚合法為絕對經濟 觀圖(一)加固 1600 公釐工字樑,用

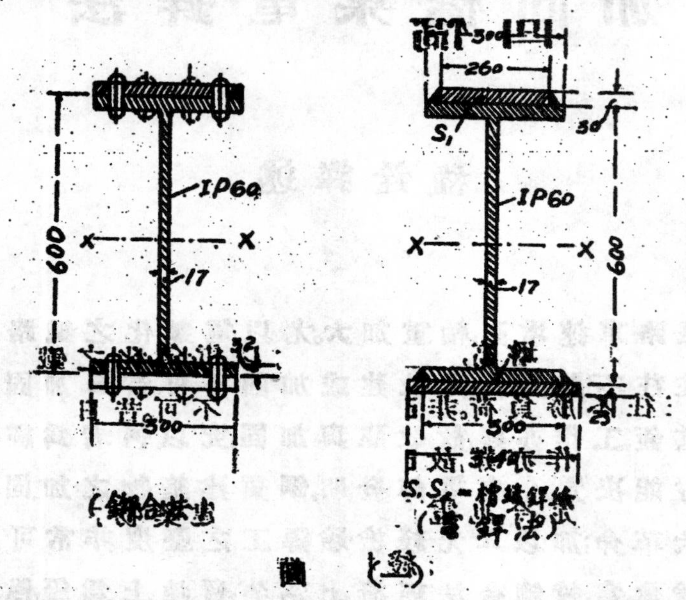

圖 (一)

鉚合法與用電銲法之比較,難易立見:(一)用鉚合法須鑽成釘孔,致肢緣弱化。電銲法無此弱點。(二)用鉚合法須將上下肢緣之兩面,刷淨油漆,方可開始鉚工;用電銲法只須收拾肢緣之上面即可。(三)銲條極易佈置,無仰首工作之必要,較為省工。(四)用電銲法無鈑縫,水汽不易侵入。

(二)加固桿枝之通常佈置 加固構件之設計,須隨構式,肢緣,及負荷內力弱化程度而異。茲姑擇要舉通常辦法數例如左:

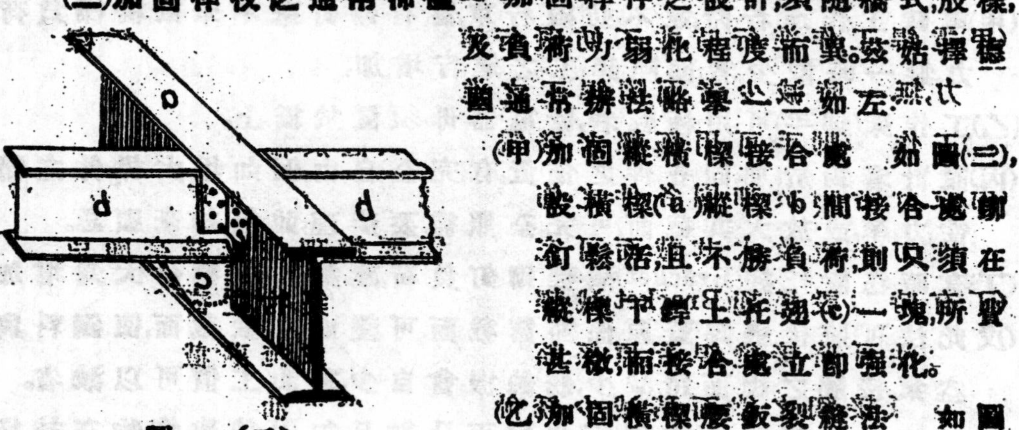

圖 (二)

(甲)加固縱橫樑接合處 如圖(二),設橫樑(a)縱樑(b)間接合處鉚釘鬆落,且不勝負荷,則只須在縱樑下銲上托板(c)一塊,所費甚微,而接合處立即強化。

(乙)加固橫樑裂縫法 如圖

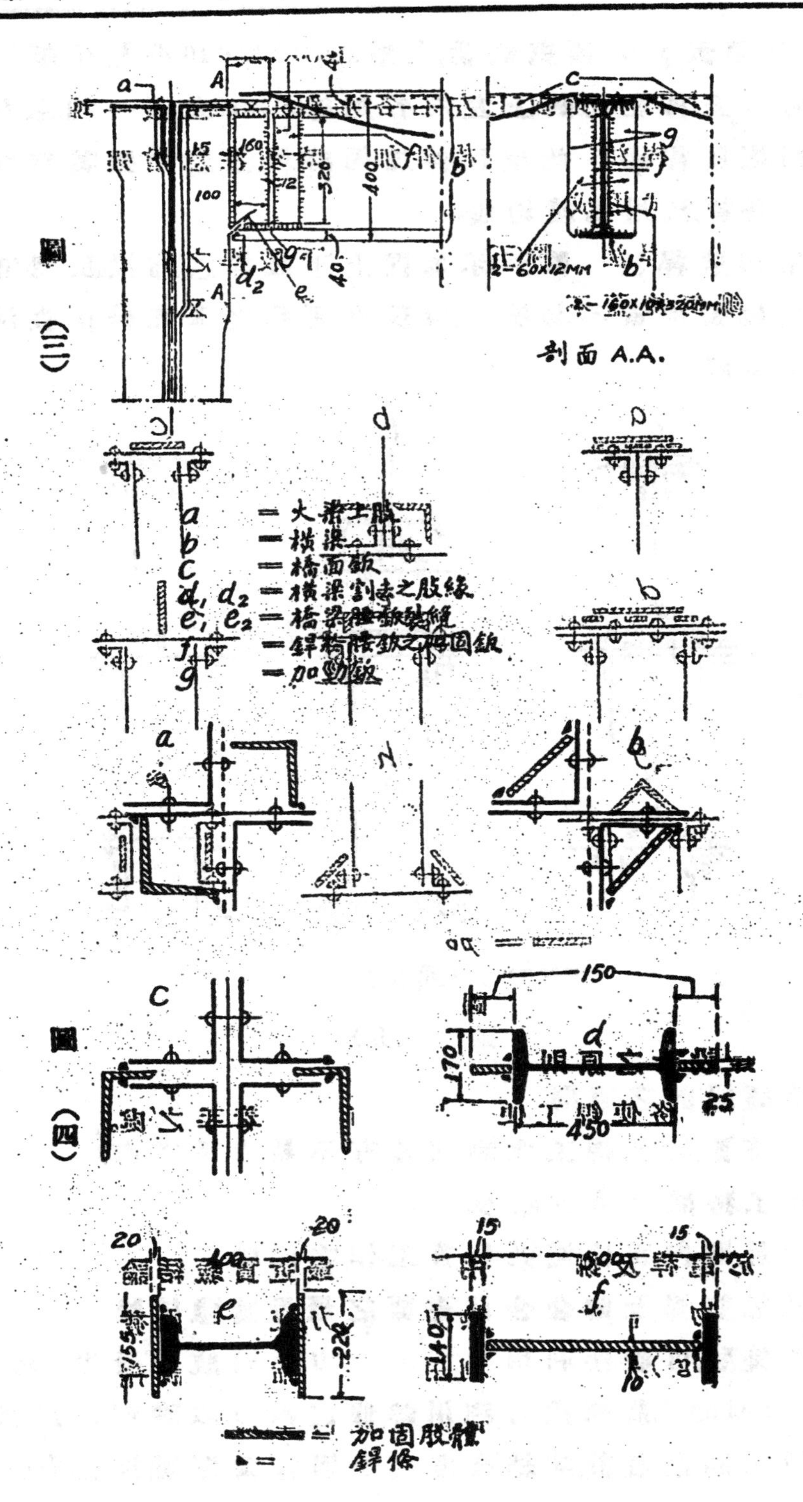
圖（三）
剖面 A.A.
a ＝大樑上肢
b ＝橫梁
c ＝橋面鈑
d1 d2 ＝橫梁割去之肢緣
e1 e2 ＝橋梁腹鈑裂縫
f ＝銲構腹鈑之加固鈑
g ＝加勁鈑
圖（四）
加固肢體
銲條

(三)橫梁腰鈑靠大樑處裂縫,先用160×320×10公釐平鈑兩塊,夾腰鈑而銲上,再在此鈑上左右各加銲60×12立鈑一塊,以作勁桿。

(丙)加固桁樑腰桿法　此頂桿件加固時,須注意增强其抗彎力。圖(四)所示各樣,試用成績均優。

(丁)加固桁樑肢桿法　圖(五)示加固上下肢桿之佈置。反對者以爲此法將鉚釘掩蓋不易檢查,但現有可靠之X光綫檢查法,此層亦毋庸多慮。

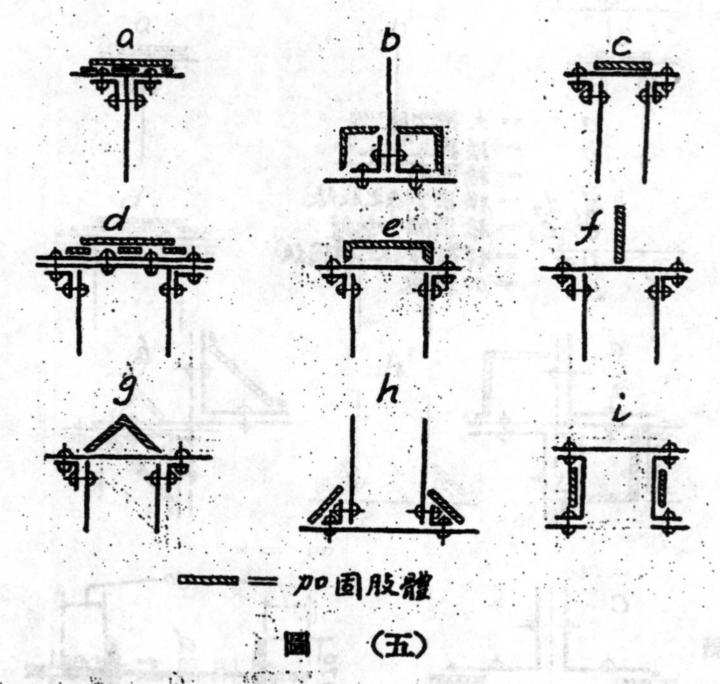

圖 (五)

(三)電銲設計之原則

(一)銲條之佈置,務使銲工便利,切忌有不易着手之處。

(二)所需銲工,務減至最少限度。

(三)在可能範圍內,務使避免仰首工作之困難。

(四)關於電桿及鉚合合用建築之最近實驗結論

(一)加固建築物,可設法利用熱力或水力,使構肢內發生「先在力」(Prestressing),將來或可利用銲條之縮力,以調劑內應抗力。

(二)凡任何加固之設計,其結合處之幾何型,爲影響「抗疲力」(Fatigue

Strngth)之主要原素。至於銲條之長向變形(Elongation),抗拉力(Tensile Strength),抗震力(Notch Impact Value比較的尙爲次要。

(三)銲條之准許抗力,須設法利用至最大限度,以便減少銲條之長度。

(四)鉚釘准許應力,只可用至最大限度三分之二。

(五)試驗結果。銲合處往往較鉚合處先斷,因銲條長向變形較小之故。

(六)設計者須注意避免應力有局部集中之可能,以免疲乏開裂之發生。

機車駛過彎道時之力學

英國 PORTER 原著

糍　銓譯述

(一) 緒論

機車在彎道上之動態,異常複雜,不易分析。在昔討論超高度與軌距加寬等問題時,對此略有研究,但均不甚澈底。現今機車加重,車速加高,往往發生出軌事變,而軌道及機車兩方面,均係良好狀態,不易查出其原因。於是機車駛過彎道時之動態及其受力情形之研究,乃日趨重要;非在理論上求得精確的分析機車駛過彎道之力學,不足以確定事變之原因。及防止事變之發生。

此問題包刮:(1)在機務方面研究彎道如何影響機車之設計,

(2)在工務方面研究輪緣壓力之估值,及出軌發生之原因。

問題(1)在幾何方面,係研究機車在極慢速度(Walking Speed)時所能駛過之最陡彎道,可用羅氏法(Roy's Construction)求得之,無贅述之必要。

問題 2)在力學方面,係研究機車提駛過彎道時之實際情形,卽分析各車輪之受力情形,在昔對此問題,曾擬純出幾何方面研究之,假定機車之地位,以計算各力。於是計算結果,全視假定之眞實性如何而定,比較的無甚價值,現若將此問題作爲一種力學,並無假定之必要。任何輪位之布置,在任何速度時,駛過任何彎道,均可求得第幾車輪必與軌條緊貼,並可計算此數輪之輪緣與軌頭間壓力之數值。由此改良機車之設計，或查出軌之真因，均有所根據。機車在彎道之動態，複雜萬狀，茲為算式之簡化計，假定：

(1)機車對彎道圓心之旋轉，為等速旋轉運動(Uniform Rotaion About Center of Curve)。

(2)輪脚在軌頂上滾行，如圓柱在平面上滾行，輪緣與軌頂之坡面暫不計及。

(3)輪緣與軌頂間之橫壓力作用於水平方向，在軸心垂直線下，並假定無縱向阻力。有此三項簡化之假定，則計算輪緣壓力與輪重之比算式，不難列出來。

(二) 出軌時輪緣橫壓力與輪重之比例

本問題為：輪緣橫壓力(Flange Force)之數值須大至若干，始能使機車出軌。參閱圖(一)：

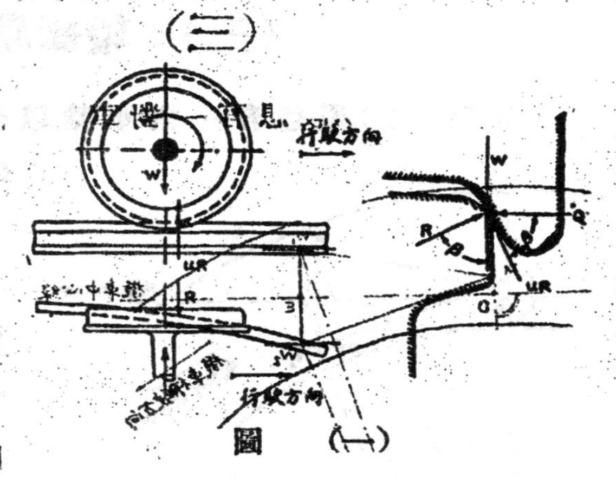

圖(一)

$\overline{WM}$ 代表 W，為輪重；

$\overline{WQ}$ 代表機車對於輪緣之橫壓力；

$\overline{WR}$ 代表軌頭對輪緣之反力，其方向與垂直線成 θ 角；

$\overline{WB}$ 為輪緣與軌頭間之摩阻力，與R為正交。

假定輪緣上爬軌頂，至某種地位，如再上爬，則θ角亦不能增加，於是輪軌間受力情形如圖(一)。

機車駛過彎道時，其輪緣有向外軌頭裏邊之趨向，故輪緣與軌頭裏邊之接觸點，多在經過輪心之垂直線之前面，輪緣與軌頭之摩阻力，有使車輪出軌之趨向。

如欲車輪不出軌，其受力情形必須：$\overline{WM}$ ……………………(1)

$$R = W\cos\beta + Q\sin\beta \cdots\cdots(2)$$

以 2)代入(1)

$$W(\sin\beta - \mu\cos\beta) - Q(\cos\beta + \mu\sin\beta) > 0$$

$$\therefore Q < W \times \frac{\sin\beta - \mu\cos\beta}{\cos\beta + \mu\sin\beta} = W \times \frac{1 - \mu\cot\beta}{\mu + \cot\beta} \cdots\cdots(3)$$

(3)式謂之 Nadal's 公式,爲德國所發明。

β 最大數爲 60°, μ = 0.27(德國通常採用者),

於是 $Q < W \times \frac{1 - 0.27(0.577)}{0.27 + 0.577} = 0.997\,W$,與 W 相差無幾。

由此觀之,如欲不出軌,輪緣壓力必須小於輪重。如大於輪重,在通常車速時,卽有出軌之可能。

(三)　輪緣壓力之計算

如圖(二),假想有一對車輪,以平均速度駛過一彎道。由圓心 C 繪一垂直綫,與機車中心綫相交於 D。令 M 爲任何一點,在 $\overline{CD}$ 或 $\overline{CD}$ 之引長綫上。引 $\overline{MW_1}$ 及 $\overline{MW_2}$ 綫。令機車對 C 點之旋轉速度爲 ω,則車輪在圖示地位時之一剎那間,車輪 W_1 之直速與 $\overline{CW_1}$ 正交者 = $CW_1\omega$ 照速度三角形分析,此與 CW_1 正交之速度,可分作兩種速度:

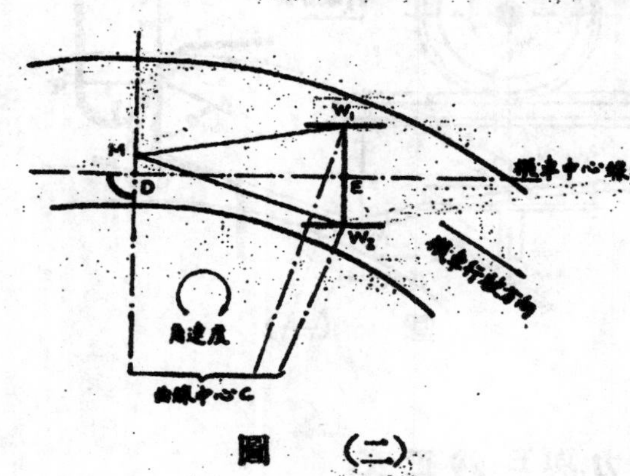

圖　(二)

(1)與 $\overline{CM}$ 正交者 = $\overline{CM}\omega$

(2)與 $\overline{MW_1}$ 正交者 = $\overline{MW_1}\omega$

同一理由車輪 W_2 之直速亦可分作兩種速度 $\overline{CM}\omega$ 及 $\overline{MW_2}\omega$,

M 點如位置適宜,謂之「磨阻中心」(Centre of Friction of W_1 & W_2)

$\overline{MW_1}$ 及 $\overline{MW_2}$ 謂之斜桿 Diagnal),下文以 d 表之。

同此理由,任何數目之車輪,只要同一圓徑,相互控制在一平行構架上,必有一共同的磨阻中心。M位在圓心落於機車縱軸綫之垂直綫上。此M點在任何車輪之佈置,均可由計算定之。

如機車兩邊輪重相等,既無引力,又無制力時,此M點必在機車縱軸綫上通常情形,MD與CD相較,爲數亦甚微,不妨令

$\overline{CM}=\overline{CD}=R$ (彎道半徑)

於是 $R\omega$ = 各輪之共同的向前直速

$d\omega$ = 各輪在軌頂上滑走之速度

任何車架以平均速度駛過彎道時,可作爲力學上之平衡(In Equilibrium)。其運動之方程式有三:(1)所有沿縱向與X軸綫平行之各力之和必等於零,(2)所有沿橫向與Y軸綫平行各力之和必等於零,(3)所有以穿過基點(Origin)之軸綫(Z軸綫)爲中心而旋轉之各力率之和必等於零。

由以上三個條件至多只可求得三個未知數。而照圖(三) Q_1-Q_2 及 F_1-F_{10} 共有十三個未知數,驟觀之,似未知數太多,無法計算,但磨阻力F之力向,力位,均依磨阻中心M而定,其

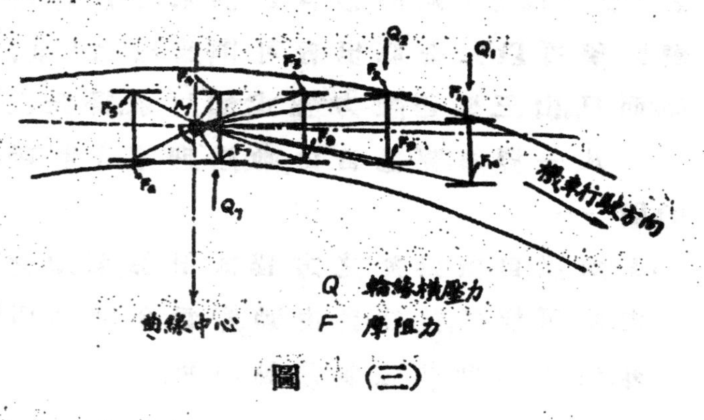

圖　(三)

力量依輪重W及磨阻系數μ而定。其中W及μ均爲已知數,所未知者不過磨阻中心M之方位距X,Y而已。故任何數目之磨阻力F,其實不過包含兩個未知數。至於未知數Q,有時爲一個至多不過兩個(詳下節),視車輪動態爲自由抑强制而定。

(a)自由動態(Free Curving)

如圖(四),只向前第一軸之外輪,與軌頭相切,輪架可在軌道活度內自由安置,謂之「自由動態」。此時只有未知數三個,即x,y,Q。於是用三個運動方程式(Equation of Motion),即可求得此三個未

知數。

(b)强制動態(Constrained Curving)

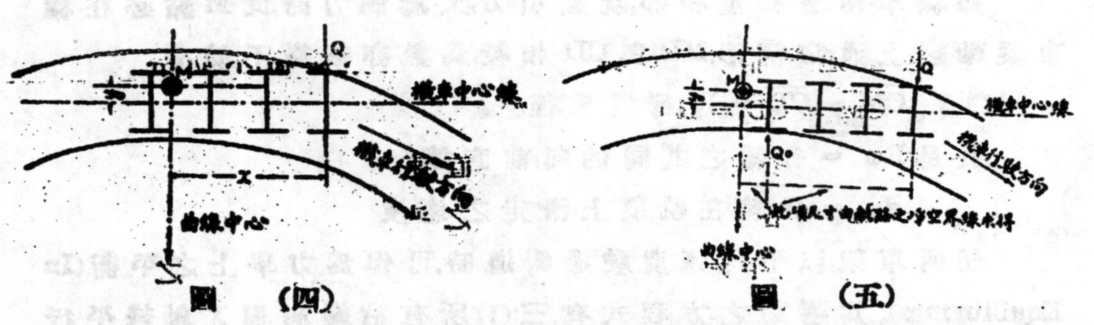

圖 (四) 圖 (五)

如圖(五),車架之第一軸外輪及最後一軸之內輪,同時與軌條緊貼(除有某對輪,對於車架有橫活動外,同時緊靠軌條之車輪,決無在兩個以上者)。於是車架與軌道之相互地位,完全確定,謂之「强制動態」。此時恰有四個未知數,即 x, y, Q 及 Q_0。但 x 一數,照幾何學可以完全算出者,可作爲已知數。所未知者不過三個(y, Q, Q_0)而已。由三個運動方程式,即可求得此三個未知數矣。

凡一機車,究係自由動態,抑係强制動態,係確定的,毋容懷疑的,因——

(1)如照自由動態之方程式計算,車架之地位,在軌道活度限制內,爲可能的,當然自由動態爲合理的。假如結果,有一車輪出軌外,如圖六則非强制運動不可。

(2)如照强制動態之方程式計算,而 Q_0 變爲負數,則因軌頭與輪緣間只可有壓力,決不能有拉力,故可決定決非「强制動態」,乃係「自由動態」。

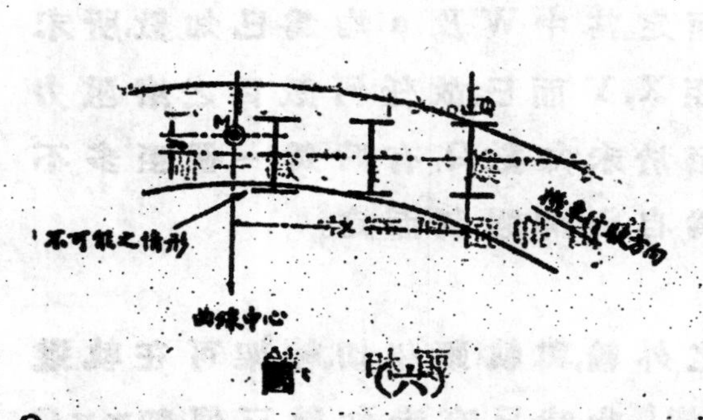

圖 (六)

由上所述,可知輪緣與軌頭間壓力(Q)之計算,爲可能的,且係明確的。Q 求得後,出軌之理由,即完全明瞭矣。

鐵路鋼橋之試驗

梳銓譯述

鐵路鋼橋關係行車之安全,至爲重要。新橋落成後,其耐力與設計上所准許者相比若何,其安全系數與所假定者究竟若何,舊橋應用相當年限後,其耐力究尚有若干,負重已否逾限,安全系數是否已至危度等等,非有精確之試驗,安全上不能謂有確實之把握,僅恃力學之理論及紙上之計算,未必可求安全之真相也。歐洲各國爲確立鋼橋設計及修養條例之根據起見,對於鋼橋試驗,盡力研究,其試驗所用之工具及方法頗堪借鏡。茲將一九二八年英國試驗鋼橋報告關於耐力試驗一章及一九三五年英國鐵路雜誌所載印度試驗鋼橋一篇,擇要彙譯,草成斯篇,以供國人之參考。

(一)試驗之種類　驗橋之種類,大別之可分爲三:

(一)凡在例行檢查時,舊橋顯示弱象,或照現行載重計算應力,恐不勝負荷,或最近將來有加重機車可能,乃對於橋之各部作詳慎之試驗,以確定其安全系數者,曰「保安試驗」。

(二)凡新橋落成後,對於各件之負荷力是否能適應最大載重,在通車前,須經政府委派之高級檢查員試驗滿意後簽發證書者,曰「竣工試驗」。

(三)凡施行以下六種特殊試驗,專爲研究各種力學上理論,以便改良設計規範而求用料上之經濟者,曰「研究試驗」。

(甲)用同一機車,在同一鋼橋上,照排定級數之速度駛過,乃比較在各種速度下所量得之撓度紀錄,以求發生最大顫動

(Maximum Oscillation)時鏈擊力頻數(Frequency of Hammer blow)。

(乙)用各種機車,在同一鋼橋上,照同一速度駛過,比較其量得之紀錄,以察其鏈擊力是否與其所生之影響爲正比例。

(丙)比較實際量得之曲線紀錄,是否與理論預測之曲綫相符。

(丁)比較鋼橋各桿之應力紀錄與中部撓度紀錄,以研究因顫動所增加之應力是否與因顫動而增加之撓度爲正比例

(戊)用已知之平均載重(Uniform Distributed Load)以量鋼橋之撓度及應力以便將由機車駛過時之撓度及應力紀錄所得之衝擊力核成相等的平均載重(Equivalent Uniform Load),俾設計時計算較爲便利。

(己)由撓度及應力紀錄,以研究鋼橋設計之特殊部份及軌道狀況所生之影響。

(二)試驗之對象 載重所予鋼橋之影響,有兩種對象最爲明顯:(一)鋼橋各點之撓度(Deflection),(二)鋼橋各桿之變度(Strain)(再由變度算出其應力)。爲科學研究計量測以上兩種對象時,不可只量全橋之最大數或某點之最大數,最好在動重之各種地位時量測中點撓度或某桿變度之變動情形,作一連續的紀錄。

(三)試驗之儀器 此項儀器大別之可分爲四種:(一)量記撓度器(Deflectometer),(二)量記變度或應力器(Strain or Stress Recorder),(三)量記時間器(Time Marker),(四)量記輪位器(或名軌道接觸器)(Location Marker of Leading Wheel or Rail Contact)。

(一)量記撓度器

(甲)器件組織 此器之設計,並不十分困難,因普通撓度數量甚大,毋須放大,有時爲便利計,尚須縮給之二分一,其紀錄法分三種:

(1)直接量記法 用一削尖鉛筆以鉗卡與橋下肢相連,再用一硬紙以圖釘釘於一小垂直木板上,此板堅緊於固定的

直桿上。鉛筆隨橋架上下移動時,即在硬紙上留一紀錄。

(2)光線量記法(Optical Deflectometer) 此器最通用者爲裴來氏發明者(Feredaypalmer Optical Deflectometer)。其原理係藉光綫感應器內之照相片。光綫之啓閉,以橋肢之撓度而定。

(3)機械量記法(Recarding Deflectometer) 有劍橋儀器公司(Cambridge Instrument Co.)所製者頗爲合用(附圖一及二。用一記筆(Stylus)繫於直桿上,此桿穩定於橋中部下之河床或地面上,使記筆成一定點(Fixed Point)。另有轉動之膠片,按時在片柱上收放旋轉。橋上下時,記筆即在片上劃一連續記錄。

(乙)運用方法　運用方法,最要者即使記筆在空間內不變易其位置,換言之,即使其對基點成一定點。其方法有三:

(1)用直桿與地面直接接連法　如安置儀器處橋下無水,且不甚高者,可用一短的直桿,上端繫一記筆,下端繫一垂鉈,安於地上。記筆在桿上可隨意調整,以適合記片(附圖三)。

(2)緊張鐵繩法(Strain Wire Method) 此法用一長鐵繩,懸一150磅重之鐵鉈,落於橋下地面或河底堅地。此繩上端聯接於橡皮彈性繩,設法繫定於橋之上肢或下肢,(附圖四.五.六)。此橡片繩先令其引長4呎,將來橋上下顫動,通常不過1吋,鐵繩內拉力變動極微,故繩上任何點,相對地上基點,變動極微,可作爲定點論。如河流湍急,懸鉈不易穩定,可在河底打一2吋鐵管,再將鐵繩繫於此管之上端。尙有量橫梁之撓度無上肢可繫鐵繩者,可照附圖七)辦法,用兩根橡皮繩,分繫於左右縱梁之底,其效用與上法等。

(3)繩架法 Wire Truss Method) (附圖八)此法用兩根鐵繩,上端分繫於橋台或橋端下端,相遇於橋中部之下。兩繩相遇點繫一重鉈,乃用一桿繫於繩鉈相遇處,上端繫記筆,與儀器相連。此法在跨度不過100呎,桿長不過15呎時效用甚好。

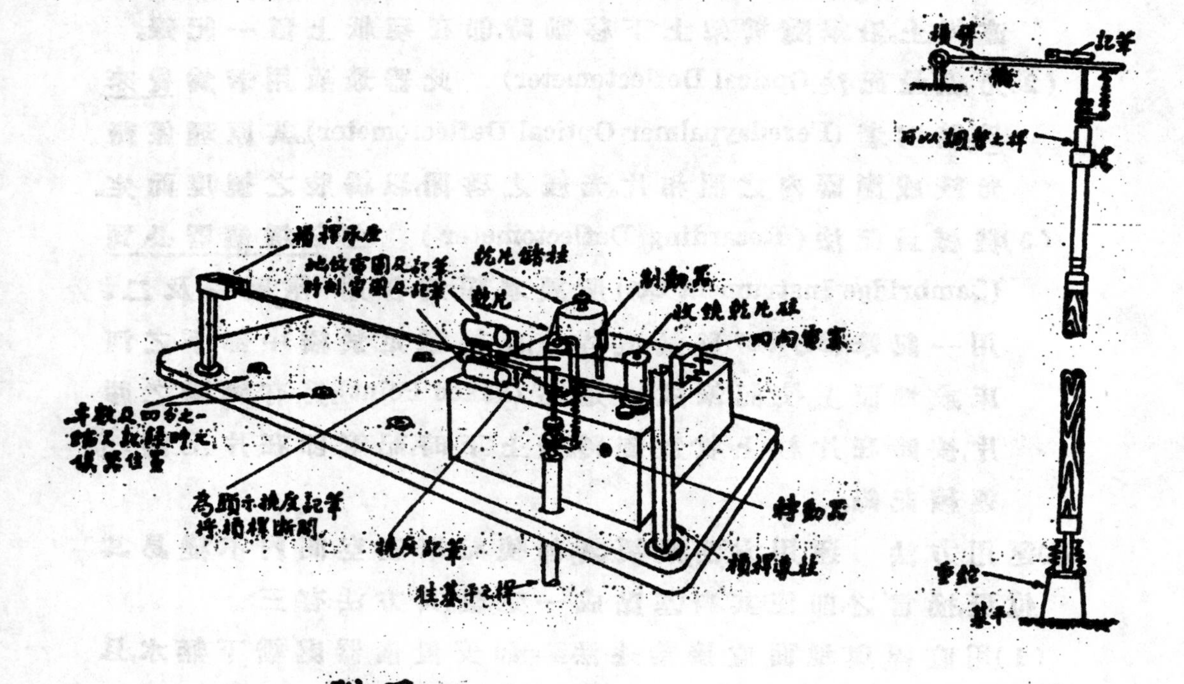

附圖二

附圖三

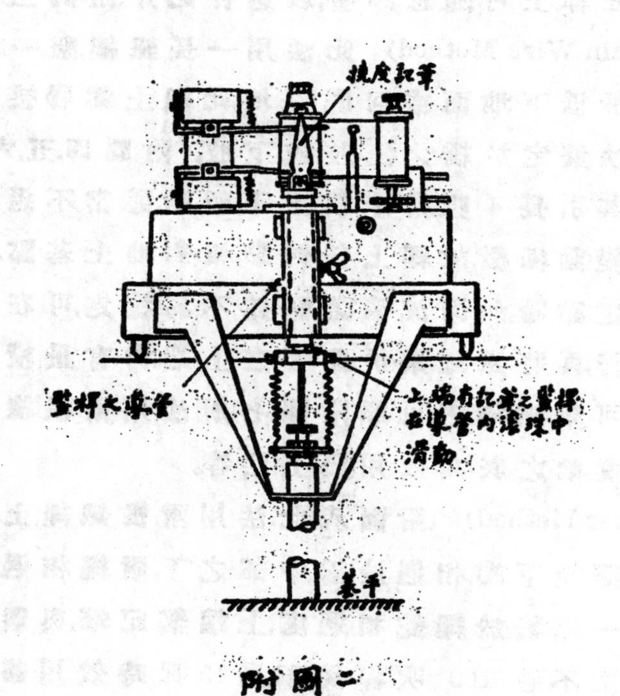

附圖二

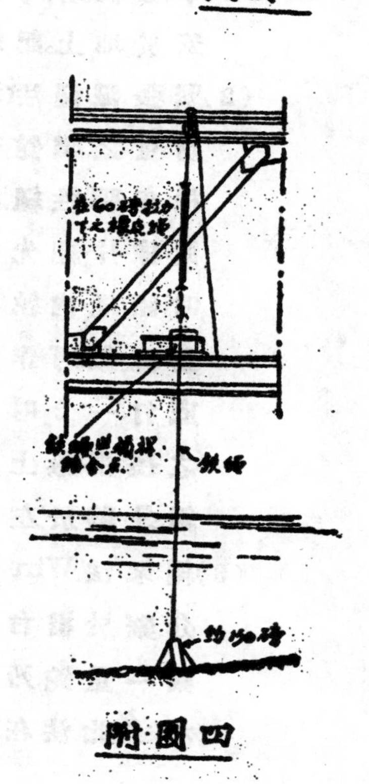

附圖四

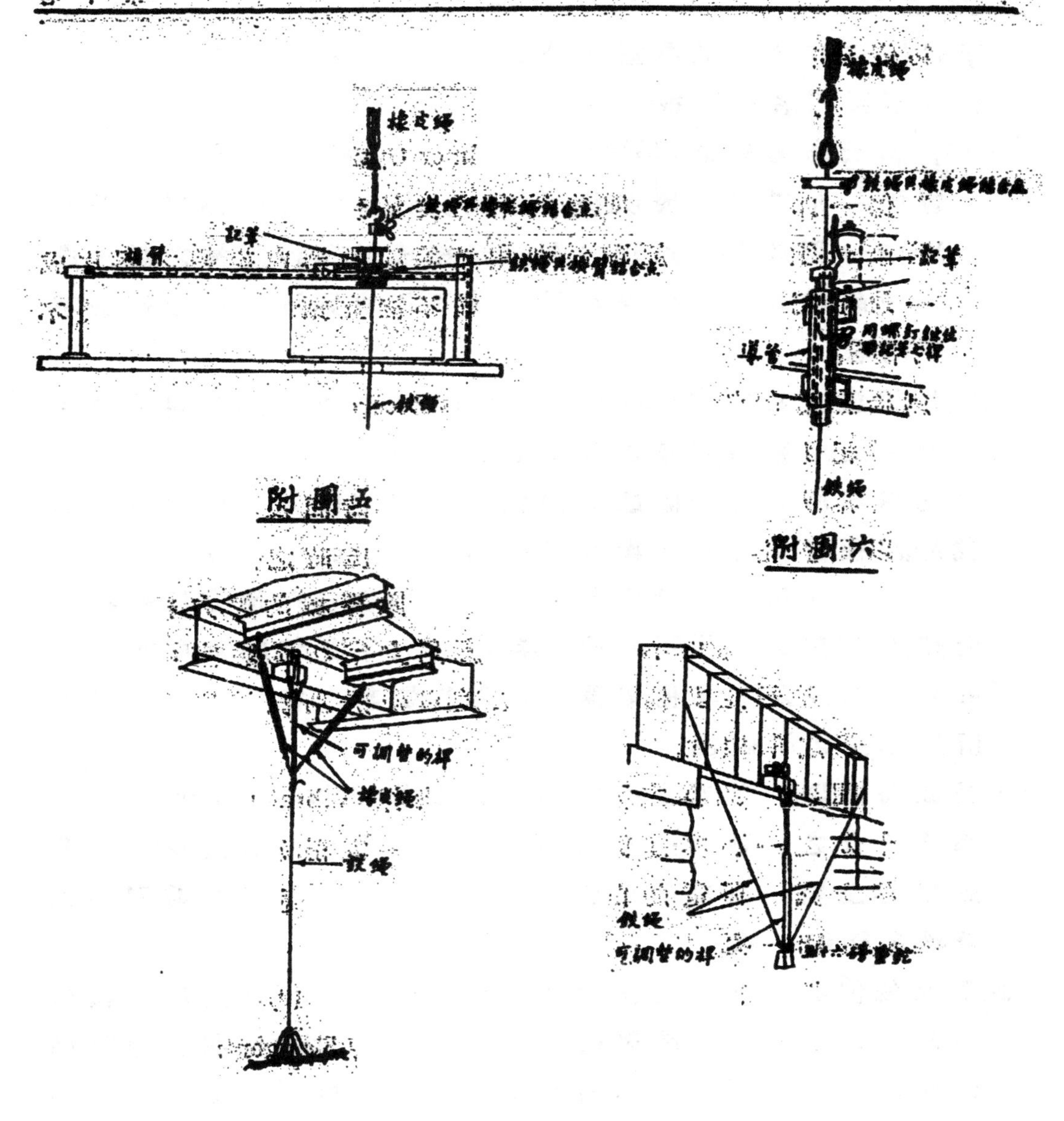

附圖五　附圖六　附圖七　附圖八

(三)登記變度或應力器　此器欲得一完善之設計,非常困難。因(一)普用之規距長度(Pratical Gauge Length)頗短,桿件變度太微,不易準確;(二)橋架因速行動重所生之顫動傳至儀器,往往發生儀差(Instrument Error),於是量得之變度究係若干爲眞實變度,若

干爲儀差,非先在試驗室將此器之儀差精細檢定之不可。此器在英國通用者有兩種:

(1)費雷氏應力紀錄器(Fereday-Palmer Optical Stress Recorder) 此器係一九二〇年發明,後逐漸改良,始臻完善。所得紀錄非常清晰,毋須放大。其原理係利用光線成動器內旋轉之膠片成一連續紀錄。其不便點,在試畢後不能立刻取看,非顯影後不可閱看。

(2)劍橋應力紀錄器(Cambridge Stress Recorder) 大致與前器相同,惟紀錄係用記筆在膠片刻成,試畢卽可閱看。

以上兩器所紀紀錄,除應力曲綫外,尙有時間及輪位紀錄兩種曲綫,以便查出機車主動輪在距橋端何處時之應力。

此外尙有一種電動應力紀錄器,可免除機械的應力紀錄器之儀差,但在野外應用,不甚便利。其應用大牛在試驗室中或偶在野外校對並規定其他儀器之儀差,以便辨別機械應力紀錄器所給記錄之準確性。

(三)量記時間器 此器主要物爲一顫動桿(Vibrating Bar) 其週期率爲十分之一秒。其運動原動力爲係一電磁,如普通電鈴然。此顫動桿上繫一阻電的白金條,在每十分之一秒時,與時間線圈脫離與接觸一次。

(四)量記輪位器 此器完全裝在木匣(4"×4"×1")內,鉗制在軌條內側。最前導輪駛過時,與此器伸上之旋桿(Trigger)相觸而壓倒之。此桿推轉一圓分塊,乃與兩個彈簧先接觸而後脫離,於是因電磁作用,在紀錄上記明,此輪之位置。此旋桿被輪壓倒後,非用手扳動,不能恢復原位,故第一輪過去後,其第二輪並不受影響。尙有一較粗而頗有效之方法曰泥槽法(Clay Trough)。在任何主動輪之輻桿(Spoke)上綁一鐵線,使此綫在最低位置時,與泥槽內泥面接觸而留一印象。此輻桿與衡重相互角係已知數,故由此印象可以確定最大鎚擊力之時位。

工程及怎樣準備研究

趙曾珏

生產建設是復興民族的唯一要着,這是任何人都不能否認的。而無論何項生產,都離不了「工程」,現在就談談這「工程及怎樣準備研究」的問題,爲行文便利起見,分做下列四部來討論:

(一)工程之重要

(二)工程之演進

(三)工程之定義

(四)工程師之準備與修養

(一)工程之重要　現在先講「工程之重要」,我們覺得在復興民族運動中裡頭工作。如新生活教育,文化建設運動,及新經濟建設運動等等,都要以工程師的精神,努力推進來復興我們的民族。因爲我們的衣,食,住,行,都需要工程智識去解決。「食」要靠農作物,農作物所需要的肥料就是化學工程問題,農田的灌溉,就是水利工程問題,「衣」先要有紡織,紡織就是一種工程問題。「住」要規劃市鎮建築房屋,這建築又逃不了工程問題。至「交通」即「行」,如需要鐵道,公路,水運,及電信等等建設,更無疑的是工程問題。簡括一句:「民生問題」實在是一個「工程問題」;不但民生問題如此,「民族問題」,也依工程去保障。將來國際戰爭發生,一切防禦工作,鎗炮製造,無一不是工程問題。現代新式的戰爭,是立體的戰爭,未來的第二次世界大戰,恐怕在海陸軍沒有接觸以前,雙方勝負,先在空中及毒氣中求解決,空中設備的改進與毒氣(Wargas)之製造,都是工程的問題,所以將來各國國防大部份的責任,還須工程師去負担!

（二）工程之演進 「工程」實在不是一樁新智識或新發明,我們可以說自有人類以來,卽有工程。我國自上古時代,因提紀之十一主有巢氏「見夫人民之無得安居也,而教民構巢」,可謂建築工程之鼻祖。黃帝時代,各種工程大備,如「命共鼓,化狐,刳木為舟,剡木為楫,以濟不通。邑夷作車,以行四方」,蔚然為交通工程之開始。至於嫘祖之養蠶製絲,開紡織工程之先河。其他如「揮作弓,夷牟作矢」實為防禦工程之嚆矢!所以古代工程,可簡分為「軍事工程」(Military Engineering)及「民事工程」(Civil Engineering)兩種。大禹治水,在外十三年,實為最偉大之水利工程專家。其他例如我國秦代建築長城,隋朝開掘運河,都是亘古未有的偉大工程。又如埃及的金字塔,也是古代有數的工程。但在十八世紀以前的工程,大都偏重於土木方面,祇限於築路,造橋,河海工程等。工業方面,也祇限於手工藝。所以機件質料,無非鑄鐵供用。這時代可稱為「非動力工程時代」。十八世紀末葉,工程界發現一個極大的變化,就是瓦特發明蒸汽機和高德(Cort)發明掏法鍊鋼。十九世紀開始,司梯芬生發明蒸汽火車頭,為工程界放一異彩,實開工程界之新紀元。自此而後「動力」(Power)一字,引起工程界注意,而工程界的範圍,也因之擴大。又因建築鐵路而有鐵路工程師。同時機械工程(Mechanical Engineering)也從土木工程中分出一支。所謂機械工程,包含動力的發生,動力的傳至皮帶和動力的應用於機械等等。因為無論何種現代工業都需用動力和機械的緣故,所以我們可以說從這個時期起為「動力工程助長時代」。在這個時期裏面,各都市工業發達,一般人民都湊集在都市中謀生活,因而土木工程又添兩支,卽一為市政工程(Municipal Engineering)專規劃建設街道及市區其他一切建設,一為衛生工程(Sanitariny Engineering)解決市民的衛生和供應問題,如給水排洩污物及公衆衛生設備等等。同時因化學及冶金科學的改進,又有鑛冶工程(Mining Engineering and Metallurgy)的成立。

上面所講的動力,祗限於蒸汽機或水輪所發動力,用於就近或限於局部而言。「動力」既不能傳佈較遠,應用自不能普徧。但自十九世紀中葉以來,因麥克斯威爾電磁論之發明,法拉台之實驗,加以歐美多數學者之悉心研究,發明發電機(即俗稱馬達)。十九世紀之末,世人纔明白利用熱力或水力以發生大量便宜的電力,再將電力傳輸至遠近各處。甲地所發動力,可以用於乙地,其傳輸遠者,可在七八百公里以外,打破空間之限制,工程界又闢一新紀元。故自二十世紀起,我人可稱之謂「動力工程漸趨完成時期」。電氣之應用愈廣,電機工程亦於斯時由機械工程中分曰出。今之電機工程,又可分為若干專門,最要者大約可分為「强電工程」與「弱電工程」兩門。强電工程,又可分為發電,輸電,及用電等。弱電工程又可分為電話,電報,電氣傳真,及無線電等。總之科學愈演進,工程之範圍亦愈廣大,而其分類愈衆多,研究亦愈專精。最近化學之製造,愈形發達,而化學工程,又自成一系。現代工程師對於結構學之研究,使橋樑等建築,有完全之把握。故結構工程(Structural Engineering)又自成一系。內燃機之發明,使機械工程開一新紀元,現代之汽車及飛機得以完成。而「汽車工程」及「飛機工程」又為工程界之最新產兒。

(三)工程之定義　「工程」二字,昔人每稱之為「技術」,其實不盡然。因技術注意在「做」或「行」,例如駕駛汽車,可稱為技術,但駕駛術精之汽車夫,未必能知汽車工程之原理與夫內燃機之構造,故絕非工程師。工程師不但自己會「做」或「行」,和指揮他人去「做」或「行」,并須具有更緊要的條件就是「知」,要知其所以然,故工程師須知之而行之。孫中山先生曾說:「知難行易」。而工程師的準備工作,大部份却在求知上。「行」是技術,「知」便是科學。因為科學是一種有系統的求知或使人知的學問。自從十八世紀以來,便有不少學者,擬定「工程」二字之定義,但都不甚妥當。最近美國哈佛大學教授史璜(G. F. Swain)氏規定「工程」之定義為「工程者乃以經濟之方法,利用自然界之定律能力與材料供人類享用之科學與技術也」,闡論甚爲透徹。吾國秦代建築萬里長城,徭役人民四千餘萬。埃及在西歷紀元前三千九百年建築金字塔。據我人估計,每只金字塔之建造,用工人三十六萬,尙需時二十年。人工之浩大,可想而知。此項古代建築與其稱之謂「工程」,不如稱之爲「奇蹟」。因其中不知浪費若干資財犧牲若干生命,虛耗若干年月,而對於人類是否需要,係一大問題。現代工程須講求經濟。所謂「經濟」兩字,乃以最少之資財,最短之時間,完成一可靠而有益人羣之事物。

(四)工程師之準備與修養 工程之定義,旣如上述。吾人實不難想像工程師應有之條件,卽其所需要之準備與修養。茲分兩層陳述:一爲工程師應有之學術準備;二爲其個人應有之修養。兩者缺一不可。

(甲)學術準備 工程師旣須應用自然定律能力與物質,以經濟方法爲人羣謀福利,則凡欲硏究工程而爲工程師者,須具下述最重要之學術準備:(一)對於自然科學,必須有相當之深刻硏究,俾對於自然界之定律與能力得充分的瞭解與運用。此層包括物理學,數學,力學,化學,及邏輯學之硏究。凡此皆爲工程師應有最基本之科學。換言之,世上一切工程,均建築於此數種科學之上。工程師非數學家,當然不必如數學家殫精硏究數理。但如算術,幾何,代數,解析幾何,微積分及運算微積等,均應有相當之造就。至於理論力學(Theoretical Physics)實爲電磁學及應用力學之基礎。工程師隨處講「力」,不可不有深入顯出之硏究。工程師不論所作何項工程,逃不了材料之選擇與運用。故關於其所學工程有用之材料,必須詳悉其性質。以最適宜之材料,用於最適合之地點,然後可以獲到最高之效率。例如飛機上之木材,須用引伸力與密度之比最高之材料。吾人現巳搜求而獲得之。其他如高速度高熱度之鋼則有鎢鋼,鎗炮及高速機件上均運用之。吾人須知工程上有不少失敗,均由應用材料之不當!(二)工程師應富有經濟常識(Economic sense)

與商業常識(Business sense)。工程師與純粹科學不同。後者爲探求眞理,不必注重經濟。工程師須求經濟與實惠。優良的工程,必須經濟換言之,工程師必能以一塊錢完成常人所需二塊錢的事。此話似不甚合理,但事實是如此。因爲工程師建造任何工程,必須研究成本所費若干,維持費所需若干,兩項推算起來,久而久之,相差若干?多費成本抑多費維持費更合理化?凡此種種,工程師均應用其經濟常識,精細考核,務以實惠經濟爲歸。例如造橋,工程師於運用其技巧及結構學識之前,先決問題,即須研究此橋有否經濟上或實業上之需要,在何時建築最適合環境之需要,在何地建造最爲便利最有發展。吾人要知如橋址之選擇不妥,不但不能供人羣之應用,且虛擲金錢,反有妨一地之繁榮。抑又有進者,工程師不但須知應用天然材料,並應儲蓄自然界之各種材料,以防將來匱乏。故優良之工程師,決不浪費任何材料。此種經濟常識,凡學工程者,均應準備而具有之。

(乙)關於個人修養　工程師之成功,決不能專恃其學識,尤賴乎個人之修養。故學術修養兩層,實同樣重要,除耐苦,負責,堅忍,專心。自信力,有秩序,守紀律,及廉潔等應有之條件外,工程師尙應有以下之修養:(一)組織能力。工程事業非一人或隻手所能興辦,工程之大者或須數千百人。工程師須組織有方,領導得法,偉大之工程,始克底於成。工程師之缺點,每有學識優裕,而對於人事問題,往往應付欠當,功敗垂成,或內部發生困難,使計劃不能實現!(二)判斷力。工程師應有健全敏捷之判斷力,往往一種工程,有數種不同之計劃。工程師應自學校中卽訓練其判斷力,務使遇有此種問題,能當機立斷,無疑惑不決之狀!(三)平心靜氣。工程師應隨時平心靜氣,對於任何問題,務依實際情形求其解決。不存偏心,不具成見。心地常保持其平衡與坦白。諸葛武候所謂:「吾心如秤」。工程師能學得此點,研究各種問題,當能達到最大成功之地步。(四)創造力。優良之工程師,必不墨守成法。當隨時隨地運用其學識,創用新方法,以適應環境,所謂不讀死書,能融會貫通而出自心裁,以實施新工程者,實爲工程師之上乘。此種工程師,吾國尚不多見,願與吾國工程界工程學生共勉之。(五)體魄之鍛鍊。工程師須能知能行,心力並用。故決非體魄不健全者所能勝任。且工程師實爲文化之先鋒,即窮鄉僻壤,工程師應不避艱險以身赴之。如國家有事,工程師亦須躬赴前綫鎮靜工作。故工程師應於求學之時,隨時鍛鍊其體魄,務使身心俱健,始能應付日後艱難困苦之工程工作。(六)工程師之見識不嫌其廣,而於世界著名工程師之傳略,尤應多所閱讀。前人之失敗,更應注意,可資借鏡。其他於其本身研究之工程,不嫌其精,應隨時研閱專門雜誌,務使其智識不落伍,學術更精進。如有餘暇,不妨旁採博覽,以廣見聞。從前有人說過:「我們研求學問,對於普通學問廣闊,要形成埃及金字塔的底圍;對於自己的專長,要非常高深,好像金字塔之頂」。這兩句話方可代表準備研究工程的人應有之精神!但我們雖努力讀書,不能讀死書,或死讀書。還要像上文所述,應具有十二分融會貫通的能力!

雜　　組

河工及鐵道工程用之濾過式石堰

(原文:Die Anwend. der filtrierenden Steindamme im Wasserbau und Eisenbahnbau; Der Bauingenieur, Heft 51\52 1934.)

蘇俄之各種土木工程所用建築材料,甚感缺乏,尤以鋼鐵水泥等爲甚,故恆設法利用木材石料等代替之。因此時有各種新方法之發明。最近曾以濾過式石堰代替混凝土堰,並得到良好結果。

此種濾過式石堰之建築,最初在 Uliba 河發電工程中採用之。在 Tichaja 與 Gromotucha 二河合流之下游 Uliba 河附近設一水力發電所。另在 Tichaja 河上設一石堰並用長 8.3 公里之木製壓力導水管及長 1.4 公里之壓力隧道以導上流之水。兩端之有效落差爲 155 公尺,常時流量每秒爲 14.2 立方公尺。共用三座 Francis 透平機,預定可得一萬三千馬力。水量之調節,則在 Gromotucha 河之上游行之。

石堰工程之大概如第一圖所示。堰之核心爲土堰與塊石堰所組成。堰之下游側用 20—40 公分徑之石塊堆積作爲濾水之用。其表面另用重達 4 公噸,經 0.90—1.50 公尺之石塊或混凝土塊壓覆於其上(試驗堰係用小石塊舖面)。水位高漲時,水由堰頂溢出,經由下游側之廣大隙縫,自可從容濾出。

依模型試驗之結果。如第一圖中之 a 及 b,溢水時所起之勢

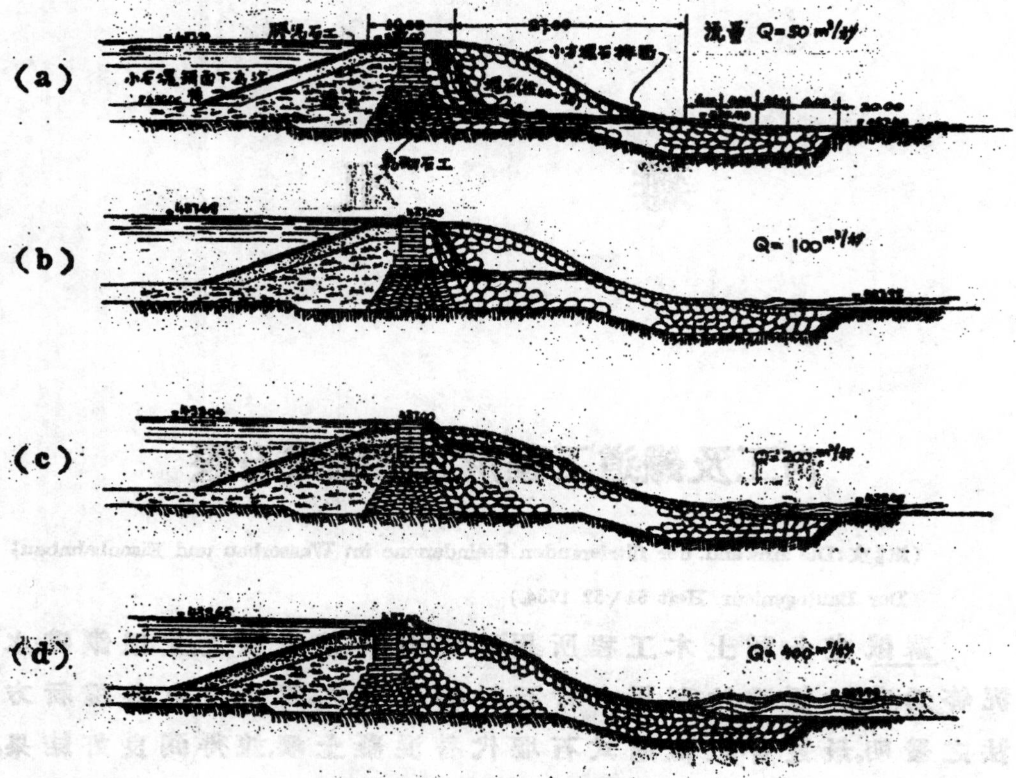

第一圖　濾過式石堰

力流經石縫漸次消失,出石縫後,即成極平靜之水流,惟過理論上之最大洪水量,即每秒流量達 450 立方公尺且源源不絕而來,致水位超出堰頂 1.8 公尺以上時,方始發生亂流而起漩渦,如第一圖之 d。該發電所所用之石堰完工後所得之結果,與實驗結果相比較,僅對於下游側石縫之有效程度,及覆被工程,略有研究考慮之餘地。

濾過式石堰之方法自一九二九年以來在鐵道工程上曾經採用,並得相當良好之結果。鐵道工程用石堰之構造如第二圖所

第二圖

示工程完成後經模重試驗其結果與模型試驗之結果相同冰塊通過石隙時並無任何危險現象發生結果甚爲良好鐵道提內部發生冰凍現象前此時有所聞但此種石壓之內部雖在嚴冬時節不致凍結且恆可保持比較外界較高之溫度云。

Moskau-Donezbecken 間之運貨鐵道線上曾採用此種方法不少其成效甚佳。 (趙國華譯)

批撒塔傾陷現象在土壤力學上之解釋

(原文:K. Terzaghi, Die Ursachen der Schiefstellung des Turmes von Pisa, Der Bauingenieur, 15 Jan. Heft 1—2 1934.)

「批撒」之斜塔,係載於厚 8 公尺之比較的可以透水之微砂層上。下層卽爲表面略成水平之非透水性之粘土層至今該塔尙在沉陷傾斜之中。其傾陷之理由,往昔以爲由於此種微砂層內因地下水之流動,使土壤粒子被水洗出而致之。或以爲微砂層之靜儲力薄弱之故。但據土壤力學之創立者 Terzaghi 博士之學說以解釋,則該塔之沉下,全由於砂層下之粘土層漸被壓密所致茲就其原意節譯於下。按土壤力學之研究在此十餘年內極爲風行,本篇介紹之原意不過藉此比較普通且略具興趣之文字,作爲移植此種新科學之先鋒。至於詳細之學說,容後再行介紹。

批撒之市街,位於奧納河入海口之平原根據調查,該處附近之各種泉井地下水位之深約達50公尺,以下卽屬第四期之海岸堆積層斜塔之基礎,經最近在塔旁鑽探深凡15公尺之結果。約在基礎下面與粘土層間之 8 公尺爲純砂層及粘土合礫等不規則之交互層。8 公尺以下,卽屬比較的不透水之均質粘土層。直達試鑽之深度爲止,尙無其他層次發見。

該塔之基礎,入土甚淺,且不打樁。該塔自一一七四年着手興工以來,塔之中央點迄今已沉下 2.4 公尺。但假定建築時之基礎底面略與其周圍地面齊平。

根據古代記錄該塔興工於一七一一年。在未完成高 11.151

公尺之基層時,即開始沉下。並偏向中心線南部起傾斜。爲求雅觀及安全起見,建築時使各層樓板皆與基層平行。直至一一八六年砌至第三層時,因沉下程度甚爲顯著,工作一時中止。迄一二三三年方始着手建築第四層。其後又暫中止。直至一二六〇年建築第五層及第六層。最後至一三五〇年,方將塔頂鐘樓造起。

各層施工時及一八〇〇年一八八四年間,曾測定塔之中心點之位置。根據此種記載,求出時間與沉下曲線如第一圖。橫軸表

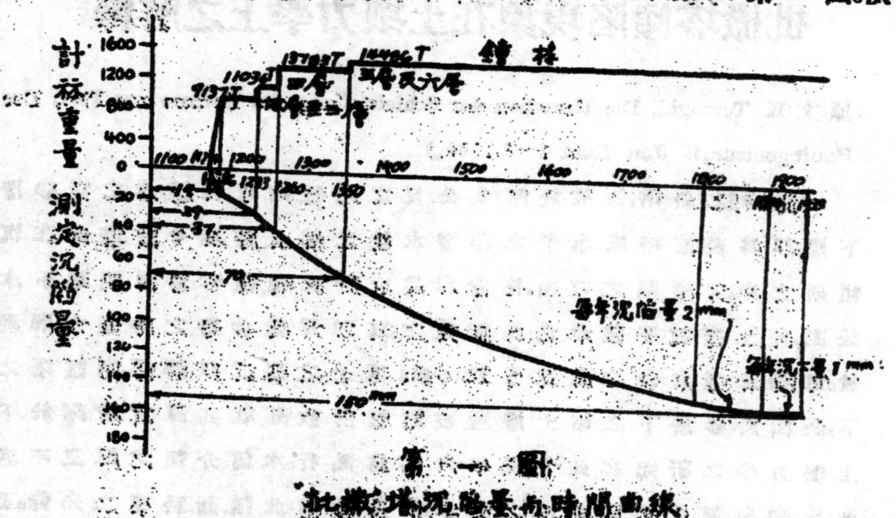

第一圖

比薩塔沉陷量與時間曲線

時間;縱軸之上部表示逐次各層增加之載重(公噸),下部表示沉陷之最高點與最低點之差額(公分)。目下中心線之沉下量爲2.4公尺。最高部爲1.6公尺,最低部爲3.2公尺(見第二圖)。

該塔之基礎下部,假定爲環狀平面。基礎直下之反力因載重偏斜之故乃成梯形。最小壓力爲平方公分0.67公斤,最大爲9.61公斤。平均壓力爲5.14公斤。基礎下8公尺處之粘土層表面上所起之反力,依Boussinesq氏之算式,算得最大反力爲每平方公分5.86公斤。塔心附近爲5.25公斤。平均最大反力爲4.5公斤不甚顯著。

以前關於此種沉下原因之解釋大致分爲二種,即地下水之浸蝕說及解力學說。建築家Gheradesca曾於一八三八年至三九

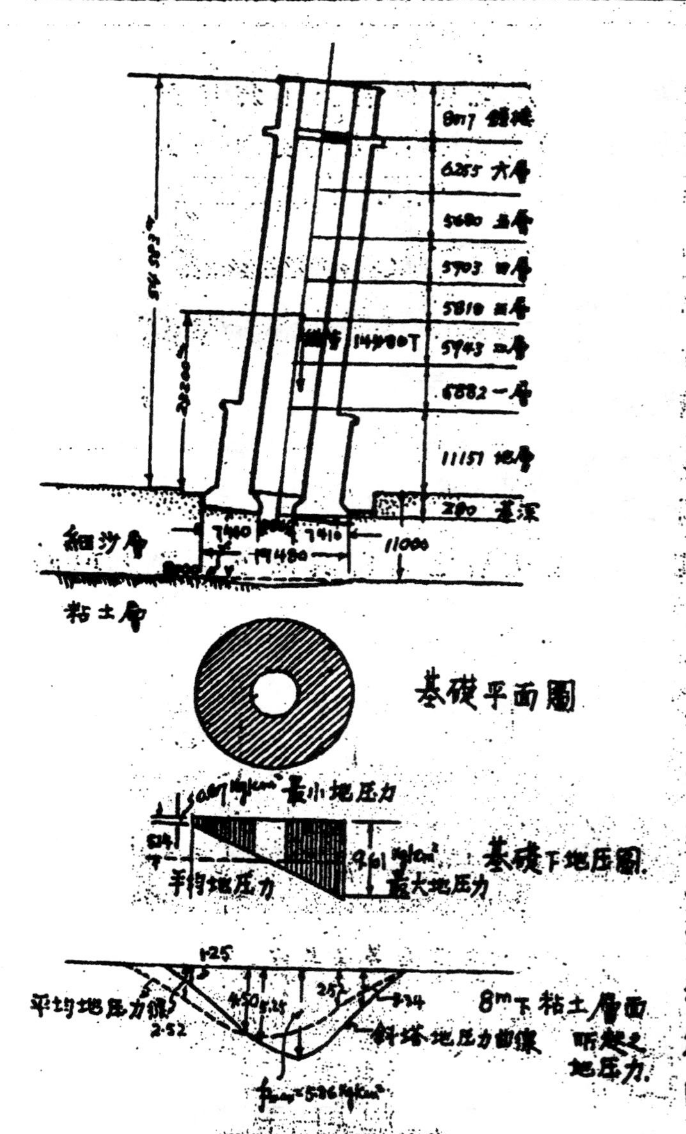

年間，爲求明瞭塔之全貌起見，曾在塔之周圍掘溝一道，並作擋土牆以圍之。溝深達地下水面以下時，水卽湧出，將土內之微粒帶流而去。依此現象，作爲地下水浸蝕說之根據。但湧水量爲每秒爲 0.1 至 0.3 公升，順水帶去之微細土粒每年共計爲 0.25 公斤，不過一極小量耳。如依第一圖所示之沉下曲線上之最小沉陷量每年爲 1 公厘時計算，每年需洗去 100 公斤之乾燥土粒。與實際洗去之數相差太遠。如是用地下水浸蝕說以解釋該塔之沉陷現象卽失其根據。

第　二　圖

又依靜力學說，以爲塔之沉下係由粘土層之上面至基礎底面間之 8 公尺厚微砂層，其膨脹力非常薄弱所致。但此項因透水性砂層之壓實所起之沉下現象，大部分必在建築進行中發生，而依時間沉下曲線上所示，工程完成之後並無發生特異之折曲，而成略似之定數。且此種時間沉下曲線之型式，一如夾有透水層下之厚粘土層之壓密曲線。因此 Terzaghi 博士卽主張該塔之沉下乃爲粘土層壓密所致。

某處一屋基,係載在厚7公尺之純砂層上,下為15公尺厚之粘土層(第三圖)。砂層上所負之儎力為每平方公分3—4公斤。該屋建造後四十年,測定B角與D角之沉下量為30公分及80公分(第四圖)。各點之基礎下之時間沉下曲線如第五圖所示。為求明瞭沉下現象起見,於基礎地基D點附近施行鑽探。鑽時採用不擾亂其自然狀態之方法,採取粘土之標本,以試驗粘土層之壓密與沉下量間之理論的關係。結果如第六圖所示。鑽孔地位適與建築物之A點相當,其總沉下量約為40公分。由實際測定之曲線與第六圖所示之理論曲線相比較,非常相似。惟理論與實測間之不同部分,僅為一具有水平漸近線,而實測曲線上則為每年起5公厘之傾角之直線。關於此種現象博士另有詳細之說明。

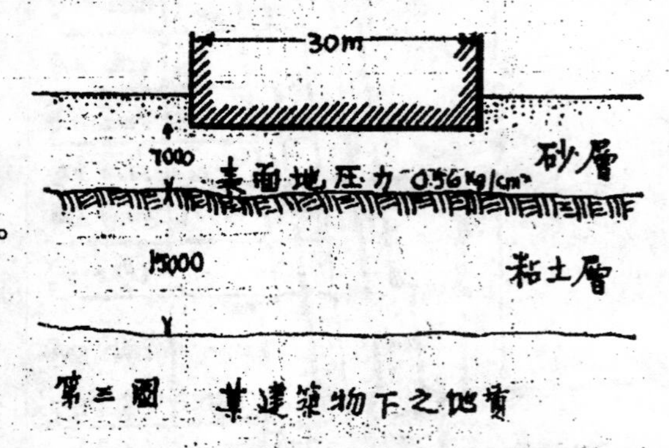

第三圖 某建築物下之地質

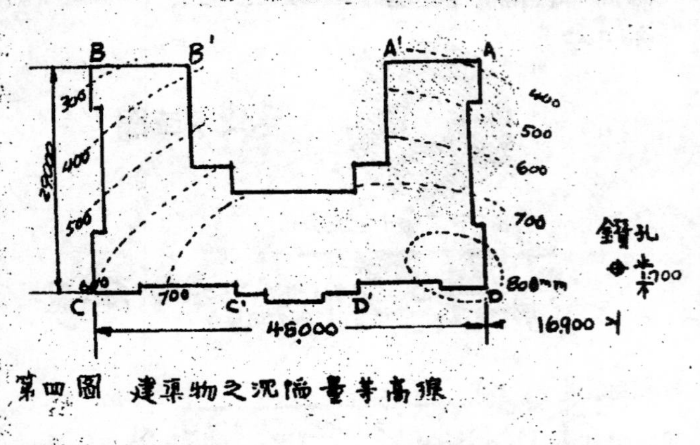

第四圖 建築物之沉陷量等高線

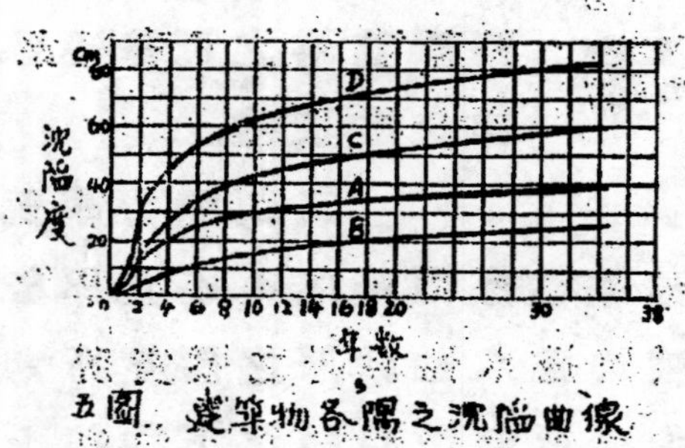

第五圖 建築物各隅之沉陷曲線

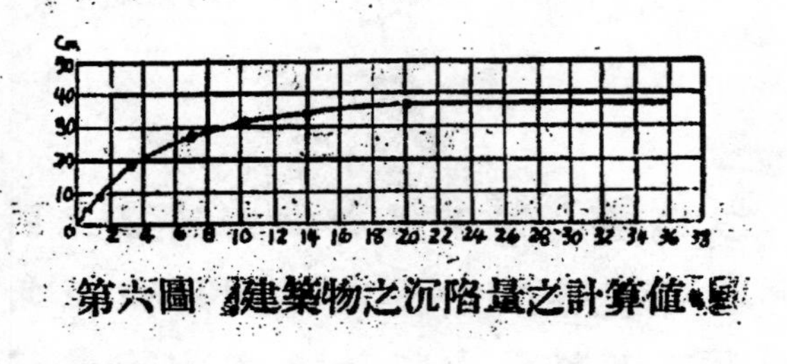

第六圖 建築物之沉陷量之計算值圖

依此實例，與批撒塔相比較，同屬載於具有水平面之粘土層上，中間皆夾有砂層，且各起傾斜之沉下，惟沉下量及其速度各別不同，實由批撒塔下粘土層上所負之最大壓力每平方公分為5.86公斤，實例為0.56公斤，又因粘土層之厚度與透水率皆有出入之故。

粘土層之厚度與透水率對於沉下量之影響，依土壤力學之理論，凡厚度 d_1，透水率 k_1 之地層，受強度 p_1 壓力所起之最大沉下量之百分之九十五時所需之時間設為 t_1。則厚 d_2，透水率 k_2 之地層。在另一強度 p_2 壓力下起最大沉下量之百分之九十五時所需之時間 t_2 間之關係為

$$t_2 = t_1 \frac{k_1}{k_2} \frac{d^2_1}{d^2_2}$$

應用以上之關係式，及實例中所得之結果，以證驗斜塔沉下現象。今實例中之 d_1 為15公尺，t_1 為17年。透水率因粘土層中含有多量水分與細泥故較大。批撒塔下之 d_2 為30公尺等於 d_1 之二倍。k_2 為 k_1 之十分之一。如是批撒塔達總沉下量百分之九十五時所經之年代為 $t_2 = 17 \times 10 \times 2^2 = 680$ 年

與實際年代非常巧合。

由以上之解釋：批撒塔之傾斜沉陷，乃由砂層下之粘土層被壓密所致。故單將上部砂層設法硬化，或將土粒防止流出等方法，皆不能制止斜塔之沉下也。（趙國華譯）

多性芳式地基勝儎力測定機

（原文見 Le Compressimétre Drosinfang. Pour la Measure de la resistance du sol. Le Génie Civil, 26 Jan. 1935）

比利時人多性芳(Drosinfang氏現發明一種地基勝儎力之測定機，輕便實用茲特介紹其原理與用法如下。

設重量 P 之鐵錘由 H 高落下，向重 p 之樁頂打擊。此時樁以

初速v,受抵抗力R向地中沉下,達深度h而靜止。如是必成立以下之關係式。

$$Rh=\frac{m+M}{2}v^2=\frac{P+p}{2g}v^2$$

但

$$v=\frac{VM}{M+m}=\frac{VP}{p+P}=\frac{P}{P+p}\sqrt{2gH}$$

$$\therefore Rh=\frac{P^2H}{P+p}$$

氏根據力學上之原理,造成一可搬式之機械。如附圖所示,該機有長1.7公尺,斷面積1平方公分之金屬棒,其下部C另附受錘座。棒之上部刻有分格,另用三脚支架。並於錘之中間對穿成孔套入棒內,可以自由上下。

多性芳式地基勝儎力測定機

用時先將測定機安置於所定之位置後。卽將鐵錘M提至最高之位置,直落至受錘座項C。由A處讀得沉下量設為h。今P,p及H為製造上之常數。R與h之積自為一常數。該機械值定為8。

如斯地基勝儎力R與沉下量h成一等邊雙曲線函數。

據多氏之結論。在等邊雙曲線中央部分之沉下量2－4公分間所得之結果,甚為可靠。如沉下量在2公分以下,可以該曲線之切線代替之。在4公分以上,則以h=0.12公尺,R＝0.3公斤/方公分時之雙曲線代替之。因h＝0.12公尺時,等邊雙曲線上之R值為0.667公斤/方公分。依實地試驗之結果,略嫌過大,為安全計,故用R=0.3公斤/方公分作準。

用此種機械以測定中粒之砂層,及略近可型性之土質,所得勝儎力之結果,與用大規模之靜的勝儎試驗結果,頗相一致。而其輕便經濟則較勝遠甚。故上項發明殊堪寶貴。(趙國華譯)

工程

二十四年十二月一日　第十卷第六號

◆

第五屆年會論文專號(上)

中國工程師學會發行

中國工程師學會會刊

工程

第十卷第六號

第五屆年會論文專號（上）

目　錄

中國工程師學會發行

本刊編輯部啓事

本期照向例每冊附送第十卷總目錄一份，希讀者注意。如有遺漏，請向原發售處查詢。

中國工程師學會朱母紀念獎學金委員會徵文廣告

本會現徵求民國二十五年朱母紀念獎學金論文，應徵者希於二十五年二月十一日以前將稿件投寄到會。茲將應徵辦法附錄於後：

(一)應徵人之資格　凡中華民國國籍之男女青年，無論現在學校肄業，或爲業餘自修者，對於任何一種工程之研究，如有特殊興趣而有志應徵者，均得聲請參與。

(二)應徵之範圍　任何一種工程之研究，不論其題目範圍如何狹小，均得應徵。報告文字，格式不拘，惟須繕寫清楚，便於閱讀，如有圖表模型可供評判者，亦須聲明。

(三)獎金名額及數目　該項獎學金爲現金一百元，當選名額規定每年一名，如某一年無人獲選時，得移至下一年度，是年度之名額，即因之遞增一名。不獲選者於下年度仍得應徵。

(四)應徵時之手續　應徵人應徵時，應先向本會索取「朱母紀念獎學金」應徵人聲請書，以備填送本會審查。此項聲請書之領取，並不收費，應徵人之聲請書連同附件，應用掛號信寄：上海南京路大陸商場五樓中國工程師學會「朱母紀念獎學金」委員會收。

(五)評判　由本會董事會聘定朱母紀念獎學金評判員五人，組織評判委員會，主持評判事宜，其任期由董事會酌定之。

(六)截止日期　每一年度之徵求截止日期，規定爲「朱母逝世週年紀念日」，即二月十一日，評判委員會應於是日開會，開始審查及評判。

(七)發表日期及地點　當選之應徵人，即在本會所刊行之「工程」雜誌及週刊內發表，時期約在每年之四五月間。

(八)給獎日期　每一年度之獎學金，定於本會每年舉行年會時贈予之。

二感應電動機之串聯運用特性

(中國工程師學會第五屆年會得獎第一名論文)

顧毓琇

國立清華大學工學院院長

摘要 設有三相感應電動機二座,從甲機之轉子通電於乙機之靜子,並以二機之轉子互接,使之同轉,則二機可共同供給轉力。作者從微分方程公式,解析此種運用特性,不特前人已知各種現象可以求得,且此種機器在特殊情形下之瞬變狀態,無可依法預計。本文除發表解析結果外,並舉一實例表明穩定運用時各電路中之電流及各機所擔負之功率與轉力。

(一) 運用特性方程式之通解*

今有三相感應電動機二座,從甲機之轉子(rotor)通電於乙機之靜子(stator),並以二機之轉子互接,使之同轉,則二機可共同供給轉力。此種聯接法,吾人可稱之為「串聯運用」(Concatenation)。

感應電動機串聯運用之特性,可以九個微分方程式聯解而得,但吾人如應用「對稱坐標法」(Method of Symmetrical Coordinates),可將「順序」(positive-sequence)及「逆序」(negative-sequence)部分各別計算,而減至三個微分方程式。茲將「順序」部分之方程式列下(參看第一圖):

---

*此項通解法,係作者研究所得。關於其他交流電機分析之論文,可參看篇後附錄。

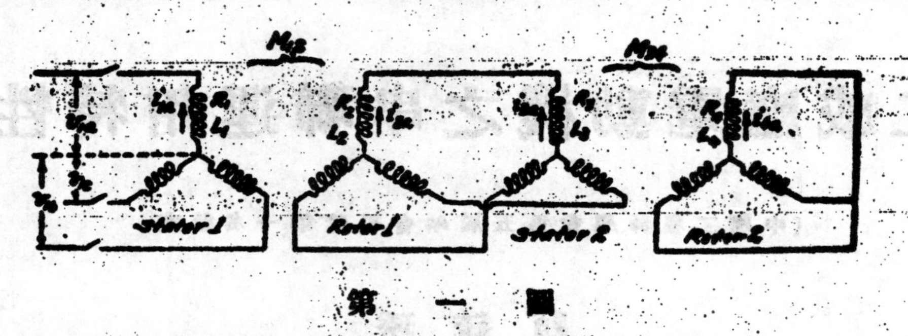

第一圖

$$(R_1+L_1p)i_{1+}+M_{12}p[i_{2+}\varepsilon^{jnt}]=v_{1+} \cdots\cdots(1)$$

$$(R_2+L_2p)i_{2+}+M_{12}p[i_{1+}\varepsilon^{-jnt}]=(R_3+L_3p)i_{3+}+M_{34}p[i_{4+}\varepsilon^{jnt}] \cdots\cdots(2)$$

$$(R_4+L_4p)i_{4+}+M_{34}p[i_{3+}\varepsilon^{-jnt}]=0 \cdots\cdots(3)$$

其中 R_1＝甲機靜子每相之電阻。

L_1＝甲機靜子每相之自感。此值包括其他二相之互感影響在內。

R_2＝甲機轉子每相之電阻。

L_2＝甲機轉子每相之自感。

R_3＝乙機靜子每相之電阻。

L_3＝乙機靜子每相之自感。

R_4＝乙機轉子每相之電阻。

L_4＝乙機轉子每相之自感。

M_{12}＝$^3/_2$× 甲機每相靜子與轉子間互感之最高值。

M_{34}＝$^3/_2$× 乙機每相靜子與轉子間互感之最高值。

i_1＝甲機靜子每相之電流。

i_2＝甲機轉子每相之電流。

i_3＝$-i_2$＝乙機靜子每相之電流。

i_4＝乙機轉子每相之電流。

v_1＝甲機靜子每相所受之電壓。

n＝靜子與動子間之角速度。

$p=d/dt=$ 時間微分算子。

吾人注意上面方程式中各電流電壓之有加號者,乃指其「順序」矢向部分而言。

根據「運算微積」(Operational Calculus) 中之海佛仙「移位公式」(Heaviside's shifting formula), 吾人可將 (2) (3) 兩式改為

$$[R_2+L_2(p-jn)](i_{2+}\varepsilon^{jnt})+M_{12}(p-jn)i_{1+}=$$

$$(-)[R_3+L_3(p-jn)](i_{2+}\varepsilon^{jnt})+M_{24}(p-jn)(i_{4+}\varepsilon^{2jnt}) \quad\cdots\cdots(4)$$

$$[R_4+L_4(p-2jn)](i_{4+}\varepsilon^{2jnt})-M_{34}(p-2jn)(i_{2+}\varepsilon^{jnt}]=0 \quad\cdots\cdots(5)$$

今以 (1), (4), (5) 三式聯解,則得

$$i_{1+}=\frac{[R_0+L_0(p-jn)][R_4+L_4(p-2jn)]-M^2_{31}(p-jn)(p-2jn)}{D(p)}v_{1+} \cdots(6)$$

$$-i_{2+}=i_3+=\varepsilon^{-jnt}\frac{[R_4+L_4(p-2jn)]M_{12}(p-jn)}{D(p)}v_{1+} \quad\cdots\cdots(7)$$

$$-i_{4+}=\varepsilon^{-2jnt}\frac{M_{12}M_{31}(p-jn)(p-2jn)}{D(p)}v_{1+} \quad\cdots\cdots(8)$$

其中　　$R_0=R_2+R_3$　　　$L_0=L_2+L_3$

$$D(p)=(R_1+L_1p)[R_0+L_0(p-jn)][R_4+L_4(p-2jn)]$$
$$-(R_1+L_1p)M^2_{34}(p-jn)(p-2jn)$$
$$-[(R_4+L_4(p-2jn)]M^2_{12}p(p-jn) \quad\cdots\cdots(9)$$

以上方程式 (6), (7), (8) 即為各線捲中電流之通解式。如電壓驟加於甲機之靜子端,或該靜子端驟受短接,則其瞬變電流均可應用海佛仙「展開公式」(Heaviside's Expansion Theorem) 於 (6), (7), (8) 各式而求得之。電流既得,則電功率 (power) 與轉力 (torque) 之變化情形,亦可推求,而感應電動機串聯運用時之特性,便可瞭如指掌矣。

(二) 穩定狀態時之功率與轉力

上面通解式所得之結果,乃包括穩定狀態 (steady-state) 及瞬

變狀態 (transient state)。今如僅欲研究穩定狀態時之運用特性，則(6),(7),(8)各式中之 $p=d/dt$ 可代以 $j\omega$，其中 ω 為外加電壓之角速度(即 $2\pi\times$ 電壓之周波數 f)，而電流電壓皆可代以矢量(vector)，如 $\overline{I}_1$，$\overline{V}_1$ 等。

參看第二圖吾人可得下列各式:

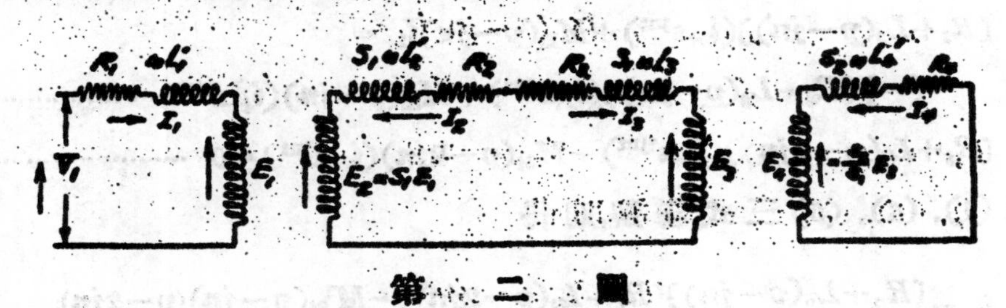

第 二 圖

$$(R_1+j\omega L_1)\overline{I}_{1(\omega)}+j\omega M_{12}\overline{I}_{2(\omega)}=\overline{V}_1 \quad\cdots\cdots(10)$$

$$[R_2+j(\omega-n)L_2]\overline{I}_{2(\omega-n)}+j(\omega-n)M_{12}\overline{I}_{1(\omega-n)}$$

$$+[R_3+j(\omega-n)L_3]\overline{I}_{2(\omega-n)}-j(\omega-n)M_{34}\overline{I}_{4(\omega-n)}=0 \quad\cdots\cdots(11)$$

$$[R_4+j(\omega-2n)L_4]\overline{I}_{4(\omega-2n)}-j(\omega-2n)M_{34}\overline{I}_{2(\omega-2n)}=0 \quad\cdots\cdots(12)$$

吾人注意 $\overline{I}_{2(\omega)}$ 乃指 $\overline{I}_2$ 對於基本周波數 $\omega/2\pi$ 而言，$\overline{I}_{1(\omega-n)}$ 乃指 $\overline{I}_1$ 對於差移周波數 $\frac{(\omega-n)}{2\pi}$ 而言，其他仿此。

從第(10)式，如求 $\overline{V}_1$ 及 $\overline{I}_1$ 之「無向積」(scalar product)，則得功率入量 (input power) 為

$$P_1=\overline{V}_1\cdot\overline{I}_1 \quad\cdots\cdots(13)$$

減去 $I_1^2R_1$ 阻耗，則得

$$P_1'=\overline{V}_1\cdot\overline{I}_1-I_1^2R_1=\overline{E}_1\cdot\overline{I}_1=[j\omega M_{12}\overline{I}_{2(\omega)}]\cdot\overline{I}_{1(\omega)} \quad\cdots\cdots(14)$$

其中 P_1' 為甲機中傳過氣隙之功率，而 $\overline{E}_1$ 即等於 $[j\omega M_{12}\overline{I}_{2(\omega)}]$。

從第(11)式，吾人可知甲機轉子所得之電功率實為

$$P_2'=-\overline{E}_2\cdot\overline{I}_2=[-j(\omega-n)M_{12}\overline{I}_{1(\omega-n)}]\cdot\overline{I}_{2(\omega-n)}$$

$$=[-js_1\omega M_{12}\overline{I}_{1(\omega-n)}]\cdot\overline{I}_{2(\omega-n)} \quad\cdots\cdots(15)$$

故 P_1' 與 P_2' 之差乃為可變成機械能之功率或動力，即

$$P_2=P_1'-P_2'=(1-s_1)\omega M_{12}[(j\overline{I}_2)\cdot\overline{I}_1] \quad\cdots\cdots(16)$$

其中　$s_1=\frac{\omega-n}{\omega}$。

同樣,乙機中傳過氣隙之功率,當為

$$P_3'=P_2'-I_2^2(R_2+R_3)$$
$$=\overline{E}_3\cdot\overline{I}_3=[-j(\omega-n)M_{34}\overline{I}_4(\omega-n)][I_2(\omega-n)]\cdots\cdots(17)$$

從第(12)式,吾人確知乙機轉子所得之電功率為

$$P_4'=[j(\omega-2n)M_{34}\overline{I}_2(\omega-2n)]\cdot\overline{I}_4(\omega-2n)=I_4^2R_4\cdots\cdots(18)$$

故P_3'與P_4'之差乃為可變成機械能之功率或效力,即

$$P_4=P_3'-P_4'=-(s_1-s_2)\omega M_{34}[(j\overline{I}_4)\cdot\overline{I}_2]\cdots\cdots(19)$$

其中　$s_2=\frac{\omega-2n}{\omega}$　及　$(s_1-s_2)=(1-s_1)$。

按二機串聯運用時可變成機械功率之電功率即等於

$$P_0=P_2+P_4\cdots\cdots(20)$$

此值亦即等於

$$P_0=P_1-I_1^2R_1-I_2^2(R_2+R_3)-I_4^2R_4\cdots\cdots(21)$$

轉力與功率之關係為

$$T_0(\text{以喬耳計})=\frac{P_0(\text{以瓦計})}{2\pi\times(\text{每秒轉數})}\cdots\cdots(22)$$

或

$$T_0(\text{以呎磅計})=(\cdot7376)\frac{P_0(\text{以瓦計})}{2\pi\times(\text{每秒轉數})}\cdots\cdots(23)$$

按$(2\pi\times$每秒轉數$)$乃等於n除甲機之磁極對數,或即$\frac{(1-s_1)\omega}{(p_1/2)}$,其中$p_1$為甲機之極數。故(23)式亦可寫作

$$T_0(\text{以呎磅計})=(\cdot7376)\left(\frac{p_1}{2}\right)\frac{P_0}{(1-s_1)\omega}\cdots\cdots(24)$$

同樣,甲乙二機所供給之機械轉力可由(16)及(19)式而得

$$T_1=(\cdot7376)\left(\frac{p_1}{2}\right)\frac{P_2}{(1-s_1)\omega}=(\cdot7376)\left(\frac{p_1}{2}\right)M_{12}[(j\overline{I}_2)\cdot\overline{I}_1]\cdots\cdots(25)$$

$$T_2 = (\cdot 7376)\left(\frac{p_1}{2}\right)\frac{P_4}{(1-s_1)\omega} = -(\cdot 7376)\left(\frac{p_1}{2}\right)M_{34}[(j\bar{I}_4)\cdot\bar{I}_2] \cdots (26)$$

(25) 及 (26) 式相加,應得 (24) 式之總和。

吾人注意下面第三圖所代表之連接法,僅於計算電流時可有幫助,但於計算功率及轉力時則易得錯誤之結果。

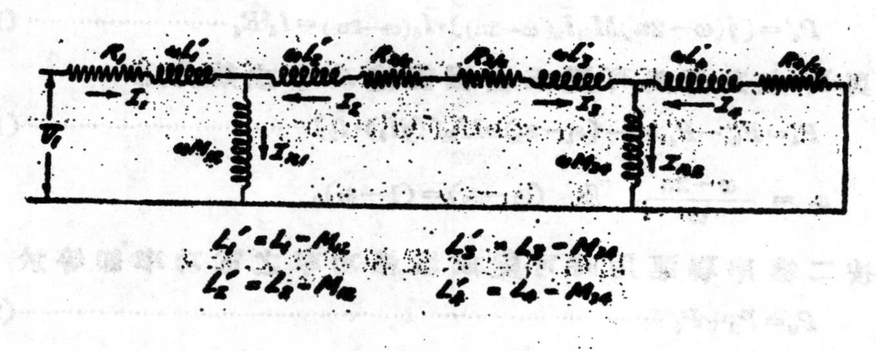

第 三 圖

(三) 計算實例

今用二相同之感應機為例,以計算其各種結果。各部分之電流與差速(Slip)之關係,見第七圖至第九圖。第四圖至第六圖示電流之軌跡,即 $g-b$ 曲線。第十圖示甲乙二機分別所擔負之機械轉力及其總和。吾人可注意總轉力曲線之形式,乃與三感應電動機之僅有單相轉子者相同。圖後附表,示各差速(以百分比數計)時之電流值,$g-b$ 曲線即依此而作。

此二機之常數如下:

$R_1 = R_3 = 0.0148$ 歐

$R_2 = R_4 = 0.0376$ 歐

$M_{12} = M_{34} = 0.0072$ 亨

$L_1 = L_3 = 0.0057$ 亨

$L_2 = L_4 = 0.0097$ 亨

$\omega=2\pi f=2\pi\times60=377$

$p_1=6$

當　$\overline{V}_1=133+j0$ 伏

及　$s_1=0.2$（即$n=0.8\omega$），

則得　$\overline{I}_1=(2.101-j3.406)\times133$ 安

$\overline{I}_2=-\overline{I}_3=(-1.644+j2.34)\times133$ 安

$\overline{I}_4=(-1.190+j1.756)\times133$ 安

$T_1=191$ 呎磅

$T_2=-27$ 呎磅

$T_0=T_1+T_2=164$ 呎磅

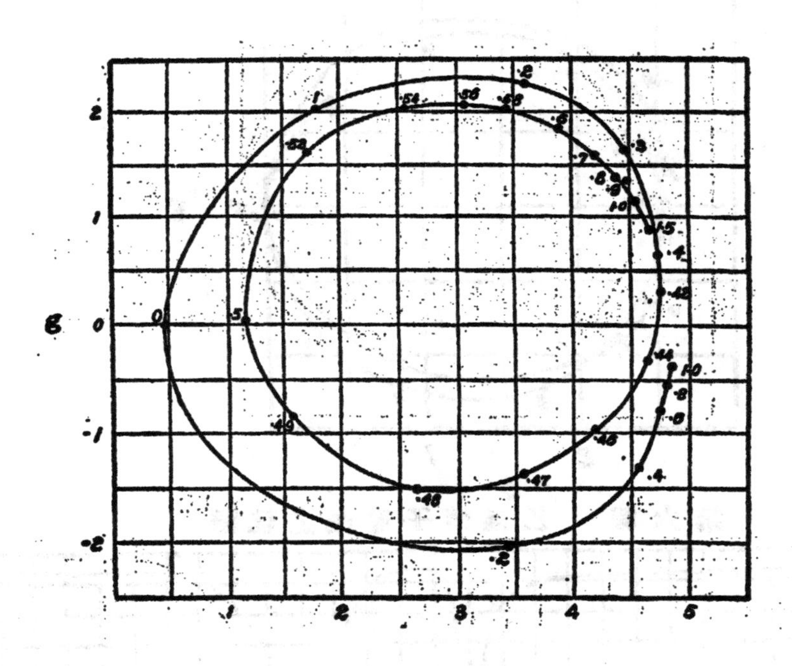

第四圖　甲機靜子電流之軌跡

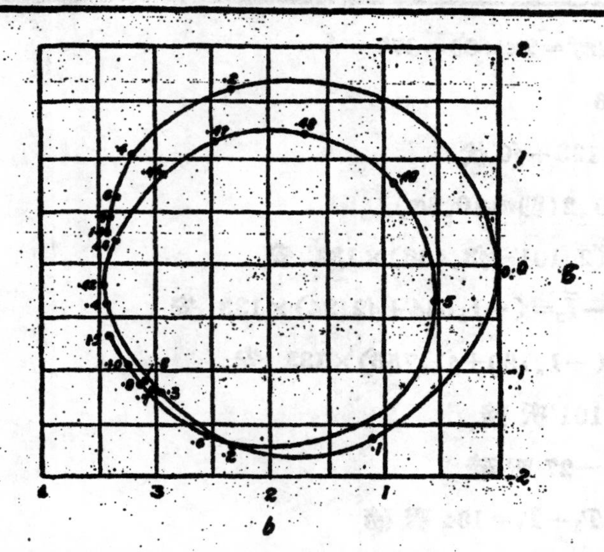

第五圖　甲機轉子及乙機靜子電流之軌跡

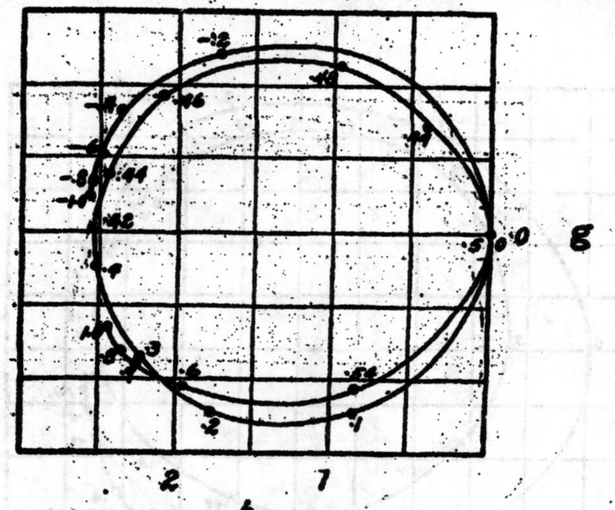

第六圖　乙機轉子電流之軌跡

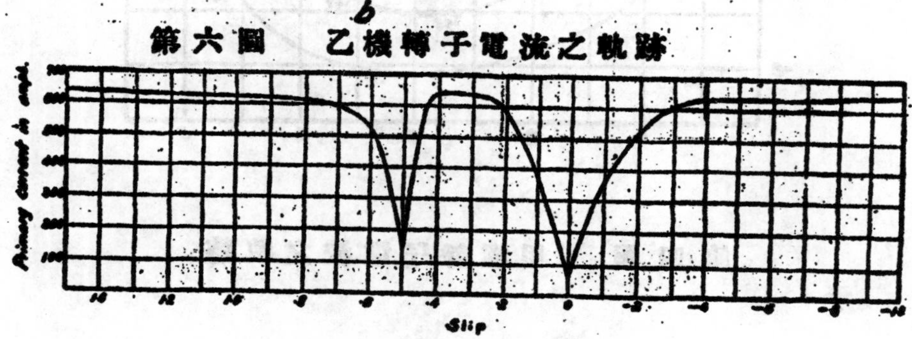

第七圖　甲機靜子之電流

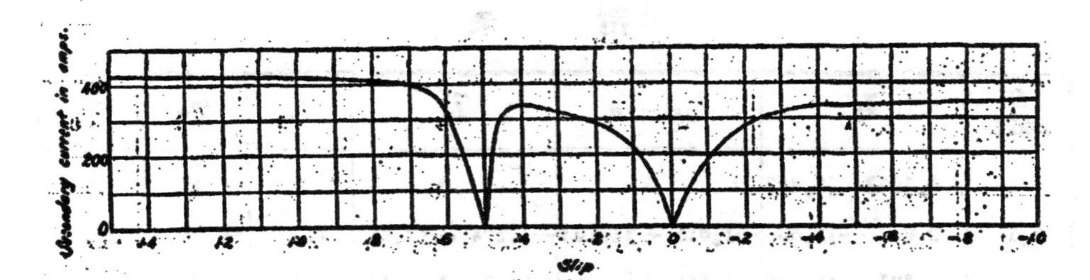

第八圖　甲機轉子與乙機靜子之電流

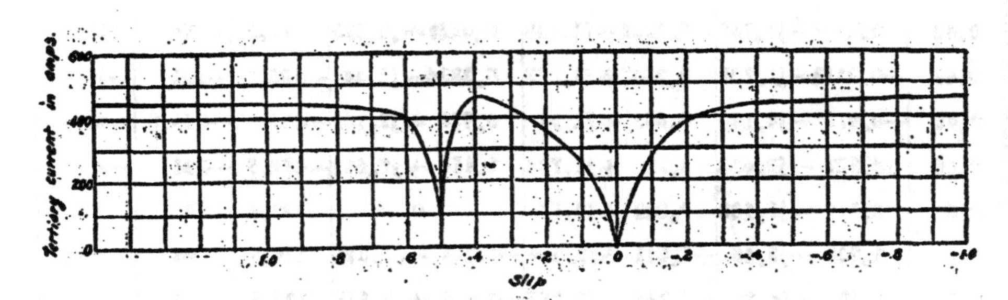

第九圖　乙機轉子之電流

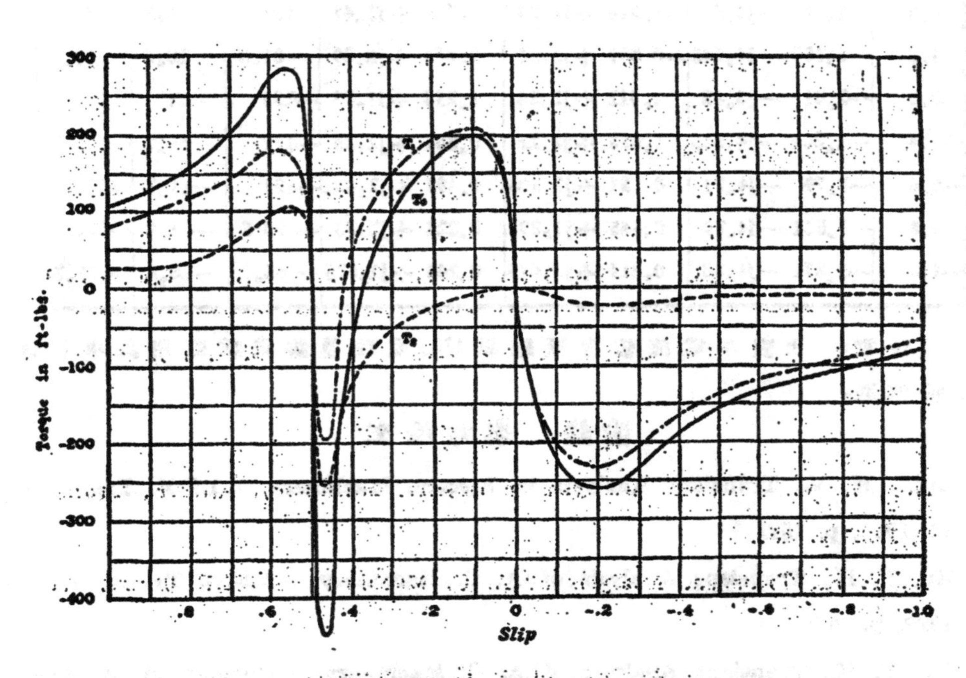

第十圖　轉力差速曲線

附 表

S (差速)	$\bar{I}_1$	$\bar{I}_2=-\bar{I}_3$	$\bar{I}_4$	T_1	T_2	T_0
0	0.0032−j0.467	0	0	0	0	0
0.1	2.03 −j1.83	−1.615 +j1.103	−1.204 +j0.85	207	− 9	198
0.2	2.101 −j3.406	−1.644 +j2.34	−1.193 +j1.756	191	− 27	164
0.3	1.574 −j4.216	−1.224 +j2.981	−0.851 +j2.234	132	− 55	77
0.4	0.655 −j4.713	−0.493 +j3.366	−0.237 +j2.511	33.5	−124	− 90.5
0.42	0.2867−j4.755	−0.2009+j3.138	0.0128+j2.523	15.8	−154	−138
0.44	−0.2113−j4.708	0.2307+j3.333	0.3834+j2.44	−105.6	−201	−307
0.46	−0.977 −j4.18	0.853 +j2.94	0.916 +j2.102	−196	−253.5	−449.5
0.48	−1.522 −j2.633	1.22 +j1.708	1.154 +j1.642	−172.5	−221	−393.5
0.5	0.049 −j1.138	−0.322 +j0.53	0	95.6	0	95.6
0.6	1.935 −j3.68	−1.511 +j2.554	−1.216 +j1.835	179.5	94	273.5
0.7	1.60 −j4.19	−1.245 +j2.957	−0.975 +j2.165	136.5	60	196.5
0.8	1.401 −j4.395	−1.086 +j3.071	−0.841 +j2.295	126	34.4	160.4
0.9	1.32 −j4.56	−1.019 +j3.235	−0.787 +j2.41	106	26.2	132.2
1.0	1.158 −j4.545	−0.889 +j3.24	−0.684 +j2.39	81.3	25.8	107.1
−0.2	−2.01 −j3.43	1.612 +j2.34	1.215 +j1.73	−233	−21	−254
−0.4	−1.306 −j4.565	1.055 +j3.22	0.801 +j2.38	−172	−19.1	−191.1
−0.6	−0.79 −j4.71	0.651 +j3.335	0.497 +j2.482	−121	−11.7	−132.7
−0.8	−0.531 −j4.79	0.445 +j3.39	0.323 +j2.53	− 93.5	− 8.8	−102.3
−1.0	−0.371 −j4.83	0.316 +j3.475	0.243 +j2.575	− 66.7	− 8.6	− 75.3

注意： 上表中電流值皆應乘以133。電流軌跡曲線即用表中各值直接作圖。

附錄 參考論文

1. Lyon, W. V., Transient Analysis in Electric Machinery, A.I.E.E. Trans., Vol. 42, 1923, p. 157.
2. Ku, Y. H., Transient Analysis of A. C. Machinery, A.I.E.E. Trans., Vol. 48, 1929, p. 707.
3. Ku, Y. H., Transient Analysis of A. C. Machinery—Extension to Salient-pole Machines, A.I.E.E. Journal, 1932, p. 408; Journal of E. E. (電工), Vol. 3, 1932.

p. 179.

4. Ku, Y. H., Asynchronous Operation of Synchronous Machines, Journal of E. E. (電工), 1931, p. 279.

5. Ku, Y. H., Sun, J. H., and Chu, S. W., Experimental Determination of the Torque-Slip Curve of an Induction Motor with Uniaxial Rotor, Journal of E. E. (電工), 1933, p. 389.

6. Ku, Y. H., and Chu, S. W., Transient Current and Torque of Synchronous Machines under Asynchronous Operation, Tsing Hua Science Reports (清華理科報告), Ser. A, Vol. 2, No. 3, 1933, p. 201.

7. Ku, Y. H. and Chu, T. S., Tsing Hua Science Reports, Ser. A, Vol. 2, No. 6, 1934, p. 401.

8. Ku, Y. H., Lee, Y. W., and Hsu, F., Analysis of Instantaneous Steady-state Current of Synchronous Machines under Asynchronous Operation, Journal of E. E. (電工), 1935, p. 1.

9. Ku, Y. H. and Hsu, F., Operating Characteristics of an Induction Motor with Uniaxial Rotor, Journal of E. E. (電工), 1935, p. 157.

10. Ku, Y. H., Chu, T. S. and Hsu, F., Studies on Concatenation of Induction Motors-I, Tsing Hua Science Reports, Ser. A, Vol. 3, No. 2, 1935, p. 227.

11. Park, R. H., Two-Reaction Theory of Synchronous Machines-I, A.I.E.E. Trans., Vol. 48, 1929, p. 716.

12. Park, R. H., Two-Reaction Theory of Synchronous Machines-II, A.I.E.E. Trans., Vol. 52, 1933, p. 352.

13. Doherty, R. E., and Nickle, C. A., Synchronous Machines-I and II, A.I.E.E. Trans., Vol. 45, 1926, p. 912; III, Vol. 46, 1927, p. 1; IV, Vol. 47, 1928, p. 457; V, Vol. 48, 1930, p. 700.

14. Sah, A.P.T., and Yen, C., Impedance Dyadics of Three-Phase Synchronous Machines, Tsing Hua Science Reports, Ser. A, Vol. 3, No. 2, 1935, p. 127.

15. Ku, Y. H., Fundamental Equations and Constants of Synchronous Machines, Journal of E. E. (電工), Vol. 4, 1933, p. 1.

打樁公式及樁基之承量

(中國工程師學會第五屆年會得獎第二名論文)

蔡方蔭

國立清華大學土木工程系教授兼代主任

摘要: 本篇作者以地基與結構工程,兩者不能分離,且地基工程更為重要。據作者研討結果,得下列結論數條,以供同志商榷:

(一) 採用樁基,並非增加土壤承量萬應普遍之法。若土壤及地層之性質不宜,採用樁基不但無益,或且有害。

(二) 至少在細沙泥土中,單個樁之承量,決不可用打樁公式計算之。如必欲用,則本文所舉之公式(24)較為可靠。

(三) 除非樁能達到岩石或堅硬地層,或樁之距離甚遠,單個樁之承量決不可用為樁基設計之標準。

(四) 用距離較遠之較少長樁比用距離較近之較多短樁為佳。若樁之承量大部在其表皮阻力,此點尤為重要。

緒論

一結構物設計之良否,不僅在該結構物之自身,而尤在其地基。若地基之設計,不甚完善,則其所支之結構物,無論設計如何精審,亦屬舍本逐末,無裨實際。故地基工程與結構工程,不但不能分離,抑且更為重要。雖然,近百年來,結構工程,已成為一極精深博大之科學,但地基工程之設計依賴工程師個人之技術及過去之經驗者,十之八九,而根據於科學知識者殊鮮。蓋地基工程之設計在已往——甚至現在,——實為一種藝術而非一種科學也。

在通常之結構物,其荷重 (load) 不甚大,而其所在地之土壤,又頗堅實,其地基之設計,多用「擴大地脚」(spread footing)。但遇荷重較大,而土壤又較鬆軟時,工程師之唯一而又普徧之補救方法,卽採用「樁基」(pile foundation)。甚至不問結構物及土壤之情形如何,凡認爲土壤之『承量』(bearing capacity)不能勝任結構物之荷重時,概一律普遍採用樁基。以爲將若干木樁或混凝土樁打入土壤中,則其承量總可以增加。此種辦法,不但「不科學」,又不經濟,有時竟損及結構物之安全。蓋在某種情形之下,土壤之承量,不但不能因打樁而增加,有時竟因打樁而減少(解釋見後)。故打樁對於地基之設計,并非一萬應普遍有利無害之方法。

至於現下樁基之設計方法更不合乎科學之原則。如工程師欲知地基之下,需樁若干,必先打一二樁於土壤中,然後用「打樁公式」(pile-driving formula)以計算,或用「荷重試驗」(loading test)以實測一單個樁之「可許承量」(allowable bearing capacity)。——但前法較後法爲省事,故用之較多。——再以單個樁之可許承量,除地基之總荷重而得其所需樁之數目。此種設計方法,蓋本乎下列二項假定:

(1) 單個樁之承量,可以由打樁時所得之效果而計算之。

(2) 一羣樁之總承量,卽等於單個樁之承量,乘以該羣樁之樁數。

若吾人將打樁及樁基之作用,稍加以分析,卽知以上二項假定,於理論及事實多不相符。故現下樁基之設計,不但去科學甚遠,卽稱之爲一種藝術,恐亦未能當之無愧也。本文之目的,卽在將打樁及樁基之作用,加以詳密之分析與說明,庶工程師知樁基並非一萬應普遍之方,而採用樁基時,其設計方法,更不可貿然根據上述之假定焉。

承樁之功用及其在靜荷重下之承量

樁基中所用之樁,名爲「承樁」(bearing pile)。承樁之功用,依土

壤及地層情形之不同,約可分爲下列三種:

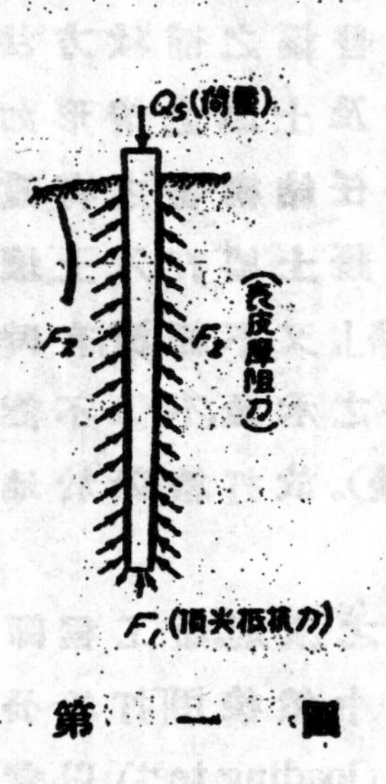

第一圖

(1) 藉其下端之「頂尖抵抗力」(point resistance),以承荷重,如第一圖所示之F_1。

(2) 藉其周圍之「表皮摩阻力」(skin friction),以承荷重,如第一圖所示之F_2。

(3) 藉打樁時之「震動」(vibration)作用,打緊土壤而增加其承量。

若地表層土壤鬆軟,但其下深數十尺處,有堅硬地層——如「硬盤泥」(hardpan)——或岩石,地基之荷重,可用承樁直接傳達於其上。此種承樁之功用,與平常之柱毫無分別,其承量亦全在該地層或岩石對於樁下端之頂尖抵抗力。若在承樁可達到之深度,地下土壤之性質與地表層者無甚分別,但土壤之「黏性」(cohesion)甚大,則承樁之功用,在藉其週圍表皮與土壤之摩阻力,將荷重傳達於較深之土壤。蓋土壤之性質雖不變,但愈深其承量亦愈大。若地下土壤之性質,與地表層者相同,但其「透水性」(permeability)及「壓緊性」(compressibity)均甚大,則承樁之功用,在藉打樁時之震動作用,將土壤打緊而增加其承量。在此情形之下,則打樁之動作,愈猛烈愈妙,故打樁用「汽鎚」(steam hammer)較「落鎚」(drop hammer)爲佳。承樁之(1)與(2)兩項功用,在傳達荷重,故其自身之形式及强度,甚有關係。但在其(3)項功用,荷重之大部份,仍直接負於地表層土壤之上,承樁之功用,祇在藉打樁之動作,將土壤打緊,故其自身之形式及强度,無關緊要。因此,將土壤打緊之後,打入之承樁,可以全數取出,而以沙貫入孔中,亦無甚妨礙。以上關於承樁之功用,不過理論上之分析。在實際上一樁打入地下,以上三項功用,常兼而有之,不過因土壤及地層之不同,各項功用有大小多寡之差耳。

平常承樁之功用,多在藉其下端之頂尖抵抗力及表皮摩阻力,將荷重傳達於較深之地層或堅實之土壤,其專藉打樁作用,以打緊土壤而增加其承量者蓋甚鮮。茲試將承樁之頂尖抵抗力與表皮摩阻力加以分析。承樁之頂尖抵抗力,并非如平常所假定而平均分佈於樁之下端。依M. L. Enger[1], J. F. Greathead[2], F. Kögler[3]及A. Scheidig[4]等之試驗與研究,擴大地脚或承樁下端下「應壓力」(compressive stress)之分佈,約如第二圖(a)所示。其弧線爲「等壓線」(equi-pressure line)。每線上之百分數,係以「平均應壓力」(average compressive stress)爲比較之數。若承樁爲圓形,則此等壓線成爲電燈泡形,通常稱爲「壓力泡」(pressure bulb)。第二圖(b)示承圓樁表皮摩阻力所成之壓力泡,係根據E.A. Prentis與L. White[5]之見解。雖尙無人曾經實地測驗證明此圖之精確,但與實際情形,大致不差。由是可知,無論承樁之功用在其頂尖抵抗力,抑在其表皮摩阻力,其所受之壓力,最後必傳達於其下之土壤中,而土壤中有壓力之區域,較樁之「斷面」(cross-section)爲大。至壓力之分佈,在中心最大,週圍距樁愈遠則愈小。

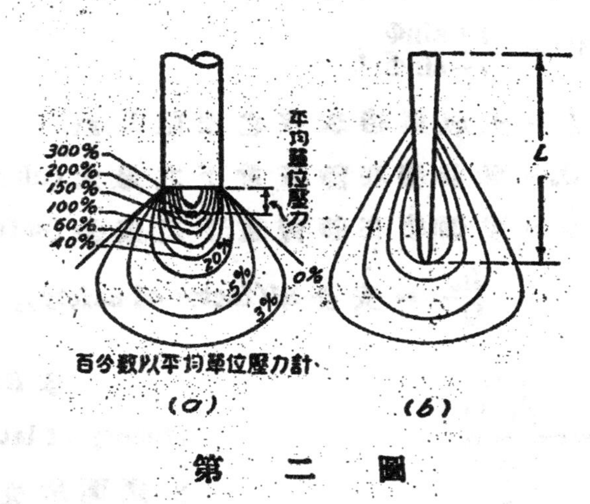

第　二　圖

單個承樁在「靜荷重」(static load)下之承量,剗尙無準確計算

(1) 見參考文獻(21), Dec. 30, 1927, p. 1037。

(2) 見參考文獻(20)。

(3) 見參考文獻(24)。

(4) 見參考文獻(25)。

(5) 此二氏爲美國地基工程經驗最富之工程師,見參考文獻(15), p.249。

之方法。下列之公式[6]，可議之點甚多，至多祇可作爲一種參考，萬不可以其所算得之結果，爲樁基設計之絕對標準。

設 L = 樁之長，

A = 樁斷面之面積，

p = 樁週圍之長，

w = 土壤之單位重量，

Φ = 土壤之內摩阻 (internal friction) 角，

$M = \dfrac{1+\sin\Phi}{1-\sin\Phi}$，

f = 土壤與樁表皮之摩阻係數，

Q_s = 單個樁在靜荷重下之最大 (ultimate) 承量，

Q = 單個樁在靜荷重下之安全 (safe) 承量，

$e = \dfrac{Q_s}{Q}$ = 安全率 (factor of safety)。

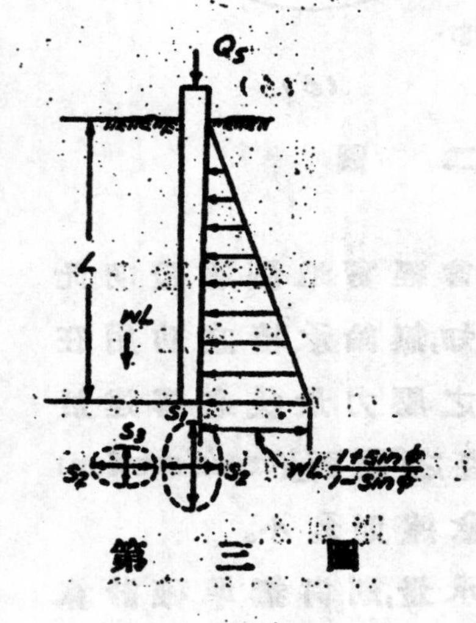

第　三　圖

依 Rankine 之「土側壓理論」(theory of lateral earth pressure)，則樁週圍所受之最大側壓力爲「被動 (passive) 土壓力」。此壓力之分佈爲一三角形（見第三圖），在樁之上端爲零，在樁之下端爲 $wL\left(\dfrac{1+\sin\Phi}{1-\sin\Phi}\right) = wLM$。若以其平均值乘樁之週圍面積 PL 及摩阻係數 f，即可得樁之最大表皮摩阻力，故

$$F_2 = \frac{wLM}{2} \times pL \times f = \frac{wpfL^2M}{2} \quad \cdots\cdots (1)$$

(6) 此公式見於四十年前 (1895) 出版 Patton 所著之 "Civil Engineering"，可參閱參考文獻 (12)。最近 R. Bennett 又求得此公式，雖謂大致可用，殊未脫前人之窠臼也。見參考文獻(18)。

設 s_1 爲樁下端之平均單位頂尖抵抗力,則 $F_1=As_1$, 又依 Rankine 之理論,則第三圖所示之三「主應力」(principal stresses) s_1, s_2, 及 s_3 之關係如下:

$$s_1=Ms_2,$$

$$s_2=Ms_3,$$

但 s_3 之最大值等於其上之土壤之重量,故

$$s_3=wL_0$$

所以

$$F_1=As_1=wLAM^2 \qquad (2)$$

承樁在靜荷重下之最大承量 Q_s 爲 F_1 與 F_2 之和,故

$$Q_s=F_1+F_2=wLM(\tfrac{1}{2}pfL+AM) \qquad (3)$$

$$Q=\frac{Q_s}{e}=\frac{mLM}{e}(\tfrac{1}{2}pfl+AM) \qquad (4)$$

前已聲明,上列之公式(3)或(4),可議之點甚多,其最著者,即 Rankine之土側壓理論,祇可用於絕無黏性之土壤,而 Φ 與 f 之值,不易確定,且與土壤中水份之多寡有關,並非「常數」。故以上列之公式所算得之結果,如與實際相符,亦祇可謂爲偶然而已。

打樁公式

單個樁在靜荷重下之承量,既無準確之公式可計算,故現下此項承量之推求,祇有以下二法:(1) 將樁打入土壤中,用荷重試驗,觀察樁下沉之多寡遲速而決定其安全承量。(2) 由打樁時所需之「能量」(energy),用一公式而計算其安全承量,即前述之第一假定是。近數十年來,歐美工程師不知費盡若干心力以求所謂打樁公式,希望能得一普遍通用之公式,可以由樁因鎚擊下沉之深度而計算其在靜荷重下之安全承量,而此公式并可不問承樁及土壤之情形若何,任何地均可一律通用。歷年來歐美工程師所得

之此項打樁公式,不下數十[7]。蓋某工程師本其在某地之經驗,求得一公式,遂以為在任何土壤均可一律通用。但其他工程師採用該公式於他地而發見所算得之結果與實際不符時,遂謂該公式不準確,乃另製一新公式,又以為彼之新公式,在任何土壤均可一律通用。如是工程師竟各是其是,而打樁公式之數,亦日益增加。至於今日吾人祇見打樁公式之多,但仍無一公式可以普遍通用,而與實際情形符合者。打樁公式之最通行者,首推威靈登(A. M. Wellington)公式,亦稱「工程新聞」公式(Engineering News formula)[8],因該公式係首次在該期刊發表之故。威氏公式如下:

$$Q_s=\frac{Wh}{s+c} \qquad (5)$$

其中,Q_s ＝單個樁在靜荷重下之最大承量。

W ＝鎚之重量。

h ＝鎚落下之高度。

s ＝最後鎚擊時樁之下沉度,通常用最後鎚擊六下或十下所得樁下沉度之平均值。

c ＝常數,以代表樁被鎚擊時變形(deformation)之影響。用落鎚 c 為 1,用汽鎚 c 為 0.1。

威氏所用之安全率為 $c=6$ 若 h 以英尺計,而 s 以英寸計,則樁在靜荷重下之安全承量

$$Q=\frac{2Wh}{s+c} \qquad (6)$$

根據大多數工程師之經驗,威氏公式所算得之結果與實際荷重試驗所得者多不相符,而於黏性大且不易透水之土壤為尤

(7) 見參考文獻(10),p.392及(11),p.188。該二文所載入之公式僅較為通行者,不完全。

(8) 見參考文獻(19),p.509 及 (11) pp.386—392。後列一文,對於該公式之來歷及應用解釋頗詳。

甚。有人以爲威氏公式係由經驗得來,實則威氏公式確有理論之根據,其正確合理,不亞於應用力學中之任何公式。若其所得之結果,與實際不符,并非該公式自身之咎,實吾人應用之不當也。吾人須知由打樁效果所算得者爲「動的抵抗力」(dynamic resistance),而荷重試驗所測得者爲「靜的抵抗力」(static resistance),二者之性質根本不同。故以打樁公式而計算樁在靜荷重下之承量,是以動的方法解決靜的問題,方法既誤,即結果有時與實際相符,亦不過偶然而已。

吾人試求承樁在「動荷重」(dynamic load)之抵抗力或承量。除以上已用過之記號外,更設(參看第四圖)

Q_d = 單個樁在動荷重下之最大抵抗力。

P = 樁之重量,

E = 樁之楊氏(Young)彈率。

$m=\frac{W}{W+P}$ = 錘之重量與錘及樁總重量之比。

n = 牛頓(Newton)之「複形係數」(coefficient of restitution)。

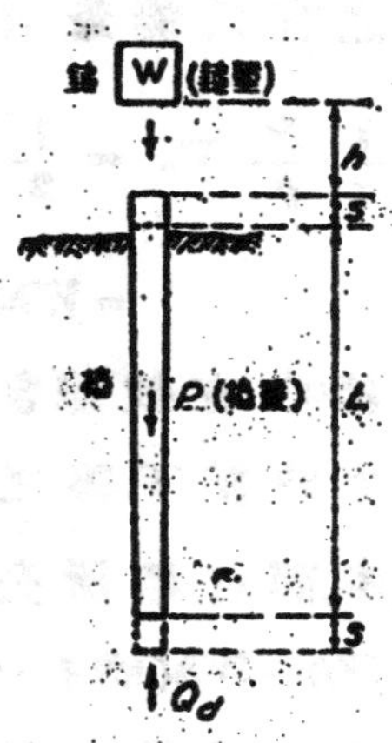

第四圖

打樁公式之求法[9]須根據力學上之衝撞原理。在落錘將要與樁相衝以前,設錘之速度爲V_0,而樁係靜止,其速度自爲零。在落錘正與樁相撞之後,設錘下落之速度爲V_1,而樁下沉之速度爲V_2。依二物在衝撞之前後,其總「動量」(momentum)不變之原理,則

$$V_0\frac{W}{g}=V_1\frac{W}{g}+V_2\frac{P}{g} \quad \cdots\cdots\cdots(7)$$

其中 g 爲地心吸力之加速率。依牛頓之衝撞原理[10],則

(9) 此法係大概根據 Terzaghi,但較爲詳細,參閱參考文獻(1),p. 266。

(10) 見參考文獻(25),第183頁。

$$nV_0=V_2-V_1 \quad\cdots\cdots(8)$$

但 $V_0=\sqrt{2gh}$，故由方程式(7)與(8)，得

$$V_1=\frac{W-nP}{W+P}\sqrt{2gh}, \quad\cdots\cdots(9)$$

與 $$V_2=\frac{W}{W+P}(n+1)\sqrt{2gh}。 \quad\cdots\cdots(10)$$

故打樁時鎚之有效能量爲

$$\frac{1}{2}\frac{W}{g}V_1^2=\frac{1}{2}\frac{W}{g}\left(\frac{W-nP}{W+P}\right)^2(2gh)=Wh[m(n+1)-n]^2 \quad\cdots\cdots(11)$$

而樁之有效能量爲

$$\frac{1}{2}\frac{P}{g}V_2^2=\frac{1}{2}\frac{P}{g}\left(\frac{W}{W+P}\right)^2(n+1)^2(2gh)$$

$$=Whm(1-m)(n+1)^2 \quad\cdots\cdots(12)$$

故打樁之有效總能量爲(11)與(12)兩式之和，即 $Wh[n^2(1-m)+m]$。但打樁時鎚下落之總能量爲 Wh。故 $n^2(1-m)+m$ 爲打樁之能量有效率，而打樁所失去之能量自爲

$$Wh-Wh[n^2(1-m)+m]=Wh(1-m)(1-n^2) \quad\cdots\cdots(I)$$

但樁受衝擊後，其變形之能量(energy of deformation)爲

$$\frac{Q_d^2L}{2EA}。 \quad\cdots\cdots(II)$$

至打樁之有用能量爲

$$Q_ds。 \quad\cdots\cdots(III)$$

但(I)(II)(III)三項之和應等於鎚下落之能量 Wh，故[11]

$$Wh=Q_ds+\frac{Q_d^2L}{2AE}+Wh(1-m)(1-n^2) \quad\cdots\cdots(13)$$

(11) 以打樁之有效總能量等於(II)(III)二項之和亦可如是則 $Wh[n^2(1-m)+m]=Q_ds+\frac{Q_d^2L}{2EA}$，其意義與結果與方程(13)完全相同。

由是得

$$Q_c=\frac{AE}{L}\left[-s+\sqrt{s^2+2Wh\frac{L}{AE}\left[n^2(1-m)+m\right]}\right] \cdots\cdots (14)$$

此爲理論最充足,形式最普遍之打樁公式,其他若干打樁公式,均可由此公式稍加改變而得。

公式(14)中之最不易確定者即爲複形係數 n 之值。如打樁係完全無彈性的衝撞(perfectly inelastic impact),則 $n=0$,故 $V_2=V_1$,即衝撞後鎚與樁下落之速率相等。若打樁係完全有彈性的衝撞(perfectly elastic impact),則 $n=1$,故 $V_2-V_1=V_0$,即衝撞後樁與鎚下落速率之差,等於將要衝撞以前鎚之速率。如 Redtenbacher[12] 之打樁公式,用 $n=0$,而 Kreuter[12] 之打樁公式,用 $n=1$。實際打樁時之衝撞,既非完全無彈性的,亦非完全有彈性的,故 n 之值常在 0 與 1 之間。若干工程師[13] 以爲用生鐵之落鎚,與下列之材料相衝撞,則 n 之值如下表:

鋼	0.55 至 0.60
混凝土	0.40
木料	0.20 至 0.25

n 之值亦可由實驗得之[14]。待樁已打入土壤後,用一較輕之鎚,其重量設爲 W',自較大之高度 h 下落於樁上而計其彈回之高度 h',其彈回起始時之速率自爲 $-\sqrt{2gh'}$,依方程式(9)之形式,則

$$-\sqrt{2gh'}=\frac{W'-nP}{W'+P}\sqrt{2gh} \cdots\cdots (15)$$

故

$$n=\frac{W'}{P}+\left(\frac{W'}{P}+1\right)\sqrt{\frac{h'}{h}} \cdots\cdots (16)$$

---

(12) 見參考文獻(5)。

(13) 見參考文獻(13),p.176.

(14) 見參考文獻(8)。

茲假設 $n=1$, 即假定打樁時之衝撞為完全有彈性的,則 (I) 項打樁所失去之能量為零,故

$$Wh=Q_ds+\frac{Q_d^2L}{2EA}\cdots\cdots(17)$$

由是

$$Q_d=\frac{Wh}{S+\frac{Q_dL}{2EA}}\cdots\cdots(18)$$

設 $\frac{Q_dL}{2EA}$ 為一常數 c, 并設 $Q_s=Q_d$, 則

$$Q_s=\frac{Wh}{s+c}\cdots\cdots(5)$$

即前述之威氏公式也。故威氏公式實係由力學理論得來,不過其所求得者為承樁之動的抵抗力而非靜的抵抗力,且有下列之二大假定:

(1) 打樁時之衝撞,為完全彈性的,即 $n=1$。

(2) 打樁時樁之變形常為一常數,即 $\frac{Q_dL}{2EA}=c$。

若吾人欲除去威氏公式之上列二假定,可用下法改良之。設 $K=\frac{1}{n^2(1-m)+m}$, 由方程式(13)可得

$$h=\frac{Q_dsK}{W}+\frac{Q_d^2LK}{2EAW}\cdots\cdots(19)$$

設 h_0 為樁不下沉時(即 $s=0$)鎚落下之最大高度,則

$$h_0=\frac{Q_d^2LK}{2EAW}\cdots\cdots(20)$$

故 $$h=\frac{Q_dsK}{W}+h_0\cdots\cdots(21)$$

所以 $$Q_d=\frac{W(h-h_0)}{sK}\cdots\cdots(22)$$

公式(22)之 Q_d 為承樁之最大動的抵抗力。茲假定 Q_d 與承樁在靜

荷重下之最大承量Q_s之比爲β,則

$$Q_d = \beta Q_s \quad \cdots\cdots(23)$$

依Krapf[15]之研究,β之值平常約在1.12至2.28之間,但依Terzaghi[16]之意見,則β值之改變範圍,較上述者爲大。在某一地β之值最好以實驗法定之。即先以打樁公式(如公式(22))計算Q_d,又用荷重試驗測定Q_s,再用公式(23)求β之值。如威氏公式用於上海之土壤,甚不準確[17],但採用β之值爲1.5,則威氏公式所算得之最大承量與荷重試驗所得者約略相符。如是則承樁在靜荷重下之安全承量Q當爲

$$Q = \frac{Q_s}{e} = \frac{Q_d}{e\beta} = \frac{W(h-h_0)}{e\beta sK} \quad \cdots\cdots(24)$$

由方程式(19),可知如僅h與s改變,其他各項如Q_d, W, ……等均不改變,則h與s之關係爲一直線。故h_0之值可於打樁時用實驗測定之。即樁已打入土壤中,使鎚由三數不同之高度h_1, h_2, h_3下落而計樁下沉

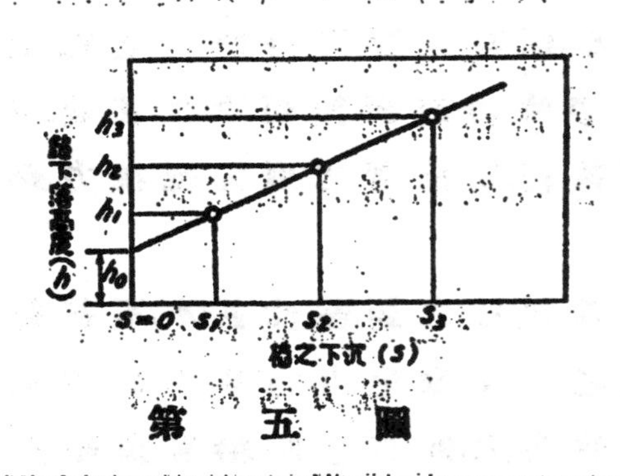

第五圖

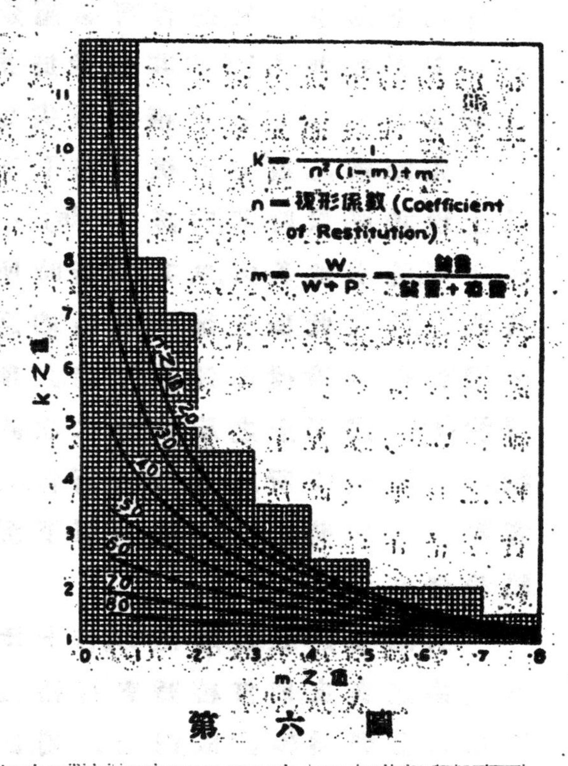

第六圖

(15) 見參考文獻(5)。

(16) 見參考文獻(1), s. 269; 或(6) s.71。

(17) 見參考文獻(23), p. 6。

6655

之 s_1, s_2, s_3, 再如第五圖畫一直線,經過所定之三點,卽可求得 h_0 之值,如該三點不在一直線上,則 Q_d 之值顯有變更,於此宜重行試驗。至 K 之值可由 m 及 n 之值計算之,或由第六圖求之。n 之值可採用前列表中之數,或用前述之試驗方法定之亦可。由方程式(20),可得

$$Q_d=\sqrt{\frac{2EAWh_0}{LK}} \quad \cdots\cdots (20a)$$

由公式(20a)所得之 Q_d,應與公式(22)所得者,至少約略相等,由是又得一校勘之法。

公式(24)雖較其他公式(如威氏公式)爲合理,但所得之結果,是否可靠,全視 β 之值是否可靠而定。蓋公式(24)所直接算得者仍爲樁的動的抵抗力而非其靜的抵抗力,至二者有無一定關係,須視土壤之性質而定。玆就樁之頂尖抵抗力與表皮摩阻力,略加討論。

先論樁之頂尖抵抗力。樁下沉時,其下端附近之土壤必被壓緊。土壤被壓緊時,其空隙(voids)中所含之水必流出。若土壤係粗沙之屬,透水性甚大,則其壓緊時所需之能量,與其壓緊之遲速,無甚關係。故在此種土壤中,無論樁之下沉,係因靜荷重擠壓而緩,抑係因動荷重衝撞而速,其下端之頂尖抵抗力約略相等。若土壤爲細沙(silt)或泥土之屬,其透水性甚小,則其速壓緊時所需之能量,較之緩壓緊時所需者,或大百倍。打樁時樁因衝撞而下沉甚速,但實際樁在靜荷重下因擠壓而下沉甚緩,故前者之頂尖抵抗力,必較後者爲大。

次論樁之表皮摩阻力。若土壤爲粗沙之屬,黏性甚小,不甚凝附於樁之表皮,則打樁時與打樁後之表皮摩阻力均甚小而不足注意。若土壤爲細沙或泥土之屬,黏性甚大,則打樁時樁有震動,土壤不能凝附其表皮,且下端所擠出之水,繞樁之週圍而流至地面,有滑油(lubricant)作用,更使打樁時之摩阻力減少。但樁旣打入土壤中數日之後,其週圍土壤吸收樁下端所擠出之水而凝附於樁

之表皮,使樁之表皮摩阻力增加。若此時再打樁,則樁之下沉抵抗力,必較初打時爲大。所以在易透水而無黏性之土壤,如粗沙之屬,則打樁時動的抵抗力 Q_d 與在荷重下之靜的抵抗力 Q_s 約略相等,即公式(23)中 β 之值約爲1。故用平常打樁公式所算得之結果,與實際荷重試驗所得者,大概相符。證之於多數工程師之經驗亦如是。若在難透水而有黏性之土壤,如細沙或泥土之屬,則樁之抵抗力有下列之分別(第七圖):

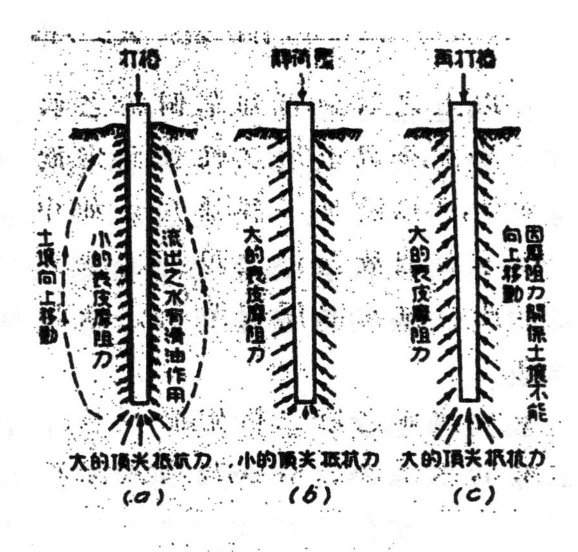

第七圖

(1) 打樁時動的抵抗力 Q_d = 大的頂尖抵抗力 F_1 + 小的表皮摩阻力 F_2

(2) 在荷重下靜的抵抗力 Q_s = 小的頂尖抵抗力 F_1 + 大的表皮摩阻力 F_2。

(3) 樁在土壤中經過數日,再打樁時之動的抵抗力 Q'_d = 大的頂尖抵抗力 F_1 + 大的表皮摩阻力 F_2。

由是可知在細沙或泥土一類之土壤,樁之靜的抵抗力與動的抵抗力,絕非一事,即有時相同,亦不過偶然而已。欲知打樁公式是否可用於某地之土壤,可用下述方法決定之。設打樁時樁之最後下沉爲 s。俟樁在土壤中過數日後,再用同一之鎚及同一下落高度復行打樁,而計其下沉 s'。若 $s'=s$,則樁之表皮摩阻力必甚小,土壤必係粗沙之屬,如是則打樁公式可用。若 $s'<s_1$,則樁之表皮摩阻力必甚大,土壤必係細沙或泥土之屬;如是,則打樁公式,最好不用於

此如欲求樁之承量,祇可用荷重試驗之方法。如必欲用打樁公式,則上述之公式(24)比之通用之威氏公式(6)較爲合理而可靠。

樁基之承量

由以上之討論,可知單個樁之承量,是否可由打樁所得之效果而計算之,全視土壤之性質而定。欲求一打樁公式,不問土壤之情形如何,可以隨地一律通用,殆如中世紀鍊金家之求「哲學家之石」,永不可能。故前述之現下樁基設計之第一假定,與實際絕不相符。但此尙無甚關係,蓋單個之承量,固不妨由荷重試驗定之,非難事也。

至於前述之第二假定,謂一羣樁之總承量,卽等於單個樁之承量,乘以該羣樁之樁數,其與實際符合與否,則甚關重要。蓋樁基多爲羣樁,若祗知單個樁之承量而不明羣樁之作用,則樁基之設計,仍不能完善。至羣樁之荷重試驗,在三數樁之羣,尙無困難。若樁數爲數十百個,則荷重試驗不但耗款甚鉅,且所需之荷重太大,恐於事實上甚困難也。

若樁之功用與柱相同,在將荷重傳達於地下之堅實地層或岩石,其承量不在樁强度之下,則第二假定當然無誤。若樁之功用,在藉打樁時之震動打緊土壤,則十樁之效用,是否卽十倍於一樁之效用,殊屬疑問。况土壤被打緊至一定限度或遇不能打緊之土壤,則打入土壤中之樁數太多或距離太密,地面卽行上升,其承量幷不能增加,是又不能以一樁之效用而决定一羣樁之效用也。

若地下在樁可達到之深度,幷無比地表層土壤較堅硬之地層或緊石,無論樁之承量大部份在其表皮摩阻力,抑在其頂尖抵抗力,樁週圍及其下之土壤,必有應力發生。若在一羣樁中,各樁之距離甚近,則樁與樁間及樁頂尖下土壤中之應力,必因重複而增加數倍。第八圖[13](a)示單個樁下土壤中竪應力 (vertical stress) 之

(13) 見參考文獻(13),pp.187—188。

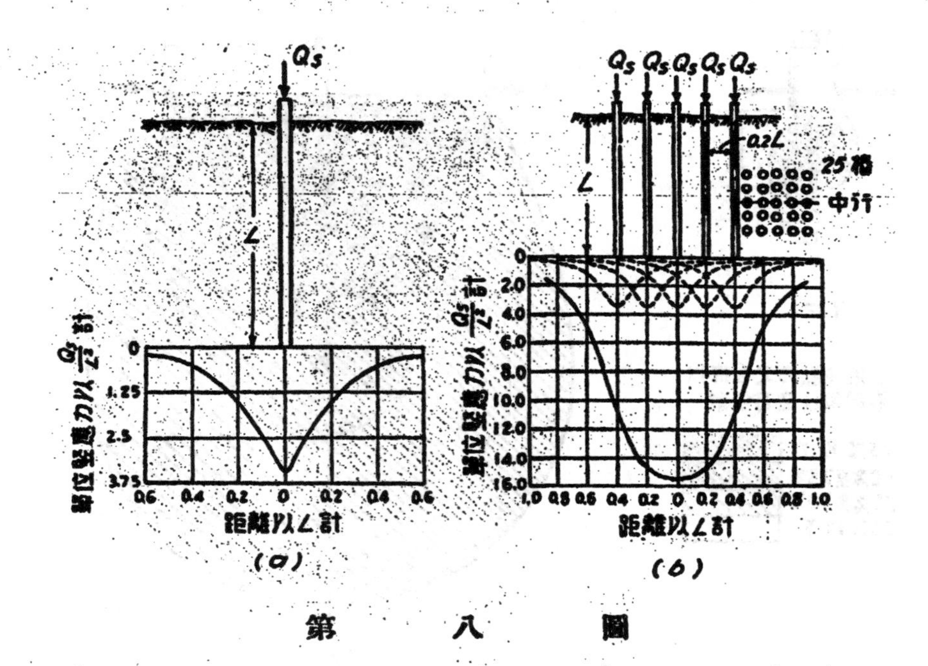

第　八　圖

分佈,其值以 Q_s/L^2 計,最大之值爲 $3.5Q_s/L^2$。此應力之分佈,係根據 Boussinesq 與 Strohschneider[19]之方法而計算者。第八圖(b)示一羣二十五樁之地基於每行中樁之距離爲 0.2L 時,其居中一行單個樁下土壤中豎應力之分佈及其重複狀況(圖中虛線)。及豎應力因重複而加大之狀況(圖中實線),其最大之值爲 $15.4Q_s/L^2$,比上述單個樁者大 4.7 倍。可知一羣樁中樁之距離愈近,則土壤中應力之重複亦愈大,而其總承量愈小於單個樁承量之和。在上述之例,若將樁完全省去不用,而改用鋼筋混凝土之浮筏地基(raft foundation),則土壤中之應力,約爲 $8.5Q_s/L^2$,僅爲用羣樁時者之 55% 而已。可知樁基之採用,并非常爲有利而無害之事。

第九圖[20]示二樁基,其下土壤係泥土性質,深淺一律。樁之長皆爲20英尺,(a)之地基寬15英尺,(b)之地基寬80英尺。圖中所示土壤中應力之分佈,皆係依照 Boussinesq 之方法而約略計算者。

(19) 見參考文獻(6)p.49。

(20) 見參考文獻(15),p.252。

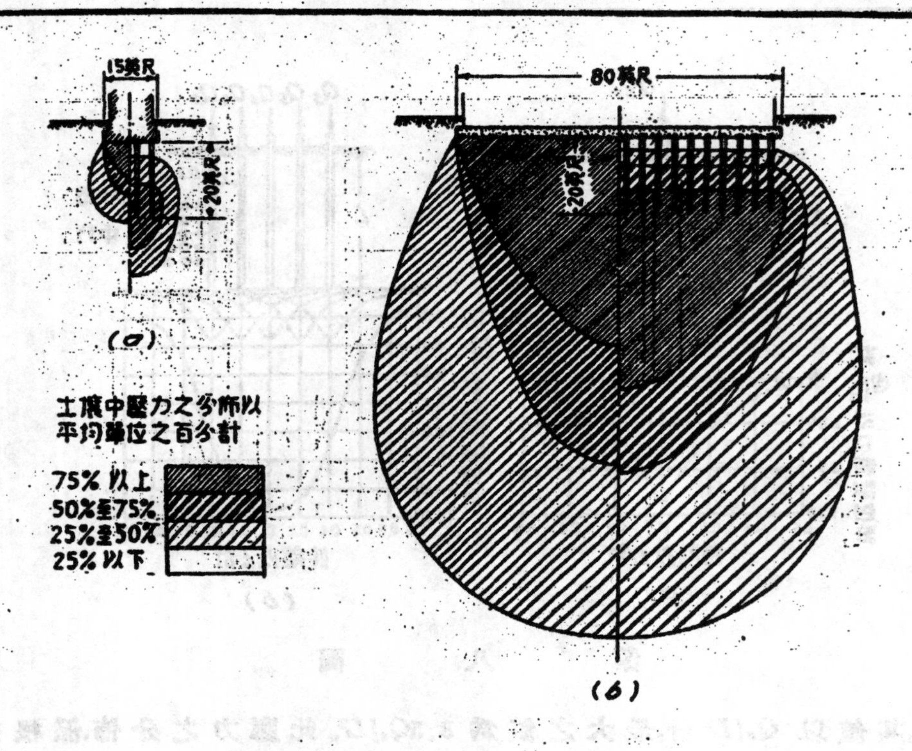

第九圖

(a)與(b)之左部均示無樁時土壤應力之分佈,右部示有樁時之分佈。比較左右二部,卽知樁之長度,如與地基之寬度,至少相等,則樁之功用,能使地基之荷重,傳達於較深之地層。蓋前已述及,土壤之性質雖不變,愈深則其承量亦愈大。故在(a)圖基樁之採用,頗爲有效。反之,若地基之寬,大於樁之長度數倍,如(b)圖,則土壤中應力之分佈,有樁與無樁,相差甚微,於此則採用樁基,又不如採用浮筏地基也。

試舉實例以證明上述之理論。美國Texas[20]州造房,多用樁基。該地有一樓房,依最初之地基設計,需用1600樁,但後因專家之指示,將樁完全省去,改用鋼筋混凝土之浮筏地基。其後該樓房之下沉亦不過一英寸之譜,與其四鄰樓房之用樁基者約略相等。又如上海永安公司之樓房[21],分爲二部建造,其一部之下係用樁基,另

(21) 見參考文獻(22),p.30。

一部下係用浮筏地基。數年後該樓房下沉甚多,但二部之下沉完全相同,即二部相接處的灰頂棚,亦未見一裂縫。故上海濬浦局工程師[22]謂「在有黏性之土壤,如上海之地層者,樁基之利益,殊有疑問」。此外類此之實例甚多,但上述二例已足爲喜採用樁基者之棒喝。

前述土壤中之應力,用樁基者反比不用樁基者大45%。不惟此也,依美國哈佛大學工學研究院教授 Arthur Casagrande[23] 之研究,天然之泥土,如加以擾擾,則其壓緊性加大而壓强度減小。當樁打入泥土中,其週圍之泥土全被擾擾(第十圖),因之泥土之强度減小,而地基之下沉反多而且速。又可知樁基之採用,有時不但無益,抑且有害。美國地基工程經驗最富之 Lazarus White[24] 亦曾證實此說。

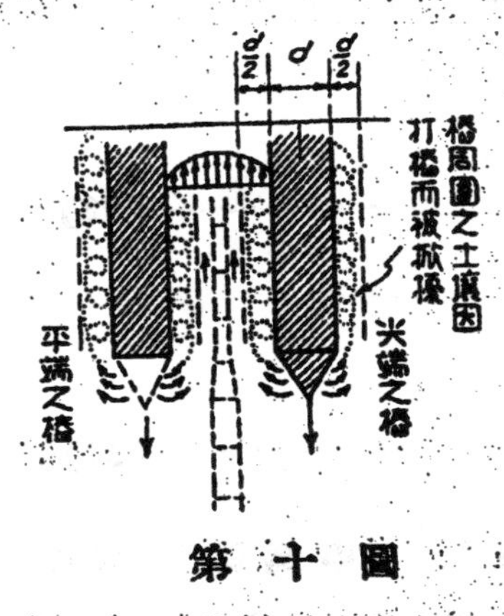

第十圖

由是可知:如採用樁基,樁愈長,距離愈遠,則羣樁之承量亦愈大。在如上海之有黏性土壤中,樁之承量,幾全在其表皮摩阻力[25],此點更爲重要。第十一圖示一樁基,其長爲 a,其寬爲 b。設樁爲

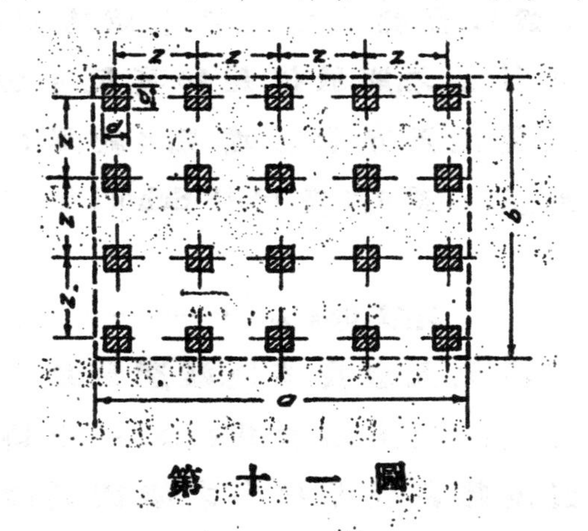

第十一圖

(22) 見參考文獻 (22), p.30。

(23) 見參考文獻 (14), 或(21), p.159。

(24) 見參考文獻 (4), p.342。

(25) 在上海土壤中,樁之表皮摩阻力約爲承量之 85%,見參考文獻 (23), p.14。又依 Arthur Casagrande 之研究,謂在細沙或泥土中,樁之表皮摩阻力至少爲承量之 80%。見參考文獻(13), P.187。

6661

正方形,每邊之長爲 d,樁之距離爲 z。若 z 之值較大,則單個樁因荷重下沉時,其間之土壤,或不致與樁一同下沉。若Z之值較小,則一羣樁中所有之樁將挾其間之土壤依地基之週圍一同下沉。設樁與土壤之摩阻力與土壤之內摩阻力,約略相等,則 z 之最小值,不得使地基週圍之長,小於所有樁週圍長之總數。故[26]

$$\left(\frac{a}{z}+1\right)\left(\frac{b}{z}+1\right)4d\leqq 2(a+b) \qquad (25)$$

由是

$$z\geqq\frac{(a+b)+\sqrt{(a-b)^2+2ab\frac{(a+b)}{d}}}{\frac{a+b}{d}-2} \qquad (26)$$

設地基爲正方形,則 $b=a$,故

$$z\geqq\frac{a(d+\sqrt{ad})}{a+d} \qquad (27)$$

以上三公式(25),(26),及(27),雖假定樁爲正方形,但樁爲圓形時,亦可設 d 爲直徑約略應用。設用時方形樁,邊長1英尺(即 $d=1$)。用以上公式計算之,則於邊長10英尺正方形之地基,z 約爲 4.6 英尺;邊長100英尺正方形之地基,z 約爲 11.1 英尺;邊長100及40英尺長方形地基,z 爲 8.7 英尺。依 Schoklitsch[27]之研究,則樁之距離 z 應約略如下

$$z\geqq 1.08\sqrt{Ld} \qquad (28)$$

如是,則樁愈大愈長,其距離應愈遠,庶可避免土壤中應力之重複。若樁之距離較上述者爲近,則一羣樁樁之承量與單個樁完全無關,其因距離甚近而加多之樁,徒屬靡費,而於樁基之承量殊爲無益。

由是可知:除非樁能達到堅硬地層或岩石,或樁之距離甚大,單個樁之承量,決不能依上述之第二假定,用爲羣樁設計之標準。

(26) 根據上海濬浦局工程師之分析見參式文獻(23),P.14。

(27) 見參考文獻(6),S.72。

故欲求羣樁之承量,恐祗有實地荷重試驗之一法,而此種試驗之實施,必須十分審慎。若羣樁之樁數太多,荷重試驗殊爲困難,於此至少應以六七樁依所欲之距離打入土壤中,以資試驗,再以所得之結果而推論更大羣樁之承量。此種推論之法,在學識優長經驗豐富之工程師,固非一難事也。

結　論

由以上之討論,吾人可得以下之簡單結論:

1. 採用樁基,并非增加土壤承量萬應普遍之法,若土壤及地層之性質不宜,採用樁基不但無益,有時且有害。
2. 至少在細沙及泥土中,單個樁之承量,决不可用打樁公式計算之。如必欲用打樁公式,則本文所舉之公式(24)比之現下通行之威氏公式,較爲合理而可靠。
3. 除非樁能達到岩石或堅硬地層,或樁之距離甚遠,單個樁之承量,决不可用爲樁基設計之標準。
4. 用距離較遠之較少長樁比用距離較近之較多短樁爲佳。若樁之承量,大部在其表皮摩阻力,此點尤爲重要。

地基工程,實爲土木工程中最複雜之學科。過去百年中之進步甚鮮,蓋非無因。近年來經歐美若干工程師與學者之研究,地基工程始漸入於科學之途徑,而貢獻最大者,允推奧人德查希博士[28]。(Dr. Karl Terzaghi)。至將來之進展有待於研究者甚多。但地基工程將來能否一如今日之構造工程,成一極精密之科學,殊屬疑問。德查希之言[29]曰「地基問題,欲以嚴格之數學駕馭之,殆永不可能,蓋其性質使然。唯一有效之研究方法卽在:第一,已往相似問題

(28)德氏現任奧國維也納工科大學教授。1925至1929年任美國麻省理工大學教授時,著者曾親炙於德氏者凡三年,今日之能寫此文,皆德氏之賜也。

(29)見參考文獻(4),P.301。

6663

是經過若何,其次,係何種土壤。最後,用某種方法,因何得某種結果,以有統系方法,收集此種知識,再用土壤研究之結果而解釋此種觀察所得之資料,地基工程可發展而成爲一種半理論半經驗之科學,其質性可與醫學之一部份相比擬」。地基工程之將來趨勢如何,於此可見一斑。

參攷文獻

(1) *Terzaghi*: "Erdbaumechanik", Franz Deuticke, Wien, 1925.

(2) *Terzaghi*: "Die Tragfähigkeit von Pfahlgründungen", Bautechnik, 1930, S. 475. (編者按,此篇有譯文見工程譯報第二卷第二期,上海市工務局發行

(3) *Terzaghi*: "Modern Conceptions Concerning Foundation Engineering", Jl. Boston Soc. C. E., Dec. 1925, p. 397.

(4) *Terzaghi*: "The Science of Foundations—Its Present and Future", Trans. Am. Soc. C. E., vol. 93 (1929), p. 270.

(5) *Kreuter* and *Krapf*: "Formeln und Versuche über die Tragfähigkeit eingerammeter Pfähle", W. Engelmenn, Leipzig, 1906.

(6) *Schoklitsch*: "Der Grundbau", Julius Springer, Wien, 1932.

(7) *Krey*: "Erddruck, Erdwiderstand und Tragfähigkeit des Baugrundes", Wilhelm Ernst, Berlin, 1932.

(8) *Rausch*: "Zur Frage der Tragfähigkeit von Rammpfählen", Bauingenieur, 1930, S. 514.

(9) *Dörr*: "Tragfähigkeit von Pfählen", De Ingeniör, 1924, S. 98.

(10) *Hool* and *Kinne*: "Foundations, Abutments and Footings", McGraw-Hill, New York, 1923.

(11) *Goodrich*: "The Supporting Power of Piles", Trans. Am. Soc. C. E., vol. 48 (1902), p. 180.

(12) *Griffith*: "The Ultimate Load on Pile Foundations: A Static Theory", Trans. Am. Soc. C. E., vol. 70 (1910), p. 412.

(13) *Crandall*: "Piles and Pile Foundations", Jl. Boston Soc. C. E., May 1931, p. 176.

(14) *Casagrande*: "The Structure of Clay and Its Importance in Foundation

Engineering", Jl. Boston Soc. C. E., April 1932, p. 168.

(15) *Prentis* and *White*: "Underpinning", Columbia University Press, New York, 1931.

(16) *Nicholson*: "Pile Formulas", Selected Engineering Papers, No. 62, Inst. C. E., London, 1928.

(17) *Pimm*: "The Design of Piles", Selected Engineering Papers, No. 78, Inst. C. E., London, 1929.

(18) *Bennett*: "Pile-Driving and the Supporting-Capacity of Piles", Selected Engineering Papers, No. 111, Inst. C. E., London, 1931.

(19) "Engineering News", Dec. 29, 1888, p. 509.

(20) "Engineering Record", Jan. 22, 1916, p. 106.

(21) "Engineering News-Record", Dec. 30, 1927, p. 1037; and Aug. 11, 1932, p. 159.

(22) *Whangpoo conservancy Board*: "Pile Foundations in Shanghai", (General Series No. 13, 1928.)

(23) *Whangpoo Conservancy Board*: "Various Reports to the Engineer-in-Chief on Special Investigations", IV. "Report to the Engineer-in-Chief on Pile Tests", 1921.

(24) *Kögler*: "Über die Verteilung des Bodendruckes unter Gründungskörpern", Bauingenieur, 1926, S. 101.

(25) *Scheidig*: "Druckverteilung im Baugrunde", Bautechnik, 1927 S. 418, 445; 1928 S. 205.

(26) 薩本棟：大學普通物理學，上册，商務印書館出版。

中國第一水工試驗所

(中國工程師學會第五屆年會得獎第三名論文)

李賦都

摘要:——本篇係報告在建築中之中國第一水工試驗所。關於其籌備經過,建築情形,基本試驗設備,及其初步試驗計劃大綱,均有詳盡之陳述;關於各項建築情形,均有照片說明。該試驗所,在吾國實爲首創,係由作者設計。其建築經費係由華北水利委員會等十機關供給,共計約十一萬餘元。地址卽在天津河北省立工學院內。除清水試驗基本設備外,該試驗所備有黃土水流試驗之基本設備,故適合於我國各項水流之試驗,實爲該所之特點。査我國河流之大部,流經黃土區域。黃土河流之治導爲我國水利之最重要問題。是以該所之初步試驗計劃以研究黃土河流之各項試驗爲中心。

按此篇係於八月十四日方始寄抵南寧,故未及宣讀,惟在大會中報告。

論文委員會附識

(一)通論

研究水利問題,經驗與理論,須同時注意之,二者互相扶助,始可獲最經濟最適宜之水利建設。凡舉一種工程,每於工程完竣後,始覺察各種缺點,自缺點再加研究,往往得一較新確之理論,已往科學之進步,實基於此。但以偉大之建設工程,作爲試驗品,其費時傷財甚爲顯著。

自德國著名水利專家恩格思首倡水工試驗以來,對於水利研究,始得一新紀錄。氏於一八九五年在德來司登工科大學設立水工試驗所,研究試驗工作,證明利用試驗之法,可以解決一切水利問題,引起全國之注意,各處紛紛從事於水工試驗所之建設。經數十年之經驗,認水工試驗確爲研究水利問題最確實而不可缺之方法。

凡感水利問題重要之國家,均先後設立水工試驗所,一切偉大之水利建設,俱以試驗之法解決之。利用水工試驗,可以研究已往工程之缺點,可以扶助吾人學識之不及,得一適合之建築方式。蓋於模型試驗之時,始有解析及明察各項原理之機會,根據試驗結果及相似律,以確定建築與流水之關係,力量之大小,而得一形體適合之結構。

在試驗方面應注意「模型與水量大小問題」。利用大模型及大水量作試驗,結果較爲眞切,但測驗須精細,儀器較複雜,試驗費用較昂,須有現成及豐富之水源及寬宏之地面,始合經濟,德國巴也水工水力研究院之水工試驗所即其例也。該所位於阿朋那黑(Obernach)河旁,利用河水作試驗,計可供試驗之水量,每秒可達8立方公尺,河流模型直接設於地內。

至於在市內利用自來水以供試驗,則不能不在水量與設備上力求儉省。在小模型試驗,須有較强之觀察力,與較精細之研究,普通水量約爲每秒50—300公升。哈諾惟(Hannover)水工試驗所之水量可達每秒2立方公尺,爲現時之最大者。然此每秒2立方公尺之水量,大多用以作各種水力學試驗,河流試驗,需水尙未有達此値者(阿朋那黑黄河試驗水量約爲每秒200公升)。

模型試驗結果,大多數均可定量的移用於自然界,惟於極繁雜之試驗,只可以計算法規定模型水量限度,河流坡度等等,而試驗則僅爲定性之研究。此種情勢,在河流試驗,尤爲顯明。例如試驗長30公里,寬30公尺,深1公尺之河流,用1:50之模型比例尺,則模型河長60公尺,寬0.6公尺,深2公分,用此深度,不易察知河內所有之變象,且依模型之比例尺,則試驗所用之沙粒亦須極細。假如河內沙粒直徑爲1公釐,則模型內之沙粒爲1/50公釐,不免失其在河內原有性質。故以模型作河流試驗,不能使模型與自然河流「真似」。普通多取用較大之深度比例尺及較大之沙顆。利用平面與高低不同之比例尺,現仍爲研究模型一極有價值之問題。在相似律內固有關於此等變態所用之公式,然在問題繁複之情形,仍非可靠。

普通河流試驗,能得一定性之結果,已稱滿足。試驗治河工程,在能於模型之內,作互相比較之研究,分別優劣,而由此推知其最適宜者。

試驗河流,仍須用較大之模型,方可減小以上各種缺點。恩格思一九三一年之河流試驗(水量爲548公升秒),即其證也。我國水利問題,目前以治河爲最重要,當注意及之。

(二)籌備經過

中國第一水工試驗所之籌劃,始於民國十七年。時華北水利委員會成立,李委員長儀祉及李委員書田咸於我國水利問題之繁雜,同時深信試驗與水利工程關係之重要,乃主張籌設水工試驗所,從事籌備工作。惟因籌款困難,又受時局影響,至今方告成功。計前後歷時八載,可謂久矣。

中國第一水工試驗所原名「華北水工試驗所」,初由華北水利委員會與河北省立工業學院合辦,故試驗所地址亦規定於天津工業學院內。民二十二年黃河水利委員會李委員長儀祉贊同合作,促其實現。華北水利委員會方面乃一併徵求其他水利建設與學術機關合作,並組織董事會。「華北水工試驗所」之名稱亦修正爲「中國第一水工試驗所」。合作機關共有九處,爲華北水利委員會,黃河水利委員會,河北省立工業學院,導淮委員會,太湖水利委員會,建設委員會模範灌溉管理局,國立北洋工學院,陝西水利局及揚子江水利委員會。試驗所之建築費與經常費,即由各合作機關擔任。計

華北水利委員會	擔任建築費42,915.42元	經常費每月350元
黃河水利委員會	擔任建築費30,000.00元	經常費每月350元
河北省立工業學院	擔任建築費20,000.00元	經常費每月200元
太湖水利委員會	擔任建築費1,500.00元	
模範灌溉管理局	擔任建築費2,000.00元	
北洋工學院	擔任建築費5,000.00元	經常費每月100元
陝西水利局	擔任建築費2,000.00元	
揚子江水利委員會	擔任建築費2,000.00元	

導淮委員會助試驗抽水機五架共洋二萬元

此外經濟委員會協助五千元

共計建築費共十一萬四百一十五元每月經常費一千元

前華北水工試驗所之計劃大綱於民國廿年由著者規劃完成。民國二十一年著者因恩格思教授試驗黃河事赴德,曾在阿朋那黑及哈諾惟水工試驗所實習,並參觀各處水工試驗所,察知以前之計劃須加改良者有數點:

(一)原計劃內含有大規模之沉澱池,與儲水池相通連,意在作黃土試驗之用。查試驗普通含沙質之河流,可設臨時沉澱箱於渠之尾端。若試驗黃土河流,固有另設沉澱池之必要,然因沉澱後之水不能全清,務須與普通試驗設備隔離,故於新計劃內特設黃土試驗設備。前擬設之沉澱池,則刪除之。

(二)原有之大試驗渠,僅於一端與儲水池相通連,祇可用以作校正流速儀器之用。新計劃內特設水管,由水箱直通渠之尾端,如此則可利用此渠作他種模型及流水試驗。渠之首端,並設活動板墻,與儲水池隔分。若將水由水箱導入渠之首端,使其經渠入黃土試驗沉澱池,再由此流入回水渠,則亦可利用大試驗渠作各種沙石冲淤試驗。

民國二十二年著者返國後,又因最初規定臨元緯路之所址由工業學院改作他用,將所址移至院之北端,臨黃緯路,乃從新設計。計全部工程約需洋五十餘萬。董事會因經濟方面之限制,只得分期建築,先着手於最重要之部分,務使於最近期內得以開始試驗工作。初步工程於民國二十三年六月一日動工,民國二十四年七月底完竣,計連初步設備費所支經費數目如下:

初步工程建築費	125,055,00元
初步購買試驗儀器	9,450,00元
導淮委員會由英購抽水機五架及馬達	20,000,00元
本所自購抽水機二架及馬達連同塗泥水管電線及電表	2,566,00元
共計	157,071,00元

(三)位置與建築

中國第一水工試驗所位於天津河北省立工業學院內,臨黃緯路。經詳細之研究,並依地面之形勢,規定全所平面圖如附圖。全所分爲四部(參觀圖一至三):

(甲)大試驗廳

大試驗廳臨黃緯路(照片一至四),寬20公尺,長70公尺,牆高7.30公尺,中部由房架底至地面高約8.50公尺。房架用鋼造,支柱用鋼筋混凝土築,相距5公尺。廳內在試驗地面範圍內可以安置行動起重機,用以搬運模型及較重物件。廳之北端,由牆根起16公尺範圍內,爲設抽水機,儲水池及低高水箱地位。全廳長度原規定爲130公尺,初步工程僅築70公尺。廳內地面鋪混凝土方板,廳外未建築地面則鋪石灰炭渣,可於其上作露天試驗。試驗廳南端臨時小牆設有活動木板門,可以拆去,使廳內外互相通連。計可供試驗之長度爲100公尺。

(乙)北部廳外試驗地面(照片四)

原擬於大試驗廳之西北端建築小試驗廳,與大試驗廳相通連,相互成直角形,寬17公尺,由大試驗廳牆根起長32公尺(參閱圖一)。在初步工程內,小試驗廳暫不建築,僅將地面以石灰炭渣打築堅實,俾可於其上作露天試驗。大試驗廳與廳外試驗地面通連

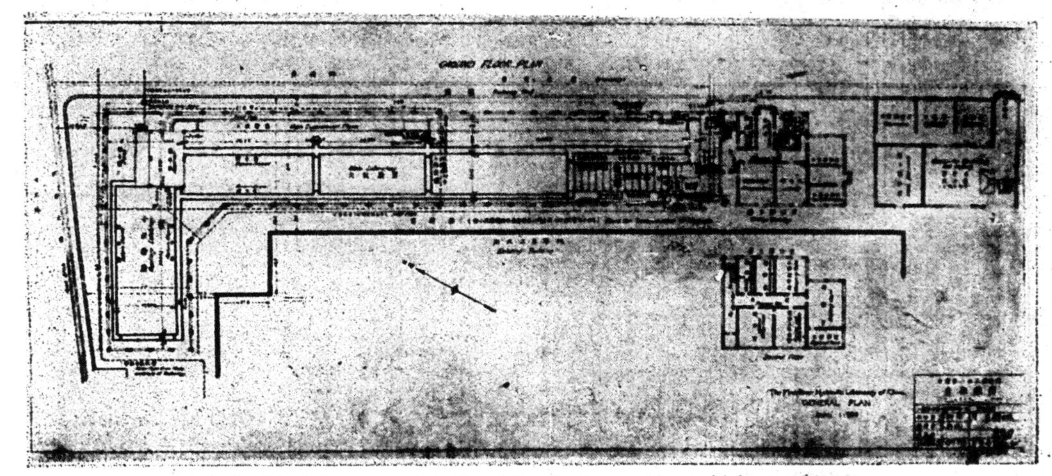

圖(一)　中國第一水工試驗所全部總圖

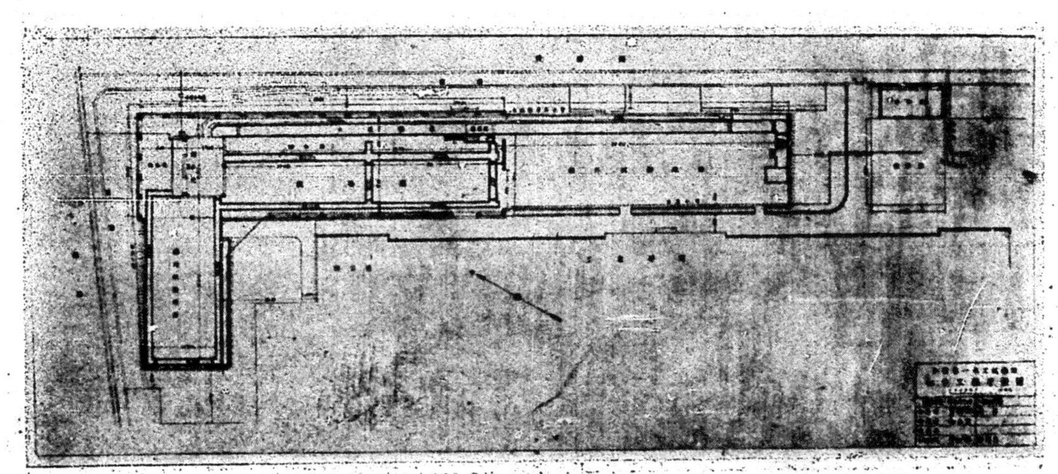

圖(二)　中國第一水工試驗所初步工程平面圖

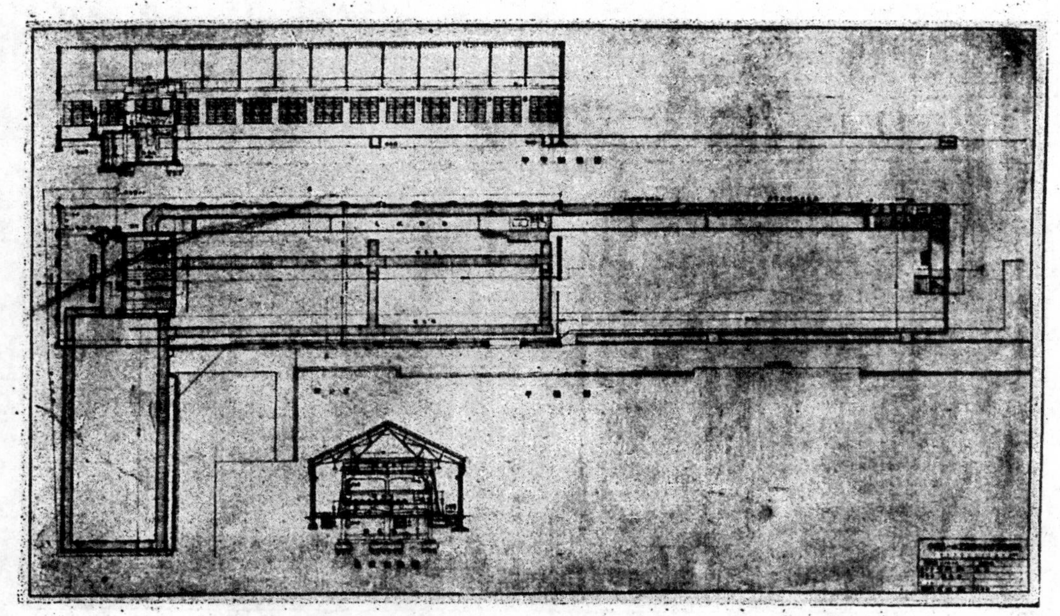

圖(三)　中國第一水工試驗所初步工程總圖

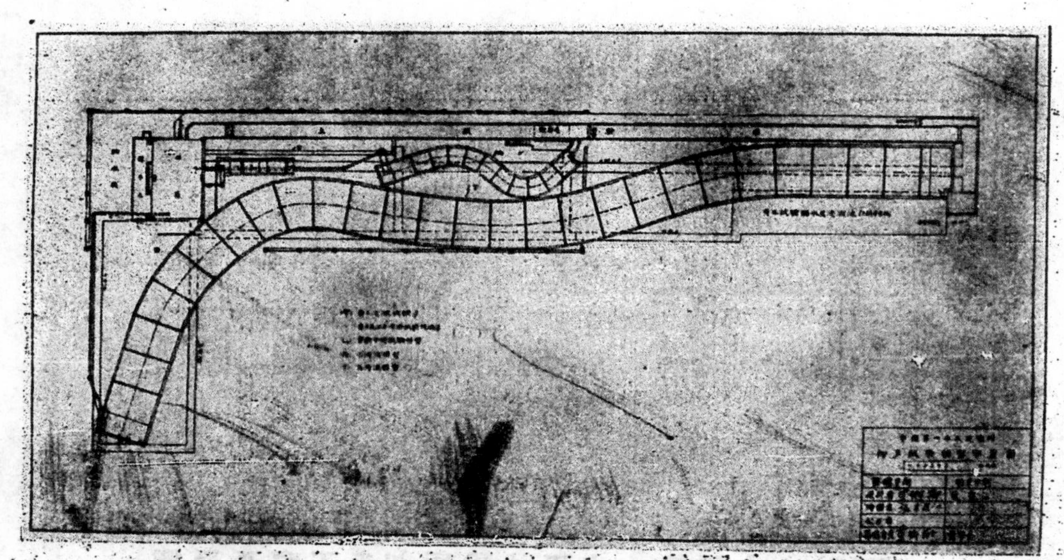

圖(四)　中國第一水工試驗所初步試驗模型佈置圖

(一)大試驗廳東南面及廳外試驗地面

(二)大試驗廳內西北部

(三)大試驗廳內東南部

(四)大試驗廳西北面及廳外試驗地面

(五)存沙室及洗沙處

(六)儲水池之樁基

(七)儲水池之鋼筋

(八)混凝土搗築完就後之儲水池

中國第一水工試驗所工程照片(一至八)

(九)低水箱安置鋼筋及木模之情形

(十)低水箱及高水箱搗築完成後之情形

(十一)低水箱內之溢水槽

(十二) 抽 水 機

(十三)大試驗渠之南端

(十四)大試驗廳外之大試驗渠及引水管

(十五)建築中之觀察處

(十六)北部試驗地面之黃土試驗回水渠

中國第一水工試驗所工程照片(九至十六)

處,則設臨時木板牆,可以拆除。

試驗地面所需長度,在各試驗所,以經濟力與地面之限制,各不相同,以試驗範圍,流速儀器校正渠及河流試驗所需長度爲衡。校正流速儀器,須用校正車,於渠緣設軌,車行軌上,以電力引繩導之。渠之長度,須以車應有之速度而定,不得短於85公尺,100公尺之長度,可稱優裕。河流模型固宜於長,然以經驗論,亦不需過長。已往河流試驗渠之最長者,如阿朋那黑之黃河試驗渠爲100公尺。本所於初步工程完成後,若利用廳內及南部廳外試驗地面,可得長100公尺之試驗地面。必要時可由北部廳外試驗地面尾端起,作曲形河流模型,穿大試驗廳,達南部廳外試驗地面之尾端,則可獲一百三十餘公尺長之河渠(參閱圖四)。

(丙)辦公室

本所在初步工程時期內,暫假工業學院在試驗所附近之空屋多間,以作辦公室,土質試驗室等等之用。將來擬築之辦公樓,位於大試驗廳之南端,佔地面約500平方公尺。樓下爲土質試驗室,土質試驗工程師室,客廳及會議室,圖書室,暗室以及門房,盥洗室,及廁所等。樓上爲董事及所長室,繪圖室,設計室,辦事室,會計室,及廁所,盥洗室等。大門設於靠黃緯路之一面。該樓與將來長130公尺之大試驗廳直接連通,並於試驗廳設走廊,樓上靠試驗廳一邊亦設走廊,以便觀望廳內試驗工作。

(丁)存沙室,洗沙處及工匠室

存沙室及洗沙處位於全所之南端(參觀初步工程平面圖及照片五)。因其侵佔辦公樓之地基,將來第二期工程實現時,勢須拆移,故其設備從簡。工匠室等擬於第二期工程時建築之。

試驗廳與院舍間之地帶,寬約4公尺爲運料路,與黃緯路相通連。大門位置與全部計劃所規定者相同。

(四) 試驗基本設備

(甲) 清水試驗基本設備

水之供給 本試驗所需用之水,由市內自來水供給之,引水管由黃埔路總自來水管通入儲水池,設有量水表及開關閥。大試驗廳與院舍之一邊及廳外試驗地面旁均埋自來水管,每隔相當距離設放水管,以爲臨時取水及清理池渠與試驗廳之用。

儲水池 試驗時用循環流水式,其基本設備爲儲水池,在大試驗廳之北端,以鋼筋混凝土製成,成長方形,長12公尺,寬10公尺,深入廳內地面3.4公尺,可容水量390立方公尺(池緣與地面同高)。在設抽水機吸水管之一邊,池底較原底深1.0公尺,使吸水管口深於原池底,而池內最低水之深度,可小於0.2公尺。

照片(六)至(八),示儲水池在建築時期之情形。

水箱 水箱有二,爲低水箱與高水箱,位於儲水池之上。低水箱長12公尺(與儲水池長度相同),寬7公尺,深2公尺,箱內水面距廳內地面3.55公尺。高水箱長10公尺,寬5公尺,深1.6公尺,水面距試驗廳地面8公尺。低水箱與高水箱之上部,均含溢水槽,兩端設溢水箱及溢水管。高水箱之溢水管通入低水箱之溢水箱,低水箱之溢水管,則通入儲水池。抽水機出水管通入各箱處,用鑿細孔之鐵板,與箱之溢水部相隔,使箱內之水平穩。爲求箱內水面固定起見,抽入之水量,須稍多於試驗所用水量,剩餘部分由溢水槽流入溢水箱,經箱底之溢水管,達儲水池。箱內水位務須固定,使試驗時水壓不變。低水箱外設有水位觀察箱,用以觀察箱內水位之變遷。溢水槽之邊緣,須有充裕之長度,庶抽入水量,雖因電力不勻,時有增減,而溢水緣上之溢水高度,仍無顯著之差異。

低水箱,低水箱架與高水箱架,均以鐵筋混凝土製成,高水箱用鋼鐵製成。高水箱架上除安置高水箱外,周圍尚有寬約1公尺之餘地,鋪以木板,周圍設鐵欄杆,可以行人,以便修理水箱及安置水管,並有鐵梯以便上下。

照片(九)示低水箱安置鋼筋及木模之情形,照片(十)示低水箱及高水箱架建築完竣後之形式,照片內鋼製高水箱正在安置期間。

照片(十一)示低水箱內之溢水槽。

回水渠　大試驗廳與原小試驗廳地面各設清水回水渠一,通入儲水池內。大試驗廳回水渠,位於廳之中部,寬 1.2 公尺。渠內水深,根據最大流量每秒 2 立方公尺,爲 0.8 公尺;爲安置試驗引水管起見,使渠深入地面 1.5 公尺,其首端在南部廳外試驗地面之南端與大試驗渠之灣部相通連,並於此處設臨時木板牆,互相分隔,由此直通儲水池。此回水渠並有支渠三道,與總渠成直角形,切面與總渠相同。其中二道通連黃土試驗回水渠(位於廳內靠院舍之一邊),兩端均設臨時木板隔牆。由模型流出之水,可導入清水試驗總回水渠,亦可導入黃土試驗回水渠,故清水與黃土試驗,均可利用之。其第三道通入黃土試驗沉澱池,亦有臨時木板牆,與沉澱池相分隔。西北部廳外試驗地面之清水回水渠,寬 1 公尺,深 1 公尺,位於靠七經路之一邊,一端通入儲水池,他端在試驗地面之尾端作直角形之灣折,通入靠院舍一邊之黃土試驗回水渠。灣折部亦有臨時木板隔牆。各回水渠上均鋪厚木板,使試驗時亦可利用回水渠之地面安置模型。回水渠均以鋼筋混凝土築成。(照片十六)

沉澱池　作普通沙土河流試驗等,無特設沉澱池之需要,可於各試驗模型末端設臨時沉澱段或沉澱箱。柏林及哈諾惟水工試驗所均取此法,且收取沉澱沙量較易。本試驗所大試驗廳內南端(現廳外試驗地面)特設黃土沉澱池,於需要時亦可利用之以作普通沉澱池(作大規模沙土河流試驗等)。試驗時將水由大試驗渠灣折部導入黃土試驗沉澱池,由此仍經清水試驗或黃土試驗回水渠流入儲水池。

<u>抽水機</u>　抽水機位於儲水池旁北邊棄牆處,其地面寬5公尺,長約10—14公尺。抽水機用本市電力發動,因試驗所需水量各異,時多時少,故宜設置多數能力不等之抽水機,使所抽水量與所用者相稱。本試驗所最大之試驗水量定爲每秒2立方公尺,擬設抽水機七架,其抽水量爲500,500,350,300,200,100及50公升秒。此項抽水機將試驗用水由儲水池輸入低水箱,其中除抽水量爲500公升秒之二架外,亦通達高水箱,故由高水箱所出之試驗水量每秒可達800公升以上。若需水多於此數,則可將500公升之抽水機亦通入高水箱內。試驗時視需水之情勢以引導之。抽送高度由儲水池最低水位至低水箱爲6.7公尺,至高水箱爲11.2公尺。

抽水機擬分期安設之。<u>導淮委員會</u>捐助本所之抽水機五架,計抽水總量可達750公升秒。在該貨尙未抵<u>津</u>以前,爲卽速開始試驗工作起見,另向<u>津</u>市各洋行購得抽水機兩架,現已安置完就(照片十二),計可抽水量共150公升秒。

本所設置之抽水機如下表:

號數	抽水量每秒	抽送總高	每分鐘轉數	需要馬力	電滾馬力	效率	備考
	公升	公尺				百分	
1	500						將來安置
2	500						將來安置
3	350						將來安置
4	300	15	960	71	80	83	導淮會由英國購
5	200	15	1450	50	58	78	導淮會由英國購
*6	100	14.3	1450	24	28	78	導淮會由英國購
*7	100	14.3	1450	24	28	78	導淮會由英國購
8	100		1420	22	31.5	80	已安置妥就
*9	50	14.6	1450	12	15	80	導淮會由英國購
10	50		1420	13.6	15	80	已安置妥就

*6號7號與9號抽水機,將來擬用於黃土河流試驗。

水之循環 試驗時抽水機將水由儲水池抽入低水箱或高水箱,水由各箱牆下部多數水管流入各試驗渠或模型之量水部,再由此流入試驗部。水離模型後導入回水渠,由回水渠仍回儲水池,如此循環不已。

水之排洩 儲水池旁特設一小抽水機,每隔相當時期(約數月),待試驗水渾濁後,可將全部試驗水量,用此抽水機抽入街內洩水溝,以便將儲水池,水箱回水渠等等清理一次。各水箱內之水,可由一底管洩入儲水池。現已安置每秒抽五十公升之抽水機,除試驗時需用以外,亦可兼作洩水之用。

大試驗渠 大試驗渠位於大試驗廳內靠黃緯路之一邊,以鐵筋混凝土製成,長一百餘公尺,寬二公尺,深一.五公尺,渠緣與地面同高(照片十三與十四)。北端通入儲水池內,南端(伸出廳外)含有灣折部,與清水試驗回水渠及黃土試驗儲水池及沉澱池相通連。試驗廳牆與渠間地帶,安置90公分直徑之引水鋼管,由低水箱下部直達大試驗渠之南端。水由低水箱,經此管流入大試驗渠內,又由渠仍流回儲水池,爲全試驗所需用水量最多之試驗設備,用以作各種流水,及模型試驗。渠之中部設觀察處(照片十五),備有渠旁及渠底之玻璃窗,用以觀察流水之情況。

引水管南端,在近入渠部處,設測驗流量管及閥,以規定及操縱入渠水量。引水管入渠部以鋼筋混凝土製成箱式,寬1.3公尺,深1.85公尺,長11公尺,有鋼製推門二,其一通大試驗渠,其一通大試驗渠灣折部。在大試驗渠入灣折部處,設臨時木板隔牆。

除將水由引水管導入大試驗渠內,作各種清水試驗外,若將入渠部之二門及大試驗渠入儲水池處之木板牆封閉,同時將入灣折部之木板牆除去,則可利用大試驗渠作各種沙土,石粒之冲淤試驗。試驗時將水由低水箱直接引入大試驗渠(可於引水管之首端特設支管,或由低水箱玻璃渠開口處引入大試驗渠),經黃土儲水及沉澱池,流入回水渠而歸大儲水池。又作此種試驗時,可將黃土儲水池及沉澱池間之木牆拆除,利用全部作沉澱池。試驗時,視水量之多寡,或須同時利用清水試驗及黃土試驗回水渠。若試驗需水為每秒 2 立方公尺,則二回水渠內之水深約為 0.47 公尺。試驗以前,將大試驗渠灣折部分入黃土儲水池之推門封閉,使儲水深度在回水渠以內為 0.47 公尺。放水後,待水流至推門處時,黃土儲水池之水面已降落至與回水渠底同高之地位,可將推門依試驗渠所需之水深推開至相當程度。試驗完成後,大試驗渠餘水深度當小於 0.47 公尺。在需要時,可將推門封閉,用一小活動抽水機,將渠內餘水徐徐抽入儲水池內,以便測驗渠內沙土等等冲淤之情況。

大試驗渠邊緣上設置鐵軌,上置校正車,以電力拉引鋼繩開動。發動機置於渠之南端,用以校正各種流速儀器。此項設備,在我國特為需要。利用校正車校正流速儀器時,渠內之水須為不動者,故須將渠兩端木板牆封閉,使渠內水面不受儲水池水面降落之影響。

（乙）黃土水流試驗基本設備

普通河流多含沙土與石粒,其移動與冲淤性質,與黃土不同。前者各方面試驗河流僅取用沙土或各種代替沙土之物質,以黃土作試驗,未之有也。惟著者在德國哈諾惟水工試驗所實習,曾作黃土沉淤試驗,但七閱月中,作黃土試驗,僅二月而已。為時既短,土料又少,範圍與成效,自極有限。然該項黃土試驗,竟引起若干學者之注意,均認此種問題之新異與繁複,頗有確實研究與長期試驗之需要。

著者當時作黃土試驗之重要目的,在視該項試驗究竟可能與否。我國北部河流問題,以含有黃土者為最繁難,若不能以黃土作試驗,殊為可惜。方修斯教授 (Franzius) 與余談論及此,曾謂黃土試驗恐難收效,因其在試驗渠內,或不易於冲淤也。哈諾惟試驗所存有華北水利委員會寄來永定河流域黃土多包,著者乃就其量之多寡,作一小規模之冲淤試驗,並略驗其成分與顆粒之大小。

據試驗之結果,略得下列各點:

一,黃土試驗成績之優劣,自以模型之大小為衡。若能使試驗渠內之流速,小於每秒0.3公尺,或大於每秒0.4—0.7公尺(在此次試驗時水深20公分),則黃土即有沉淤或冲刷之可能。據恩格思教授黃河試驗之最大水量,約為每秒200公升,最大流速每秒約為0.5—0.8公尺,亦知黃土試驗為可能之事實。至於他種問題,如槽底發現波紋,據方氏談,無大妨礙,或亦可消除之。

二,取用普通黃土塊摻水成泥,以作河槽,較之由淤積而得者,不易於冲刷。故作黃土試驗,宜取用經淤積而成之黃土。

三,黃土試驗之結果,只為定性而非定量。欲使試驗結果有定量的移用之可能,則尚待研究。

試驗黃土河流,能得一定性之結果,則已具相當之價值,即如前所述,在能於模型之內,作互相比較之研究,而獲一最適合之結果。

四,作黃土流水試驗,不可使黃水與其他清水混合,須特設水池,水箱及沉澱池等等。

本所關於黃土河流試驗特設儲水池,沉澱池與水箱,位於大試驗廳內南端靠院舍之一邊(現南部廳外試驗地面),並特設黃土試驗回水渠。儲水池與沉澱池為一整個長方形之大池,中部以活動木板牆分隔之,上部成溢水堰。儲水池與大試驗渠之灣折部相通連。沉澱池與黃土試驗回水渠及清水試驗回水渠相通連,惟於清水試驗回水渠支渠入池處設臨時木板隔牆,使作黃土試驗時混水不致流入清水回水渠內。黃土試驗回水渠在靠院舍之一邊,由沉澱池起,穿大試驗廳至北部廳外試驗之尾端止(照片十六為北部廳外試驗地面回水渠正在建築之情形)。

大試驗渠入黃土儲水池處設活動鋼閘門,使黃土儲水池儲滿水時,不至流入大試驗渠內。

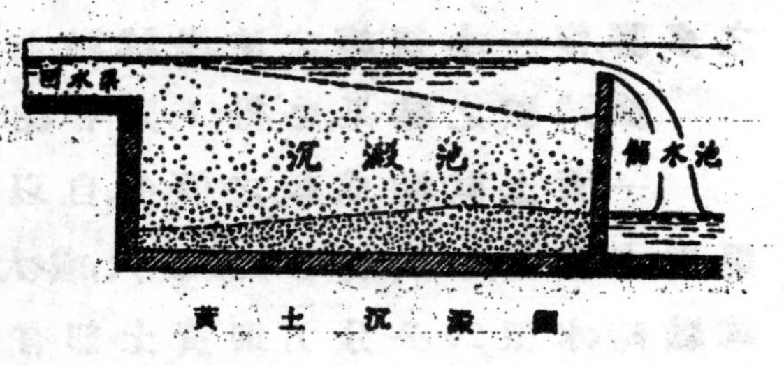

黃土沉澱圖

水箱位於儲水池之上,池旁安置抽水機,將水由儲水池抽入水箱。水由水箱下部之水管達試驗模型渠,由模型渠經黃土回水渠,流入沉澱池。已沉澱過之水,經滚水堰,仍入儲水池。儲水池與沉澱池上設有橫樑,鋪以厚木板,可安置模型,以節省地面。沉澱池之大小極難預先規定,蓋吾人對於黃土沉澱之情況尙乏研究與經驗也。爲求精確及經濟起見,黃土試驗儲水池與沉澱池等在本所初步工程暫不建設。擬先作沉澱試驗,再行規定之。

試驗黃土河流之最大水量定爲每秒 250 公升,可以此值推算沉澱池內之流速。若沉澱池寬 6 公尺,水深 3 公尺,則其流速爲每秒 0.014 公尺。池內淤高 1 公尺後,水深爲 2 公尺,則流速爲每秒0.021公尺,黃土自有沉澱之機會,但其沉澱之速度則尙未可知。

欲使出池之水全清,乃事實上不可達到之境。試驗黃土,亦不必使入試驗渠之水爲全清。只須其含土極微,能使入模型之水有一小而較確實之含泥量,已爲滿足。著者在德試驗黃土時,因缺少沉澱池,入渠之水,含泥量極多,而數量亦極不均,不能作多項有價値之試驗,可知沉澱池爲黃土試驗不可缺少之設備。

黃土流水試驗需水較多時,爲求設備經濟起見(抽水機等),可停止清水試驗利用清水試驗設備,由低水箱或高水箱將水送入模型內。水出模型後,先導入黃土沉澱池,使其沉澱後,經回水渠流入儲水池,在大試驗渠內以可作各種黃土水流試驗(冲淤試驗等等)。

黃土試驗尙在創始之時期,德國水利家均認黃土試驗爲亟須研究之問題,其成效之良否,現尙不能推測。但吾人爲解决中國北部黃土河流起見,不嘗忽視黃土試驗之工作。即或黃土試驗之効果不佳,黃土儲水池與沉澱池亦並非無用,且可用作水量校正池。

(五)試驗設備

一切試驗設備及模型,不當固着,務須於最短時間內能移去而復立之,庶在有限之地面,可依各試驗之條件,設立各種不同之模型或河渠,作各種不同之試驗。故一切試驗模型,除大試驗廳玻璃渠外,設備務須從簡,以便拆除。視試驗問題之狀況而臨時佈置之水利試驗設備,可分兩種,一爲低壓力或明流試驗,可取水於低水箱。一爲高壓力或閉流試驗,可用高水箱之水,得 8 公尺之水頭。在極需準確之試驗,爲求水頭變動之百分數達於極小之程度,亦可取水於高水箱。

試驗渠及模型須含有量水設備,其位置宜在試驗渠或模型之首端。

量水設備在管內者爲測驗流量管(Venturi-messer)。通常明流試驗則取用量水堰,有時亦用達納易德 (Danaide) 量水器。量水堰視用水之多寡,有爲三角形者,圓形者,及方形者。

雷伯克 (Rehbock) 氏對於量水堰曾有極精細之試驗,求出水量公式。若依該氏之堰式製造量水堰,則無需校正水量之必要,只須利用其公式可矣。故多數試驗所不特設量水校正池。

本所之黃土試驗儲水池,可臨時用以作爲水量校正池,用以確定量水設備之水量「校正線」,以及研究各種水壩與水量關係之用。池旁特設安置水位管處,以觀察池內水面之高度。

(六)初步試驗計劃大綱

(甲)總論

黃土河流試驗包括一切含黃土之河流,非僅指黃河而言也。因其性質相同,故導治方針亦大體相似。我國河流之一大部流徑黃土區域,其所含重質及槽岸結構多爲黃土成分,成爲世界河流中之特殊者。自有歷史以來,黃土河流之治導,卽爲我國最重要之問題。其關係民生之鉅,人所共知,毋待贅述。

黃土河流之爲災,較世界任一河流爲鉅大,次數爲較多。歷代水利專家之經營與研究,均以治黃爲中心,其所貢獻亦不爲少,然黃土河流問題,終未達到解決之地步。

近代各國水利專家,皆感黃土河流問題之新異,努力研究。對於黃河之治導,先有弗理曼(Freeman)之主義,後有恩格思及方修斯之方針,而恩方兩氏更以試驗之法作深切之研究,以證其計劃之適合與否。此項試驗工作,先由恩氏在阿朋那赫試驗所舉行,同時方修斯氏亦在哈諾惟進行試驗工作。

據恩格思對於試驗結果之報告,謂黃河下游治本方針,以固定河槽之方法爲最適宜,治黃問題似已解決矣。然吾以爲尙未達斯程度,其理由如下:

第一:黃河問題,至爲重要,外人之研究現雖已告一段落,然在我國方面,應作一最後之試驗,一證其是否確實無誤。

第二:昔者我國無試驗所之設立,只得委託試驗工作於外人,用費極昂,時間亦極有限,對於各項問題,未能作一徹底之研究。今中國第一水工試驗所已告成立,對於此項問題應負專心研究與試驗之責任,俾由此項試驗使本國水利界及研究黃河者,對於治黃問題,得一深切之認識,並發展我國學術研究之能力。

第三:黃河問題之範圍至大,治本大綱雖定,然各部工程,枝節繁多,應作久期之試驗,始可獲一具體之方針。

黃土河流之治導工作,與關於其他河流者在理論上固屬相同,然方法與形式則有差異。其主要原因,在黃土在水內之性質,與普通沙石不同。在普通河流內,沙石因質量較重,多移動於槽底。其在黃土河流,則黃土之大部漂浮於水中,故重質之移動,顯然與其他河流異。計算黃土河流之流量,有根據普通所用之流速公式者。若詳加思慮,則覺此項流速公式,或不適於黃土河流,因水內含有浮土重量,及水與水所發生之摩擦,與普通河流不同也。普通河流內發現冲淤,黃土河流內亦然,然其冲淤之情形,程度,速度等等,則顯然不同。如此,則黃水之攜帶力自與他種河流異。由冲淤情形及攜帶力之各異,足以證黃土河流內一切工程之形式,尺寸,範圍,不能與別種河流者同等看待。例如丁壩爲普通沿河之重要工程,其目的,在束窄河身及壩田之淤積,在黃土河流內亦屬適用,然以冲淤情形不同之關係,則各壩之距離不當以適用於普通河流者作規律。凡此種種,皆於經濟及成效方面關係至重。

治理河流,無論採用何法,其重要目的,在重質移動之均衡,即冲淤相抵:當冲之處須使其冲,當淤之處須求其淤,低水時須求水之能力增加,高水時亦須防止過度之冲深,始可希全流達於一平衡與固定之狀態。由此可知:對於水與黃土間之一切關係,不可不詳加研究,深切認識。對於規定河槽切面之形式與大小,坡度與流速之限界,極關重要。

本所以黃土河流問題之廣大,情勢之重要,勢應早日解決,故以黃土河流試驗作爲初步主要之研究工作,深望各方加以指導與扶助。

在試驗未開始以前,草擬「黃土河流試驗大綱」,實感困難。其主要原因有二:

(一)試驗黃土河流,自以取用黃土作河槽模型,及重質爲最適宜,但已往一切河流試驗,均以顆粒分配適合之沙土或代替沙土之質料,如煤屑等等,作冲淤質,若以黃土作試驗,在理想上困難與阻礙點殊多,其適用與否,尙在未解決之時期。著者以本問題關係之重要,曾在哈諾惟試驗所作小規模之黃土冲淤試驗,證明:若使試驗渠內之速度<0.3公尺或>0.4—0.7公尺/秒,則黃土即有沉澱或冲刷之可能。如此,則黃土試驗或尙爲可能之事實。其他問題,如沙紋之發限等,尙待研究。試驗之初,擬先以解決此項問題爲前提。若黃土不適於試驗,則仍須研究代替黃土最適合之冲淤質料。

（二）多項問題，在試驗時隨時發生，不可預料。故須由試驗求得新經驗，作逐步之研究，而一切模型組織及試驗步驟，不能預先決對固定。

（乙）黃土河流試驗大綱（參觀圖四）

黃土河流試驗分為二部：

A.預備試驗：（1）河流預備試驗，其目的在研究黃土試驗之可能與否。在萬一不可能之情勢下，則研究與黃土性質相近似而可用以代替黃土之試驗質料。

（2）試驗黃土沉澱情形，用以規劃黃土試驗之基本設備。

B.正式試驗：（1）試驗黃土與流水之一切關係，

（2）水庫沉澱試驗，

（3）試驗黃土河流治本方針，

（4）黃土河流局部工程，

（5）官廳攔水壩試驗。

茲分述之：

A.預備試驗：（1）河流預備試驗　此項試驗為著者在德時所作黃土試驗之繼續工作，設一小規模之黃土河流（如圖四），藉試驗以規定模型比降，並觀渠內之冲淤及其他之現象，以研究利用黃土作試驗之可能與否。

河渠之長度定為20公尺，寬度定為2.5公尺，比降假定為1:800。

高水時河槽內平均深度 $t_m = \frac{2}{3}t_{max} = \frac{2}{3} \times 0.3 = 0.2$ 公尺

高水時河槽內平均流速 $V_m = \sim 0.7$ 公尺/秒

高水時灘地內平均流速 $V_m < 0.35$ 公尺/秒

低水時槽內平均深度 $V_m < 0.35$ 公尺/秒

根據著者在德試驗結果,則高水時之流速,可以冲刷槽底之黄土,同時灘地上亦有淤積之可能,在低水時槽內亦可發現淤積。

水量:河槽內高水平均深度 $t_m = 0.2$ 公尺

河槽面積	$f = 0.12$ 平方公尺
水量	$q = 0.7 \times 0.12 = 0.084$ 立方公尺/秒
兩旁灘地深度	$t = 0.05$ 公尺
面積	$f = 0.095$ 平方公尺
水量	$q = 0.3 \times 0.095 = 0.0285$ 立方公尺/秒
全槽高水量	$0.084 + 0.0285 = 0.1125$ 立方公尺/秒 $= 112.5$ 公升/秒

河渠邊牆以磚製,量水墻部則以鐵製。渠帶灣曲,內舖洋鐵片或油毡,使不漏水。

試驗水由低水箱導入渠內,出渠之水導入大試驗渠內他端,視流水入渠之位置,設隔牆。渠之入儲水池處設一高堰,使水經堰流入儲水池內,使大試驗渠成爲黄土沉澱池。水在大試驗渠內之速度: $v = q/f = \frac{0.112}{2.6} = 0.043$ 公尺/秒。

試驗時除考察在各種水位時河床冲淤及流水等情形外,並注意大試驗渠內黄土沉澱情形及入儲水池水內之含泥量,用以作黄土沉澱之研究。除黄土以外,並利用沙土等作相同之試驗,以察其區別。

(2)黄土沉澱試驗　試驗目的:設黄土沉澱池及儲

水池,使黃土試驗用水與清水試驗者互相分隔。

因關於黃土沉澱情況,前此尙無確實之研究,故設計沉澱池不能得適宜之長度與深度,現擬利用試驗之法,以解决此項問題,此卽黃土沉澱試驗之意義也。

沉澱池與儲水池之容量,以黃土試驗之水量與沉澱量爲根據。經詳細計算,得黃土沉澱池之長度爲20公尺,寬度6公尺,深度3公尺。此項尺寸全由理想而得,在實地上因渠內冲淤與模型水內含泥量之差異或有不同之點,須藉河流預備試驗及黃土沉澱試驗解决之。

模型:模型沉澱池長度先定爲15公尺,但可任意延長或改短;寬度定爲6.0公尺,深度爲3.0公尺。

黃土河流試驗所需水量,根據本所河流模型在可能範圍內之最大尺寸規定爲250公升/秒,卽0.25立方公尺/秒。

在沉澱池內之流水速度爲 $v=\frac{Q}{F}=\frac{0.25}{18}$ $=0.014$ 公尺/秒。

模型以木製,一邊於相當地位設狹玻璃窗,以觀察黃土沉澱之情形。

試驗水量由高水箱引入渠內,渠首有入水部及量水堰,渠尾有出池堰,使渠內水深永爲3公尺,水出堰後導入大試驗渠內,同時大試驗渠亦可利用之爲沉澱池。

主要試驗:(a)用各種不同之水量及相同之含泥百分量作各種試驗,求最大容許流速以出池含泥量之限制而定之。

(b)用所限制之最大流量及相同之含泥量,視黃土沉澱與水深之關係。

B.正式試驗:(1)含泥流水試驗(黃土與流水之關係)。本試驗於黃土試驗基本設備(沉澱池)完成後舉行之,因需用水量與土質較多,不能利用大試驗渠作沉澱池也。

模型:本試驗在含有玻璃窗之渠內舉行之。渠長20公尺,寬 0.6 公尺,渠內水深以 1.5 公尺爲限。全渠以鐵製成。渠之首端爲入渠部,水由低水箱導入該部內,經量水堰,流入試驗渠。渠之尾端含針堰,用以操縱渠內流速及水位。水經針堰流入回水渠,由回水渠入沉澱池及儲水池。渠內最大流速定爲1.5公尺/秒,由此值得最大水量爲

$Q = v.F = 1.5 \times 0.6 \times 1.5 = 1.35$ 立方公尺/秒。

若能增加本所初步規定之水量,則渠內流速仍可增高。

試驗問題

(1)清水試驗試驗在各種水位及流量時之流速垂直分配線。

試驗針堰開口在各種水位時與流速及水量之關係。

(2)水位固定(1.5公尺),含泥量固定,使流速變易;觀察渠底冲淤及重質移動之情形。入渠含泥量爲已知之固定數,測驗出渠口之含泥量,同時於試驗前後測量渠底形式高度等等,並研究黃土在水內之動作情形。

(3)水位固定(1.5公尺),流速固定,使含泥

量變易:觀察渠底冲淤及重質移動之情形,作對於各種流速之試驗。

(4)流速固定,含泥量固定,水位變易:觀察渠底冲淤及重質移動之情形,作各種流速之該項試驗。

(5)含泥量固定,水量漸次增加或減少:觀察渠底變遷及重質移動之情勢。

(6)利用他種土質作相同之試驗:由以上各項試驗研究黃土及其他土質在流水內一切情形,繪出各種曲線圖,並研究水之攜帶力等等。

(2)水庫沉澱試驗:本試驗在研究水庫內黃土沉澱之情形,由試驗所得結果推算在自然界水庫沉澱之程度與狀況。

模型:利用黃土沉澱試驗木渠及含泥流水試驗玻璃渠舉行之。前者在出渠堰之底部開洩水洞,利用該堰作攔水壩。後者則在玻璃渠內特設含滾水堰及底洞之攔水壩。

試驗時觀察在某種流速情勢下庫內土質降落之一切情勢。水庫沉澱情形與水庫深度,寬度,平面圖形及長度等等均有關係。以上二項試驗完成後,可設一含有各種式樣之水庫,以研究該庫內之沉澱情形。模型之大小,須待試驗時臨時規定之。

(3)黃土河流治本方針試驗

試驗目的研究黃河已有之治本計劃,對於採用方針作一最後之解決。

(a)中水槽固定後,灘地淤積之情形,河槽內在各種水位時之冲淤情形,觀察高水位是否因河床之變遷漸次增高或漸次降落,灘地淤高程度,視能否因河槽固定而獲一整個之河槽。

(b)在堤防距離不同之情勢河槽之冲淤情形,及因堤距不同所發生之一切影響,修窄堤是否能使河槽漸次冲深,水位降落。

(c)翼堤對於河流之一切影響。

(d)分水工程對於河流本身之影響,分水多寡與下游淤積程度之關係,支渠對於河流本身上下之影響。

(e)塞去支流以後之影響。例如先築一大模型河槽,內有若干支流,然後加以閉塞等等。

(f)研究海口之治導法。

模型:本試驗於黃土試驗基本設備完成後實行之。設計模型以所作預備試驗結果為根據,規定比降,流速,深度,務使渠內流水為混流式。河槽在低水時,灘地在高水時,須有淤積之可能。河槽在高水時,須有冲刷之可能。

模型為寬 6 公尺至 7 公尺,長 130 公尺之河流試驗渠,高水最深之處為 0.3 公尺,平均深度約為 0.2 公尺,最大水量為 240 公升/秒(參觀模型佈置圖)。

(4)黃土河流局部工程試驗:本試驗在預備試驗小河渠內及上述黃土河流大渠內實行之。除利用黃土作試驗外,並利用他種土質作相似之試驗,以作比較。此項試驗範圍極廣,茲舉其要者略述之：

（a）壩與護岸工程：丁壩在直河灣河內對於護岸，維持河身應有之方向（上斜，垂直，下斜），距離與長度，河槽冲刷，壩田淤積，護岸功効等等。

透水壩與實壩在形式，方向上對於淤積功效之比較。

利用壩工護岸，求其最有效者，並與覆蓋護岸工程在經濟，安全，效能各方面比較，研究在灣段及直段內最適宜之護岸工程（透水壩，實壩，覆蓋等等及能抵禦 1, 2, 3,4,5, 公尺流速之護岸工程）。

（b）研究間斷低堤在冲刷槽底與淤積堤內之功效。

（c）研究翼堤對於護岸，護灘及維持河槽之功效。

（d）研究各種保護灘地工程。

（e）研究各種保護槽底，防止往下冲刷工程。

（f）研究各種助淤工程。

（g）水流與河槽之關係：研究平直及灣曲河槽中何者易於維持原狀。

研究灣曲河床之任一段對於上游河床是否有破壞之能力與影響，研究一致完成之河床是否能止其本身之淤高，在黃河情形下以何種切面之河床為最妥善，正槽與灘應各寬若干，研究在灣河內及各種水位時河底之變遷，凹凸岸冲淤之情形，二灣交界處冲淤之情形等等。

（5）官廳攔水壩試驗：此項試驗在研究官廳攔水壩下部關於消滅水浪，防止河底冲刷最適宜之方法。

試驗完結後，由原壩處起將邊牆改窄，使谷邊較狹將壩之位置移下若干距離，研究窄谷內在各種水位時沉澱及冲淤之情形。

模型：根據官廳攔水壩設計圖，作一1:50之模型。水量與流速根據實際情形及模型之大小規定之。壩以混凝土製，邊牆以磚壘成，將水由低水箱導入量水堰內，出堰後流入模型內。水出模型經臨時沉澱池（特製沉澱箱或回水渠）仍導入儲水池內

（丙）試驗經費

初步試驗模型費約洋	二萬元
黃土基本設備費約洋	三萬元
總計	五萬元

粵漢鐵路南段管理局
建築西村機廠計劃

黃子焜

摘要:—本篇係報告粵漢路株韶段在南段盡頭廣州西村之機廠，現已訂購機件，全廠約需五百萬元，係借自英國庚款。

本文因著者未到，由李維國先生代為報告。

論文委員會附識

引言 粵漢鐵路南段於前清光緒二十七年開始興築，民國五年通車至韶州，路為單軌式，長224公里。廿二年春，由株韶段工程局興工展築，自韶州起至樂昌，至廿三年二月完成，長50公里。由樂昌至株州工程，現在努力進行中，約計廿五年內完成。全線通車時，幹線共長1,090公里。查南段於開始建築時，因經濟所限，而又急於通車。故各廠建築及設備，均極簡陋，祇能應臨時修理之需。延至今日，廠房腐壞，機械陳舊，維持現狀，已感困難，通車後，勢難應付。為謀補救之法，惟有另擇適宜地點，建築新機廠，購置新式機械，否則車輛修理遲滯，難以維持運務，收入必蒙莫大之影響，南段局有見及此，故有建築西村機廠之舉。

建廠籌備經過 民國廿二年四月間，鐵道部為完成粵漢鐵路全線起見，所有關於技術各項問題，曾召集工務司及鐵道技術標準審訂委員會湘鄂株韶及南段各鐵路局技術人員，在部開會討論各項技術問題。其中關於總機廠設立地址一案，議決，設在粵漢中心,但湘鄂之徐家棚廠及南段之黃沙廠酌量擴充,以應機車車輛小修之用,嗣於廿三年九月,三段路局在漢口會議時,決定在衡州購地一千三百餘畝,爲將來建立粵漢總機廠之用。此爲粵漢路關於機廠問題議決之經過也。

黃沙機廠設立於車站之旁,廠屋狹小,機械陳舊,將來全綫通車後,修理機車車輛,必極感困難,且該廠址,又勢須拆遷讓出地方,爲擴充終點車站之用,則黃沙機廠不但無可擴充,且不能存在,而南段終點又萬不能無機廠設立,以應修理機車車輛之需,故惟有另擇適宜地點,從新建立而已,此西村機廠之所以決定也。

廠址　建築機廠,必須擇一適宜地址。西村距廣州市及黃沙碼頭,祗隔數里,將來西南鐵橋完成,連貫廣三支綫及西村車站,其餘省辦各鐵路終點,聞亦有聚集西村之議。省營工廠,如水泥,硫酸,織造,市電力等廠,均先後設立於西村,工廠林立,水陸交通均甚利便,實無形中一適宜之工業區域也。故本路南段機廠亦決定設立於西村。將來本路運輸內地礦產煤米各大宗品物,必由廣州出口,運入內地洋廣雜貨亦多由廣州起運,故車輛之集中黃沙站者,爲數必多,機廠設立於西村,則能就近修理損壞車輛,對於增加運輸能力必甚鉅也。

地畝　建設西村機廠,及預留將來擴充地畝,擬收用民地約七百畝,內崗地及禾田約占四百畝,遷坟一萬五千穴,得地約三百畝,兩項約估需洋十七萬元,掘墳土方工程使地址與路軌同樣平正,約需工費洋五十五萬元,但土方工程可先造半數,即敷開辦所需之面積,故籌備廠址之地畝,共先需洋四十四萬五千餘元。

機廠規模　粵漢衡州總機廠,將來成立規模,當必宏大,除製造各種機件,應付各廠及機車房修理機車車輛一切機械之需要外,同時應須注重製造客貨車輛,及兼造機車。現在各國,除北甯鐵路唐山廠,曾自製造機車數輛外,其餘各路之機車,全由外國購來,利權外溢,爲數甚鉅。爲國防及發展鐵路交通起見,總機廠必當自行彙造機車,否則永不能養成此項仿造機車人才。嘗考日本對於各種工業,舉凡歐美所有者,無不仿造,其虧本者,則由國家補助,無怪其强盛也。衡州總機廠將來建立,需款若干,未經設計及詳細估價,現難確定,但大約總在九百餘萬元之譜。西村機廠,專為修理南段機車輛而設,規模自然,較小,但將來如有擴大之必要時,應預先將各項需要設計。

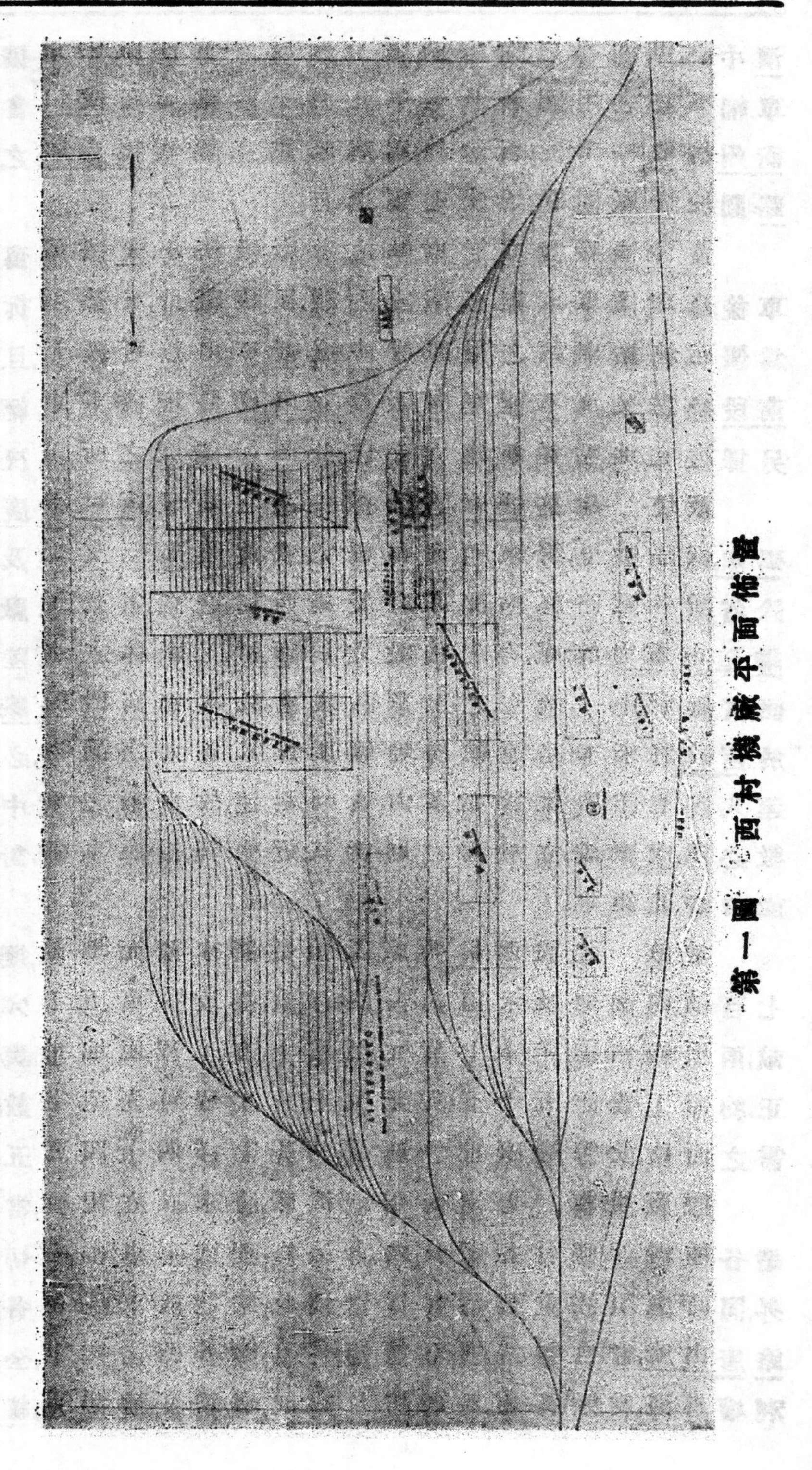

第一圖 西村機廠平面佈置

西村機廠所屬各廠所之佈置　西村機廠(見第一圖)應設之廠所,爲(一)機車建立所,(二)重機械所,(三)輕機械所,(四至五)發力所,(六)鍛鐵所。(七)鑄造所,(八)木樣所,(九至十)鍋爐所,(十一)鋸木所,(十二至廿三)客貨車修理所,(廿四至廿五)油漆所,(廿六)砂磨場,(廿七)材料倉,(廿八)機務處辦公室等。全綫初通車時,運務或未十分繁忙,爲就財力範圍起見,茲將先行必需設立之廠所,列爲甲乙兩項,其餘列爲丙項,隨時體察運務情形,酌量陸續增設。

茲將先行建立之廠所列左

(甲)機車建立所,重機械所,輕機械所,三部份爲修理機車主要施工場所,均設在一大廠屋內。全屋立柱,屋頂架,承樑,門,窗,均以鋼製成。屋頂蓋石棉瓦,外牆用磚砌成。全廠屋鋼料,係借用英庚款在倫敦購買,幷構造成形,運華後,祗須造地基將鋼料樹立,外砌以磚牆,即成廠屋,甚爲方便。該屋鋼料,由英庚委員會之駐英購料委員會購辦,值英金二萬五千六百四十餘鎊,連運費保險等,約合國幣三十七萬元,造地基及建立工程,約需六萬七千元,此三廠屋完成時,應值國幣約四十三萬七千元。各所屋容量大概如左:

機車建立所　衡州既決定爲粵漢總機廠地點,故南段西村機廠之建立所,規模自然不須如總機廠之宏大。屋濶73英尺,高(由屋頂架底至地面)47英尺,長420英尺。內設六十噸電動起重機二副,離地面高36英尺。此機下層再設十噸起重機一副,離地面高22英尺,軌道三條,中綫距離24英尺。預計兩旁軌道各停機車四輛,軌道下設車坑一道,以利車底工作,中間軌道停機車二輛,軌道不設車坑,其餘空位留爲移動機車之用。

重機械所　位置於前所屋旁,不設間牆,可直通出入。屋濶64英尺,高$37^1/_2$英尺,長420英尺,置有十噸電動起重機一副。所有較重大之機械,均裝置於此屋內。

輕機械所　位置於前所屋旁,亦不設間牆,均可直通出入。屋濶62英尺,高$37^1/_2$英尺,長420英尺,置有五噸電動起重機一副,較輕之

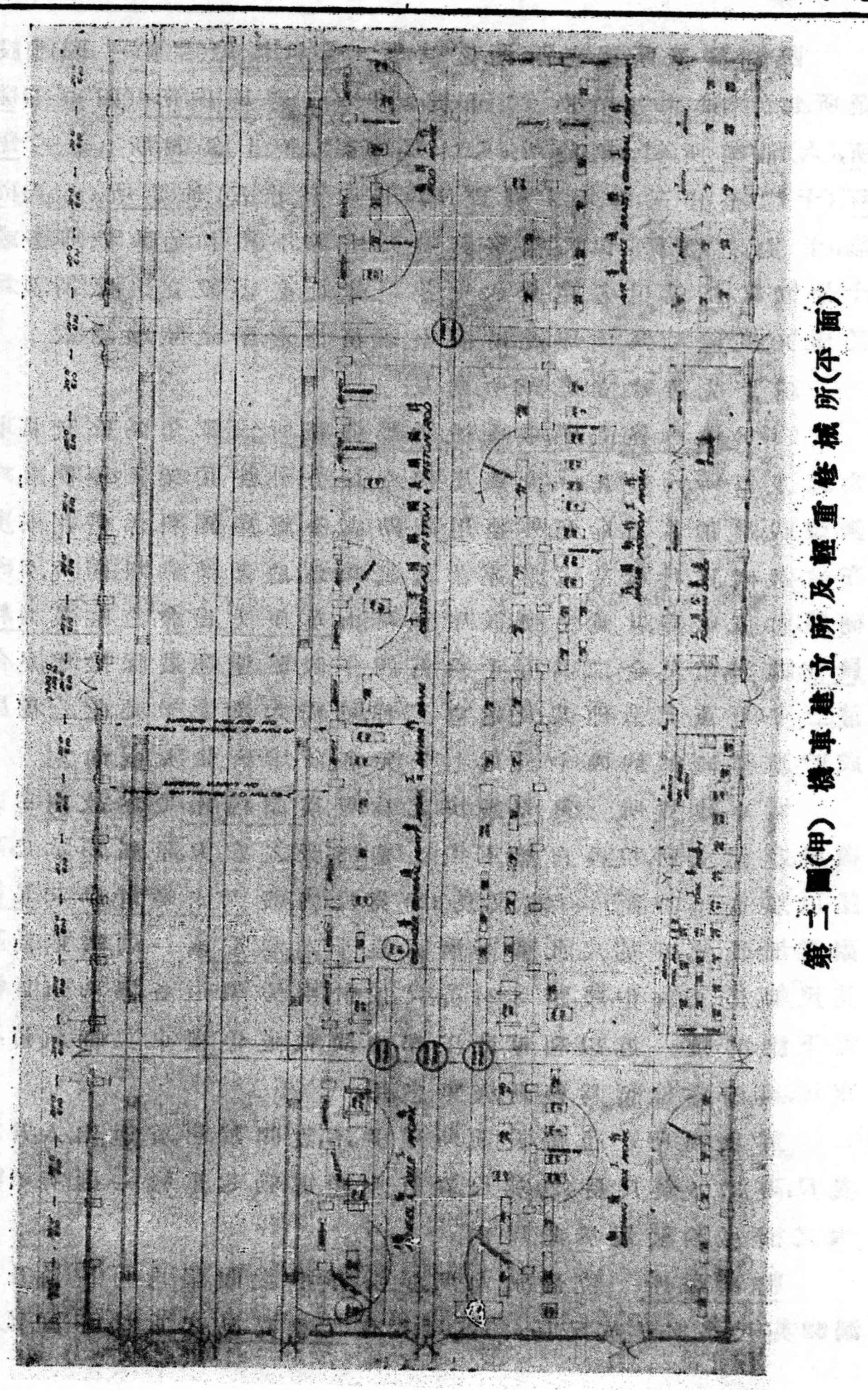

第二圖(甲) 機車建立所及輕重修械所(平面)

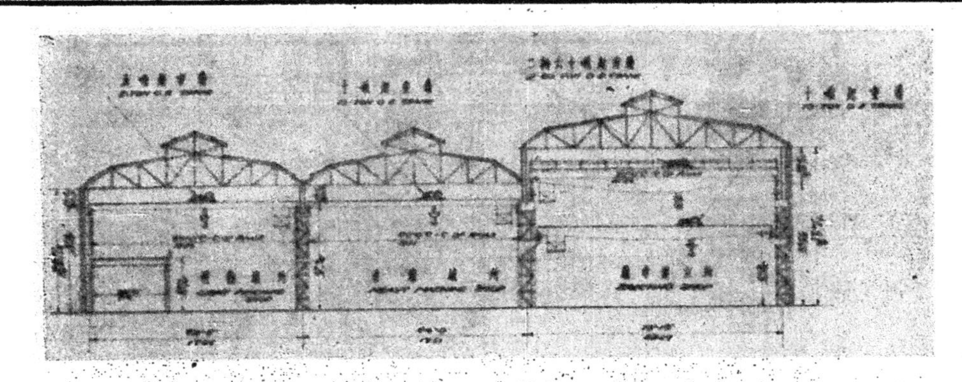

第二圖(乙) 機車建立所及輕重修械所(剖面)

機械,均裝置於此屋內。此屋近窗旁,分爲二層,離地高16英尺,濶23½英尺。下層爲工具室,儲料房,氣軋汽表,射水器等,兩項修理及試驗之用。上層設工程司辦公室,廠帳室,繪圖室,學徒講堂。(見第二圖)

車輛修理所　一連廠屋十四間,均爲修車之用,前設一百英尺壹百噸重移車台一座。全屋以鋼造成,屋頂蓋石棉瓦,外牆以磚砌成。全座鋼料,係借用英庚款在倫敦購買,并構造成形,運華後,祇須造地基,將鋼料樹立,四圍砌磚牆,卽成廠屋。此項鋼料,由英庚委員會之駐英購料委員會購辦,約值英金壹萬七千餘鎊,移車台約值二千三百鎊,連運費保險等,約合國幣二十七萬三千元,造地基及建立工程,約需九萬六千元,全座完成時,值國幣約三十六萬九千元,該所屋容量大概如左:

第一間,濶四十四英尺,高(由屋頂架底至地面)32¼英尺其餘共十三間,俱濶40英尺,高(由屋頂架底至地面)23英尺,長均爲250英尺,故每條軌道可容客車三輛。第一間置二十五噸電動機一副,設軌道二條,中線距離爲22英尺,專爲修理鐵車架之用。第二三兩間,專爲車輛鍛鐵工作之用。第四五兩間,專爲車輛機械工作之用。在第五間置有十噸電動起重機一副,第六七兩間置木工機械。其餘六間爲車身及一切普通修理之用。其他軌道中線距離爲20英尺。爲利便修理車身車頂工作計,置有活動式鋼管架。末一間,專爲客車油漆之用,并在外旁設砂磨場一所。(第三圖)

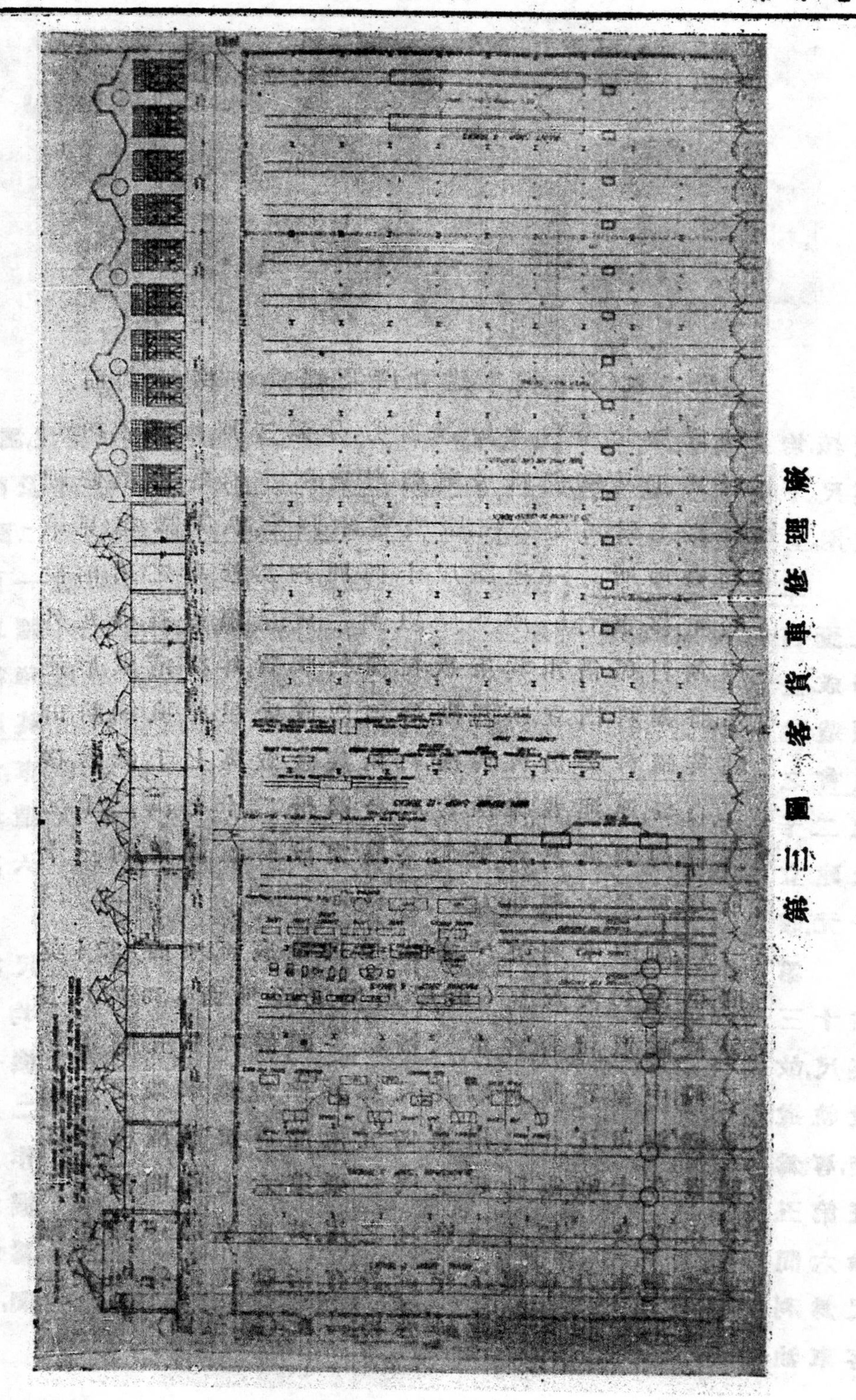

第三圖　客貨車修理廠

(乙) 以下廠屋,如發力所,鍛鐵所,鑄造所,材料倉,因無英庚款可以借用,須由本路自行籌款,與甲項廠所,同時建築,以應需用。

發力所　全座以鋼架造成,門窗鋼製,屋頂蓋石棉瓦,外砌磚牆。發電機房,濶 64 英尺,高 30 英尺,長 150 英尺。蒸汽爐房,長度相同,但濶爲 36 英尺,高 24 英尺,此項建築工程費,估値國幣四萬八千元,幷設五噸手動機一副,以利修理發動機用。蒸汽爐,發動機,電機等設備,另編說明。(見第四圖)

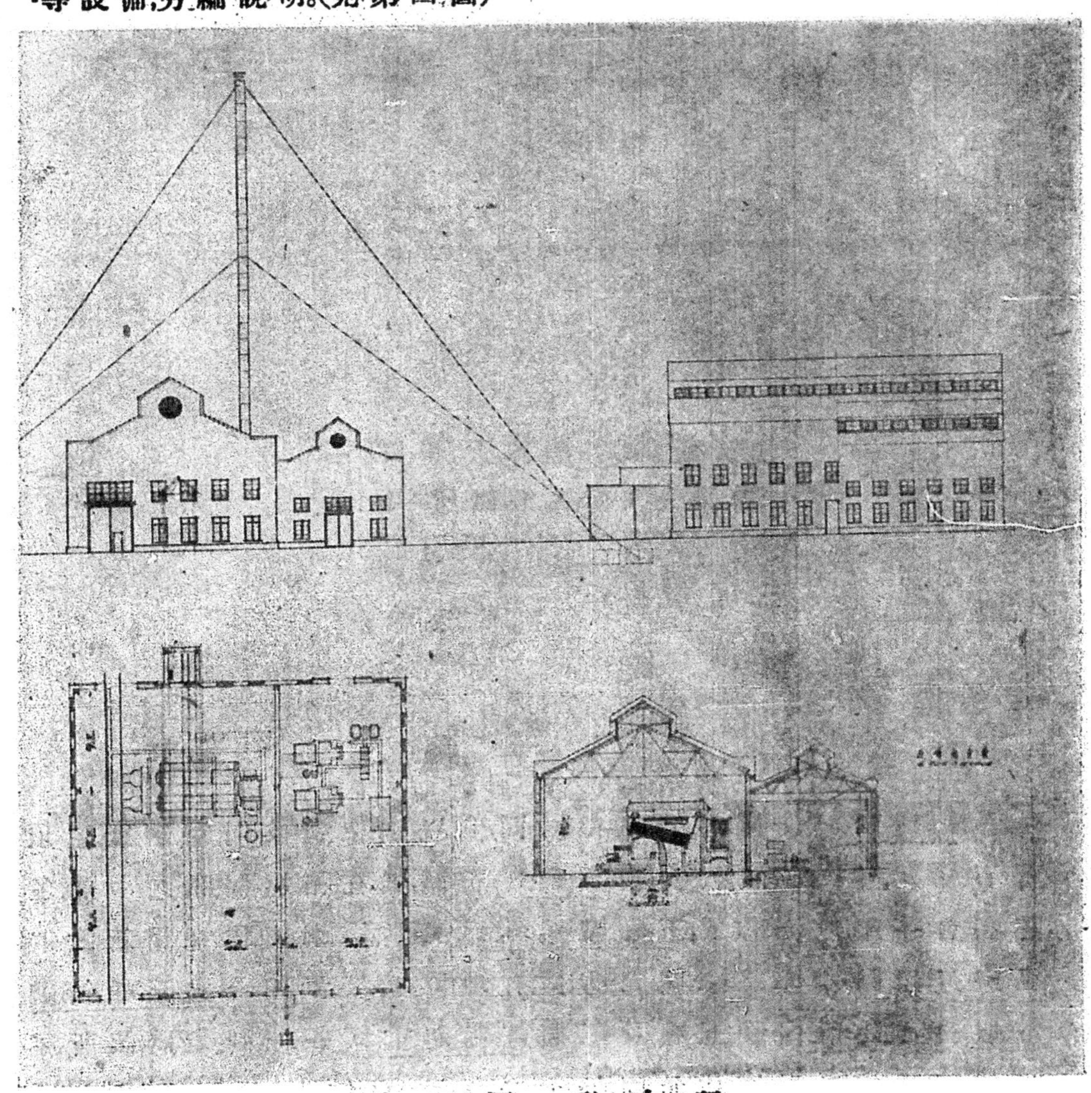

第四圖　發力所

鍛鐵所　全座分正偏兩間,俱以鋼架造成,門窗鋼製,屋頂蓋石棉瓦,外砌磚牆。正間濶64英尺,高35英尺,長300英尺,置五噸電動起重機一副。相連之偏間,濶32英尺,高20 2/3英尺,長度同上,亦置三噸電動起重機一副。所有一切輕重鍛鐵,修造彈簧,製造螺栓,所用各種機械,均裝置此所內。鍛鐵爐噴出煙氣,由地下管吸收輸送所外烟通放散。該所屋先建築三分一之長度,估值國幣六萬元。(見第五圖)

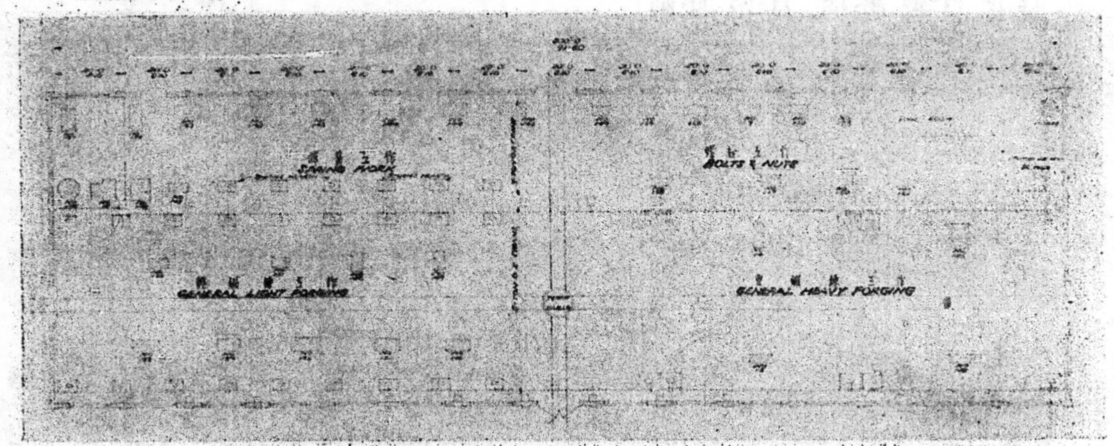

第五圖(甲)　鍛鐵所(平面)

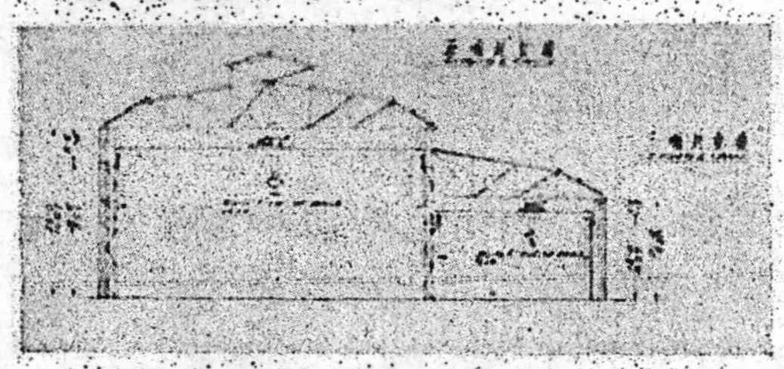

第五圖(乙)　鍛鐵所(剖面)

鑄造所　全座亦分正偏兩間,俱以鋼架造成。門窗鋼製,屋頂蓋石棉瓦,外砌磚牆。尺度與鍛鐵所相同,祗在相連偏間之中部,多建高台一座,以便容置五噸量鎔銅爐二具。鎔銅工作,採用新式電動摩近傾動式爐,將來擴充時,備有地位爲裝置四分之三噸鑄鋼電爐一具。此所內置五噸及三噸電動起重機各一副。先將該所屋建築三分之二長度,估值國幣十二萬元。(見第六圖)

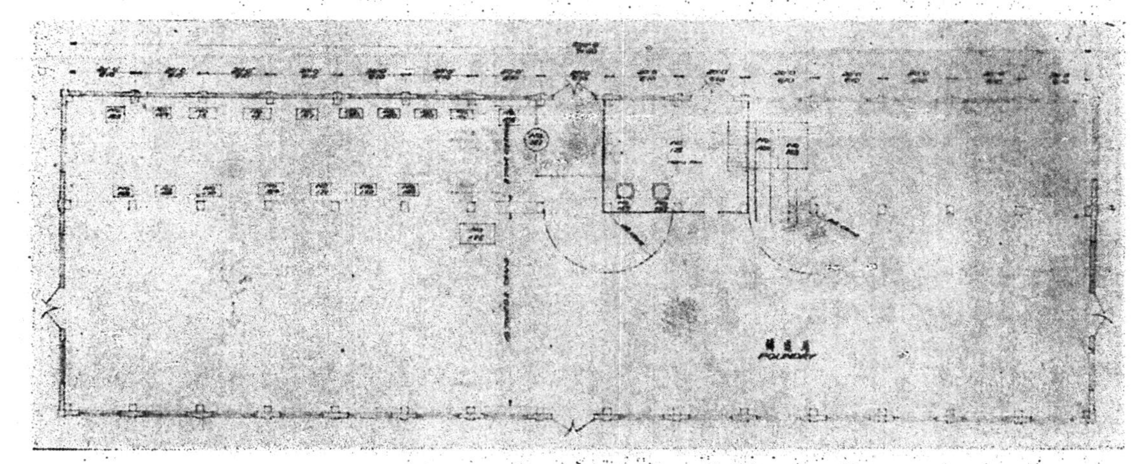

第六圖(甲) 鑄造所(平面)

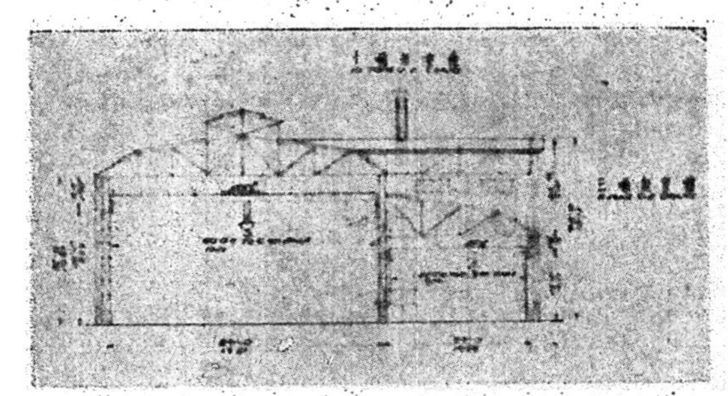

第六圖(乙) 鑄造所(剖面)

材料庫　位置於機廠工作最繁忙之中心,以便易於運送材料至施工地點。全座鋼架造成,門窗鋼製,屋頂蓋石棉瓦,牆壁以磚砌結。濶46英尺,高30英尺,長 300 英尺。在倉之一端,建二層樓,濶70英尺,為材料管理人員及造材料賬目者之辦公室。材料倉前設月台,濶30英尺,長 720 英尺,以利材料列車停泊起卸物料,并設車場式電動起重機一副,以利起卸重笨物料。

(丙) 此項廠屋,為木樣所,鍋爐所,(第七圖)鋸木所,機務處辦公室。除機務處辦公室一座,用磚及鋼筋三合土建築外,其他所列之木樣,鍋爐,鋸木,等所屋,亦以鋼架造成,門窗鋼製,屋頂蓋石棉瓦,此項建築俟全綫通車後,體察需要情形,及財政力量隨時計劃,分期興築。現時所有之木樣及鋸木工作,暫在車輛所內之木工部施

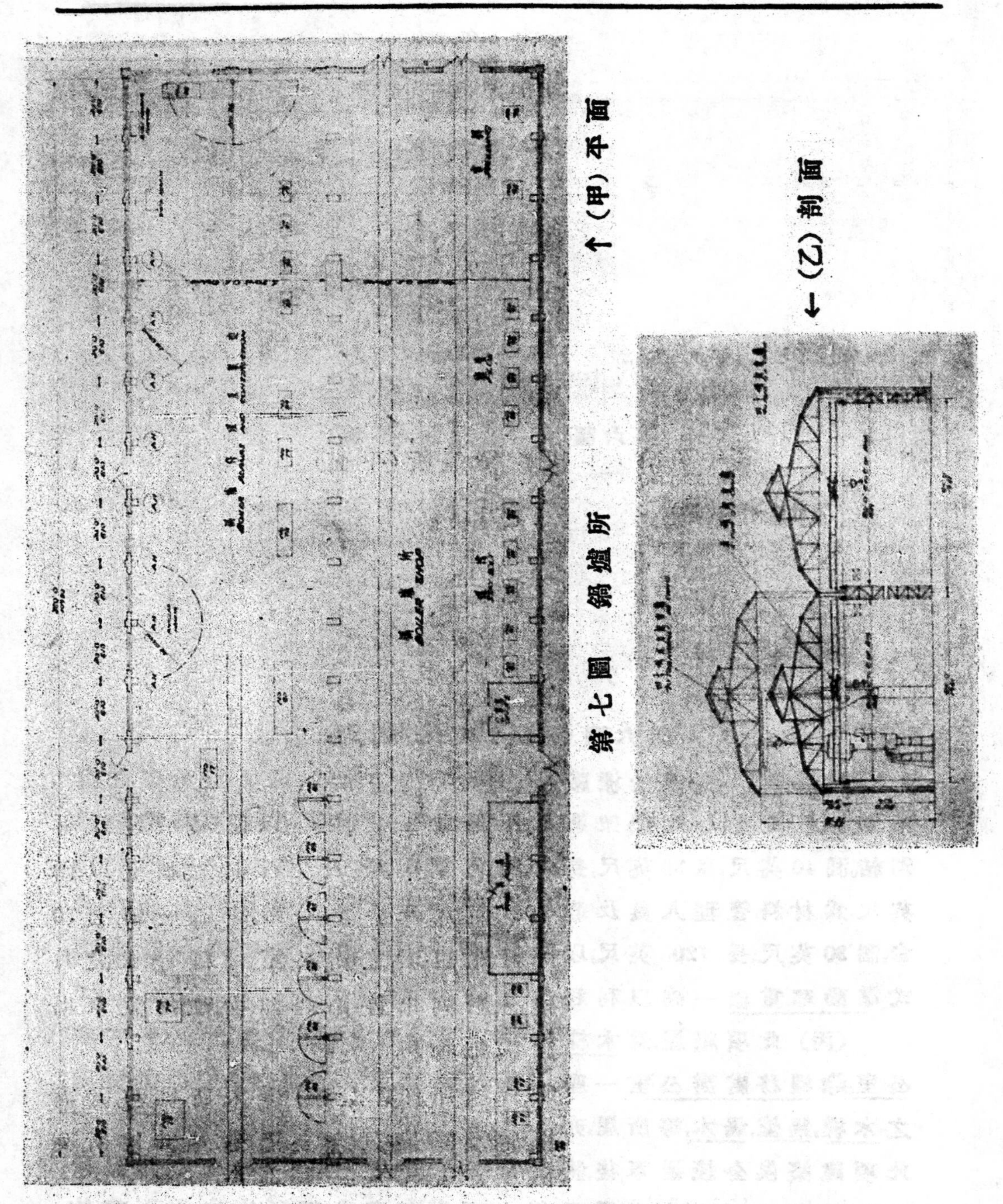

第七圖 鍋爐所

(甲)平面

(乙)剖面

行之。機車鍋爐之修理,則在機車建立所施行之。

各廠屋特點 此次計劃建築西村機廠各所屋,全用鋼架造成，雖門窗亦採用鋼質屋頂蓋石棉瓦，并設透明玻璃。各大小廠屋，并無採用木料之處，故火患可無須顧慮。爲利便開夜工起見，各廠設備充分電燈。又關於公共衞生，如給水，渠道，廁所等皆預先計劃妥善，然後施工建築。廠屋內鋼架柱樑及鋼窗油銀色，磚牆油白色，外牆用紅磚砌結。

各廠所機械　開辦西村機廠，初次所需機械係借用英庚款，由英庚委員會之倫敦購料委員會依照本路所訂之說明書及圖則辦購。所有機械俱採高速重量之獨立電動機發動樣式，故廠內無須裝設總軸分軸，亦不用皮帶發動，且不妨礙光線。如某機不使用時可自由停止，既不糜廢電力，又易於調劑工作。所需之各種機械，集合於一處，以利管理及順潮流(?)之單位高量工作。起重機吊物經過工場時，亦不遇何種妨礙，如用分軸及皮帶等件(?)，則初次價值稍高，實爲最後之經濟也。全廠設計係假定除修理機車車輛外，每年兼製造機車二輛，客車六輛，貨車六十輛，所需各種機械詳列入表，以備隨時添購機械及擴充之參考。

第一表　開辦機廠初次借用英庚款購置之各種機械

第一批英庚機械已運抵廣州者如左：(甲項)					
號數	機械名稱	量度	副數	馬力	價值(英金鎊)
	發力所 鍋爐 發動機 發電機	250 啓羅華特	二	五百啓羅華特	9,715

第一批英庚機械已運抵廣州者如左：(乙項)					
號數	機械名稱	量度	副數	馬力	價值(英金鎊)
1	鏇機	14 1/2"×22'—0"	1	10	621
2	鏇機	8 1/2"×12'—0"	4	24	1,261
3	刨機	4'×4'×16'—0"	1	35	1,222
4	成形機	32"	2	10	822
5	竪刨機	20"	1	15	603
6	擘形鑽機	4'—6'	2	15	546

7	豎式鑽機	37"	1	$7^1/_2$ 2	726
8	齒刮機	53"×12"	1	8	729
9	螺栓機	1/2"—2"	1	10	538
10	磨刀機	2"×12"	2	6	81
11	轉輪桿磨機	96"×18"	1	15 3	1,314
12	車輪水壓機	400噸	1	10	838
13	鎔銅爐	400磅	1	1/2	210
14	電動氣錘	1120磅	1	35	561
15	冷鋸機	6"	1	$7^1/_2$	249
16	電動吹風機	10"	1	10	71
17	衝剪機	7/8"	1	12	540
18	盆形刀塔 螺搽旋機	$6^1/_2$"×5'—$1^1/_2$"	2	10	668
19	移動式 鑽孔機	6'—6"	1	5	419
20	壓汽機	12"×12"	1	135	516
21	木工刨機	24"—0'	1	20	340
22	木工圓鋸	36"—0"	1	4	81
23	銅瓦旋機	$8^1/_2$"×5'—6"	1	$7^1/_2$	226
24	盆形刀架機	9"×8'—6"	2	14	1,636
25	六十噸起重機	70'—0"	1	15兩副 40兩副	1,756
26	十噸起重機	60'—0"	2	15兩副 4兩副 $12^1/_2$兩副	1,400
	五噸起重機	60'—0"	1	10一副 $2^1/_2$一副 8一副	570
	鋼架廠屋三間	機車建立所 重機械所 輕機械所			25,644
總計			三十六副	$614^1/_2$	44,188

第二批英庚機械現在倫敦訂購中者如左：

號數	機械名稱	量度	副數	馬力	價值(英金鎊)
	二十五噸起重機		1	25兩副 6一副	1,000
	十噸起重機		1	15一副 4一副 $12^1/_2$一副	500
25B	六十噸起重機		1	15兩副 40兩副	1,756

101	車輪鏇機	48"	1	65	2,900
102—103	鏇機	8½"12'—0"	2	12	631
104—105	鏇機	7½"8'—0"	2	10	380
106	擘形鑽機	4'—6"	1	7½	273
107	刨機	4'×4'×26'—0"	1	25	2070
108	齒刮機	53"×12"	1	8	729
109	豎刨機	20"	1	15	603
110	成形機	32"	1	5	411
111	冷鋸機	6"	1	7½	249
112	鑽機	2½	1	4	250
113	鑽機	1"	1	2	90
114	磨鑽機	1/2"—3½"	1	3	80
115	磨刀機	2"—12"	1	6	90
116	車軸機(附軸頸磨器)	48"	1	10	1,100
117	電動氣鎚	1120磅	1	35	561
118	衝剪機	7/8"	1	12	540
119	熱鋸	6"	1	7½	250
120	電動吹風機	10"	1	10	35
121	撓棍機	3/4"×12'—0"	1	20	1,500
122	移車台	100噸100呎	1	60	2,300
	車輛所鋼架廠屋十四間				17,000
總計			廿六副	524	35,298
以上總共英金89,201鎊餘10,799鎊爲運費保險顧問工程師撿驗等					
費共符合借用英庚款十萬鎊之數					

機廠能力　凡鐵路機廠之設計,必有一定之目的。倘過剩發展,規模擴大,則糜費資財,縮小範圍,又恐機力不敷,致損壞車輛,修理遲滯,而減低運輸效率。故必先查察路基情形,車輛年代,車輛總數,及預定其損壞程度,方始設計,以冀獲收經濟的良效。

粵漢總機廠既決定設在衡州,則西村機廠建設之範圍,專爲南段機務之維持而已。查南段路線,所經多屬峻嶺迂迴區域,如軍田至迎嘴路線,長不過13英里,灣線共有28處,且有多處,係在坡道,又黎洞至英德,不過21英里,灣線竟占61處,斜坡共約5英里,樂昌至彬州路綫崎嶇狀况,大致相同,則行駛列車,自屬較爲困難,車輛損壞,亦必較爲容易。南段車輛,除英庚款所購者,及201號之三汽筒機車四輛,爲六年前購置者外,其餘均係二十二年前之舊物,且歷年因機廠之陳舊,機械不敷,多數失於應有之保養。計南段(廣三支綫在內)現有大小機車36輛,客車貨車374輛,至民國廿五年底通車時,預計南段之機車增至50輛,客車116輛,貨車586輛。關於將來損壞率,擬定機車爲百分之二十,車輛不過百分之十。故西村機廠之建立,根據上列情形而計劃,連同舊機械之使用,其能力每月應可大修機車二輛,車輛大小修理共八十餘輛,并製造機件爲各車房小修機車之用。但通車後,運務進展,機車車輛必不敷用,將來增加時,西村機廠同時應略增添機械,以便保養機車車輛,不超過規定之損壞率,此設計原則之大略也。

發力所機械　發動機械,採用蒸汽,以其機件維持,比較重油引擎,及煤氣機爲單簡,且發生蒸氣燃燒煤炭,在本路沿線數處已發見合用之煤,將來可自運用,本所機械,大致分配如左:

蒸汽鍋爐　拔柏BW之W 1 F式水管鍋二具,每具之熱面積爲2460英方尺,過熱器熱面積532英方尺,汽壓每平方英寸爲160磅,在過熱器出口熱度爲華氏550度。進煤採用自然通風Linsi式。鍊動之自動司火機,濶5英尺,長14英尺,以電動機發動。煙囪鋼製,直徑$3\frac{1}{2}$英尺,高180英尺。此爐有管形儉煤器壹套,有9英尺長管64條(直徑$4\frac{9''}{16}$)及吹煤灰機二具。其他如蒸汽用量表,自動登記之汽壓及熱度及二氧化碳表,均裝配齊備。

此種鍋爐每具平常發生蒸汽量,每小時9700磅,如需要時,可發生12500磅。

發動電機　立式雙筒高速蒸汽發動機二副,每副三百實用馬力,速度每分鐘428轉,可行駛過量百分之二十五時間兩小時。

蒸汽壓力每平方英寸150磅。機床整個用生鐵鑄成。以便與發電機裝在同一機床,直接結合於蒸汽發動機。發電機二副,每副220啓羅華特0,8電力因數,3300伏.三相交流,50週波,速度每分鐘428轉,過量使用百分之二十五,規定爲兩小時。

發動機兩副,同時在凝汽作用,及滿載發動之下,每小時內需用蒸汽6000磅,故平常祇用蒸汽鍋爐一具,已能敷應兩副發動機之需,其餘鍋爐一具,作爲清洗及修理時之後備,又每一馬力,每小時需用蒸汽量爲15.25磅,約合每啓羅華特,每小時用20.05磅,亦即約用煤量3.1磅,故此種設備,亦爲小規模發力所之經濟者也。

凝汽器　多吼噴水凝汽器(Mult-jet)二副,能支持眞空26至30英寸,需用14350加倫80度(華氏)之冷水量,抽水機爲電動式。

發力所全副機械設備,值英金9962磅,連運費保險約值國幣十四萬元,係借用英庚款購置,另由本路自建鋼架房屋裝置之,約需國幣四萬八千元,故全所工程完竣時,應值國幣二十二萬四千元。

擴充計劃　將來擴充擬採拔柏BW水管蒸汽鍋爐,但採用高度之汽壓發動機,用五百或一千啓羅華特透平機一副,視需要而定之。

籌欵辦法　借用英庚款計英金十萬磅,由英金委員會駐英購料委員會訂購各種機件,及鋼架廠屋,(卽機車建立所,輕重機械所,車輛所),共占英金約四萬三千磅,合國幣約五十六萬元。各種機械及大小起重機,占五萬七千磅,合國幣約七十四萬元。兩項共計一百三十萬元。各種機械鋼料,業經運抵廣州者,約占半數,其餘陸續起運來華,在本年內可全數交淸。他項工程爲初次開辦機廠所不能缺少者,(詳列第二表第一項至第十七項)分二期舉辦。第一期約需國幣五十六萬三千二百五十元,第二期六十五萬六千二百五十元,兩期合共一百二十一萬九千五百元,現由路局籌備中,一俟籌足相當數目,當從速開工,建立機廠,第二表所列兩期

第二表

工程種類	三期共量	三期共價(元)	第一期工程		第二期工程		未完工程（俟全綫通車後除淸還各項固定借款外如尙有盈餘再行酌量分期籌辦）	
			數量	估值(元)	數量	估值(元)	數量	估值(元)
購地	400畝	70,000	50%	35,000	50%	35,000	—	—
遷坟費(坟地三百畝)	15,000穴	120,000	—	120,000	—	—	—	—
土方工程 {掘土 填土	691,000英井 161,000英井	550,000	25%	137,500	25%	137,500	50%	275,000
材料倉(磚牆,鋼金字架)	60'—0" 300'—0" 24'—0"	144,000	—	—	—	—	—	144,000
發力所(包括汽機及鍋爐地基)	60'—0" 120'—0" 24'—0"	48,000	—	48,000	—	—	—	—
三合土水塔	16'—0" 20'—0" 80'—0"	17,500	—	17,500	—	—	—	—
供水設備	2600'—0" 6"生鐵管	15,500	—	15,500	—	—	—	—
軌道	—	850,000	10%	85,000	20%	170,000	70%	595,000
建設建立所機械所(厰建築地基三合土地枱及安裝鋼架工程)	190'—0" 420'—0" 47'—0"	67,000	—	67,000	—	—		—
鍛鐵所(鋼架構造)	10'—0" 100'—0" 53'—0"	60,000	—	—	—	6,000		
鍋爐所(鋼架構造)	60'—0" 200'—0" 35'—0"	120,000	—	—	—	12,000		—
廁所		5,000	—	—	—	—	—	5,000
渠道		57,000	25%	14,250	25%	14,250	50%	28,500
三合土電桿(連建立)	40枝	7,000	50%	3,500	50%	3,500	—	—
電線及電燈設備		20,000	50%	10,000	50%	10,000	—	—
客貨車修理所(厰建築地基三合土地枱及安裝鋼架工程)	250'—0" 246'—0" 23'—0"	96,000	—	—	—	96,000	—	
各種機械地基		20,000	50%	10.000	50%	10,000	—	—
總計				563,250		656,250		

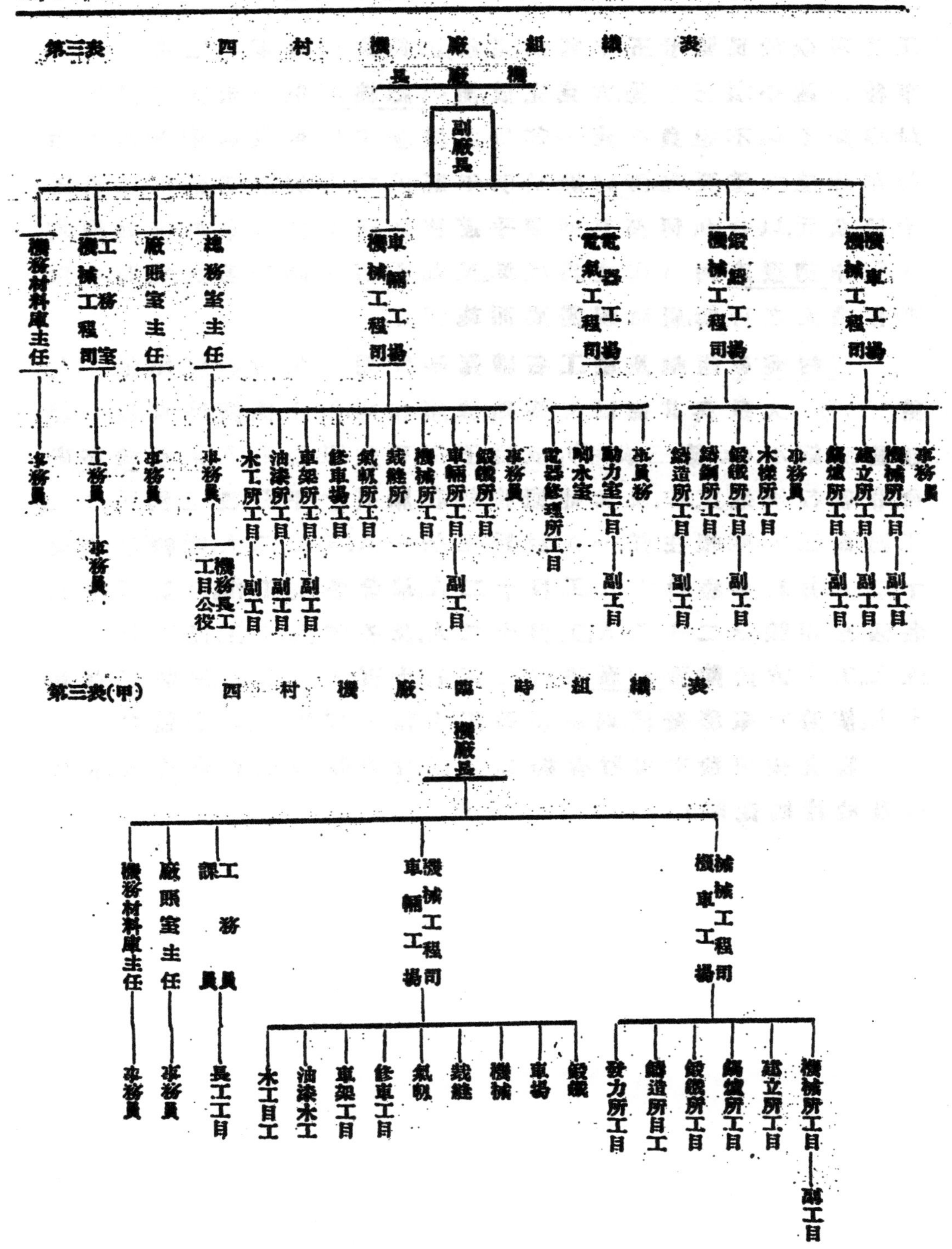
第三表　西村機廠組織表
機廠長
副廠長
機務材料庫主任
事務員
工務室 機械工程司
工務員
事務員
廠賬室主任
事務員
總務室主任
事務員
機務長工 工目公役
車輛工場 機械工程司
木工所工目
副工目
油漆所工目
副工目
車架所工目
副工目
修車場工目
氣軔所工目
栽絲所
機械所工目
車輛所工目
副工目
鍛鐵所工目
事務員
電器工場 電氣工程司
電器修理所工目
唧水室
動力室工目
副工目
事務員
鍛鑄工場 機械工程司
鑄造所工目
副工目
鑄銅所工目
鍛鐵所工目
副工目
木樣所工目
事務員
機車工場 機械工程司
鍋爐所工目
副工目
建立所工目
副工目
機械所工目
副工目
事務員
第三表(甲)　西村機廠臨時組織表
機廠長
機務材料庫主任
事務員
廠賬室主任
事務員
工務課員
工目長
機械工程司 車輛工場
木工工目
油漆木工
車架工目
修車工目
氣軔
栽絲
機械
車場
鍛鐵
機械工程司 機車工場
動力所工目
鑄造所工目
鍛鐵所工目
鍋爐所工目
建立所工目
機械所工目
副工目

工程,現擬於民國廿五年底前完竣,以備應付通車之需要。又在通車後,最速亦須三年後,方克完成衡州總機廠,但在未完成期間,西村機廠不能不担負全綫一部份之機務工作,可見本廠對於通車初年地位之重要也。西村廠於明年底成立之規模,爲國幣二百五十餘萬元,以後如何擴充,則視乎運務如何進展,機車車輛如何增加,衡州總機廠何日成立爲標準。又如西南鐵路線若興築時,本廠亦有擴充之可能,屆時視需要而施行之。

西村機廠組織及職工名額臨時支配　西村機廠組織（見第三表）大致與其他國有鐵路機廠相同,但在開辦時期,擬將組織暫爲縮小（如第三表甲）,故目下擬暫設廠長一人,秉承機務處命令執行修造工作,及其他廠務,并在廠長之下,分設工程司二人,工務員三人,廠帳主任一人,材料主任一人,課員二人,廠帳事務員十二人,材料事務員六人,工目十二人,掌管各項工作。至全廠職工名額,應用職員二十八人,工目十二人,及各種大小工匠五百二十五人。工人方面除黃沙廠現有二百七十五人可調外,擬添二百五十人。倘將來廠務發展,則前項職工尙需陸續增加,以應需要。

（編者按,原論文尙附有擬具之西村機廠機械設備詳表,本刊以限於篇幅從略。）

國立清華大學新電廠

莊前鼎

國立清華大學機械系主任

摘要:一新電廠設備,由上海萬泰洋行,以最低估價四千餘金磅得標,約合中洋六萬元。計每瓩發電費產成本僅合國幣洋三百元。新鍋爐係英國拔柏葛公司製造,受熱面積八百十平方英尺,汽壓二百六十磅,汽溫610°F,裝置鍊條添煤器及過熱器。

汽輪發電機一電量二百瓩,三相交流,二千二百伏,五十週波,七級輪葉,每度用汽僅二十磅。凝冷器及打水水幫均完全由汽輪拖動地位甚小,長二十呎,寬高七八呎而已,

此外尚有粉煤器,自動進煤器,除硬藥硬水處理器,及蘇打石灰硬水處理器等。

全廠設計建築安裝等工程,均由校中担任。計自定購設備至開車發電不及一年,工程進行,甚為迅速。現在發電成本,全日發電,每度約五分左右,夜間發電,每度僅三分半左右。夜間最高電負一百六十瓩。

導言

舊電廠概況　校中舊電廠原有發電設備,供給全校電燈,暖汽及日常自來水,計鍋爐房原有B. & W. 鍋爐四具,二百馬力一具,一百馬力一具及並行二具,一百馬力者,供給舊發電機蒸汽及冬季暖汽,另有小式直立鍋爐一具,供給校中用水水泵蒸汽,上項設備均年久失修,功效甚低,兼之鍋爐用水取給自流井硬水而不加處理,所以鍋管內生銹結塊厚至四五分以上,傳熱不易而用煤極多,計每磅煤僅能發生蒸汽至三四磅而已。

發電設備計有臥式蒸汽引擎發電機一座,一百四十瓩,三相交流發電機,而僅用單相二千三百伏耳及五十週率直立複式引擎發電機二座,每座六十瓩,單相交流二千三百伏耳及五十週率。引擎係英國名廠製造,發電機係德國A.E.G.廠製造。

所有設備,均已陳舊不堪,年齡在二十歲以上,發電成本極貴。根據試驗結果計每度(K.W.H.)發電成本在九分半至一角五分之間,每度用煤在十四五磅以上,發電極不經濟。且電量不足,燈光黑暗。電廠最高發電量僅在一百三十瓩左右,因三電機不能同時開動(Parallell operation)而校中用電常至一百四五十瓩,因之發電機不克負載而發生困難。校中日間需要三相交流,而原有設備僅能供給單相交流。有此種種原因,所以決定建築新電廠,並將舊電廠拆移清理,重新安裝,使新舊合一,成爲全國小電廠中之模範電廠,是則本篇作者之主要目的也。

新電廠設計估價 民國二十二年校中發出信函致國內各洋行,請照全廠總電量四百瓩就下列各種原動機分別估計:

(一) 蒸汽汽輪發電廠

(二) 蒸汽引擎發電廠

(三) 柴油引擎發電廠

(四) 煤氣引擎發電廠

估價結果平均每瓩發電資產成本如下:

柴油引擎	每瓩	國幣	$350
蒸汽引擎	每瓩	國幣	$450
蒸汽汽輪	每瓩	國幣	$480
煤氣引擎	每瓩	國幣	$500

當時匯兌美金每元約合國幣四元八角。

柴油引擎發電廠成本最低,本應中選,但以別種利害比較,實有考量之餘地。因北方產煤,價亦甚低,而柴油來自國外,價格升漲甚大,而來源可虞,所以決定不用柴油引擎。其次蒸氣引擎,則以本

圖(一) 二百瓩汽輪發電機

圖(二) 新電鑰板台

圖(三) 汽輪機內部

圖(四) 汽輪機七級輪葉

圖(五) 汽輪機凝冷器及減速輪

圖(六) 鍊箆添煤器

圖(七) 粉煤器

圖(八) 自動進煤器

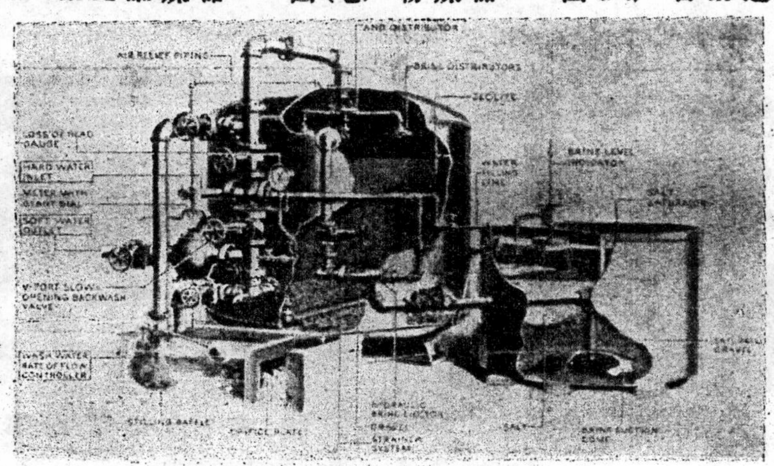

圖(九) 除硬藥硬水處理器

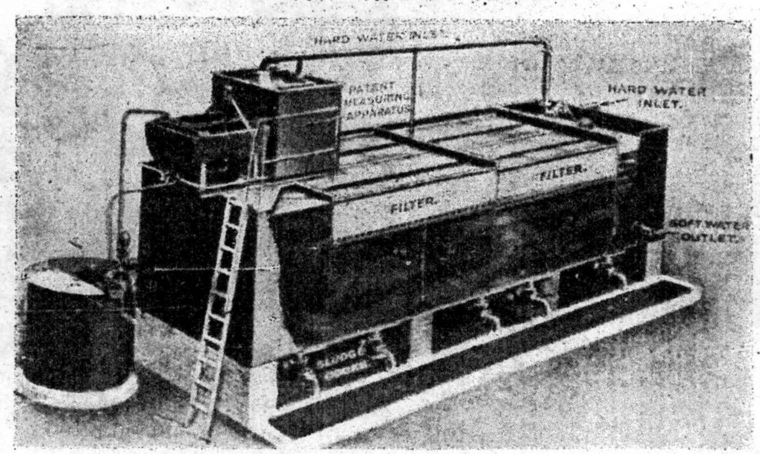

圖(十) 蘇打石灰硬水處理器

校舊電廠已有二種不同之引擎發電機,且因廢汽排至空中,鍋爐用水完全取給於自流井硬水,鍋管生銹結塊,功効減低,所以亦不採用。考慮結果決定採用蒸汽汽輪發電機,計二座鍋爐及二座汽輪發電機,每座二百瓩,全廠總價約需二十萬元左右。後因時局不安,中止進行。且因所需預算甚巨,決定採用一座鍋爐及一座二百瓩汽輪發電機,而以舊有鍋爐及引擎發電機為預備發電設備,乃於二十三年年初照決定標準請各洋行重行估計。結果上海萬泰洋行,以最低估價四千餘英鎊得標,約合國幣六萬元。計每瓩發電資產成本僅合國幣三百元(美金每元合國幣三元),可謂為國內小電廠發電資產成本之最低者矣。

新電廠設備

新鍋爐　係英國拔柏葛鍋爐公司製造,受熱面積801平方英尺,每小時發生蒸汽三四千磅,氣壓260磅;連同蒸汽過熱器,汽溫可至610°F,裝置鍊篦添煤器一具,寬2尺7寸,長10尺,燃燒面積約26方尺。燃煤極經濟,且可繼續燃煤,發生一定之汽量,與保持一定之汽壓與汽溫。所有安裝工匠,均係北平鐵工廠機匠,對於此類工作,向無經驗,教導指揮,甚費精神,而全部安裝時間亦僅一月餘,可謂神速之至。可見國內工匠之能力,在缺乏精良工具環境之下,若能得工程師之善為指導,雖艱難工作,亦能為之,而其技能智力,實不在外國機匠之下也。

因鑒於舊鍋爐四具年久失修,鍋管內水銹結塊,厚過半寸,所以決定於新電廠建築時,全部拆卸,將鍋管內外清理,並調換新管百餘根,從新安裝,鍋爐地基重打,方向移正,與新鍋爐並行。所有舊電廠正汽管,副汽管,水管等全部拆移清理,水管及暖汽管子亦拆卸重裝。舊引擎發電機,亦拆移重裝於新電廠汽輪間內,與新電機並行。計動工時已為二十三年九月中旬,而十一月初,即須生火,供給暖汽,為時僅二月餘,時間可謂迫狹,全部工程卒克準期完成。一切拆移清理地基安裝費用,僅五千餘元,而同時外國洋行估價,則均在一萬五千元左右,相差甚巨,實則洋行包做,亦轉包於其他鐵工廠而已。若非工程師目光遠大,正直無私,則校中損失甚大矣。國人過去迷信外國工程師之萬能,所有一切鐵路。電廠,工廠及水利等之設計建築,均爲外國工程師及洋行所包辦,任其重利操縱,缺乏自信力,及輕視本國工程師,可勝浩歎也!

二百旺汽輪發電機　係向英國湯生電機廠定製,係三相交流,二千二百伏耳。五十週率。汽輪有七級輪葉。首次數級係用複式,其他單式。需用蒸汽壓力二百六十磅,汽溫華氏六百度。每度(K.W.H.)用汽僅二十磅左右。汽輪迴轉數每分鐘八千次,經過減速輪後發電機迴轉數每分鐘一千五百次。

此汽輪發電機與普通發電機,構造稍有不同。凝冷器及打水水泵發電機等,均完全由汽輪拖動;地位甚小,僅二十尺長,八九尺寬及八九尺高而已。開動汽輪後,水泵及發電機等均同時行動,所以發電工作,甚爲簡便。

校中購置此項汽輪發電機,目的有二,即供給全校電燈及電力,及供原動力組學生試驗及實習研究之用。除機械實驗室設備,有各種小式汽輪及各種蒸汽引擎外,尚有此項汽輪電機,則熱力工程方面設備完備,試驗,研究及實習等工作,均可舉行,學生得益,當非淺鮮。

特殊設備

粉煤器　粉煤燃燒,分爲二種,即集中式及單式是也。集中式均用於大電廠中,而單式則大半裝置於鍋爐,以燃煤方便,且極經濟也。本校擬於二百馬力鍋爐安裝單式一具,以供試驗。考粉煤燃燒法輸入國內,僅數年而已。若有此一具單式粉煤器,可供研究及試驗之用,則學生得益必非淺鮮,將來對於粉煤燃燒法,必有新貢獻也。

自動進煤器　美國名廠製造。進煤及打風完全自動。每小時可燃煤至八九百磅，現安裝於一百馬力舊鍋爐上，供給冬季暖汽。

除硬藥硬水處理器　係美國Permuite公司出品。普通硬水處理分二種方法：一種用除硬藥粒，一種用蘇打石灰。除硬藥處理，比較簡便而消費輕。器內下層裝石子，上層裝除硬藥粒，硬水經過此除硬藥器後，即變為軟水，用於鍋爐中，可不生硬塊水積。待至藥性消滅後。可用食鹽水回復其藥力，此即除硬藥器之優點也。本廠所購者，每小時能軟水二百加侖，內裝除硬藥粒約一千磅。

蘇打石灰硬水處理器　美國拔柏葛公司製造，自動加進適量之蘇打石灰，處理硬水。器內並裝有熱水管，使處理硬水時間減少。硬水在器內溫度可增至150至160度。所以與蘇打石灰之化學作用。可以增速。每小時能處理二百加侖。

上述二種處理器，供給鍋爐內所用之軟水。北方河流甚少，大半用井水。而井水因取自地下深處。均係硬水。若用在鍋爐內，年久即水積甚深，燃煤極不經濟。校中清理舊電廠時，即發現水積極厚，購置此二種硬水處理器，即為鍋爐清理後應用軟水，得以永久保持清潔，而增高燃燒熱效率也。

新電廠每瓩投資比較

根據建設委員會出版之中國電廠統計

	容量	平均每瓩投資
一等電廠	10000瓩以上	$621
二等電廠	1000——10000瓩	$465
三等電廠	100——1000瓩	$633
四等電廠	0——10)瓩	$854
平均		$600

其中一等電廠多居重要都市，設備較完美，故投資特大，不能與三等並論。

每瓩平均投資可分析為	百分比
(一) 發電資產	55 %
(二) 配電資產	30 %
(三) 其他資產	15 %

在外國配電資產每較發電資產為高,在國內則忽視配電方面。其資產視輸電面積之大小而定,大都市居百份之三十左右,小都市則約百份之十而已。

清華汽輪機新電廠容量二百瓩,用七級汽輪,過熱器及鍊篦添煤器及硬水處理器等,比較任何同等容量之電廠,設備較為完善,而每瓩發電資產,僅 $300 左右,比之全國三等電廠發電資產平均數 $633×0.55=$350. 尚少五十元。

新電廠除去配電方面,所有一切工程費用,包括發電資產電廠房屋,新電台,水管,汽管及凝冷水進水水閘及水井等,總共約八萬餘元,平均每瓩投資,僅四百餘元。比之全國三等電廠,除去配電資產,每瓩平均投資五百元之數,尚少一百元。蓋因新電廠所有一切工程設計。建築,安裝等工作,均由校中工程師自己担任,絕不假手外人,亦不由外國洋行包辦,所以全廠投資資產特別低廉也。

新電廠建築安裝

新電廠鍋爐房及汽輪間建築時期,僅二三月。內部鍋爐及汽輪安裝時期,亦僅二月餘。計自二十三年三月,由上海萬泰洋行向英國湯生電機製造廠及拔柏葛鍋爐公司分別定製汽輪發電機及鍋爐過熱器及鍊篦添煤器等設備,於是年十月底全部運抵北平校中後,即於十一月初開始安裝,萬泰洋行僅派中國工程師一人,指導進行安裝汽輪,所有其他各種工程,均由校中自己担任,招匠工作。電廠容量雖小,但其各種工程上之困難,與國內任何大電廠之建築安裝,實不相上下,而前後所費時間,計自動工至開車發電不及一年,比之普通電廠,安裝建築,需時二年者,少費一年。亦可見工程進行之神速矣。

新電廠發電成本

根據建設委員會中國電廠統計內燃料消耗統計表:

	容量	每度燃煤(公斤)
三等電廠	100——1000 瓩	2.0——4.0

即每度用煤約4.4——8.8磅,平均約6.6磅。大概發電機容量愈小,每度用煤愈多。

清華二百瓩汽輪新電機在開車發電後試驗數月之結果

鐘點	時間	負載	每度燃煤(磅)
下午9——10時	1小時	150——200 瓩	3.5——4.0
下午7——11時	3小時	100——150 瓩	4——4.5
下午5——7 時	2小時	50——100 瓩	4.5——5.5
下午11——5 時	18 小時	10——50 瓩	5.5——9.0
繼續二十四小時發電平均			6.5——7.5 磅

若能於日間多發電流,則全日每度燃煤當在 6 磅以下;若僅於夜間發電則每度燃煤僅 4 磅左右,比之國內任何同等容量之小電廠為優。調查全國電廠,汽輪發電機之最小容量為四百瓩。清華汽輪發電機容量僅二百瓩,實為現在全國最小而最經濟之汽輪發電廠矣。

若以成本計算,平市煤價每噸(2240磅)平均十元左右,則全日發電每度成本煤價約三分至四分。若僅夜間發電,則每度僅二分至三分而已。

普通電廠發電總成本煤價佔百份之八十左右。所以現在清華新電廠發電總成本:

全日發電	每度約五分左右
夜間發電	每度僅三分半左右

比之國內任何電廠發電成本毫無遜色,

清華現在全日夜用電平均一千度，每月三萬度。若以從前舊電廠發電成本每度一角計算，則每年電費需洋三萬六千元。照現在新電廠發電成本每度五分計算，則全年電費僅需洋一萬八千元。計節省一半。以費洋八萬餘元之投資。而每年節省發電成本至一萬八千元之多，可見國內許多陳舊不堪之大小電廠，發電成本常在六七分以上，售電電價均在每度二角五分左右者，當急設法改良，擴充新電廠，使成本減低而售電電價低落，則用戶受益甚大而增加用電矣。

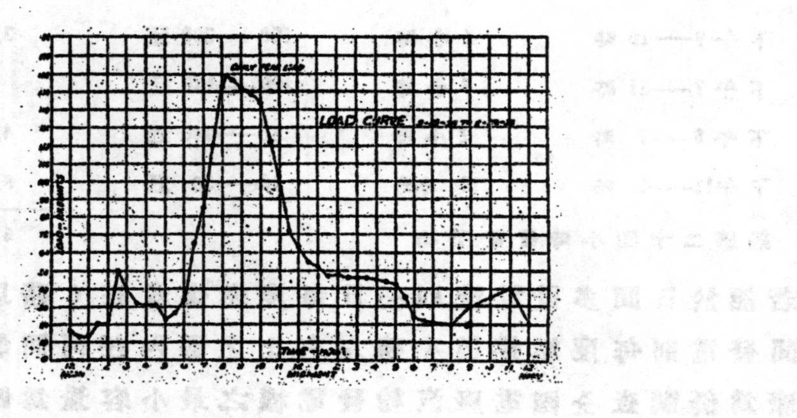

圖（十一）

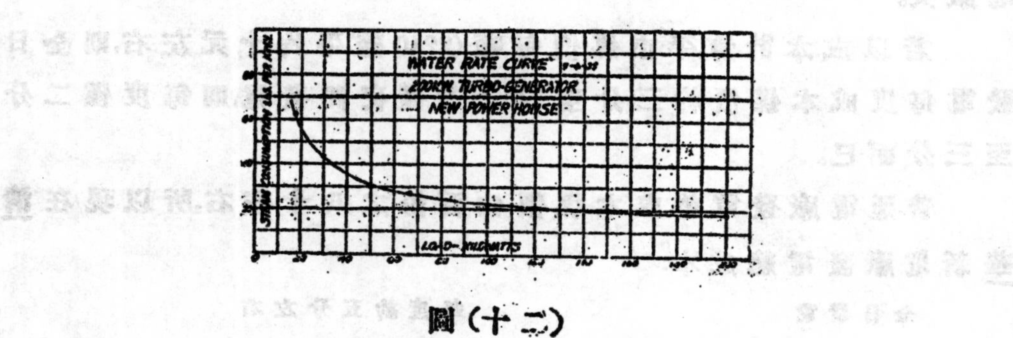

圖（十二）

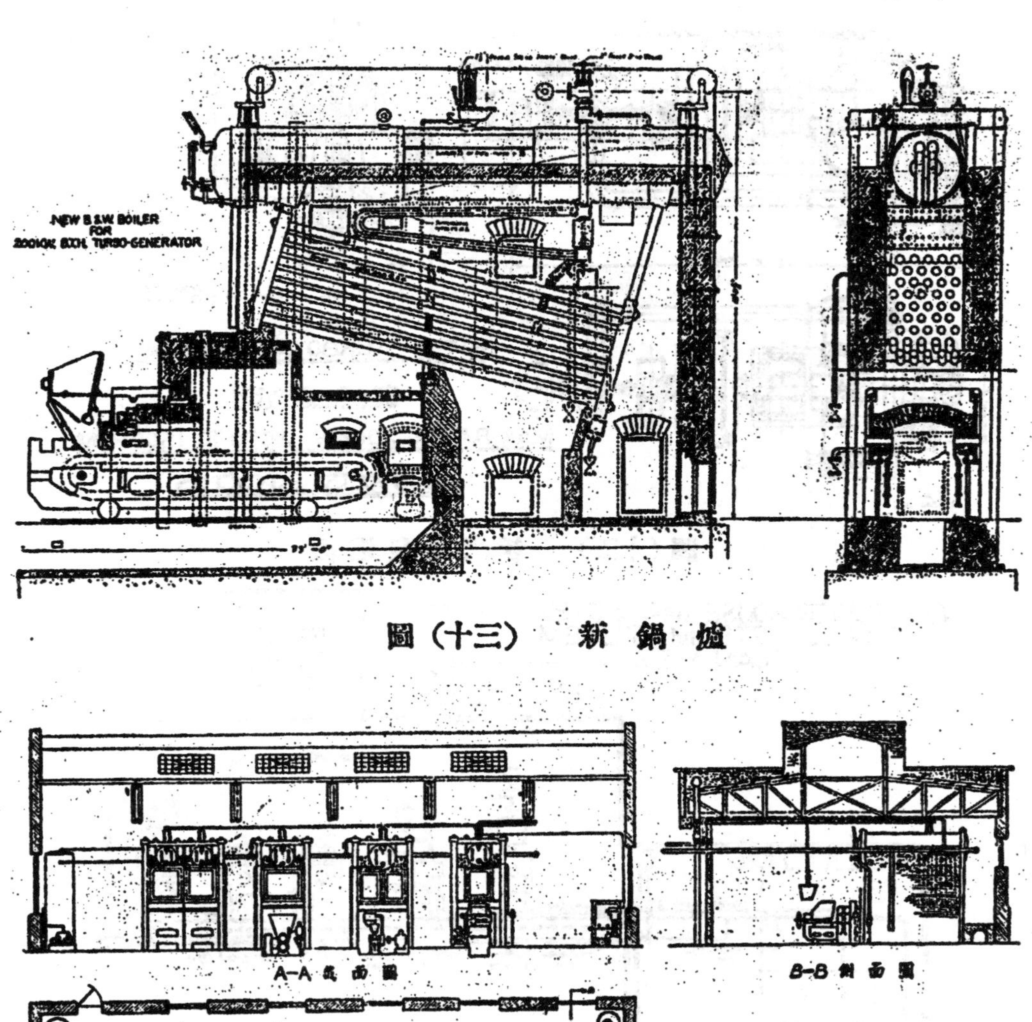

圖（十三）　新鍋爐

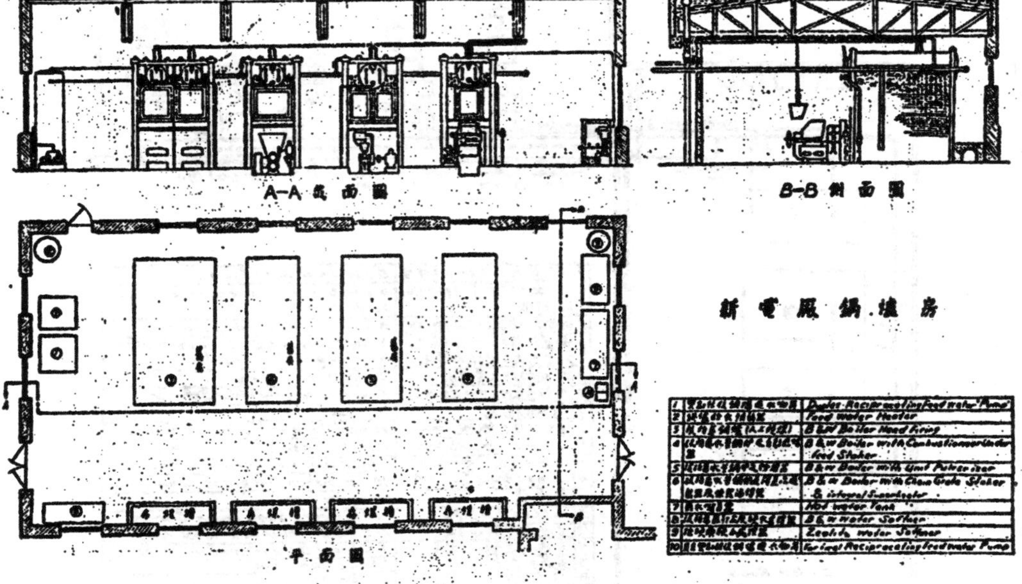

圖（十四）　鍋爐房

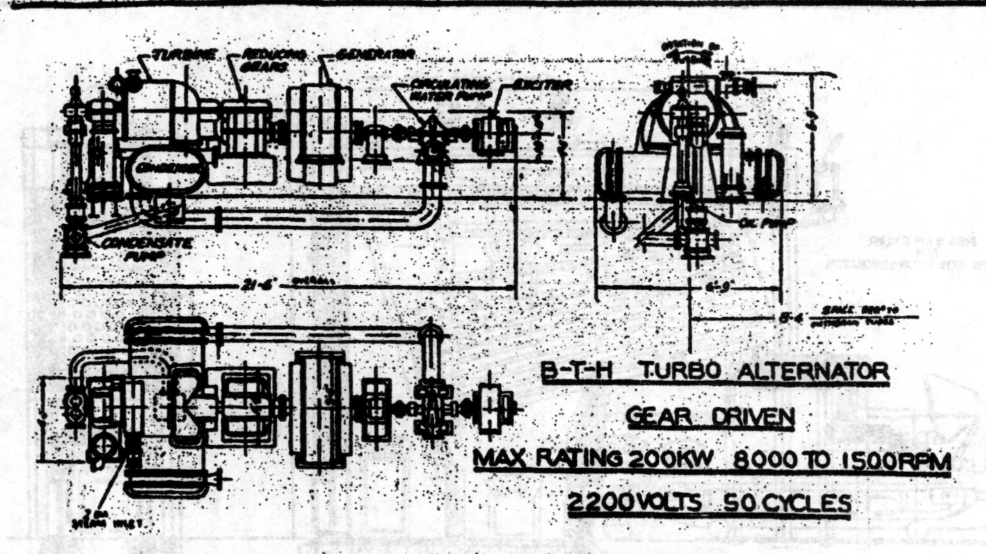
TURBINE
REDUCING GEARS
GENERATOR
CIRCULATING WATER PUMP
EXCITER
CONDENSATE PUMP
OIL PUMP
21'-6" OVERALL
6'-9"
B-T-H TURBO ALTERNATOR
GEAR DRIVEN
MAX RATING 200KW 8000 TO 1500RPM
2200VOLTS 50 CYCLES

圖(十五) 新汽輪發電機

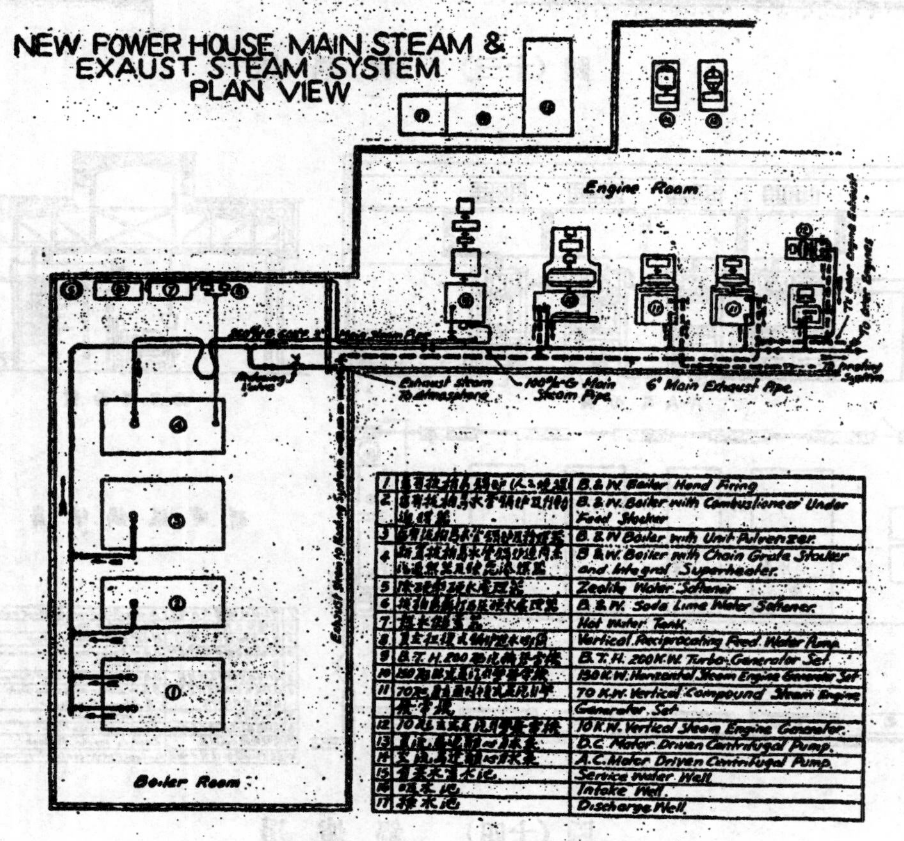
NEW POWER HOUSE MAIN STEAM &
EXAUST STEAM SYSTEM
PLAN VIEW
Engine Room
Boiler Room
Exhaust Steam To Atmosphere
100% G Main Steam Pipe
6" Main Exhaust Pipe
1 B.&W. Boiler Hand Firing
2 B.&W. Boiler with Combustioneer Under Feed Stoker
3 B.&W Boiler with Unit Pulverizer.
4 B.&W. Boiler with Chain Grate Stoker and Integral Superheater.
5 Zeolite Water Softener
6 B.&W. Soda Lime Water Softener.
7 Hot Water Tank.
8 Vertical Reciprocating Feed Water Pump
9 B.T.H. 200K.W. Turbo-Generator Set
10 150K.W. Horizontal Steam Engine Generator Set
11 70 K.W. Vertical Compound Steam Engine Generator Set
12 10K.W. Vertical Steam Engine Generator.
13 D.C. Motor Driven Centrifugal Pump.
14 A.C. Motor Driven Centrifugal Pump.
15 Service Water Well.
16 Intake Well.
17 Discharge Well.

圖(十六) 新電廠汽管圖

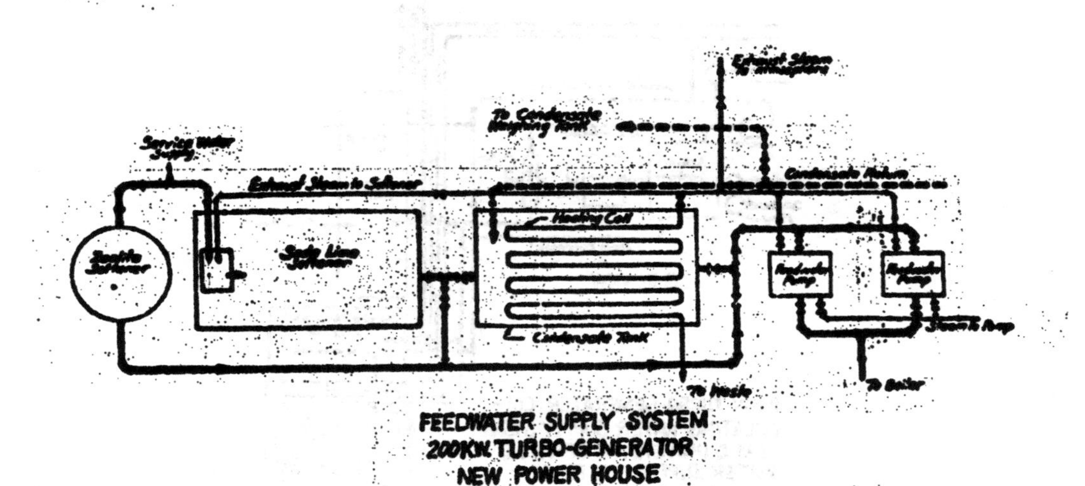

圖(十七)　新電廠鍋爐給水圖

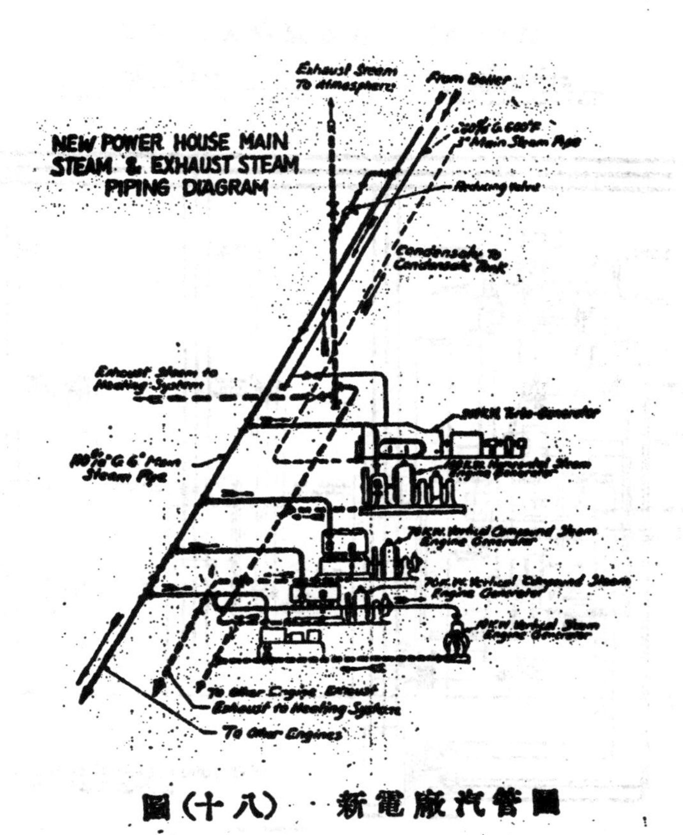

圖(十八)　新電廠汽管圖

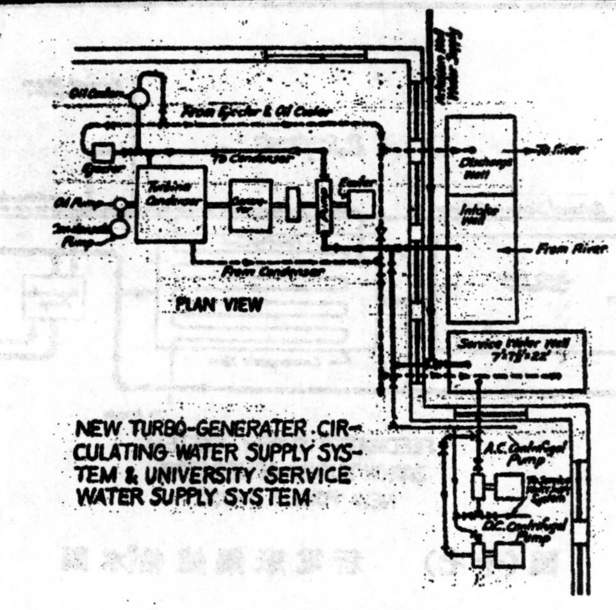

圖(十九) 新電廠凝冷水管圖

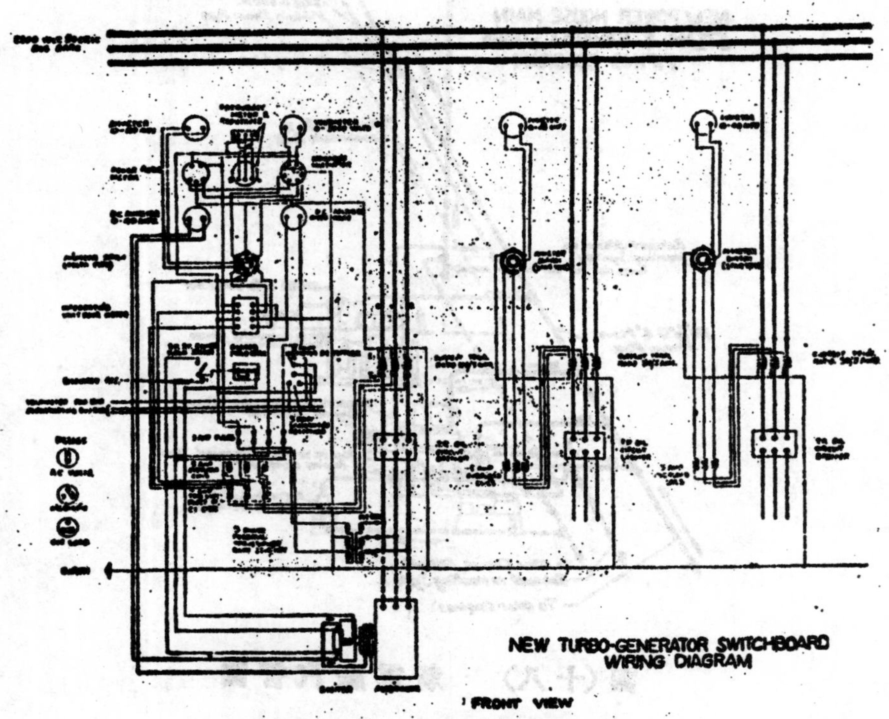

圖(二十) 新電台電線圖

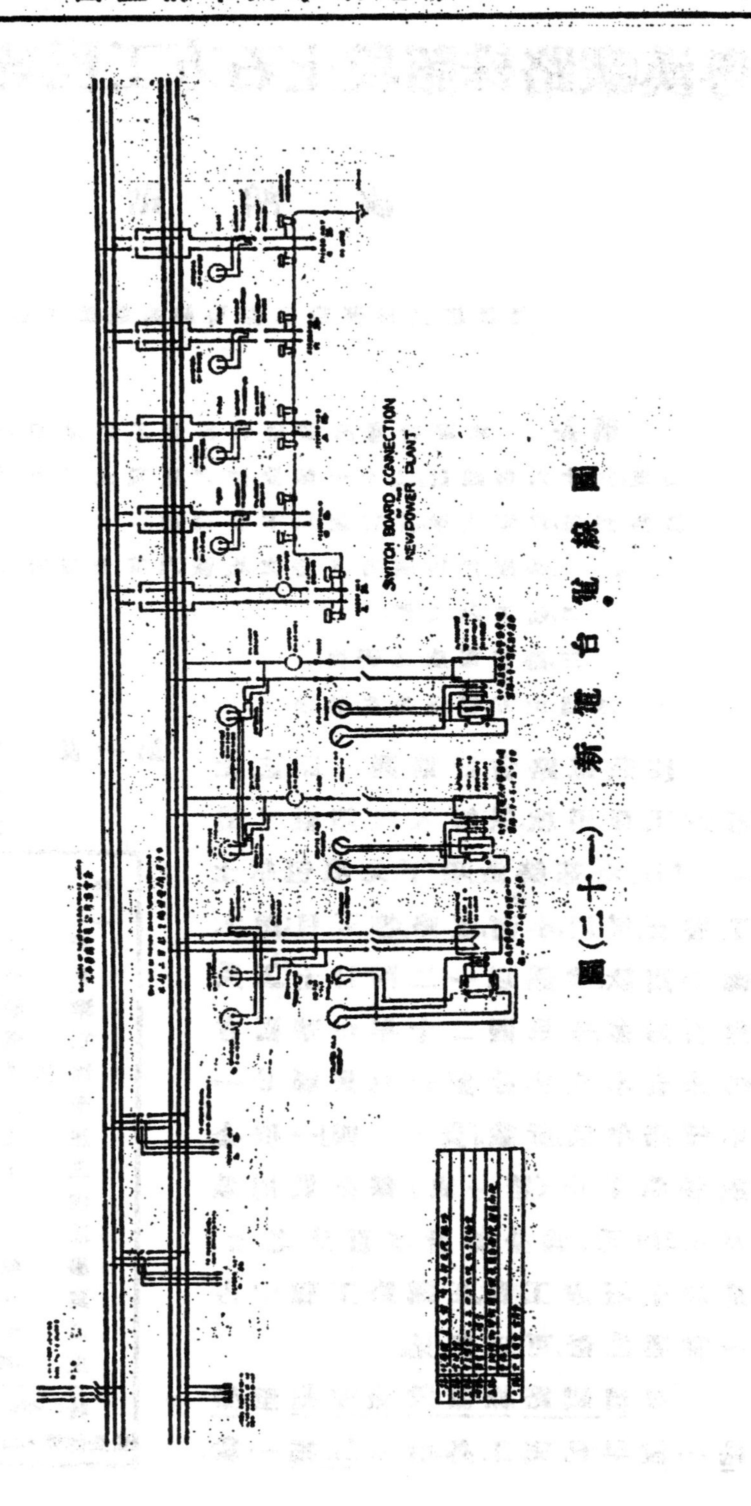

圖(二十一)　新電台線圖

粵漢鐵路株韶段土石方工程統計及分析

凌鴻勛

粵漢鐵路株韶段工程局局長兼總工程司

摘要　本篇將粵漢鐵路行將完工之株樂段,計程四百零六公里,共分六個總段,二十一個分段之里程土石方數量及工值,分別製為圖表,以資比較。並討論以下各問題。

一,株樂段與國有各路之比較及其土石方工值高出之原因。

二,包工與工價。

三,路面寬度之研究。

本篇由方頤樸先生代讀　　　　論文委員會識

按照鐵路會計則例一路之土石方工程用款,係歸入建築帳(資——四)「路基築造」項下,此項包括土工,鑿石,堤垣,小河道路,等五目;然大部份用款,當係以一二兩目土工及鑿石為多。在民國二十年中華國有鐵路資本支出分類表(見民國廿一年鐵路年鑑)所載,「資——四」一項全國各路平均(第一表)每公里用款為6,210元,為全部資本百分之七,是以土石方工程在鐵路工程中占一重要位置,可以想見。

粵漢鐵路株韶段除韶州至樂昌一段早已完工外,所餘株樂一段,

第一表　民國二十年中華國有鐵路「路基築造」資本支出表

路別	資—4路基築造平均每公里元數
平漢	$ 4,940
北寧	4,346
津浦	6,241
京滬	6,860
滬杭甬	3,425
平綏	5,229
正太	10,850
隴海	8,042
膠濟	3,712
湘鄂	7,7.5
廣韶	16,454
廣九	14,636
道清	770
南潯	7,992
統計平均	6,210
對全部資本百分數	7.0%

為程四百零六公里,計自民國廿二年七月起開工,至民國廿四年六月底本文屬稿之時,土石方工程,已完成百分之八十,其未完者,皆已在勘工之中,所有數量及價值,已可作一概算,雖他日修補及防護工程,所在多有,但其概數已可得而知。茲將株樂間六個總段二十一個分段之里程土石方數量及工值,分別製為圖表,以資比較(第二表至第五表及第一第二兩圖)。

第二表　株樂段各分段土石方數量總表

總段	分段	分段公里程	填土(立方公尺)	挖土(立方公尺)	鬆石(立方公尺)	堅石(立方公尺)	總共(立方公尺)
2	1	14.57	289,563	255,595	135,133	203,829	884,120
	2	14.27	387,773	218,247	183,053	273,266	1,062,339
	3	17.77	406,169	446.505	267,203	277,030	1,396,907
3	1	19.38	1,233,985	410,372	138,667	541,372	2,324,396
	2	24.4	1,330,245	333,320	18,329	628,305	2,310,199
	3	22.92	768,700	427,610	17,310	317,860	1,531,480
4	3	18.9	431,892	350,153	15,910	278,527	1,076,482
	2	20	713,287	328,281	10,537	298,669	1,350.774
	1	21	609,838	359,810	39,061	211,405	1,220,114
5	4	19.2	625,476	152,159	68,090	101,718	947,443
	3	18.8	793,190	151,780	12,310	9,530	966,810
	2	18.5	387,830	178,040	7,990	3,990	577,850
	1	18.5	619,745	184,610	58,470	34,895	897,720
6	4	18	804,602	404,985	171,010	14,238	1,394,835
	3	13	967,848	228,132	——	——	1,195,980
	2	18	862,750	368.870	52,780	30,590	1,314,990
	1	18	737,890	266,087	165,790	43,810	1,213,577
7	4	26.06	1,352,847	91,496	164,352	78,740	1,687,435
	3	26	1,916,035	273,241	176,020	66,970	2,432,266
	2	25.04	1,116,097	227,076	24,456	60,589	1,428,218
	1	13.6	442,910	116,517	63,299	19,835	642,561
			16,798,672	5,772,886	1,789,770	3,495,168	27,856,496

第三表 株樂段各分段平均每公里土石方數量表

總段	分段	分段公里數	塡土（立方公尺）	挖土（立方公尺）	鬆石（立方公尺）	堅石（立方公尺）	總共（立方公尺）
2	1	14.57	19,875	17,542	9,275	13,989	60,681
	2	14.27	27,174	15,294	12,827	19,149	74,445
	3	17.77	22,857	25,127	15,037	15,589	78,610
3	1	19.38	63,673	21,174	7,155	27,935	119,937
	2	24.49	54,518	13,661	751	25,750	94,680
	3	22.92	33,538	18,656	755	13,868	66,818
4	3	18.90	22,851	18,526	842	14,737	56,956
	2	20.00	35,664	16,414	527	14,933	67,538
	1	21.00	29,040	17,134	1,860	10,067	58,101
5	4	19.20	32,576	7,925	3,545	5,298	47,346
	3	18.80	42,191	8,073	655	507	51,426
	2	18.50	20,964	9,624	432	215	31,235
	1	18.50	33,499	9,979	3,161	1,886	48,525
6	4	18.00	44,700	22,499	9,500	791	77,490
	3	13.00	74,449	17,548	——	——	91,998
	2	18.00	47,931	20,493	2,932	1,699	73,055
	1	18.00	40,993	14,783	9,211	2,434	67,421
7	4	26.06	51,913	3,511	6,306	3,021	64,751
	3	26.00	73,694	10,509	6,770	2,575	93,548
	2	25.04	44,573	9,065	9[illegible]8	2,420	57,037
	1	13.60	32,567	8,567	4,654	1,458	47,247

第四表　株樂段各分段土石方費用表

總段	分段	土工鑿石 總數	土工鑿石 平均每公里	路基溝道(土工,鑿石,堤垣,小河,道路,) 總數	路基溝道(土工,鑿石,堤垣,小河,道路,) 平均每公里
2	1	$ 590,000	$ 40,480	$ 815,000	$ 55,917
	2	671,000	47,038	1,255,000	87,978
	3	1,074,000	60,439	1,556,500	87,591
3	1	1,571,000	81,075	1,805,200	93,162
	2	1,713,500	70,225	1,741,400	71,368
	3	731,500	31,917	752,200	32,820
4	3	473,600	25,058	496,600	26,275
	2	547,700	27,385	565,700	28,285
	1	432,400	20,590	453,400	21,590
5	4	460,900	24,005	525,800	27,385
	3	193,300	10,388	219,300	11,665
	2	131,600	7,113	138,800	7,503
	1	187,000	10,108	198,200	10,713
6	4	256,000	14,222	404,200	22,455
	3	160,000	12,307	560,000	43,076
	2	294,400	16,355	344,400	19,133
	1	251,400	13,967	3 1,400	16,744
7	4	451,400	17,321	510,900	19,605
	3	460,800	17,723	557,200	21,431
	2	241,200	9, 32	348,800	13,930
	1	81,500 *	5,992 *	139,100 *	10,228 *

* 第七總段第一分段由株洲至淥口原已做成一部分之土方，故此數祇係復工至完工後增添之工程，而非全部工程。

第五表 株欒段各分段每立方公尺土石方最高最低單價表

施段	分段	填土		挖土		挖鬆石		挖堅石	
		最高	最低	最高	最低	最高	最低	最高	最低
2	1	0.25	0.25	0.25	0.25	0.95	0.95	2.10	1.40
	2	0.50	0.21	0.45	0.[illegible]1	1.60	0.55	2.20	1.05
	3	0.46	0.30	0.42	0.[illegible]0	1.47	1.10	2.02	1.54
3	1	0.44	0.23	0.30	0.20	0.85	0.64	1.54	1.03
	2	0.32	0.30	0.32	0.30	1.00	1.00	1.70	1.68
	3	0.25	0.25	0.28	0.25	0.85	0.80	1.50	1.38
4	3	0.26	0.22	0.32	0.20	0.85	0.[illegible]0	1.20	1.02
	2	0.26	0.19	0.32	0.20	0.85	0.62	1.20	0.98
	1	0.20	0.18	0.21	0.19	0.65	0.56	1.10	0.88
5	4	0.28	0.20	0.30	0.21	0.90	0.65	1.50	0.95
	3	0.20	0.188	0.21	0.20	0 45	0.35	0.78	0.65
	2	0.23	0.20	0.21	0.21	0.45	0.45	0.70	0.70
	1	0.21	0.13	0.16	0.15	0.30	0.2[illegible]	1.05	0.58
6	4	0.30	0.14	0.30	0.16	0.35	0.28	0.95	0.55
	3	0.43	0.14	0.43	0.16	0.34	0.30	0.80	0.44
	2	0.21	0.18	0.25	0.19	0.55	0.55	1.00	0.90
	1	0.18	0.16	0.20	0.17	0.32	0.30	0.68	0.60
7	4	0.25	0.14	0.30	0.15	0.75	0.31	1.20	0.61
	3	0.26	0.14	0.26	0.16	0.45	0.27	1.00	0.53
	2	0.18	0.12	0.32	0.13	0.50	0.28	1.40	0.52
	1	0.18	0.115	0.25	0.105	0.48	0.28	0.98	0.55

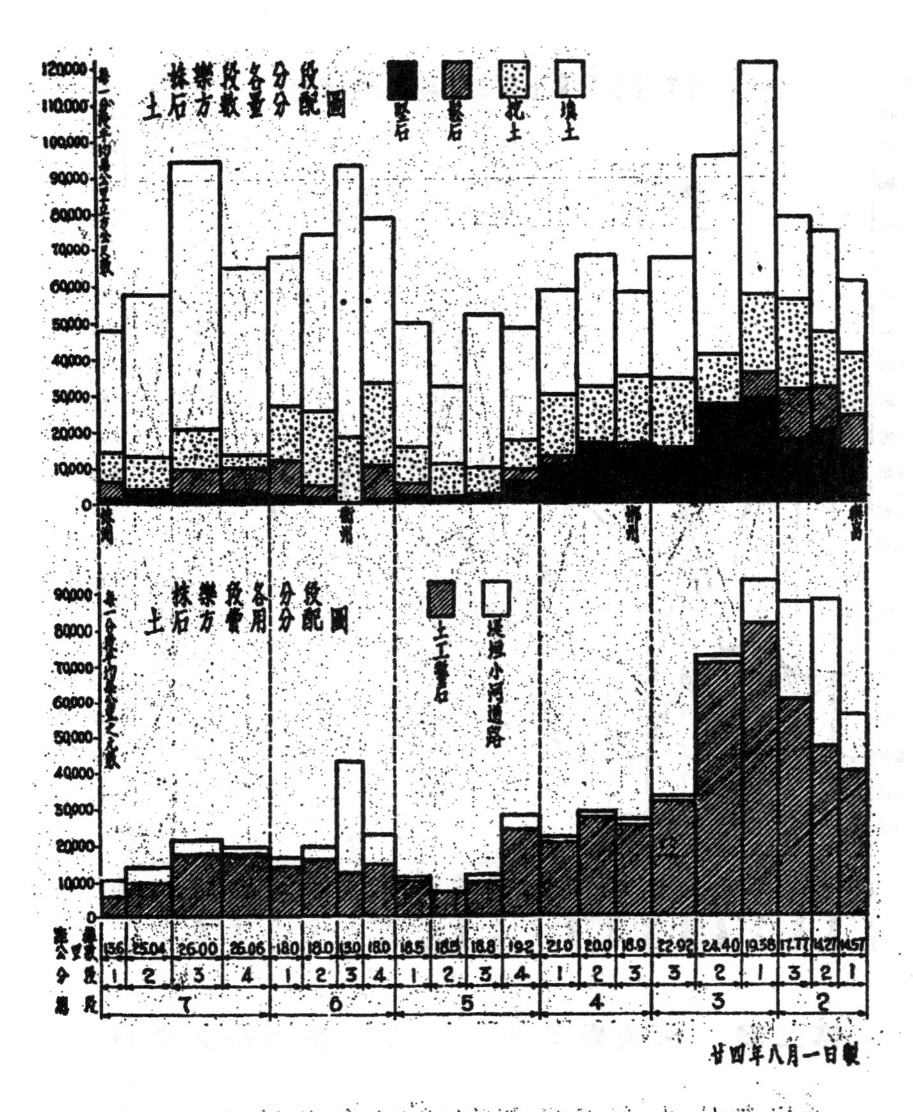

第一圖　株樂段各分段土石方數量之分配

株樂段與國有各路之比較　綜觀各表,土石方一項,在株樂各段中,最低爲每公里7,113元(五總二分段),最高爲81,075元(三總一分段),全段平均爲27,041元,若以資——四路基築造全項計算(即連堤垣小河道路在內),每公里平均最低爲7,503元(五總二分段),最高爲93,162元(三總一分段),全段平均爲33,725元,較之國有

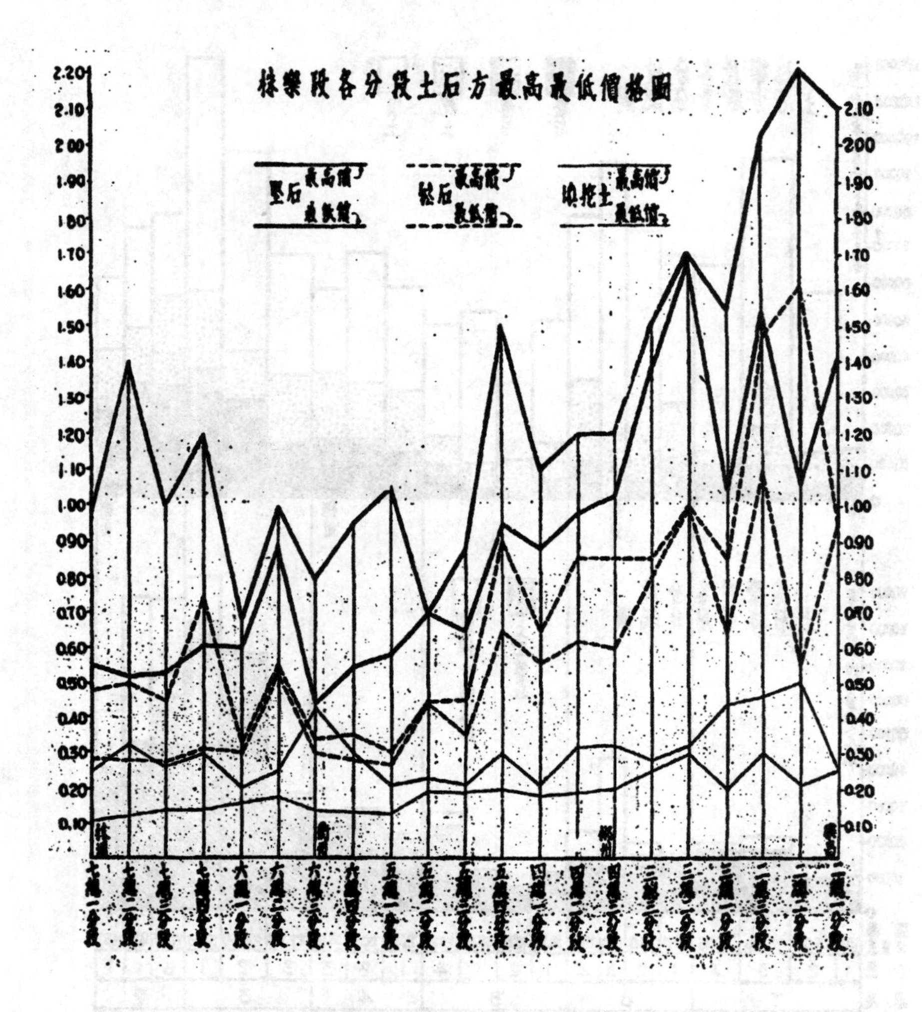

第二圖　株樂段各分段土石方最高最低價格

各路平均,高出數倍之多,考其原因,得下列各種:

(一)粵漢全路工程以樂昌至郴州一百三十公里間,最為困難,鑿石之多,恐為他路所未有。國有路如平漢,北甯,京滬滬杭甬,膠濟,湘鄂等路,路基較易,無論已,即就此項費用較高之路而論,如隴海路(平均每公里 8,042 元),則祇觀音堂一段較有石工(民國二十年統計,無孫家山工程),其他皆屬土工,或平原。正太路(10,850元)係一公尺軌距,且亦多土工而少石工。廣九路(14,636元),英段之困難工程,並不在內,(英段三十五公里,民國廿三年統計路基築造一項,平均每公里 81,219 港元)。廣韶段(16,454 元)。其中困難工程,亦祇連江口至英德一帶,並無樂昌至郴州之遠。平綏路(5,229 元)以工程艱鉅著稱,但以全路算,其石工自不算多。株樂段中,自樂昌至郴州一百三十公里間,有土方七百二十九萬餘立方公尺,石方三百二十九萬五千餘立方公尺,其中所用以鑿石之猛烈炸藥,計耗一千餘噸,當地黑藥,計四千餘噸,費用自較大。

(二)國內各路,所用之路基與路塹寬度標準,各路不同,且多未及部定標準之寬度。株樂段則完全按照部定標準,路堤頂面寬六公尺,其路堤較高者,為六公尺半,路塹則為八公尺,多較各路所用之寬度為大。

(三)一路之土石方工程,與其採用之最大坡度,有至大之關係。國有各路,凡經過山嶺地帶,多採用較急峻之坡度,如平漢幹綫,用至千分之十五。隴海幹綫,用至千分之十五。平綏幹綫,用至三十分之一。正太幹綫,用至千分之一八·四。即粵漢之湘鄂段,經過沿綫無大山坡亦用至百分之一。株樂段中,則由株洲至郴州二百八十餘公里間,均用千分之七之最大坡度。樂昌至坪石五十餘公里間,亦用千分之七之最大坡度。祇有坪石至郴州間,跨過長江與珠江兩流域之分水嶺一段,用達百分之一之坡度,路坡平易土石方自較多。

(四)本路鑒於水患與通車後營業影響之大,故所有路基,均視數十年來之洪水位再加高一公尺以備不虞。故株洲至衡州一段,雖多屬較平衍之地,而因洪水位高之故,路堤常有高達十餘公尺者,土石方數量亦至多。

(五)查民國二十年各路資本支出分類表所載各路除平綏及隴海各有一小段,係近十年完成外,其他多係十五至二十年前完工之路,其時工價糧價,遠低於今日,加以國有各路,大半皆在長江以北,其地生活程度較低,株樂段雖粵境之路綫不長,但土石方數養至鉅,粵境生活較貴,而湘南正在匪患之餘與旱災之後,糧價亦奇貴,觀於各路資本分類表中「資——四」一項,原亦以廣韶廣九兩路爲最高,亦可知地方工價之不同也。

(六)株樂段由衡州至樂昌一段,係與湘粵兩省公路平行,其中移改公路,藉以避免平交,計凡二十餘處,多屬鑿石工作,另建跨過鐵路之公路橋一座,總共關於此類費用,計凡三十餘萬元,爲國內各舊路所未有。

包工與工價　本段土石方包工,南北情形不同,大約可以郴州爲分界,郴州以南,地方交通不便,治安堪虞,地多疾疫,而鑿石至多,工作困難,郴州以北則反是。本段動工之始,係在南段,當時招募包工甚難,其勉能投得者,又不勝任,因之漸施用判工制度(參閱株韶工程月刊第二卷第六期凌鴻勛氏「一年來株韶段工程之包工及判工」,及第二卷第七期張金品氏「本路粵北湘南間包判工制度之分析及工人概況」)。此項判工亦分兩種,一種原爲有經驗有組織之包工,大都來自北方,有相當資本,所包判工程,可由八萬元至二十餘萬元,其條件大致與包工同。又一種,則爲純粹之判工,多爲當地人或附近之湘粵贛人,無固定組織與資本,但有經驗,且有號召若干工人之能力,投判範圍大約至七八萬元爲止,其備料或付欵,統須由段予以便利。以上兩種判工,在南段工作,甚見優良。

北段工程,由株洲至郴州一帶,土方爲多,石方甚少。本路在北段開工之始,所有凡曾略辦過工程者,立時紛紛組織包工公司,風起雲湧,皆以爲投包鐵路工程,爲致富之捷徑,其中雖不乏有組織,有經驗,有誠意之包工,但臨時組織,缺乏經驗,及臨時湊成若干資本,藉作嘗試者,實居多數,因皆係小組織,故局中每將一段工程,分爲數小標,每標總價大約由二萬元至十萬元左右,因競爭劇烈之故,投價頗低,其中有以過低而局方不予取錄者,年餘以來,北段土石方包工合同簽訂,凡約四十件,其中以內容複雜,管理無方,工作不力,被中途取消者,計有三件,其餘能充分表現其能力,始終不懈,不誤期限,而包工本身亦獲優厚利益者,實不多見也。

本路發包土石方工程,其計算單價,係塡挖各照方數給價,而不問其運程之遠近,與塡挖方相差之數。故包工報價前,必須先赴工地視察,並按照本局平剖面圖,自己計算運程與借土及堆廢土地點,而定其單價,此種辦法,自屬不甚科學化,但在內地地方,包工無充分之經驗,亦祇可如此。是以各段單價,每每地方鄰近,因地勢之不同而差異。又湘省原以農戶爲多,秋冬收藏之時,工價較低,入春農忙,工價又漲,而時年之爲豐爲歉,亦與工價生直接關係,所有土石方最高最低價格圖表,祇表示各分段工價之最高及最低之數,其偶一最高,或係偶一最低者,皆不足作爲平均論也。

路面寬度之研究　按部定路堤標準,單綫路堤高度在六公尺或六公尺以內者,堤面闊度爲六公尺。如堤高過六公尺者,則堤面闊度爲六公尺半。倘遇路堤多屬甚高之處(如株韶之七總三分段在淦田朱亭一帶),此項土方費用,因堤面增闊,亦增加甚鉅。且不獨土方增加而已;如堤下有橋渠涵管,則其長度亦增加甚大,似此路面寬度問題頗有研究之處也。

部定標準路塹寬度,概定爲八公尺,而不論路塹之爲石爲土。(第三圖)。作者以爲在深而長之堅石路塹,實大有節省之可能。假

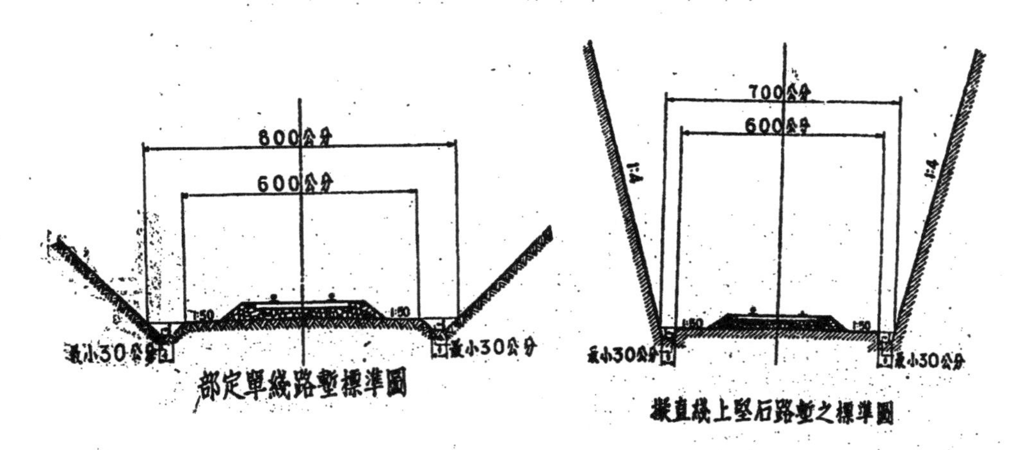

第三圖　部定單線路塹標準圖　　第四圖　擬直線上堅石路塹之標準圖

如路面仍爲六公尺,兩旁之溝因係由堅石鑿成,其近軌道中心一邊之旁坡,可以垂直,其他一邊,則用路塹之旁坡(第四圖),則路塹總寬度可減省一公尺。假定深十公尺之路塹,其旁坡爲四分之一,則每公里可減省鑿石約一萬立方公尺。以每立方公尺一元六角計算,是每公里可省費一萬六千元。在本路廣東坪石至湖南郴州一帶及他處類此之地帶,所減省當不少矣(以上指在直綫而言,曲綫在深塹內,則仍宜維持八公尺之寬度。

專家組織，創立十年之

新中工程股份有限公司 為國內設備

建築用機器之大本營

鋼鐵建築用 電鑽機(Electric Drilling Machines)　冷氣鉚釘機(Pneumatic Rivetting Machines)

混凝土建築用 拌三和土機(Concrete Mixers)　吊車搖車(Cranes & Winches)

橋梁建築用 抽水機(Pumps)　壓氣機(Air Compressors)

動力工場用 提士引擎(Diesel Engines)

此外自備剪刀車，冲床，刨床，鑽床，裝吊設備，發電設備等，專為建築界服務，如蒙 惠教，不勝感幸。

總經理兼總工程師 支秉淵

廠長 魏如

事務所：上海江西路三七八號 電話一九八二四 電報掛號九八二四

製造廠：上海閘北寶昌路嚴家閣 電話閘北四二二六七

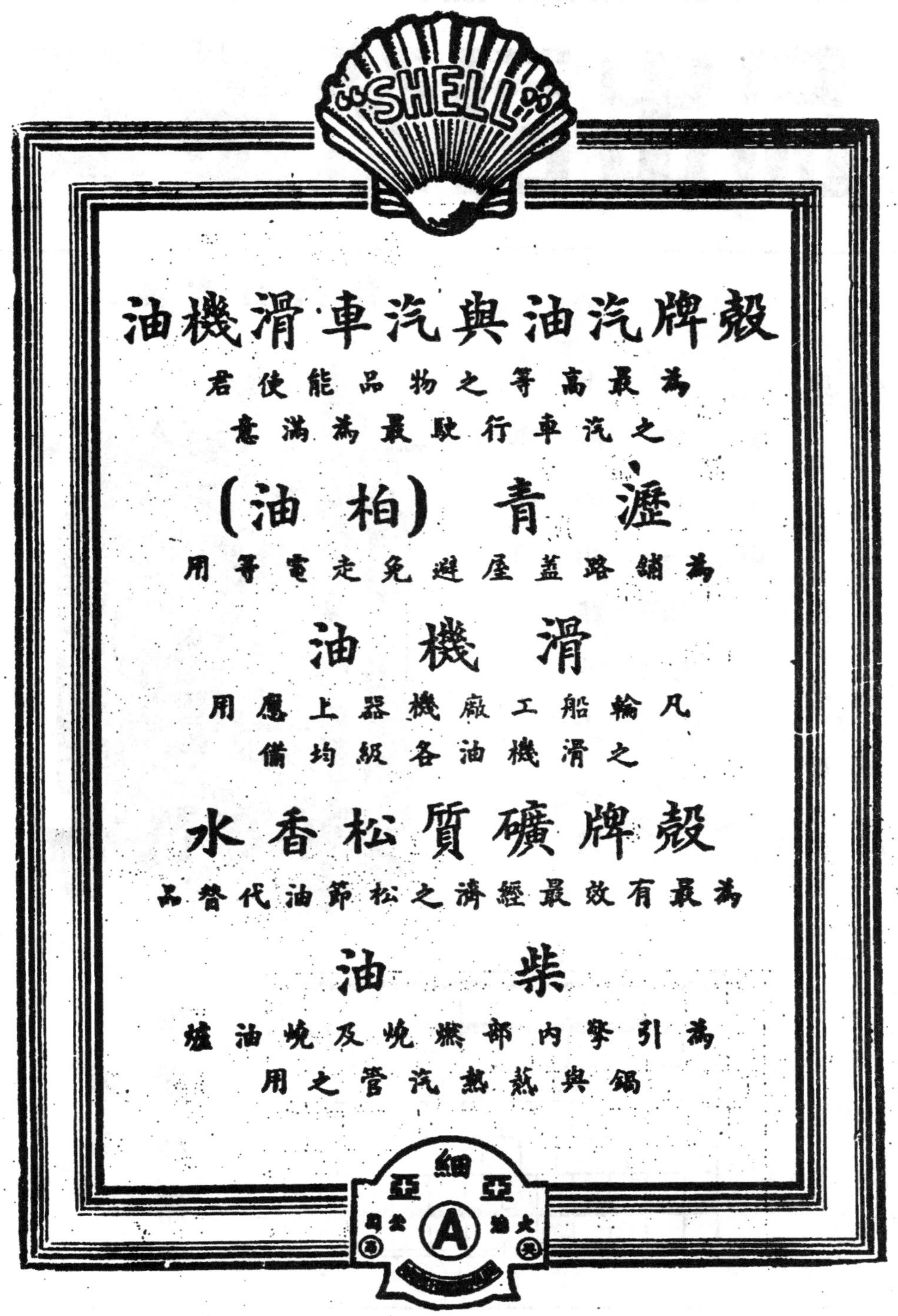

SHELL
殼牌汽油與汽車滑機油
為最高等之物品能使君
之汽車行駛最為滿意
瀝青(柏油)
為舖路蓋屋避免走電等用
滑機油
凡輪船工廠機器上應用
之滑機油各級均備
殼牌礦質松香水
為最有效最經濟之松節油代替品
柴油
為引擎內部燃燒及燒油爐
鍋與蒸熱汽管之用
亞細亞
A

請聲明由中國工程師學會「工程」介紹

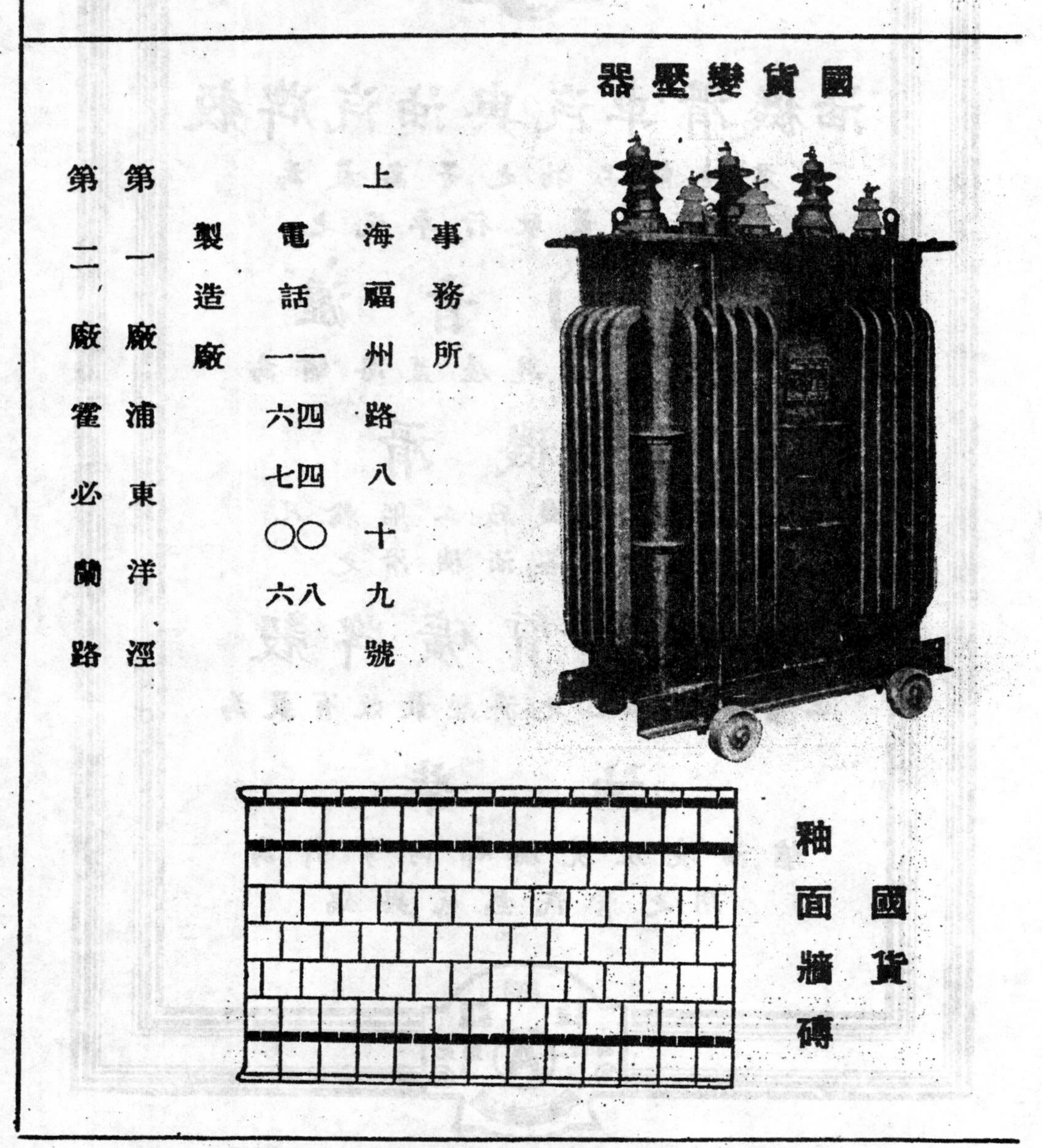

瓷電公司出品
國貨變壓器
事務所
上海福州路八十九號
電話 一四四〇八 一六七〇六
製造廠
第一廠浦東洋涇
第二廠霍必蘭路
國貨
釉面牆磚

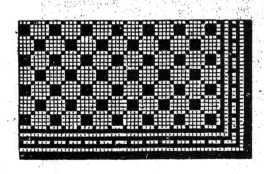

請聲明由中國工程師學會「工程」介紹

膠濟鐵路行車時刻表 民國二十三年七月一日改訂實行

下行列車

站名	到開	四一次各等	三一次各等	七一次三等	七三次三等	一次各等
青島	開	7.00	11.30	15.00		21.40
大港	開	7.11	11.41	15.11		21.51
四方	開	7.20	11.50	15.20		22.00
滄口	開	7.36	12.06	15.36		22.16
女姑口站	開	7.48	12.18	15.51		不停
城陽	開	7.57	12.27	16.01		22.34
南泉	開	8.13	12.43	16.18		不停
藍村	開	8.27	12.58	16.36		23.01
李哥莊	開	8.36	不停	16.45		不停
膠東	開	8.48	不停	16.58		不停
膠州	到	9.00	13.23	17.11		23.28
膠州	開	9.03	13.27	17.14		23.30
芝蘭莊	開	9.19	13.44	17.33		不停
姚哥莊	開	9.28	不停	17.43		不停
高密	到	9.39	14.01	17.51		0.01
高密	開	9.50	14.12	18.05		0.12
蔡家莊	開	10.0	不停	18.16		不停
塔耳堡	開	10.15	14.35	18.28		不停
丈嶺	開	10.25	14.45	18.39		不停
岞山	開	[illegible]	[illegible]	[illegible]		[illegible]
黃旗堡	開	[illegible]	[illegible]	[illegible]		[illegible]
南流	開	[illegible]	[illegible]	[illegible]		[illegible]
蛤蟆屯	開	[illegible]	[illegible]	[illegible]		[illegible]
坊子	到	[illegible]	[illegible]	[illegible]		[illegible]
坊子	開	[illegible]	[illegible]	[illegible]	[illegible]	[illegible]
二十里堡	開	[illegible]	[illegible]	[illegible]	[illegible]	[illegible]
濰縣	到	[illegible]	[illegible]	[illegible]	[illegible]	[illegible]
濰縣	開	[illegible]	[illegible]		[illegible]	[illegible]
大圩河	開	[illegible]	[illegible]		[illegible]	[illegible]
朱劉店	開	[illegible]	[illegible]		[illegible]	[illegible]
昌樂	開	[illegible]	[illegible]		[illegible]	[illegible]
堯溝	開	[illegible]	[illegible]		[illegible]	[illegible]
譚家坊子	開	[illegible]	[illegible]		[illegible]	[illegible]
楊家莊	開	[illegible]	[illegible]		[illegible]	[illegible]
益都	到	[illegible]	[illegible]		[illegible]	[illegible]
益都	開	[illegible]	[illegible]		[illegible]	[illegible]
普通	開	[illegible]	[illegible]		[illegible]	[illegible]
淄河店	開	[illegible]	[illegible]		[illegible]	[illegible]
辛店	開	[illegible]	[illegible]		[illegible]	[illegible]
金嶺鎮	開	[illegible]	[illegible]		[illegible]	[illegible]
湖田	開	[illegible]	[illegible]		[illegible]	[illegible]
張店	到	[illegible]	[illegible]		[illegible]	[illegible]
張店	開	[illegible]	[illegible]		[illegible]	[illegible]
馬尚	開	[illegible]	[illegible]		[illegible]	[illegible]
周村	到	[illegible]	[illegible]		[illegible]	[illegible]
周村	開	[illegible]	[illegible]		[illegible]	[illegible]
大臨池	開	[illegible]	[illegible]		[illegible]	[illegible]
王村	開	[illegible]	[illegible]		[illegible]	[illegible]
普集	開	[illegible]	[illegible]		[illegible]	[illegible]
明水	開	[illegible]	[illegible]		[illegible]	[illegible]
棗園莊	開	[illegible]	[illegible]		[illegible]	[illegible]
龍山	開	[illegible]	[illegible]		[illegible]	[illegible]
郭店	開	[illegible]	[illegible]		[illegible]	[illegible]
王舍人莊	開	[illegible]	[illegible]		[illegible]	[illegible]
黃臺	開	[illegible]	[illegible]		[illegible]	[illegible]
北關	開	[illegible]	[illegible]		[illegible]	[illegible]
濟南	到	18.00	[illegible]		[illegible]	[illegible]

上行列車

站名	到開	四二次各等	七二次三等	三二次各等	七四次三等	二次各等
濟南	開	7.00		11.40	14.40	22.0
北關	開	7.09		11.47	14.47	22.06
黃臺	開	7.16		11.54	14.55	22.15
王舍人莊	開	7.30		12.08	15.10	不停
郭店	開	7.43		12.20	15.24	不停
龍山	開	7.57		12.36	15.39	22.48
棗園莊	開	8.13		12.53	15.55	23.05
明水	開	8.24		13.05	16.07	不停
普集	開	8.31		13.20	16.20	23.28
王村	開	8.51		13.31	16.34	不停
大臨池	開	9.03		不停	16.44	不停
周村	到	9.20		13.56	17.15	0.01
周村	開	9.25		13.59	17.16	0.04
馬尚	開	9.40		不停	17.35	不停
張店	到	9.48		14.21	17.45	0.26
張店	開	10.05		14.36	17.58	0.41
湖田	開	10.15		14.49	18.11	不停
金嶺鎮	開	10.24		14.58	18.21	不停
辛店	開	10.38		15.11	18.37	1.10
淄河店	開	10.51		15.25	18.51	不停
普通	開	11.01		不停	19.05	不停
益都	到	11.15		15.44	19.16	1.39
益都	開	11.18		15.47	19.19	1.41
楊家莊	開	11.31		16.05	19.35	不停
譚家坊子	開	11.43		16.15	19.46	不停
堯溝	開	11.54		16.27	19.59	不停
昌樂	開	12.06		16.37	20.11	2.23
朱劉店	開	12.19		16.51	20.16	2.39
大圩河	開	12.30		17.01	20.37	不停
濰縣	到	12.43		17.15	20.50	2.58
濰縣	開	12.54	7.00	17.16	21.04	3.01
二十里堡	開	13.06	7.10	17.22	21.17	3.10
坊子	到	13.21	7.25	17.37		3.23
坊子	開	13.36	7.37	17.51		3.37
蛤蟆屯	開	13.50	7.54	18.06		不停
南流	開	13.57	8.09	不停		不停
黃旗堡	開	14.08	8.17	18.24		不停
岞山	開	14.26	8.29	18.35		[illegible]
丈嶺	開	14.42	8.48	19.05		不停
塔耳堡	開	14.51	8.58	19.13		不停
蔡家莊	開	15.02	9.20	不停		不停
高密	到	15.15	9.31	19.31		[illegible]
高密	開	15.24	9.44	19.43		[illegible]
姚哥莊	開	15.37	9.56	不停		不停
芝蘭莊	開	15.45	10.03	20.00		不停
膠州	到	16.02	10.23	20.17		[illegible]
膠州	開	16.04	10.26	20.19		[illegible]
膠東	開	16.16	10.39	不停		不停
李哥莊	開	16.27	10.51	不停		不停
藍村	開	16.37	11.01	20.46		[illegible]
南泉	開	16.50	11.15	20.59		不停
城陽	開	17.08	11.34	21.15		[illegible]
女姑口站	開	17.17	11.44	21.24		不停
滄口	開	17.26	12.07	21.38		[illegible]
四方	開	17.45	12.25	21.51		[illegible]
大港	開	17.55	12.34	[illegible]		[illegible]
青島	到	18.00	12.40	22.10		7.20

隴海鐵路簡明客車時刻表

民國二十三年九月一日實行

向西上行車

車次 站名	1 特快	3 特快	5 特快	71 混合	73 混合	75 混合	77 混合	79 混合
孫家山							9.15	
墟溝			10.05				9.30	
大浦				71.15				
海州			11.51	8.06				
徐州	12.40		19.39	17.25	10.10			
商邱	16.55				15.49			
開封	21.05	15.20			21.46	7.30		
鄭州	23.30	17.26			1.18	9.50		
洛陽東	3.49	22.03			7.35			
陝州	9.33				15.16			
潼關	12.53				20.15			7.00
渭南								11.40

向東下行車

車次 站名	2 特快	4 特快	6 特快	72 混合	74 混合	76 混合	78 混合	80 混合
渭南								14.20
潼關	6.40				10.25			19.00
陝州	9.52				14.59			
洛陽東	15.51	7.42			23.00			
鄭州	20.15	12.20			6.10	15.50		
開封	23.05	14.35			8.34	18.15		
商邱	3.31				14.03			
徐州	8.10		8.40	10.31	20.10			
海州			16.04	19.48				
大浦				21.00				
墟溝			18.10				18.45	
孫家山							19.05	

北甯鐵路簡明行車時刻表

中華民國二十四年一月一日重訂

下行車

車次 / 站名	北平前門開	豐台開	廊坊開	天津總站開	天津東站到	天津東站開	塘沽開	蘆台開	唐山到	唐山開	開平開	古冶開	灤縣開	昌黎開	北戴河開	秦皇島開	山海關到	山海關開	遼寧總站到
第四十一次普通客車中膳各等	五.四九	六.二〇	七.四〇	九.一六	九.二五	九.三五	一〇.三八	一一.[illegible]六	一二.四七	一二.五二	一三.〇六	一三.三九	一四.二九	一五.三二	一六.一六	一六.四二	一七.〇五	停	
第七十一次及第七十五次客貨混合三等慢車	六.〇〇	七.五五	一二.〇〇	一五.三三	一五.五〇	停		第七十五次	自唐山起	六.三〇	七.一〇	八.二五	一〇.〇一	一二.三〇	一四.二九	一五.三三	一六.一〇	停	
第三次特別快車膳車各等	八.四九	九.一四		一一.二八	一一.三六	一一.五〇	一二.四七	一三.四九	一四.三九	一四.四二	[illegible]	一五.一七	[illegible]	一六.三一	一七.〇四	一七.二三	一七.四〇		
第二十三次快車膳車各等	一三.一五	一三.四七	一五.〇二	一六.三[illegible]	一六.三九	一六.五〇	一八.〇〇	一九.〇六	二〇.〇六	二〇.一〇	二〇.二一	二〇.四六	二一.二〇	二二.一〇	二二.四五	二三.一七	二三.二五		
第三〇一次平滬直達特別快車膳臥各等	一五.〇九	一五.三六	一六.四〇	一七.五〇	一七.五九	一八.二〇	開	往	上海										
第五次特別快車膳車各等	一六.三〇			一九.〇七	一九.一五	停													
第三〇五次平浦直達特別快車膳臥各等	一八.九	一九.二〇	二〇.二六	二一.三九	二一.四八	二二.二〇	開	往	浦口										
第一次平瀋特別快車膳臥各等	二〇.一九	二〇.四七	二一.[illegible]六	二三.三六	二三.四五	二三.五五	一.〇一	二.七〇	三.一二	三.一五	三.三〇	四.三	四.五三	五.五九	六.四七	七.一六	七.四〇	八.二〇	一六.四〇
第四〇一次平瀋直達貨車及第七十三次客貨混合三等慢車	二二.〇〇	二二.五五	一.三四	四.二〇	四.三七	六.五〇	九.四〇	一二.四〇	一五.四五	停									

上行車

車次 / 站名	遼寧總站開	山海關到	山海關開	秦皇島開	北戴河開	昌黎開	灤縣開	古冶開	開平開	唐山到	唐山開	蘆台開	塘沽開	天津東站到	天津東站開	天津總站開	廊坊開	豐台開	北平前門到
第四十二次普通客車中膳各等			六.〇〇	六.二五	六.五四	七.四	八.[illegible]五	九.四四	一〇.一〇	一〇.二三	一〇.三〇	一一.四一	一二.四六	一三.四六	一四.〇〇	一四.一四	一五.四三	一七.二一	一七.五九
第四次特別快車膳車各等			九.四五	一〇.〇四	一〇.二七	一〇.五八	一一.三九	一二.一八	一二.三九	一二.四九	一二.五〇	一三.四八	一四.四五	一五.四〇	一五.五九	一六.〇五		一八.一九	一八.四二
第七十六次及第七十二次客貨混合三等慢車			一〇.五〇	一二.〇〇	一二.五八	一四.四八	一七.五七	二〇.四〇	二一.四三	二二.〇五	停	第七十二次	自天津起		六.〇五	六.五九	一一.四五	一五.三八	一六.五〇
第二十四次快車膳車各等			一三.一九	一三.三九	一四.〇〇	一四.三七	一五.二二	一六.〇九	一六.二二	一六.三二	一六.三五	一七.四一	一八.四九	一九.四八	二〇.〇〇	二〇.一一	二一.[illegible]〇	二二.四四	二三.一五
第二次瀋平特別快車膳臥各等	一四.〇〇	二二.〇〇	二二.四〇	二三.〇九	二三.四二	〇.三一	一.三二	二.三〇	二.五五	三.〇九	三.一四	四.二五	五.二八	六.二五	六.三五	六.四六	八.〇五	九.一五	九.四五
第七十四次客貨混合三等慢車及第四〇二次瀋平直達貨車											四.五〇	七.三八	一〇.〇九	一一.四五	一七.二〇	一八.二〇	二二.〇三	一.〇〇	二.〇五
第三〇六次浦平直達特別快車膳臥各等									由	浦口	開	來		四.五〇	五.二〇	五.三〇	六.四三	七.四九	八.一九
第三〇二次滬平直達特別快車膳臥各等									由	上海	開	來		七.〇五	七.三〇	七.四〇	八.五〇	九.五四	一〇.二四
第六次特別快車膳車各等															九.〇五	九.一九		一一.二三	一一.五〇

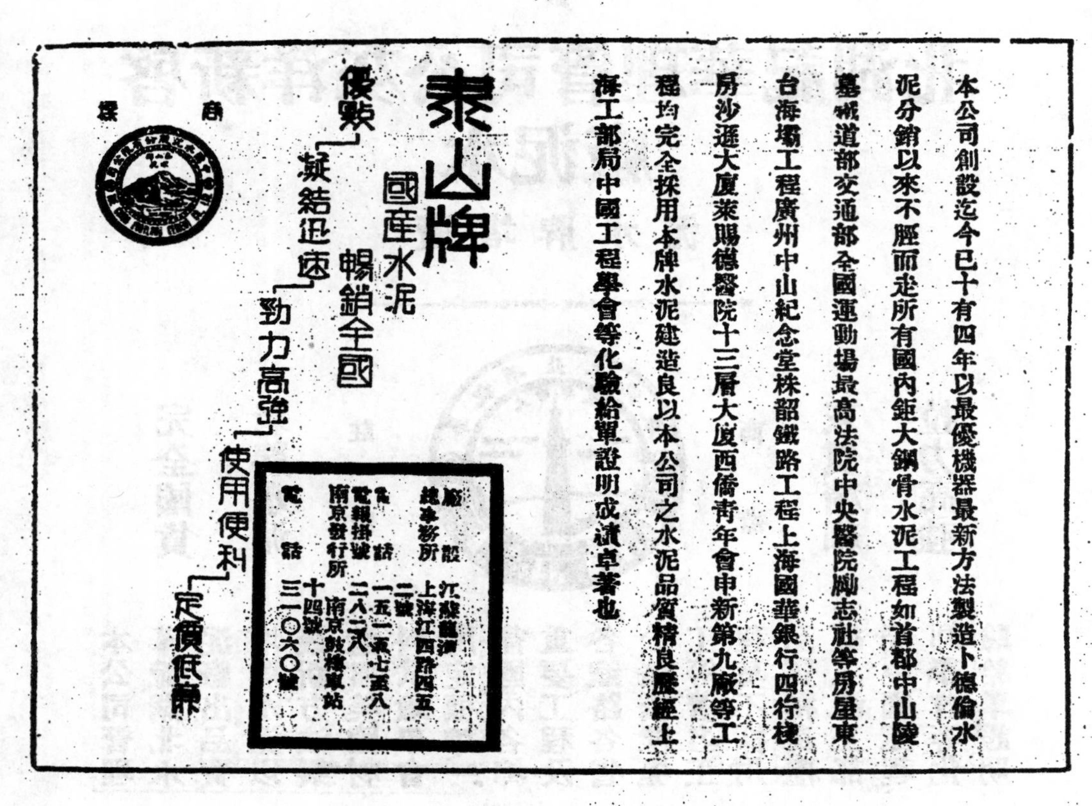

本公司創設迄今已十有四年以最優機器最新方法製造卜德倫水
泥分銷以來不脛而走所有國內鉅大鋼骨水泥工程如首都中山陵
墓鐵道部交通部全國運動場最高法院中央醫院勵志社等房屋東
台海塘工程廣州中山紀念堂株韶鐵路工程上海國華銀行四行棧
房沙遜大廈萊賜德醫院十三層大廈西僑青年會申新第九廠等工
程均完全採用本牌水泥建造良以本公司之水泥品質精良歷經上
海工部局中國工程學會等化驗給單證明成績卓著也
泰山牌
國產水泥
暢銷全國
優點
凝結迅速
勁力高強
使用便利
定價低廉
商標
廠設 江蘇龍潭
總事務所 上海江西路四五二號
電話 一五二一五七五八
電報掛號 二八二八
南京發行所 南京鼓樓車站十四號
電話 三一〇六〇號

廣告索引

工程 THE JOURNAL OF THE CHINESE INSTITUTE OF ENGINEERS

FOUNDED MARCH 1925—PUBLISHED BI-MONTHLY

OFFICE: Continental Emporium, Room No. 542. Nanking Road, Shanghai.

中華民國二十四年十二月一日出版
工程第十卷第六號

編輯人　胡樹楫

發行人　裘燮鈞

發行所　中國工程師學會　上海南京路大陸商場五四二號　電話九二五八二號　上海福煦路六四九號

印刷者　中國科學公司　電話七一〇四六號

分售處　上海徐家滙蘇新書社　上海四馬路現代書局　上海四馬路中華雜誌公司　上海四馬路作者書社　上海四馬路生活書店　上海四馬路上海雜誌公司　天津大公報社　南京正中書局南京發行所　南京太平路花牌樓書店　濟南芙蓉街教育圖書社　南昌民德路科學儀器館南昌發行所　昆明市四[illegible]大街[illegible][illegible]書店　太原柳巷街同仁書店　蘇州永濟北路上海雜誌公司　廣州分店

定報處　上海南京路大陸商場五四二號　中國工程師學會會刊經理處

收稿處　上海本會編輯部

會員及定戶通訊　凡會員或定戶更改地址或有寄報遺失等情請即函知上海本會

交換書報　凡欲與本刊交換者請向上海本會圖書室接洽並請先寄樣本交換書報概請逕寄上海本會圖書室收

廣告價目表

ADVERTISING RATES PER ISSUE

地位 POSITION	全面每期 Full Page	半面每期 Half Page
底封面外面 Outside back cover	六十元 $60.00	
封面及底面之裏面 Inside front & back covers	四十元 $40.00	
普通地位 Ordinary Page	三十元 $30.00	二十元 $20.00

廣告概用白紙。繪圖刻圖工價另議。連登多期價目從廉。欲知詳細情形。請逕函本會接洽。

本刊價目表

全年六冊零售每冊定價四角　每冊郵費　本埠二分　國內五分　國外四角

預定	冊數	書價連郵費 本埠	國內	國外
半年	三冊	一元一角	一元二角	二元三角
全年	六冊	二元一角	二元二角	四元二角

新疆蒙古及日本照國內　香港澳門照國外

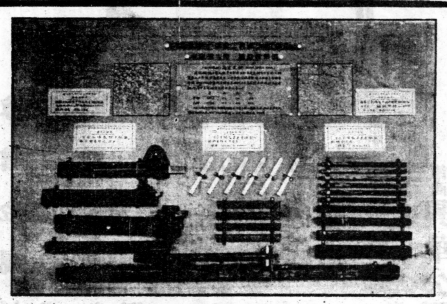

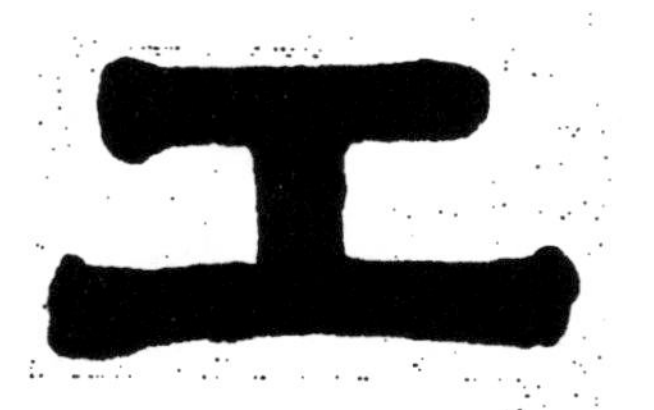

第十一卷

總編輯 沈怡

副總編輯 胡樹楫

中國工程師學會發行

中華民國二十五年

第十一卷

總編輯 沈怡

副總編輯 胡樹楫

中國工程師學會發行

中華民國二十五年

工程

第十一卷總目錄

科別	類別	題目	著(譯)者	號數	頁數
土木	測量	航測與建設	周倘	5	506
	其他	廣州市新電力廠地基工程概要	文樹聲梁文瀚	1	36
		鋼筋混凝土模型試驗之研究*	趙國華(譯)	2	210
		混凝土作用於模板上之橫壓力*	趙國華(譯)	2	216
		鑽探橋基之研究	邱勤保	3	231
		計算鋼筋混凝土梁之直線圖表	王度	3	265
		用水率與混凝土各種性質之關係	胡伯文	3	277
市政		青島市二十三年度市政工程概況	青島市工務局	1	1
		漢口既濟水廠之新凝澄池	錢慕甯	2	177
		清華大學環境衛生實驗區飲水井改良問題之研究	陶葆楷謝家澤	2	191
		中國都市垃圾之處理	陶葆楷	3	251
水利		滹沱河灌溉引水工程之施工與防汛概況	徐宗溥	2	145
		開封黑崗口及柳園口虹吸管引水工程	張靜愚	4	346
機械		吳淞機廠改進報告	陳福海	1	67
		浙贛鐵路之車輛鈎高問題	茅以新	1	79
		四十公噸車鑄鋼旁架之設計	茅以新段世芬	1	88
		京滬滬杭甬鐵路新造之蒸汽車	陳福海	3	296
		機械的年齡	沈覲宜	5	513
電工		桿距730公尺過江電線工程	鮑國寶	2	164
		用樞軸之電動機拉動裝置	薛邦遹(譯)	3	217
		福建蓮柄港電力灌溉	鮑國寶	5	440
		配電網新計算法	孫運璿	5	461
化工		廣東西村士敏土廠三年來之製造概況	劉鞠可	1	14
礦冶		廣東鋼鐵廠籌備經過	何致虔	4	356
		各種鋼鐵之性質及其在工業上之用途	王之璽	4	363
		鎢之產量及其在國防與工業上之用途	江文波	4	392
造船		以歇物弧船型與普通船型的優劣比較	張稼益	4	313
雜項		國內工程人才統計	莊前鼎	1	97
		游泳池水質之清潔與處理	鄒汀若	2	200
		工程的起源	莊前鼎 周唐清(譯)	4	405

*短篇稿，編入雜俎欄內者。

工程

二十五年二月一日　第十一卷第一號

◆

第五屆年會論文專號(下)

中國工程師學會發行

6761

新法縮緊

用棉布裁製衣服一經洗滌即現緊縮之患普通用乾濕止縮法不足以防此弊蓋布質不同縮力亦有多少倘衣服用二種布料所製則其縮力各異結果不佳例如襯衫及其領圈之布質往往不同入洗後則領圈之縮力當比襯衫本身爲大

本行經理發麥諾頓廠發明一種機器可使布質永

不伸縮蓋此機之特殊效力能緊壓布質使纖維幷合且惟使用此機之結果能屢試不爽現在世界各國均經採用此項機器蓋政府已有明令凡制服用料均須經此法縮過例如海陸軍之服裝學校制服醫院看護制服傢具布套襯衫及工服等此種偉大整理法在織造業中恰如六十年前絲光布之發明

英商泰和洋行經理

上海博物院路八十八號　電話　一六三七五

請聲明由中國工程師學會「工程」介紹

走最近的路程
看最奇的景物
善卷 庚桑
兩大奇洞
夏涼冬煖，鐘乳懸垂，幽深怪偉，冠絕東南
祇要乘京滬火車到無錫轉往宜興就可以看得到
京滬滬杭甬鐵路管理局啓

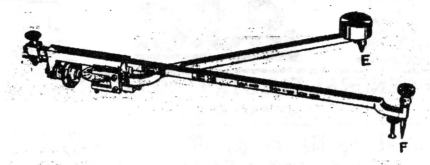

天源機器鑿井局

江灣水電路新市路東

電話江灣七二二九號

本局專營開鑿自流深井及探礦工程 局主于子寬兼工程師昔從各國考察所得技術成績優異回國經營十餘載凡鑿本外埠各地工廠學校醫院住宅花園之大小各井皆堅固靈便水源暢潔適合衛生今擬擴充各埠鑿井探礦營業特添備最新式鑽洞機器山石平地皆能鑽成自流深井價格克己如蒙惠顧竭誠歡迎

最近各地鑿井成績之一斑

探礦工程

廣東韶關富國煤礦公司

機器鑿井工程

廣東中山縣政府
廣東中山縣建設局
廣州長堤先施公司
廣州市自來水公司

南京市政府
南京海軍部
南京交通部
南京中央無線電台
上海市公用局
上海市衛生局
上海市工務局
南京大同麵粉廠
大中華洋火廠
中興賽璐珞廠
天一味母廠
海甯洋行蛋廠
屈臣氏汽水廠
榮新化學廠
泰豐罐頭廠
泰康罐頭廠

瑞和磚瓦廠
順昌石粉廠
永和實業廠
明和紡織廠
中國橡膠廠
正大橡膠廠
大用橡皮廠
大達橡膠廠
永大橡皮廠
華陽染織廠
麗明染織廠
五豐染廠
美龍酒精廠
開林公司油漆廠
永固油漆廠
國華染廠
光明染廠

大華利衛生食料廠
振華油漆廠
崇信紗廠
三友社織造廠
圓圓紡織公司
安祿棉織廠
中國內衣工廠
上海印染廠
永安紗廠
達豐染織廠
上海英商自來水公司
永安公司
新新公司
大新公司
中英大藥房
中國實業銀行
南京上海銀行
百樂門大飯店
新亞大酒店
新惠中旅館
松江新松江社
光華大學
震旦大學

持志大學
勞働大學
同濟大學
大夏大學
復旦大學
松江省立中學
立達學校
中山路平民村
蝶來大廈
中實新村
天保里
公益里
實業部上海魚市場
上海海港檢疫所
中央研究院
上海畜植牛奶公司
派克牛奶房
華德牛奶場
生生牛奶場

並代經銷中外各種鑽鑿開井探礦機器價格特別公道

請聲明由中國工程師學會「工程」介紹

中國工程師學會會刊

工程

第十一卷第一號

第五屆年會論文專號（下）

目錄

中國工程師學會發行

分售處
上海四馬路作者書社
上海四馬路上海雜誌公司
上海徐家滙蘇新書社
南京太平路正中書局南京發行所
南京太平路花牌樓書店
濟南芙蓉街教育圖書社
南昌民德路科學儀器館南昌發行所
太原柳巷街同仁書店
昆明市西華大街華豐書店
廣州永漢北路上海雜誌公司廣州分店

工程雜誌投稿簡章

一　本刊登載之稿，概以中文爲限。原稿如係西文，應請譯成中文投寄。

二　投寄之稿，或自撰，或翻譯，其文體，文言白話不拘。

三　投寄之稿，望繕寫清楚，並加新式標點符號，能依本刊行格繕寫者尤佳。如有附圖，必須用黑墨水繪在白紙上

四　投寄譯稿，並請附寄原本。如原本不便附寄，請將原文題目，原著者姓名，出版日期及地點，詳細敍明。

五　稿末請註明姓名，字，住址，以便通信。

六　投寄之稿，不論揭載與否，原稿概不檢還。惟長篇在五千字以上者，如未揭載，得因預先聲明，並附寄郵費，寄還原稿。

七　投寄之稿，俟揭載後，酌酬本刊。其尤有價值之稿，從優議酬。

八　投寄之稿，經揭載後，其著作權爲本刊所有。

九　投寄之稿，編輯部得酌量增删之。但投稿人不願他人增删者，可於投稿時預先聲明。

十　投寄之稿請寄上海南京路大陸商場542號中國工程師學會轉工程編輯部

青島市二十三年度市政工程概況

青島市工務局

摘要:—本篇報告二十三年度青島市各項市政工程之進展狀況,計分都市計劃,道路工程,公用事業,及市民建築等,以供關心市政工程者之參考。

本文並附述最近完成之青島船塢。該項工程之尺度,材料及設備均擇要臚列,計自二十三年九月完成迄廿四年七月底止,共計修理中外大小商輪十艘,軍艦十七艘。凡八千噸以內之船,均可入塢修理。又現正建築中之青島第五碼頭亦附帶報告。該碼頭西南北三岸共長1,148公尺,凡26,000噸級以內之船隻,可以隨時停泊。實爲我國目前巨大建設之一。

本文因係報告性質,在大會中報告。　　論文委員會附識

(甲)都市計劃

(一)緣起　青島市以往對於市街之發展,向無整個計畫,以致每有擴充,均成個別散漫無系統之局面,市面愈繁榮,則建設愈凌亂。近年來此種現象,日益顯著,茲爲謀一勞永逸,使一切建設均合乎學理化起見,乃有全市都市計畫之擬定。該計畫之對象,乃以青島市將來發展至人口一百萬爲目標(現在市區人口不過二十萬),而發展之性質,固以工商居住並重者也。

(二)市區發展之趨勢　市區之發展,大都沿重要交通綫路推進。青島之重要交通工具,水惟大港小港(參閱第一圖)及可以泊船之海岸,陸惟鐵路。現有市街,即由此方式而形成。將來之發展,仍捨此末由。滄口,四方均爲水陸交通便利之區,現在該處工廠爲數已有可觀,將來發展,方興未艾,勢非連成一氣不可,即青島之大工業區是也。住宅地大都沿風景優美之區推進,青島住宅區以南海沿向東至浮山麓及大小麥島一帶最爲相宜,此即將來之大住宅區是也。大工業區大住宅區間,鄰近大港及鐵路之地,最宜適於商業

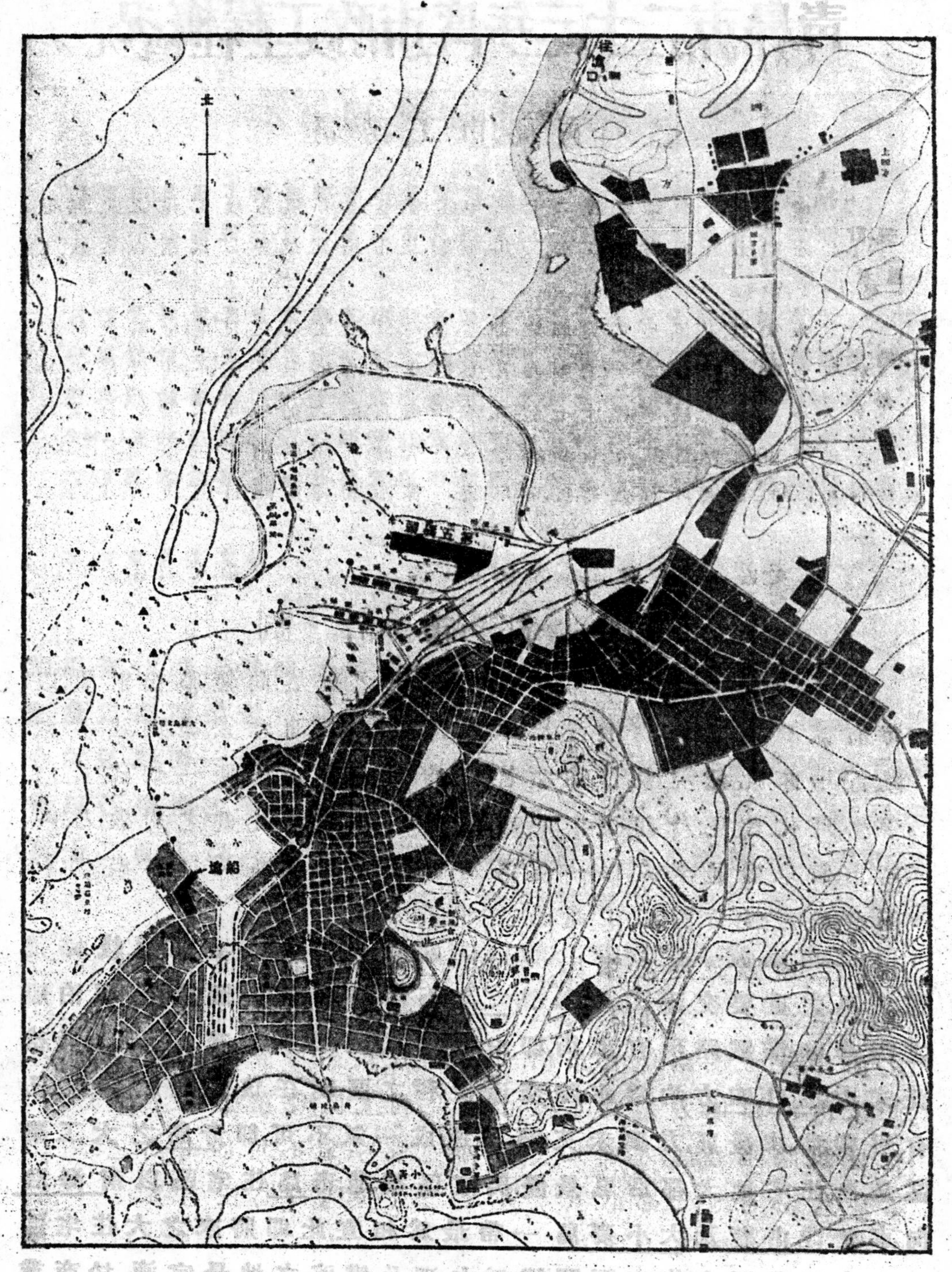

第一圖　青島市區之一部分

之用,卽全市將來大商業區之所在地,亦卽所謂市中心區 (Civic center)是也。

(三)取締建築分區辦法　本市關於取締建築物之分區辦法,分爲三種:

(甲)根據建築物用度而分區,則有行政區,商業區,港埠區,工業區,住宅區等。每區准許建築何種房屋(用度),採取列舉辦法。凡未舉出之房屋,均在取締之列。

(乙)根據建築物高度而分區,其分區之標準有二:

(A)以建築材料之性質爲標準:

(1)凡鋼筋混凝土及鋼鐵樑架等房屋(Reinforced concrete or steel structural buildings)准予起造至30公尺以內之高度。

(2)凡磚瓦或石造之建築物 (Brick and stone masonry buildings)准予起造至15公尺以內之高度。

(3)凡木骨磚瓦造之建築物(Timber frame with brick masonry buildings)准予起造至15公尺以內之高度。

(B)以用度區域及房屋前面道路之寬度爲標準:

(1)行政區域內房屋之高度,以24公尺爲限,且不得超過前面道路寬度之$1\frac{1}{2}$倍。

(2)住宅區域內房屋之高度,以16公尺爲限,且不得超過前面道路寬度之1倍。

(3)工商區域內房屋之高度,以32公尺爲限,且不得超過前面道路寬度之$1\frac{1}{2}$倍。

(丙)根據建築物面積與土地面積之比例而分區。

規定住宅區以50%至65%爲限,行政區以70%爲限,商業區以80%爲限,港埠區及工業區以70%至80%爲限。

(四)交通計畫

(甲)港埠之發展　本市現有大小港各一。小港爲停泊小噸位之輪船及帆船之用,水深不過5公尺左右,壁岸長約2300公尺。大港爲本市最要之水運港,面積約2,000,000平方公尺,水深9.5公尺(將來尙可濬深),已成碼頭四座,壁岸長約2,900公尺,建築中者一座,壁岸長約1,200公尺,將來尙可添造碼頭四座,壁岸長約4,000公尺。此外尙擬添築第二小港於四方海灣,第三小港於滄口海灣,專爲工業之用,壁岸長共約1,700公尺,面積約37,000平方公尺。

(乙)鐵路綫及車站位置之選定　本市與內地相通之鐵路綫雖有二(一爲已成之膠濟綫,一爲計畫中之京青綫),惟入市之綫路,因地勢關係,仍合爲一綫。入市鐵路綫路之位置,約仍如現狀。惟大港四方間海灣塡成後,則貨運鐵路綫勢非經由第二小港之側及大港之後不可。至於總車站之位置,貨運總站在大港之側,客運總站在大港與市中心區域之間。四方滄口二車站間距離甚長,將來擬於該二站之間添設孤山車站一處。

(丙)高速交通綫之選定　高速交通綫,係指高架或地下電車而言。本市現有人口不過四十萬,尙無此項設備之需要。但至人口在百萬以上時,非此不足以解決市內交通問題,故現時亦不能不預爲計畫。其路綫擬以市中心區域爲中心,向四處重要市街放射。此四處重要市街,一爲現時商業中心之中山路一帶,一爲浮山所大住宅區,一爲滄口大工業區,一爲李村田園中心區。此四處之放射綫,均取連貫方式,成8字形。

(五)街路系統　本市現有市街系統,完全爲棋盤式。因遷就地勢,將來擬參用蛛網式。街道寬度,幹道自24公尺至40公尺不等,普通街道,自12公尺至20公尺不等。車道寬度之佈置,快車與慢車分道而馳。快車包括汽車與電車,慢車包括人力車,馬車,載重手挽大車,及脚踏車。

依幹道之性質,分有交通幹道與林蔭大道二種。前者專爲便利交通而設。後者除交通外,兼供市民遊息散步之用。

(六)園林空地計畫　本市境內山地,均利用之作爲園林地帶,永久不得建築。此項面積數占全市面積之半,且大都分散於四處,使市內任何處所至林園之距離不得過一公里。除林園外,規定大體育場四所,小體育場,兒童運動場等各若干所。並於街道之集中點,闢適當之廣場(Platz),於住宅區內闢小市場(Market Platz)若干所。

(乙)自來水源治標計劃

現在青島市內人口約計二十萬,全年總送水量約六百餘萬噸。照以往經驗推測,每年遞增水量約四十萬至八十萬噸。將來人口增加,用水量因以遞增,約計十年後用水量須倍於今日,勢非有大規模之水源,實難供給。本局擬具二種擴充水源計劃:(一)在白沙河上游修築蓄水池,約需建築費六百萬元。(二)在大沽河修築水源地,約需四百餘萬元。上列二項計劃,因需款過鉅,未能採取實行。但本市逐年發展,自來水供不應求,爲應付目前計,故有臨時治標計劃之舉辦。

(一)改良送水設備增加送水量　白沙河離青島二十二公里,送水管口徑爲四〇〇公厘,送水壓力已至一百七十磅之最大量限度。二十二年成立蒙古路升水機廠後,白沙河送來之水,流入平地蓄水池,由該廠以機力送至貯水山,使白沙河至蒙古路之水管不受貯水山靜水之高壓,可增加送水量約三千噸。本年又在李村河四流路東旁設立李村水源地西廠,將白沙河送來之水,再經一次之提送,一切設備與蒙古路同。該項工程,包括機器房一所,一千噸蓄水池一所,高壓升水機二台,於本年六月底完工,約再可增加送水量四千餘噸。全部工程費用約六萬餘元。

(二)添設水井增加水源　(1)白沙河水源地在日管時代,安設管井約計三十口。因口徑過小,且附近地質土層過厚,每屆旱期,出水量極爲有限。爲增加出水量計,在白沙河東廠增築大號水井六口,每井試驗出水量每小時120公噸,並將河內吸水管系統改良,與舊有水井四口聯絡。該四舊井因吸水管裝置不合,出水甚少,經此次改裝後,新舊水井出水量,可二倍於舊有管井。(2)李村河下游,沙層極厚,涵蓄水量甚多。本年擬在該處建築特種水井一口。該項水井下部。裝置吸水管五十餘個,吸收沙層水之力量甚大,並擬將升水機裝置井中,雖遇旱期,井之出水量可不致因而減少。現正在鑽探沙層。規定水井地點,本年內即可完工。所有(1)(2)兩項添設水井工程費,約計四萬元。

(丙)公共建築

(一)青島市禮堂工程

(1)緣起　本市素無公共禮堂之設備,故舉凡市民婚喪禮儀,學術講演,藝術表演等,大率借用學校或宗教團體之會場,或逕於酒肆中舉行之,在性質方面既不相符,地點復感狹隘。且學術講演,藝術表演等,除增加市民之智識之外,且可促進市民道德上之修養。關於地點問題,幾經考慮,始決定在蘭山路港務局檢疫股舊址。舊屋為德人所建,已破壞不堪,蓋除擇交通方便地點之外,兼寓整頓市容之意焉。

(2)禮堂建築地面積共1480平方公尺。

(3)禮堂建築物面積

第一層面積共910平方公尺(內包括禮堂本身之380平方公尺),

第二層面積共193平方公尺,

第三層面積共91平方公尺,

地下室面積共190平方公尺,

總面積共1384平方公尺。

(4)建築費

房屋工程費共38,648元,連同電燈風扇暖氣及傢俱等設備,總計費款55,915元。

(5)工程期限

本工程於民國二十三年九月一日(八月間係拆除舊屋)開工,於二十四年六月底完工。歷時凡十閱月。其中因天氣關係停工四月,故實際工作期限計六個月。

(6)建築特點　本工程之特點爲屋頂採用固定框架式(Rigid Frame)。此種工程構造,在青島倘爲初次,間距爲二十公尺有餘。

(二)青島市海軍棧橋各項工程

(1)緣起　青市氣候涼爽,勝景天成,每屆夏令,遊客雲集,各友邦之海軍艦隊,亦多整隊前來避暑。惟因登岸向無確定地點及相當設備,各方面均感不便,市政當局有鑒及此,乃令工務及港務二局會同勘察適當地點,建築海軍專用棧橋。經數次勘察鑽探結果,乃決定以後海四川路下馬虎窩附近爲建築地點。該項工程今已建築完竣,並已於七月十五日正式啓用。

(2)工程內容　該項工程共可分爲三部:(甲)棧橋工程,(乙)場地工程,(丙)招待室工程。

(甲)棧橋工程由港務局計劃辦理。棧橋全部用鋼筋水泥建造,伸入海中,長183.50公尺,寬2.50公尺,泊船處於最低潮時水深爲2.00公尺。

(乙)場地工程由工務局計劃辦理。場長60公尺,寬30公尺,以水結砂石舖面,臨海面爲亂石砌成防浪護坡,並築有圍牆欄杆,栽種花草樹木,以資點綴。

(丙)招待室工程由工務局會同繁榮促進會計劃辦理。屋爲二層,作立體式,內共分八間,佔地爲120平方公尺。

(3)工作日期及造價

(甲)棧橋工程於四月初開工,至七月五日完工。全部工程造價爲二萬三千餘元。

(乙)場地工程於四月十日開工,至七月一日完工。全部工程造價爲五千七百餘元。

(丙)招待室工程於四月二十日開工,至七月五日完工。全部工程造價爲九千三百餘元。

總計三部工程之總造價爲三萬八千餘元。

(三)運糞棧橋及整理糞場工程　本市西嶺無綫電台附近糞場,爲市內各種糞類集合之所,內包括一部未安設下水道地點之人糞及污水排洩處。已經氣化之污泥及牛馬糞等,均於夜間運至該地,再由該處運往海西一帶,作爲農田肥料之用。往年因設備簡陋,以致糞污滿地,有礙衛生。茲爲整理起見,爰於二十三年度建築運糞棧橋及鐵筋混凝土貯糞洞,其地點設在海中。橋長七五公尺,以便糞商之運輸,並在棧橋西端海岸建築牛馬糞池及污泥地等。各池上面均有蓋頂,以資嚴密封閉,藉免蠅類叢集。此項工程共計費款一萬三千餘元,於二十四年六月完工。

(四)四川路及團島一路簡易平民住所及公共設備工程　本市平民住所,業已建築者,共計八處,可容納三千餘戶,而零星棚戶仍未盡行遷入。二十三年度擇定四川路及團島一路二處,再行修建七百餘間。房屋設計較他處爲簡,每間約費六十餘元,業已開工。所有院內廁所,污水池,洗衣池,上下水道等公共設備,亦積極舉辦,同時開工。計公共設備一項,費款一萬一千元,連同房屋工程費約六萬元,定於二十四年八月內完工。

(丁)道路工程

(一)市區

(1)開闢湛山住宅區路基工程　湛山附近,背山面海,風景幽美,本市已劃爲住宅區域,自太平角至燕兒島止,計2.6平方公里。所有區域內道路,均已計劃完畢,定期完成。路綫總長約35,500公尺,面積592,000平方公尺,於二十三年度已經開闢者,計長8,220公尺,面積45,950平方公尺,費款四千五百元,又修築涵洞費款九千元,共計需款一萬四千餘元。其餘部份亦將繼續開闢,尅期完成。

(2)開闢台東鎮西北商業區路基工程　台東鎮西北一帶,地勢平坦。交通便利,業巳規定爲商業區,面積約佔七十萬平方尺。該處道路早巳全部計劃,計總長7,250公尺,面積127,420平方公尺,總預算開路費三萬元,定於二十四年份內次第建築。

(3)修築路面及安設車軌石工程

柏油路面:計禹城,四流,大學,匯泉,南海各路,共長8,870公尺,計面積46,700平方公尺,費款四萬元。

沙石路面:計山海關等路,共長9,000公尺,計面積43,000平方公尺,費款二萬五千元。

車軌石安設長度,共計19,600公尺,費款三萬元。

統計修築路面及安車軌石共費款九萬五千元。

(二)鄉區

(1)修築北大路工程　北九水位於勞山中部,風景清幽,爲夏季避暑人集中之區,但交通不便。二十四年自大勞觀起,修築汽車路,直達北九水沿白沙河北岸而行。所經之地,盡屬懸崖深谷,工程較爲困難。全線長爲5,5公里,開山石方約34,000立方公尺,沿途花崗石護坡約2,200平方公尺,橋梁涵洞六十八處,原預算約需五萬餘元。現正積極進行,二十四年八月底即可全路通車。

(2)各鄉區新築道路工程　(甲)李村區支路六條,長15,770公尺,村路共二十七條,長35,967二公尺。(乙)滄口區支路六條,長一萬二千五百一十八公尺,村路十條,長一萬三千七百八十七公尺。(丙)九水區幹路二條,內分土路長13,686公尺,條石路長1,238公尺,石級人行道一條,長6,560公尺,村路十五條,長12,674公尺。(丁)陰島區村路七條,長3,297公尺。(戊)薛家島區村路七條,長9,270公尺。總計二十三全年度各鄉區新修道路,長124,763公尺。查二十二年度鄉區已有道路,共長四百餘公里,再加本年度之新道路,則共長五百餘公里。

(3)各鄉區新修橋梁涵洞工程 李村區橋梁,涵洞,護坡共十二處,陰島區涵洞水壩明溝六十二處,九水區橋梁涵洞十一處,薛家島區橋梁涵洞六十九處,滄口區橋梁涵洞三十五處,總共二百三十九處。又查各鄉區結至二十三年底止,共有橋梁,涵洞,護坡四百一十七處,再加本年度新修之數則爲六百五十六處。

(戊) 電氣

(一)建設第二發電所 本市膠澳電汽公司鑒於市面日見發達,電氣用戶日見增加,原有設備,幾至供不應求,而舊有廠址,因地位偏僻,不宜擴充,乃於滄口北海岸本市規定之工業區中心,增設第二發電所,添設一萬五千延發電機一台,業經興工建築,約計建築及機件設備等費共洋三百餘萬元,預定二十四年年底完工。將來此項工程完竣後,可充分供電至民國二十七年。

(二)籌設電表較驗所 市府爲解決電汽公司與用戶之糾紛及推行電氣標準起見,特令工務局籌設電表較驗所,當經主管人員估計應用各種儀器費用三千八百餘元,業經呈准列入預算,並已招商承辦,約計二十四年九月中各項儀器均可交到,預定十月成立。

(己) 市民建築

(一)擴充市區 本市人口激增,房屋建築用地漸覺不敷。業經計畫就本市東部,自湛山一帶起,沿海而至浮山所,劃入市區。惟本市鄉區土地均係民有農地,照章不能建築房屋,業經會同財政局規定變更土地用途辦法,以利進行,並訂定鄉區建築規則。所有房屋配置式樣,力求適合環境,以壯觀瞻,而資改進。

(二)規定勞山風景區　本市勞山峯巒叠翠,風景幽秀,近年市民建築別墅住宅者日見增多。爲謀整飭改善起見,劃爲風景區。其在該區建築者,須繪正式圖樣,其呈請手續,與市區建築相同,但房屋位置外表。務須適合環境,以壯觀瞻。

(庚)船塢建築工程

青市爲華北唯一良港,港內水深,低潮時常在十公尺以上,嚴冬不冰,交通便利。在德人租借時代,第四碼頭原有浮船塢之設備,能修一萬六千噸級之船隻。迨至我國接收,該船塢即爲日人運往日本致青市船塢終付闕如。

惟青市港務爲全市命脈所繫,中外航商經營之輪船公司爲數甚夥。而出入港之船舶亦歲以數千計,臨時修理在所不免。環顧華北一帶,其能供給船舶修理者.僅有大沽一塢,但規模狹小,設備簡陋,且白河淤塞日甚,吃水十呎以上之輪船,即無法駛入,尤爲天然缺陷,至江南造船所又以路途遙遠,往返時間及經濟上兩蒙損失,且海上波濤凶險,小型輪船在損壞時期,不敢輕於嘗試,往往有不得已而出於停航之下策者,是於航業前途影響綦重。

青市當局有鑒於斯,爰於小港太平灣內建築船塢一座(參看第一圖)。該塢設計係根據最新學理而成,大小適度,各部勻稱。茲將此項工程摘錄如下:

一,尺度

內長　146公尺(480英尺)。

入口　上寬22.8公尺(75英尺),下寬18公尺(59英尺)。

滿潮水深　枕木以上7.公尺(23英尺)。

二,閘門

第一道閘門至塢首長146公尺(480英尺)。

第二道閘門至塢首長108公尺(356英尺)。

三,抽水機

台數 二台。

能力 每台各二百馬力,每分鐘共能抽水五萬加倫。塢內容水三小時內可以抽盡。

四,材料

(甲)塢身

洋灰14,873桶

石子6,270立方公尺。

沙子6,390立方公尺。

花崗石3,200立方公尺。

(乙)閘門

閘門鋼料約170噸。

五,造價

全部造價約三十八萬元。

此項船塢工程,自二十一年十二月九日開工,至二十三年九月十七日竣工。自此以後。八千噸以內之船舶均可入塢修理。截至二十四年七月底止,共計修理中外大小商輪十艘,軍艦十七艘。

(辛) 第五碼頭建築工程

青島市港(第一圖)在大港方面,原共有碼頭四座,均為德管時代所建築。此四座碼頭中,除第三碼頭專供裝卸石油等危險物品,第四碼頭專供裝卸煤鹽,第一碼頭南面尚未建築完成外。通常可以靠商船者僅第一碼頭北面及第二碼頭南北西三面,故在旺月時期,船位殊感不敷分配。年來進口商輪日進增多船位更形擁擠,且青島地位在膠濟路終點,將來膠濟路沿線煤鑛發達,勢須在青島港有機械裝卸之專用煤炭碼頭,庶幾可以貨暢其流。是以青市當局有增建第五碼頭之決議。

青市自二十年三月起。增加碼頭費三分之一,充作建築碼頭

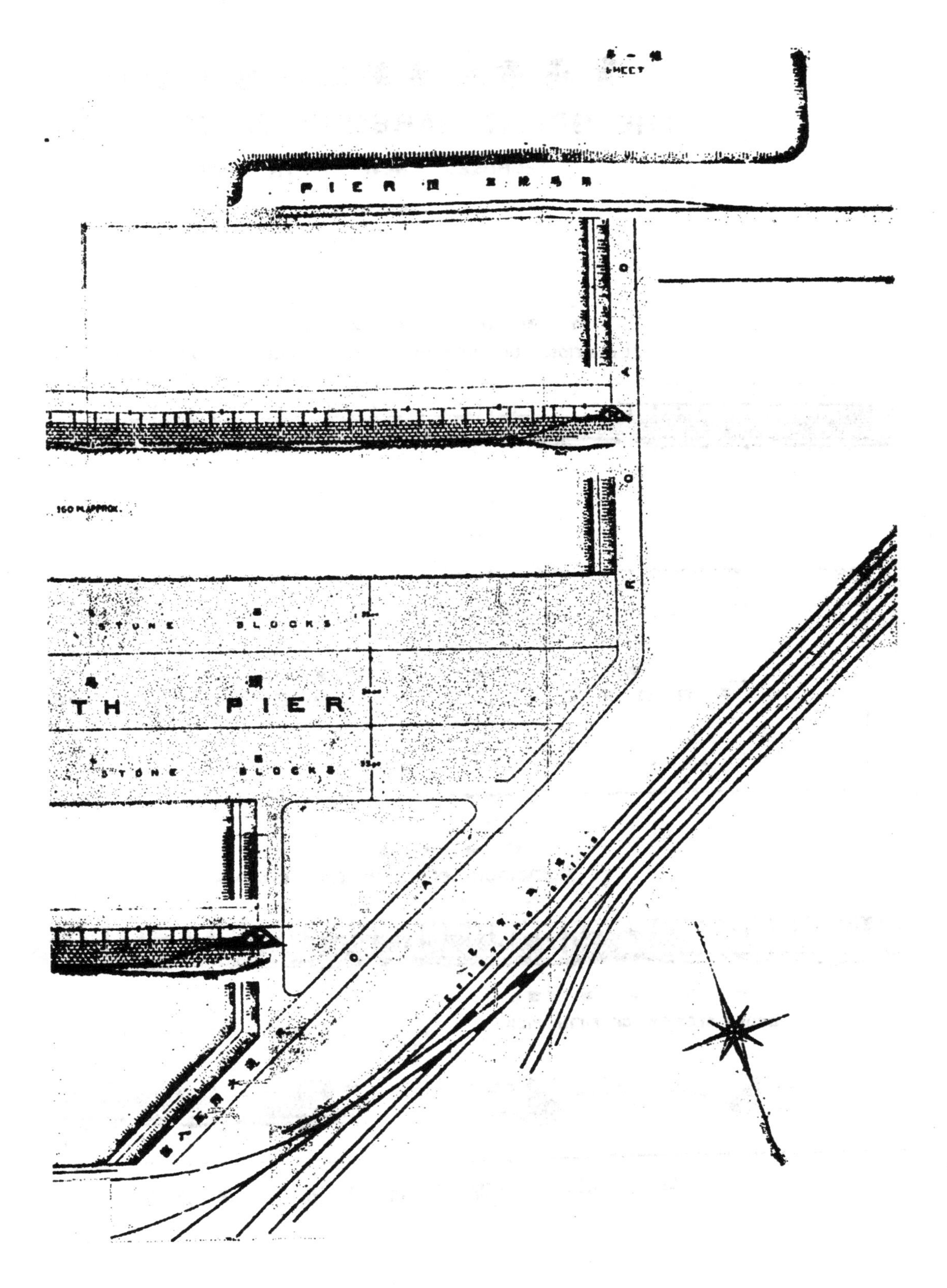
SHEET
PIER
160 M. APPROX.
STONE BLOCKS
TH PIER
STONE BLOCKS

青島市大港第五碼頭設計圖

THE GREAT HARBOUR OF TSINGTAU

PROPOSED NEW FIFTH PIER.

SCALE 1:750

碼頭北岸立面圖

ELEVATION OF NORTHERN QUAYWALL. (REFLECTION)

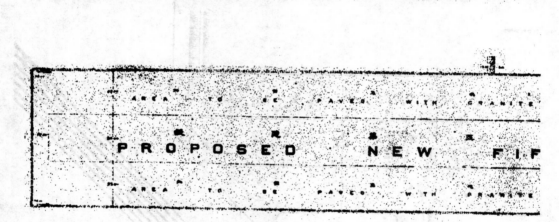

碼頭南岸立面圖

ELEVATION OF SOUTHERN QUAYWALL.

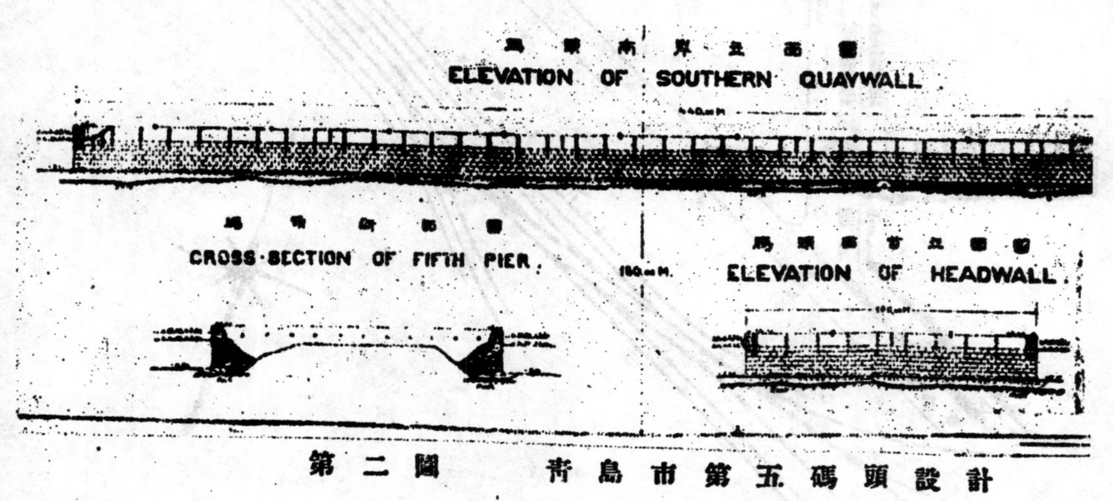

第二圖　　青島市第五碼頭設計

第二圖　建築中之青島市第五碼頭

基金,年可得八十萬元至一百萬元之譜,由市府組織碼頭基金保管委員會,專司保管之責,一面由港務局計劃在第二。第三碼頭之間,增築第五碼頭(第二圖)一座。關於設計方面,愼重再三,以德管時代所造之四座碼頭,均係用木樁法,不甚適用於新造碼頭基址岩石之上,且木樁均須購自他邦,利權外溢,太不經濟。若用鋼板樁法,不獨鋼板及其零件係舶來品,且不甚經久。至於用沉櫃法則施工困難。且亦難於做好。故決計採用洋灰塊法,以其一勞永逸,且洋灰可採購自本國,砂石更可就本市隨地採取,於工程經濟兩項,均甚合算。

此項碼頭西南北三面岸壁。共長1,140公尺。因挖泥關係,岸壁下水深在最低潮時爲9.5公尺。故兩萬六千噸級以內船隻,可以隨時停泊。工程由大連福昌公司以三百九十萬元最低標價承造,工期四年。自二十一年七月開工,至二十四年底可以提前竣工,實爲我國現時重大建設之一(參閱第三圖)。

廣東西村士敏土廠三年來之製造狀況

劉鞠可

廣東西村士敏土廠廠長

摘要：一　廣東水泥(士敏土)廠,于民國二十一年四月成立,係採濕製法,其初每日產額為二百二十公噸,計一千三百餘桶。嗣於二十四年四月擴充機器後,產額增至二千六百桶,現在差可供廣州市之需要。廠址佔地約共三百餘畝,設有輕便鐵道,以利運輸。所有製造機件安裝為直綫形,本篇附有全廠工場佈置圖,以供參考。所有原料由水陸運到以次,經碎石機,洗泥池,原料磨,貯漿池,窰廠,熟土磨,裝土廠而告完成,對于製造手續,極為利便。對於各部機器均加詳細之說明。所有原動所需電力由該附設之電力廠自行供給。

自擴充後,該廠日需灰石七百餘噸,係採自本省之花縣飛鼠岩,由水道運抵西村;以前每日祇需三百餘噸,大半採自英德,由粵漢鐵路運輸到廠。所需泥土每日約五十噸,係採用河邊黑泥及山上紅土兩種配合而成。石膏每日約需一百七十噸,現尚仰給于歐洲及上海。本廠所用煤炭,分燒窰及電廠用煤兩種。前者月需一千六百噸,係用印支無煙煤配合曲江粉煤。後者約月需五百噸,係用開灤粉煤。自擴充後,每月約需三千餘噸,已完全採用國煤。篇中說明各種原料之化驗成分,以資參考。

關於製造方法,本篇亦一一闡述,計分(一)準備工程,(二)配料工程,(三)煉土工程,(四)磨土工程,(五)裝土工程。所有原料,或中製品,每經一步手續,即須嚴密檢驗一次。每天出品平均採本更試驗功度,凝結,拉力一次,以期均勻優良。查三年來製出熟土平均每噸需用灰石 1.4 噸,粘土 0.25 噸,燒窰煤粉 0.24 噸,分別列有出品與原料及燃料比較表。末附列該廠所產「五羊牌」水泥在歐美及我國各機關試驗成績表,均認為超過英國一九三一年規定之水泥標準。

(一) 沿革

士敏土爲建築工程之重要材料。廣東年來積極建設,需用尤多。省政府爲供給此項要求起見,於民國十七年開始籌備新式士敏土廠一所。當經建設廳派員調查原料,勘定廠址,訂購機器。十八年秋成立建築工程處,擇定廣州近郊西村地方爲廠址,着手墾壤,平地,安裝機器,建造房屋。但以時局變遷,工程阻滯,迄二十一年四月,建築工程始告結束,全部工廠方正式組織成立焉。

(二) 組織

西村士敏土廠爲省營工業之一,直隸於廣東省政府,由省政府指派董事五人,廠長一人,監理一人,負責指揮監督全廠一切事務。廠內工程則由工務處分設機械課,材料課,化驗室各部,負責管理。另設省營產物經理處,担任推銷營業事項。至於工場方面,則設機械工程師,電氣工程師,化驗工程師,技士,技佐,技助,僱員等職,分別負責管理關於機器及製土工程。全廠計有職員工人合共五百餘人,每日分三班工作,每班八小時,晝夜不息。

(三) 工場佈置

本廠位置設在廣州近郊西村獅頭崗,前臨大河,後枕粵漢鐵路,距廣州市約十里許,有公路鐵路直達,舟車無阻。面積一百二十餘畝。自擴充後,增闢一百九十餘畝,合共三百餘畝。內敷設輕便鐵路,以利運輸。安裝機器,爲直線形。所有原料由水陸運到,次第經碎石機,洗泥池,原料磨,貯漿池,窰廠,熟土磨,裝土廠等。各部分佈置得宜,對於製造手續,亦極利便。全廠工場之佈置見第一圖。

(四) 機器設備

製造士敏土,有乾法,濕法之分。本廠機器設備係採用濕製法。

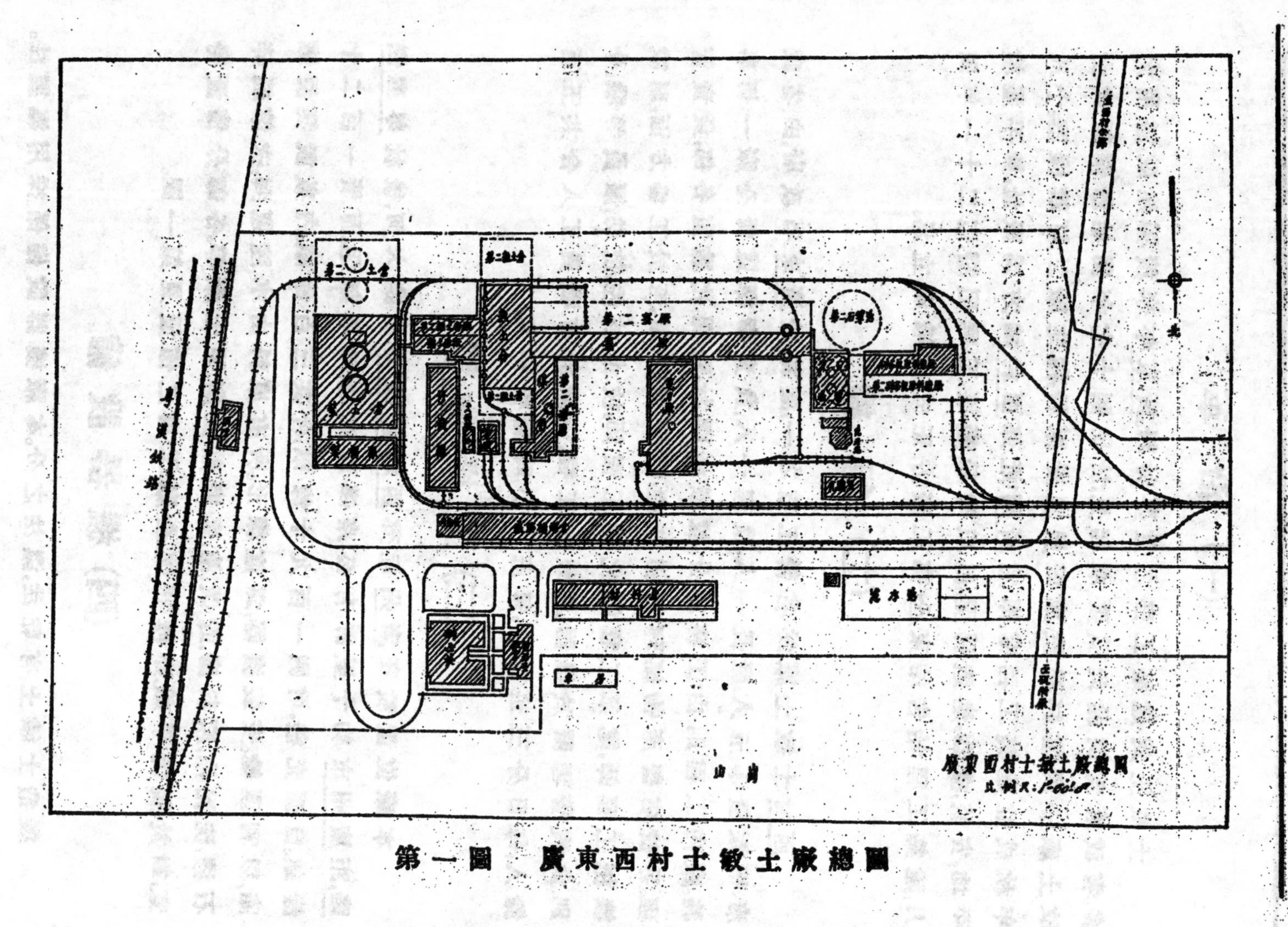

第一圖 廣東西村士敏土廠總圖

每日產額 220 公噸,計一千三百餘桶。廠內工場分設碎石機,洗泥池,原料磨,貯漿塔,窰廠,煤磨,熟土磨,裝土廠,修機廠,電力廠,自來水塘,抽水機及化驗室等部。茲將各部機器設備分別列舉說明於後:

(甲)碎石機部　碎石機部設備,計有運石鍊機一座,雙開搖鎚碎石機一座,鍊斗升降機一座。

運石鍊機闊 0.90 公尺,長 6 公尺。用多節鋼板配成鍊床,由十馬力之電動機以皮帶拉動,循環轉動,將大石源源輸入碎石機。至其轉動之速度,則可由電掣隨時變更,以適合碎石機之效能。

雙開搖鎚碎石機有石鎚十二個,分列兩行,每行六個,各以車軸連貫,用五十馬力之電動機兩座,以皮帶拉動之。大石由運石鍊機輸入機內,大可盈尺,經碎石機後,變為一二寸大小,即下墜於鍊斗升降機。

鍊斗升降機面積 165×70 公分,高 23 公尺,有鋼斗連貫,鍊上用十馬力之電動機轉動,能將碎石機所出之碎石陸續由機底運入能貯 340 噸之石倉儲存,以備原料磨之用。

(乙)洗泥池部　洗泥池有二號洗泥機一座,直徑 6900 公厘,裝置鐵耙齒兩套,用五十馬力之電動機旋轉,能將乾泥打碎,和以適度水份,製成淨泥漿,用篩板濾過,然後由螺旋抽水機二座,抽送入貯漿塔,以備原料磨應用。

(丙)原料磨部　原料磨部設備淨泥漿供給箱,碎石供給檯,橫臥式原料磨各一座。

淨泥漿供給箱置於貯漿塔頂,能隨意調節淨泥漿入磨之份量。碎石供給檯則裝於石倉下部。該檯直徑 1500 公厘,有 5 馬力之電動機旋轉之,亦能隨意調節碎石入磨之多寡,以配製適度之石泥漿。

原料磨為橫臥式鋼製圓筒,直徑 1950 公厘,長 11 公尺,內分三倉,裝置各種鋼彈 35 噸,並設有特製隔板,以免各倉鋼彈之混亂,更有"Danula"式鋼圈,以增加該磨之效能。第一二兩倉內部配以護身鋼板,第三倉則砌以特製之"Drapeb"鋼磚。全磨用齒輪接駁於450馬力之電動機,轉動每分鐘二十次。

(丁)貯漿塔　貯漿塔共六座,以五座貯石坭漿,一座貯淨泥漿,皆用三合土建造。直徑5.6公尺,高15.4公尺,每座能貯漿340立方公尺。原料磨製出之石泥漿,由鍊斗升降機運入漿塔,洗泥池之淨泥漿則由螺旋泵到塔內。塔之下部如漏斗形,有三開鐵掣,以便將坭漿放出,引送入窰。

石坭漿及淨坭漿貯於塔內,應時常混合,方免沉澱不均之弊。是以漿塔頂設備打風機兩座,每座每分鐘能抽空氣10立方公尺,以鐵管通至塔底,由特製風掣吹進塔內,將貯漿混合。至於該打風機則用皮帶接駁於60馬力之電動機轉動之。

(戊)窰廠　窰廠設備旋轉式石泥漿供給器一座,Unax式轉動火窰一座,螺旋式煤粉運槽二座螺旋式高壓吹風機一座,抽風機一座,震送機一座鍊斗升降機一座,自動紀錄磅一座。

旋轉式石泥漿供給器　設在貯漿塔頂,有鐵製斗輪,接駁於1馬力之直流電動機,可以在窰廠燒火台上隨意更變斗輪之速度,而節制入窰泥漿之多寡。

轉動式火窰　身長82公尺,其上部直徑2.4公尺,下部火位直徑3公尺。全身以鋼板製成,內部砌以耐火磚,傾斜安置於五座滑輪上,並有抗力滑輪一座置於窰之中部,以防窰身上下移動過多之弊。窰之上端配以鐵鍊,以增加入窰濕漿焙乾之速度。其下端裝設冷氣筒十三個,以冷却出窰之熱土。全部機件重332公噸,由齒輪接駁於70馬力之電動機轉動之。

螺旋式煤粉運槽設置於窰廠煤粉塔下,直徑185公厘,長3760公厘,爲長筒形,內配螺式車軸,接駁於3馬力之直流電動機。燒窰匠在燒火台上節制電機之速度,即能運送適度之煤粉入煤粉喉,由吹風機壓氣吹送入窰燃燒。

高壓吹風機用以供給高壓空氣,吹送煤粉入窰。其螺旋式打風車直徑1,000公厘,直接駁於19馬力之電動機轉動之。

抽風機裝置於火窰與煙囪之間,直徑2250公厘,用以抽送窰內氣體及水蒸氣等,經烟囪而上昇。該機直接駁於70馬力之電動機,可以由燒火台上節制其速度,以適合火窰燒土之程度。

震送機設於燒火台下,以接受冷氣筒流出之熟土,輸送入下列之鍊斗升降機。該機闊400公厘,長15公尺,以皮帶接駁於2.5馬力之電動機轉動之。

鍊斗升降機接受震送機送到之熱熟土,運至熟土倉。該機面積1,100×450公厘,高20公尺,爲慢度輸送及中央卸放式。全部機件裝置於三合土架籠內,皮帶接駁於2馬力之電機行駛。

自動記錄磅裝置於鍊斗機卸放熟土處。所有火窰製出之熟土,均由鍊斗機卸放入磅。磅內有鐵斗,可載熟土,每重200公斤,即傾卸一次,並有號碼記錄故每日熟土產額,得以準確紀錄焉。

(己)煤磨部　煤磨部設置碎煤機,濕煤鍊斗機,濕煤倉,焙煤機,乾煤鍊斗機,猪腸式運煤槽乾煤倉,煤磨,煤粉鍊斗機,猪腸式煤粉運槽,煤粉抽送機等。全部機件設置於窰廠燒火台側,以利便輸送煤粉入窰。

碎煤機爲旋轉齒形式,面積650×600公厘。倉煤大小不一,傾入機內,受齒輪之壓力,便碎爲相當碎粒。

濕煤鍊斗機裝置於三合土架籠內,有面積1,100×450公厘,高18公尺,用以運送碎煤機所出之碎煤入濕煤倉該機在濕煤倉頂,用皮帶接駁於1.5馬力之電動機轉動之。

焙煤機爲橫臥式,長筒直徑1.2公尺,長12公尺。有濕煤推進器一座,裝於濕煤倉底,將濕煤陸續推進筒內,以便焙乾。至於該焙煤筒則橫置於煤爐之上,俾全部得受熱氣乾燥。其兩端承於旋轉滑輪上,由齒輪接駁於7馬力之電動機轉動之。

乾煤鍊斗機置於焙煤筒出煤之一端,接受乾煤至乾煤運槽。其面積爲1,100×450公厘,高15公尺,全部機件裝在三合土架籠內由1馬力之電機轉動之。

乾煤運槽裝於乾煤倉上,將鍊斗機所送到之乾煤接駁,運輸入乾煤倉。該槽長10公尺,有猪腸式車軸,直徑300公厘,用皮帶接駁於1.5馬力之電機轉動之。

煤磨直徑1,650公厘,長6,100公厘,裝於乾煤倉下。其入煤之一端,有推煤機,將乾煤陸續推進入磨,研為粉末。該磨內部分為兩部,用特製鋼板分隔之。第一部鑲以蔗鋼護板,配以50公厘鋼彈2公噸,40公厘鋼彈2.5公噸。第二部砌以硬石磚(Silex),配16號鋼粒4噸,13號鋼粒3.5噸。全部機件用齒輪直接駁於125馬力之電動機轉動之。

煤粉鍊斗升降機及猪腸式運槽。煤磨研出之煤末,由鍊斗機升至猪腸式運槽,而入煤粉倉。鍊斗機面積1100×450公厘,高20公尺,全部裝於三合土架蓋內,用皮帶接駁於1.5馬力之電機行動。運槽長5公尺,軸徑300公厘,亦用皮帶駁於1馬力之電機行動。

煤粉抽送運槽 裝置於煤粉倉下,用以抽出倉內煤粉,送到鍊斗機,以便升至煤粉倉。該機亦用皮帶直駁於5馬力之電機轉動。

煤倉 煤磨部共設煤倉三座,分貯濕煤,乾煤及煤粉,均用三合土建造。濕煤倉能容濕煤約70噸,乾煤倉約容45噸,煤粉倉約70噸。另在窰廠燒火台上設鐵製煤粉小倉一座,以便貯足煤粉,輸送入窰之用。

(庚)熟土磨部 設置熟土倉一座,能容出窰熟土約三千噸。另建三合土熟土及石膏塔一座,足容熟土約二百八十噸,石膏約一百噸。機器方面則裝有熟土鍊斗升降機,熟土供給檯,石膏供給檯,熟土磨,士敏土運槽,士敏土鍊斗升降機,士敏土運槽等件。

鍊斗升降機 裝置於熟土塔側,用以輸運熟土入熟土塔,或石膏入石膏塔,以供給熟土磨之用。該機面積1,650×700公厘,高20

公尺,其上端裝置皮帶轆,直接駁於4馬力之電機轉動之。

熟土及石膏供給檯　設在熟土及石膏塔底,爲旋轉圓檯式,直徑1000公厘,兩檯並列,用齒輪直接駁於熟土磨轉動。檯面有活動刀形鐵板一塊,可以任意調節熟土或石膏入磨之多寡,以適應熟土磨工作之效能。

熟土磨　爲橫臥式鋼製圓筒,直徑1,950公厘,長11,000公厘。內部分爲三倉,每兩倉之間裝有特製鋼隔板一副,以免鋼彈之混合。並有Danula式鋼圈,以增加磨土之效能。第一二倉內部配以護身鋼板,裝鋼彈共18噸,第三倉則砌以硬石磚(Silex)及載鋼粒17噸,全磨重約63噸,用齒輪接駁於450馬力之電動機。

士敏土運槽　長18公尺,直徑400公厘。設置於熟土磨出土處,由地道將士敏土運送到鍊斗機,係用皮帶駁接於4馬力電機轉動。

士敏土鍊斗升降機　接受運槽運到之士敏土,轉送至士敏土倉頂,該機有面積1650×700公厘,高95公尺,全部裝於三合土架躉內,用皮帶接駁於3馬力之電機轉動之。

士敏土運槽　長16公尺,直徑400公厘,裝置於士敏土塔頂,用以轉運鍊斗機運來之士敏土,分別送入士敏土塔,該運槽係用皮帶接駁於3馬力之電機轉動之。

(辛)裝土廠　裝土廠建於士敏土塔下。有圓形土塔兩座,每座高19公尺,直徑9.1公尺,能容士敏土一千五百噸,合共約三千噸,塔之下部備有多數小孔,以便真空機將士敏土抽出裝包。

裝土機　分爲裝包機及裝桶機兩種,每機有密氣鐵門二度,分爲兩部,能同時裝備兩包或兩桶士敏土。機內並有吸塵機風扇一具,以減除士敏土之飛揚。有自動平衡機件一套,以權度準確之重量。全部機件承載於四小輪上,可以隨時移動,以便裝土。此外另置真空機兩座,每分鐘能抽空氣4.5立方公尺,用氣管接駁於裝土機,以備由土塔抽吸士敏土之用。

震桶機　共有兩座。每座有震盤兩度,已經裝土之桶,置於其上,即受震動圈三度繼續打擊,將桶內士敏土充實,而便封蓋。該機用皮帶接駁於 2 馬力之電機行動。

(壬)電力廠　本廠全部機器,俱用電力發動,電力由廠內附設之電廠供給。計有1500 瓩透平機一座,1500瓩發電機一座,蒸汽鍋爐二座,1500瓩風油機一座,泵水機,蒸溜機,變電箱,電掣板,及附屬機件,一切俱備。平均每日由透平機發電 24,000 瓩時,用煤約17噸,風油機則祇備臨時應用耳。玆將各部用電表示於後:

洗泥 碎石機	1530
原料磨	8540
窰廠	2900
煤磨	1710
熟土磨	6720
裝土廠	240
電廠	1920
其他工場各部	510
合共	24,070 瓩時

透平發電機一座　係瑞士國卜郎比廠所造,其最高連續發電率爲1,500瓩,電力因數爲 0.8電壓525伏,三相,五十週率,每分鐘3,000轉。透平分高汽壓與低汽壓兩部。蒸汽先經高壓部份,然後再入低壓部份。兩部同接一軸。發電機及其勵磁機係由透平直接轉動。發電機與透平之間,係用柔性關節接續。其軸枕之運滑方法,係用油泵壓迫,使滑油流經冷却器,然後再經軸枕。如此週而復始。低壓蒸汽經過低壓透平之後,即進入凝縮器,復成凝結水而由凝結水泵抽出,送入鍋爐間之熱水箱。與凝結水泵同軸,有真空泵,將凝縮器中之空氣抽出,以提高透平之經濟。透平之飼汽制門,係用軸枕滑油啓閉,油壓之高低,則由透平軸端之離心制速機控制之。發電機之下,有固封空氣冷却器,以清除發電機內之餘熱,幷使

外界塵垢不得侵入,以免電機有內傷之虞,至於凝縮器及滑油空氣兩冷却器之冷却水,則另於河邊泵房供給之。該泵每小時能泵水600公噸,其水頭連凝縮器之管阻共約16公尺。透平之汽耗,於滿負載時,每瓩時爲 4.95 公斤,四分三負載時爲5.13 公斤,半負載時爲5.42 公斤。發電機之電壓,或因負載之增減,或因透平速度之升降,皆能發生變動,故另有調壓器,可自動調整發電機之電壓。

提士式風油機　一座,直接發電機及勵磁機一座,發電率150瓩,電力因數爲 0.8, 電壓 525伏,三相,五十週率,每分鐘250 轉此機係瑞典國曷拉司廠所造,四氣缸,四衝程,壓風射油式。其附屬物有油箱,濾油器各一只,壓風礴三只,軸接壓風機,電壓風機自動滑油機,各一具。平時工作,全靠透平,若遇修理透平,則開動風油機,以供一部份之需要。

鍋爐兩座　係美國披柏葛公司所造。每座傳熱面積270方公尺,每小時可出蒸汽5,400公斤,但逢必要時,6,000公斤亦優爲之。汽壓每方公分22公斤,汽溫400 度(攝氏)。每座有蒸汽加熱器一具,爐水預溫器一具,轉鏈床機一座,吸熱風機一座,吹煤炱器八套,汽量風量記錄表,風壓表,汽溫表等儀器一套,吹冷風機則兩爐共用,而由風槽二道,輸送其風於兩爐鏈床上下排鏈之間。

凝結水經凝結水泵抽送至爐房熱水箱之後,復經飼水泵送經預溫器,而入鍋爐,飼水泵共有兩座,平時用電動泵,開用風油機時則用蒸汽泵,以輕風油機之負載。蒸汽泵所用之蒸汽,係直接取之鍋爐,但未加熱。此外尙有蒸發器一具,係用以補充爐水之損失者,其所用之蒸汽亦係未加熱,而直接取之鍋爐者。

(五) 原料之採集

(甲)石灰石　製造士敏土之主要原料爲石灰石泥土,及石膏。此外燒土用煤,亦爲重要問題。粵省各屬均有石灰石出產,而以英德及花縣兩屬爲多。本廠需用灰石每日約三百餘噸,大半採自英德,由粵漢鐵路輸送到廠,自擴充後,每日需用灰石約七百餘噸,政府為求本廠原料之永久供給計,特將花縣飛鼠岩地方石礦收回,由廠經營。查該礦場有面積18公頃53公畝,離西村廠約一百五十公里,有水道交通,約四小時可達,運輸極為利便。目前除暫用人工採石外,並已計劃安裝機器,用新法開採。茲將灰石化驗成分列後:

種類	SiO_2	Al_2O_3 Fe_2O_3	Fe_2O_3	CaO	MgO	火耗	$CaCO_3$
英	5.0	2.9		50.0	3.6	41.6	94.0
花縣	4.0	1.2		50.3	2.1	41.4	93.9

(乙)泥土　本廠每日需用泥土約五十噸,分河邊冲積黑泥及山上紅坭二種。河坭極為細潔,但砂質略少。山坭較為粗雜,而砂石過多。故須經化驗配合,始適製土之用。茲將化驗結果列後:

類	顏色	SiO_2	Al_2O_3 Fe_2O_3	CaO	MgO	火耗
山坭	紅	75.8	19.4	1.8		3.6
坭	灰	41.0	23.4	13.7		19.1

(丙)石膏　粵省欽州出產石膏甚豐,惜用土法開採,運輸阻滯,未能完全供給。故本廠所用石膏,除採自欽州外,仍須仰給歐洲或上海,方敷應用,計每月需用 170 噸,其化驗成份如下:

種類＼成份	水份	O_3	CaO	SiO_2	$CaSO_4$	備考
湖北石膏	20.24	46.84	32.78	0.24	79.66	白色
欽州石膏	20.00	46.00	32.25	1.14	78.32	淡紅色
歐洲石膏	20.80	46.80	32.51	0.72	79.00	白色

(丁)煤　本廠所用煤炭,分燒窰用煤及電廠用煤兩種,燒窰用印度細煤及曲江粉煤互相混合,以適應燒土程度,計每月需用一千六百噸,電廠方面則藉開灤細煤以供鍋爐蒸汽之用,每月約五百噸。自擴充後,全廠用煤增至每月三千餘噸。政府為提倡土煤起見,現已完全採用國煤。茲將本廠曾經試用煤炭化驗成份列左:

成份＼種類	印度粒煤	印度細煤	開灤統炭	開灤粒炭	開灤細煤	中興細煤	曲江細煤	曲江東水細煤	曲江大油煤	曲江粉煤	富國特別油煤
水份	4.1	3.8	0.8	0.8	1.1	0.9	1.2	0.7	2.5	2.3	2.0
揮發	32.8	32.0	29.1	28.8	27.4	23.8	13.5	13.2	8.7	9.1	17.2
灰份	11.2	10.9	15.7	15.7	19.3	11.3	8.4	22.7	14.6	13.4	17.1
固定炭	51.2	53.3	54.4	54.7	52.1	64.0	76.9	63.4	74.2	75.2	63.7
熱力 (Caloric)	6456	6333	6261	6261	6167	6817	7063	5995	6463	6570	6740

(六)製造之方法

(甲)準備工程　製造士敏土之原料,必須預先準備,始可入機配合,以供製土。如灰石及石膏之軋碎,泥土之洗滌,以及煤粉之研細,均須愼重注意,妥爲準備,否則機器效率固爲減少,而製出品質亦難免不受影響。

灰石　灰石由礦場運來,大小不一,長闊約一尺,用小火車運到碎石機旁,傾於運石鍊床上,即徐徐墮落碎石機內,受石鎚之撞擊,變爲碎石,大小約一二寸之譜,由鍊斗升降機運入石倉儲藏,以備原料磨隨時應用。該碎石機每日工作十六小時,每小時能碎石約二十六噸。

泥土　泥土由河岸或山邊用小火車運到洗泥池旁,傾入池中,與清水混合,受泥機耙齒之攪拌,即成泥漿,復經篩板,以濾去其粗石雜件,即用螺旋機抽送入泥漿塔,以備原料磨應用。洗泥機每日工作六小時,每小時約可洗泥十五公噸。

石膏　本廠所用石膏,分欽洲及歐洲兩種,欽州石膏色赤成碎塊,長闊約二三寸。歐洲石膏色白,長闊約一尺,須先用鎚擊碎,然後入齒形軋碎機壓碎,再行運至熟土磨之鍊斗機,而升入石膏倉備用。欽州石膏質脆易碎,每小時約可軋碎三噸,歐洲石膏質堅硬,每小時祇可軋碎一噸半。

煤粉　燒窰用煤之準備適宜與否,對於窰　工作火窰內部及熟土之品質,具莫大之關係。本廠當試機時期,經多方之試驗,始得相當結果。當初所用燒窰煤粉,係以曲江煤粉與印度煙煤各半混合,本年則完全改用國產煤炭由碎煤機混合而入濕煤倉,用機推進焙煤機乾燥之,然後以練斗機運槽送至煤磨,研爲粉末,貯於煤粉倉備用。

(乙)配料工程 原料既經準備,即以原料磨配合。所有碎石,由石倉落於碎石供給檯上,泥漿則由泥漿塔頂之泥漿供給箱,以鐵管送到磨口,另備水管以配水量。於石,泥,水三者同在磨內混合,並受磨內鋼彈之撞擊,研細而成石泥漿。至於配合成份,則每小時取樣化驗一次,以資節制。原料磨每日工作二十四小時,約製出磨漿15立方公尺。原料磨所出之石泥漿,由鍊斗升降機運入漿塔貯存。每塔滿三百立方公尺,由打風機以壓氣再事混合,復經化驗,然後準備入窰燒土。

(丙)煉土工程 石泥漿經化驗配合後,由漿塔底喉舉放出,經鍊斗機而入石泥漿供給器,源源由窰之上端輸送入窰,以便燒煉。同時窰之下端吹進煤粉,熱氣上升,與濕漿對流,驅其水份,化其品質,半乾泥粉受火窰旋轉作用,徐徐流入窰內火位,過高溫度,經最後之燒煉,而成熟土。燒窰匠在燒火台上以藍色玻鏡視察窰內火色,以節制煤粉之多寡,或加減窰內氣壓溫度速度等。以適應煉土工程。計濕漿入窰後,須經四小時,始可煉爲熟土。窰廠每日工作廿四小時,約可煉出熟土二百廿餘噸。熟土煉成後,由窰部入冷氣筒,經冷却而落震送機,鍊斗升降機,經自動記錄磅,而入熟土倉貯存。

(丁)磨土工程 熟土出窰後,經相當時期,用鐵車運至鍊斗升降機,而升至熟土塔。塔底置熟土供給檯一座,將熟土源源輸送入磨,並有石膏供給檯一座,配以適度之石膏,如是磨內熟土與石膏互相混合受鋼彈撞擊,遂成粉末之士敏土。至於磨出士敏土之品質,則每小時取樣試驗幼度凝結一次。每天所出平均樣本,則製爲試磚,浸在水中,經一天,三天,七天,廿八天後,分別試驗拉力,以資節制。熟土磨每日開機二十四小時,可以磨出士敏土約三百公噸,由運積鍊斗機輸送入士敏土塔貯存,以備裝包。

(戊)裝土工程　裝土廠設備裝包機,裝桶機各一座,以樹膠軟喉接駁於士敏土塔四週出土小孔,用真空將士敏土抽出,入包或入桶,復徑震桶機將土充實,便可封蓋。計每包重二百五十磅,每桶三百七十五磅。裝包機每小時約裝 120 包,計 13.6 噸裝桶機每小時裝90計 15.3 噸。

(己)製出熟土與原料之比較　灰石與粘土爲製造士敏土之主要原料,其準備配料及燒煉各項工程旣如上述,但製出士敏土之優劣,與其需用成份之多寡,咸視乎原料之品質與及配製得宜與否而定。本廠所用灰石及粘土,均經化驗認爲適合製土之用,而

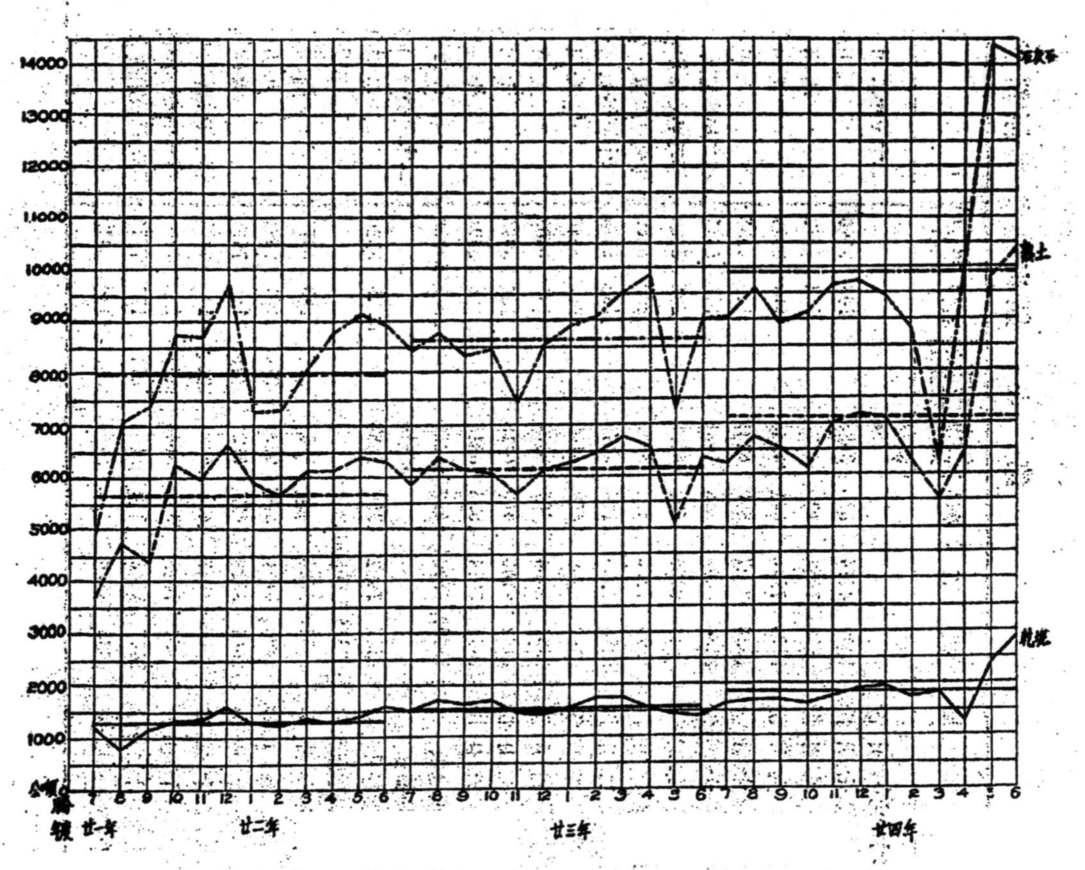

第二圖　西村士敏土廠製出熟土與原料之比較

第一表　製出熟土與原料燃料之比較

日　期	乾泥	石	乾煤	製出熟土	河南分廠熟土	石膏	製出土敏土
二十一年六月份				結存 156			
七月份	1239	4874	875	3685		105	3590
八月份	815	7052	1120	4720		162	4782
九月份	1191	7346	1041	4388		119	2829
十月份	1328	8827	1550	6231		150	6658
十一月份	1354	8696	1545	5986		182	5511
十二月份	1644	9703	1602	6635		206	8200
二十二年一月份	1295	7230	1422	5931		200	6760
二月份	1280	7289	1194	5679		182	5574
三月份	1352	8069	1459	6109		211	6640
四月份	1304	8804	1407	6164		155	6403
五月份	1402	9100	1460	6415		154	5995
六月份	1596	8914	1523	6315		184	6896
第一年度總數	15800	95904	16198	68258		2010	69838
連六月份結存				68414			
第一年度每月平均	1317	7992	1350	5688		167.5	5820
平均每公噸熟土用	0.2315	1.4050	0.2373				
二十二年七月份	1508	8408	1410	5884	561	153	6977
八月份	1696	8751	1534	6387	216	151	5393
九月份	1614	8318	1425	6121	675	176	7185
十月份	1717	8443	1471	6057	1263	198	8177
十一月份	1457	7418	1352	5646	1125	172	7267
十二月份	1447	8566	1380	6102	1491	177	7770
二十三年一月份	1558	8819	1564	6248	1885	210	8318

日　期	乾泥	石	乾煤	製出熟土	河南分廠熟土	石膏	製出土敏土
二十三年二月份	1773	9045	1507	6420	2019	178	7977
三月份	1752	9495	1697	6764	2173	276	8883
四月份	1524	9829	1605	6606	2378	306	8309
五月份	1418	7259	1304	5071	1129	193	5785
六月份	1395	8992	1505	6273	763	262	8026
第二年度總數	18859	103343	17754	73579	15678	2452	90067
第二年度每月平均	1571	8612	1480	6131	1306	204	7505
平均每公噸熟土用	0.2560	1.4040	0.2413				
二十三年七月份	1636	9051	1528	6280	1722	237	7678
八月份	1695	9602	1642	6760	897	220	6508
九月份	1703	8913	1648	6560	1106	250	7782
十月份	1619	9152	1511	6172	1781	337	10548
十一月份	1779	9659	1658	7015	2698	366	11835
十二月份	1920	9733	1759	7173	3231	357	11598
二十四年一月份	1961	9498	1760	7120	3823	291	10892
二月份	1766	8802	1536	6300	3273	277	9962
三月份	1810	6228	1201	5523	1890	171	7813
四月份	1228	9895	1593	6420	1962	187	7829
五月份	2386	14395	2503	9797	2729	353	13775
六月份	2868	14120	2542	10330	1684	300	11614
第三年度總數	22371	119048	20881	85450	26796	3346	117,834
第三年度每月平均	1864	9920	1740	7121	2233	279	9820
平均每公噸熟土用	0.2619	1.3932	0.2443				

附註：以上數量均以公噸為單位

配合成份則比較他廠略高,此固屬原料品質之關係,亦因本廠不惜成本以求優等出品故也。查三年來製出熟土,平均每噸需用灰石1.4噸,粘土0.25噸,製出熟土與原料之比較:見第一表及第二圖。

(庚)製出熟土與燃料之比較　本廠煉土煤粉,係以廣東曲江粉煤與印度粒煤或開灤細煤配合而成。其化驗結果,揮發品約百份之二十,灰份約百份之十五。現經完全改用國產煤炭,製出熟土,平均每噸需用煤粉0.24噸。製出熟土與燃料之比較見第一表及第三圖。

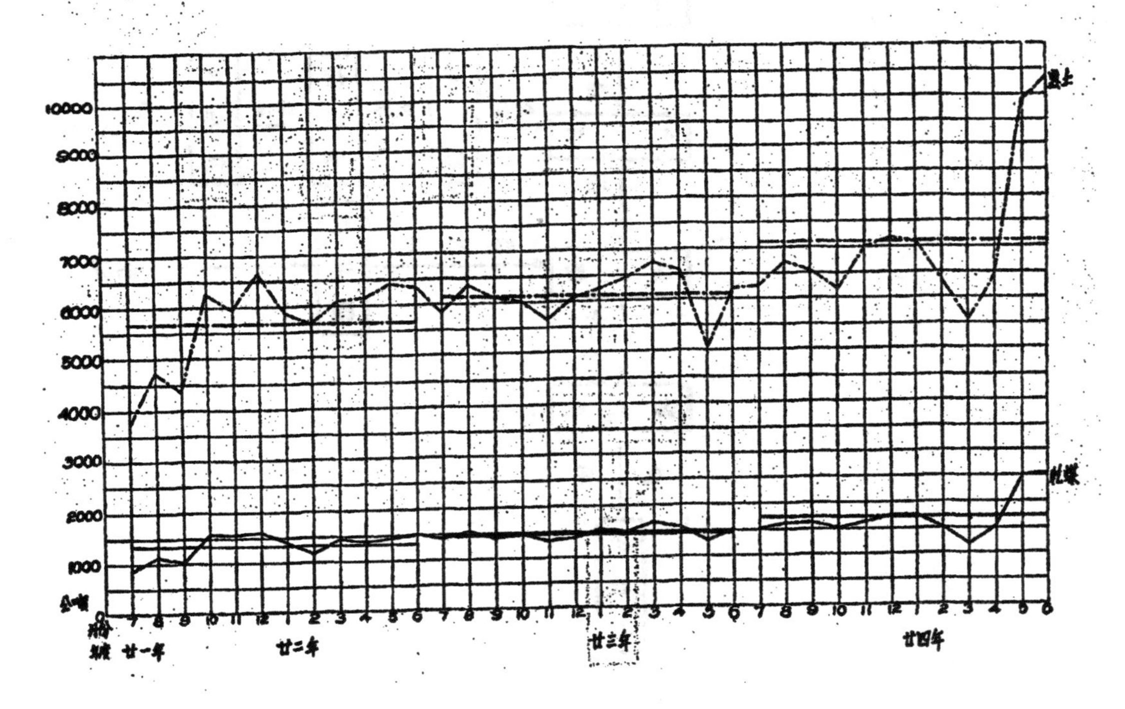

第三圖　西村士敏土廠製出熟土與燃料之比較

第二表 士敏土濕法製造工程之程序

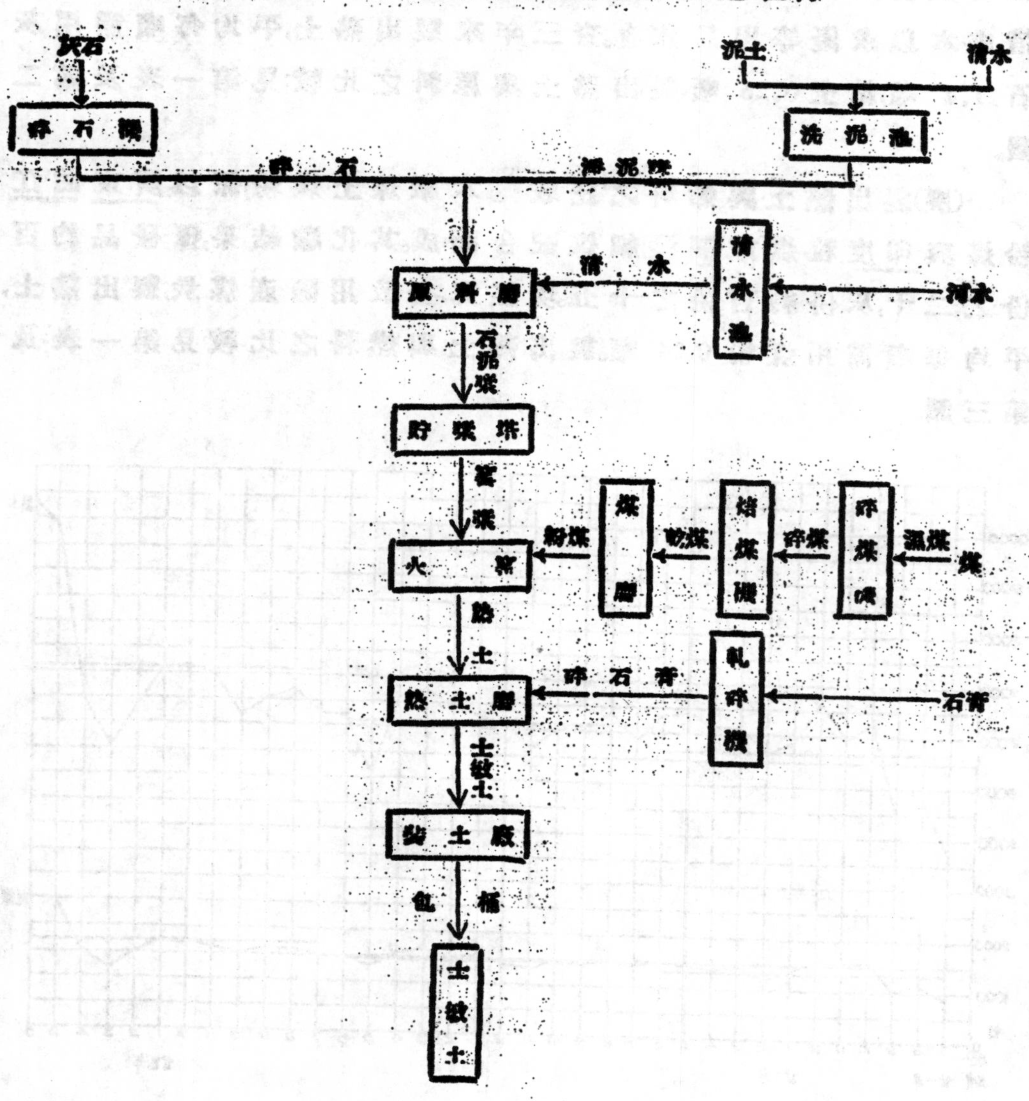

(七)出品之試驗

(甲)半製品之化驗　製造士敏土係屬於化學工業之一。所有關於原料,石泥漿,熱土及士敏土,均須逐一檢驗,以化學方式節制,庶幾出品可望劃一,土質始達優良。本廠所用原料,如石泥,石膏,煤炭等,均經化驗,始行入機應用。至於半製品,如石泥漿由原料磨製

第三表 西村士敏土廠五羊牌士敏土(水泥)各國試驗成績

試驗地點			英國	德國	美國		丹麥	丹麥	廣州	廣州
試驗機關			Harry Slanger Engineer	國立材料試驗處	Robert Hunt, Engineer		F. L. Smidth	F. L. Smidth	工務局	西村士敏土廠
試驗日期			一九三三年一月廿四日	一九三三年二月廿八日	一九三三年二月廿八日		一九三三年四月三日	一九三三年四月三日	民國廿二年二月一日	民國廿一年十月十八日
標準法			一九三一年英國規定	德國規定	美國A.S.T.M.規定		德國規定	一九三一年英國規定	廣州工務局規定	一九三一年英國規定
幼度	試法	用篩種類	170號 72號	1900號 900號	200號		4.900	7		170 72
	結果	剩餘渣滓	2.6 0.2	3.4 0.1	8.0		4.7	3:8 ——	未試	6.9 0.2
凝結	試法		Vicat		Vicat	Gilmare		Vicat		Vicat
	初結		二小時十分鐘	三小時	一小時四十五分	四小時十五分	二小時四十五分	二小時	未試	二小時四分
	終結		三小時二十五分	四小時二十五分	二小時五分	四小時五十分	四小時四十五分	三小時五十分	未試	三小時五十二分
固性	試法		Lechateilier	浸水二十八天				Lechateilier		Lechateilier
	結果		0.5公厘	無裂紋	甚佳		2.0公厘	2.0公厘	未試	0.3公厘
和水量		淨土%	21.5	——	24.0		——	——	22.2	23.0
		一三土沙%	7.9	8.9	10.5		8.0	7.4	8.1	8.3

浄士敏土拉力	一天		未試	未試	未試	未試	未試	327 磅	441 磅
	三天		未試	未試	未試	未試	未試	未試	634 磅
	七天		未試	未試	未試	未試	未試	825 磅	664 磅
1:3 士敏土砂拉力	標準砂		英國砂	德國砂	美國 Ottara砂	德國砂	英國砂	廣州黄砂	英國砂
	三天	磅/方吋	555				499		405
		公斤/方公分		30.8		299			
	七天	磅/方吋	647		403		527	287	466
		公斤/方公分		336		333			
	廿八天	磅/方吋			500		528	330	
		公斤/方公分		340		423			
士敏土壓力	三天	公斤/方公分		371		329			
	七天	公斤/方公分		475		443			
	廿八天	公斤/方公分		595		638			
和水量	浄土	%	21.5		24.0			22.2	23.0
	1:3土沙	%	7.9	8.0	10.5	8.0	7.4	8.1	8.2

出時,每一小時取樣化驗一次,入窰石坭漿每天化驗三次,熟土每小時試驗重度一次,每星期取樣詳細分析一次,並製備士敏土試驗拉力凝結幼度一次,熟土磨所出士敏土每一小時取樣試驗幼度凝結一次,每天平均樣本更試驗幼度凝結拉力一次,裝土廠每日裝包士敏土亦採集平均樣本每日試驗一次,以資考證。總之,所有原料或半製品,每經一部機器製造手續,即須精密檢驗一次,以免有成份不均力度不足之弊。

(乙)士敏土之試驗　本廠出產之「五羊」士敏土,業經中外一再化驗,均證明超過英國一九三一年規定之士敏土標準。民國二十一年十月十八日曾請廣東工業試驗所,廣州市工務局,廣州土木工程師會派員到廠作公開試驗,並請廣東各界代表到廠見證,同時並由各代表共同採取士敏土樣本,分寄歐美各國試驗,以資考證,各國試驗結果見第三表。

(丙)三年來試驗士敏土成績統計　本廠於民國二十一年六月開工,迄今三年。所製出士敏土,品質之優,力度之高,已爲工程界所信任。三年來製出士敏土之試驗結果見第四表及第四,第五兩圖。

(八)第二期之擴充

本廠自民國廿一年開工以來,製出水坭,經各國化驗結果,均能超出歐美各國水坭標準,建築界亦能信仰採用,惟第一期機器設備每日衹能製出約一千四百桶,而廣州市水坭之需求每日約四千桶,供不應求,相差懸殊。政府爲供給市面水坭之需要起見,爰於民國廿二年五月間向丹麥史密公司訂購第二期機器,以便擴充產額,每日出土共達二千六百桶。當經於民國廿三年開始安裝,廿四年四月全部完竣開工。玆將第二期擴充機器設備列舉於後:

第四表　土敏土之物理試驗

日期	幼度 170	幼度 72	凝結 初結	凝結 終結	淨土拉力 一天	淨土拉力 七天	一三砂土敏土拉力 三天	一三砂土敏土拉力 七天	日期	幼度 170	幼度 72	凝結 初結	凝結 終結	淨土拉力 一天	淨土拉力 七天	一三砂土敏土拉力 三天	一三砂土敏土拉力 七天
二十一年七月份	5.4	0.3	1,41	3,34	502	644	290	325	二十三年二月份	6.9	0.4	2,26	4,10	346	745	352	415
八月份	4.9	0.3	1,35	3.41	507	697	284	327	三月份	7.6	0.3	2,14	4,16	407	687	365	404
九月份	6.7	0.3	1,29	3,17	517	663	343	383	四月份	7.0	0.2	2,08	3,52	427	679	379	406
十月份	7.0	0.2	2,01	4,0[illegible]	515	662	381	421	五月份	5.8	0.2	1,37	3,07	402	631	383	413
十一月份	5.7	0.2	2,05	3,52	510	647	376	422	六月份	6.6	0.3	1,28	2,58	487	642	384	425
十二月份	10.1	0.3	2,48	4.50	449	692	332	406	第二年度平均結果	6.8	0.3	1,59	3,38	411	685	388	425
二十二年一月份	7.5	0.3	2,07	4,20	473	736	353	423	二十三年七月份	5.9	0.1	1,38	3,00	477	659	376	411
二月份	6.7	0.2	2,31	4,48	449	712	367	430	八月份	7.7	0.2	1,51	3,01	428	641	352	380
三月份	7.9	0.3	2,30	4,41	456	746	380	454	九月份	8.0	0.2	1,51	3,07	398	628	367	382
四月份	8.8	0.4	2,11	4,29	493	710	419	466	十月份	5.2	0.1	1,56	3,26	404	665	352	375
五月份	8.5	0.4	1,45	3,37	502	683	414	454	十一月份	6.1	0.2	1,59	4,01	414	716	400	445
六月份	8.8	0.3	1,40	3,37	503	659	429	475	十二月份	5.4	0.1	2,19	4,13	391	697	4[illegible]5	455
第一年度平均結果	7.3	0.3	2,02	4,04	490	680	364	404	二十四年一月份	7.6	0.2	2,10	4,36	342	724	3[illegible]2	470
二十二年七月份	5.4	0.2	1,28	2,57	521	681	427	457	二月份	8.7	0.3	2,07	4,34	365	747	369	434
八月份	6.7	0.3	1,40	3,04	452	650	412	426	三月份	8.0	0.4	2,13	4,20	354	707	376	439
九月份	7.0	0.3	1,40	2,59	431	664	379	428	四月份	8.4	0.3	2,01	3,42	374	684	393	457
十月份	6.7	0.4	2,00	3,43	374	670	399	426	五月份	7.8	0.3	1,55	3,26	42[illegible]	667	385	447
十一月份	7.7	0.6	2,09	4,04	348	670	374	403	六月份	8.1	0.3	2,01	3,21	417	686	399	460
十二月份	7.1	0.4	2,32	4,20	365	752	414	467	第三年度平均結果	7.2	0.2	2,00	3,44	399	685	380	430
二十三年一月份	6.8	0.4	2,23	4,07	370	754	386	435									

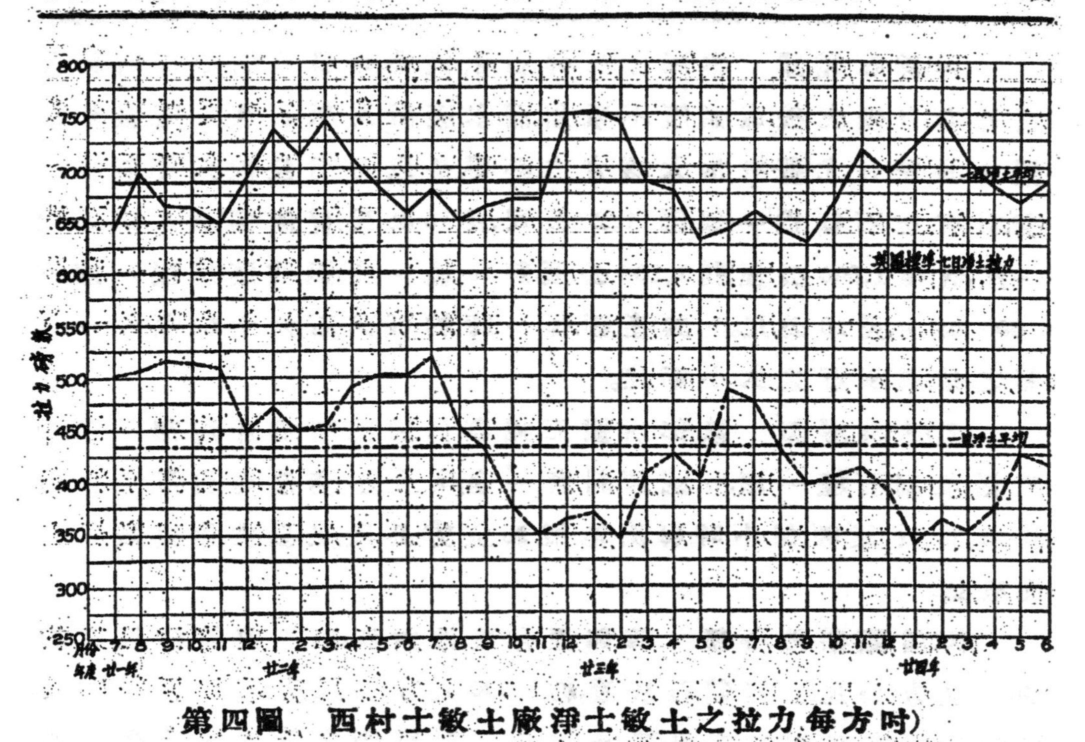

第四圖　西村士敏土廠淨士敏土之拉力每方吋)

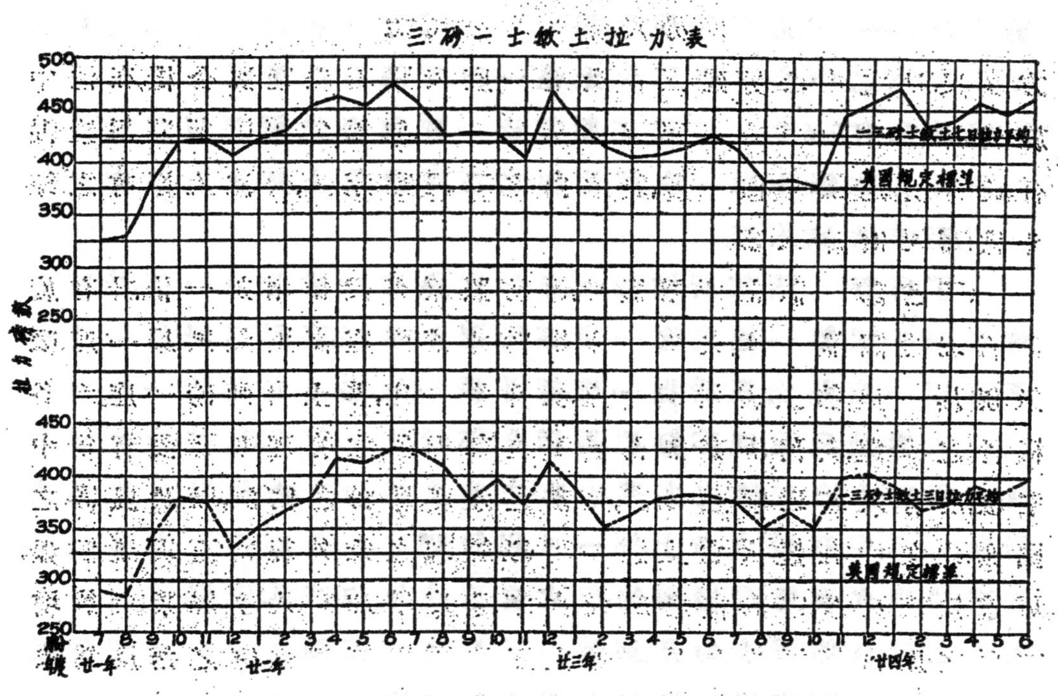

第五圖　西村士敏土廠三砂一士敏土之拉力(每方吋)

(甲)碎石機部 本廠原有碎石機設備,每日可供給碎石約三百餘噸。自擴充後,產額既不敷用,而本廠所用灰石性質極堅,舊機似未易應付,尤覺有加大機力之必要。是以特增設較大碎石機一套,計有送石鍊機一架,闊 1.2 公尺,長10公尺,雙開搖鎚式碎石機一座,直徑 1,600 公厘,闊 1,200 公厘,鍊斗機一座,鋼條運送機一座,闊 600 公厘,長10公尺。至其產額,每小時約可碎石六十餘噸至一百噸之譜,視灰石之大小而定。

(乙)原料磨部 該部所擴充機器,係照原有機件增加一倍,計有活旋飼石檯一座,廿號原料磨一座,其大小構造均與舊原料磨相等。其製漿額,每小時每磨能製20立方公尺,足以供給窰廠煉土而有餘。

(丙)儲藏漿池各部 該部原有漿池六座,以一座儲淨坭漿,約 300 立方公尺,五座儲石坭漿,約 1,500 立方公尺。有增加原料磨後,儲漿設備自有增加之必要。是以在原料磨側之餘地用三合土建築大漿池一坐,直徑20分尺,深 3.6 公尺,能容坭漿一千二百餘立方公尺。地之中心另建三合土臺一座,安裝石坭漿混合機,在池中旋轉,并配有7.6立方公尺之壓氣機一座,俾得兼用壓氣將坭漿混合。此外另建鍊斗機一座,將池內之石坭漿運上,轉流入原有之鍊斗機,而便供給入窰。

(丁)窰部 該部所增機件,係仿照原有設備增加一倍。計有旋轉石坭漿飼盤一座,火窰一座,煤粉運槽兩座,高壓氣風扇一座,吸氣風扇一座,熱土震送機一座,鍊斗機一座,熱土自動磅一座。至各機件之構造,與舊機亦無稍異。祇全部機器之管理,則特設有集中掣板,所有入窰坭漿之多寡,火窰之速度,煤粉之供給,以及風機之開動,均集中在燒火台上,逐一可以管理之。此外旋轉石坭漿飼盤,更直接與火窰電動機聯絡,使火窰速度增加時,入窰坭漿自然增加,反之則自然減少。如是,則煉土工程可以節制火窰之速度爲標準,而不致火窰內坭漿供給有不均勻之弊。

(戊)熟土磨部　本廠為兼磨河南分廠熟土計,曾於民國二十二年間先行增建熟土磨一座。此次擴充,祇有坭塵吸收機一套,用以吸收兩熟土磨之坭塵,另增建鍊斗機運槽及自動士敏土記載磅等,以求全部機件之易於管理,而得工程上之利便。

(己)煤磨部　此部機器之擴充,亦仿照原有機器之設備增加一倍。計有焙煤爐一座,煤磨一座,煤粉抽送機一座。此外並增建濕煤倉,乾煤倉,煤粉倉各一座,以便儲藏煤量,供給火窰應用。

(庚)熟土倉　本廠原有熟土倉建築甚簡,所有出窰熟土,祇傾卸於倉內地台,然後用人工載入鐵斗,運至熟土磨研磨。此種設備,需用工人四十餘名之多,方能應付,既不經濟,尤覺不便工作。現經計劃改建新式熟土倉一座,足容熟土一萬二千噸,并裝設起重機一座,以一人管理起運熟土入磨,較諸原日設備,經濟利便多矣。

(辛)裝土廠　本廠水坭儲藏塔原有二座,足容三千餘噸。自擴充後,出土增加,特新建土塔二座,高19.2公尺,底徑10.7公尺,足容水坭約二千噸。至於裝土式樣,以前祇分木桶及蔴包兩種,惟新建土塔則計劃裝置紙包機器,以便兼裝紙包,而應合新式裝土方法。茲將裝紙包設備略述於後:

裝包機設備係依照史密芝公司之"Fluxo Packer of the Rotating Type with 10 Spouts"裝置,有士敏土供給機,利用壓氣,將裝土塔內之水坭抽出,輸送入裝包機之儲土箱,箱內有壓氣及混合機件,將水坭攪成液狀,以一人將紙包安上裝土管,而該機即能繼續旋轉,自動啓閉儲土箱掣,以適合裝土程度,并能自動將土壓實過磅,而卸落運包機。全部裝置每小時能裝土1,200包,計重60公噸。此外附屬機件,計有高壓氣機一座,每分鐘能供給1.5立方公尺壓氣,以備裝包機之用,及吸塵風扇一座,自動除塵機一座。至於由新建土塔運水坭至裝土塔之設備,則有壓氣抽土機一套,猪腸式運槽二座,鍊斗機一座,現皆在建築安裝中,約年底可以完成。

廣州市新電力廠地基工程概要

文樹聲　梁文瀚

摘要: 廣州市新電力廠設于廣州附郊新工業區之西村,現正進行基地工程。本文係報告基地工程之兩種工作,一爲地層之鑽探,一爲打樁之經過。鑽探係採用水壓穿鑿法。乃以鐵管一副,直徑約15公分,每長3公尺,相接處用螺絲套管,在指定地點,打落至堅實地層爲止。計在基地共鑽探十五次,結果各次情形不同,有鑽探僅9公尺,已見堅實紅砂岩者,有鑽探至20公尺仍屬沙泥黏土者。是項鑽探工作由馬克敦公司承辦,鑽探地點係由承裝電機之西門子廠所指定。鑽探各次相距不遠,而結果則各異;惟每次距地四五公尺之處,輒沖出蜆殼及其他有機物類。據一般推測,原有地址,舊係河牀,經沖積而成實地。

至于打樁工程亦馬克敦公司承辦,係用西門子廠交來之基地置量圖分徵各打樁公司計劃估價而得。初擬用鋼樁,嗣以鋼樁用於受震撼活力之透平地腳未爲盡善,改用三合土樁。所設樁架高約二十公尺。其下配備燃油蒸氣鎚二具,水泵一副。全部基地工程,限165天完竣。刻尙在進行中也。

本篇附有地基載重圖,鑽地成果圖册,及試樁成果圖册。全文係報告性質,故未宣讀。

論文委員會識

廣州市區,年來日見展拓,商業益形發達,而工廠激增,人口日繁,需電甚多。故市政府三年施政計劃,遂有建設新電廠一項。方案既定,遂策進行。爰照計劃購置新機,建築新廠,以期早日觀成,公私均蒙其利。至進行工作,關於土木工程方面,有足爲社會道述者,茲將建築地基工程之經過,爲有系統之說明:

（甲）鑽探地層　言建築者必先有良好地基，所謂磐石之安，可以亘久而不變也。新電力廠規模宏大，所需地基，尤須加倍注意，故有鑽探地基之舉。承探者為馬克敦公司，該公司自在華南承建工程以來，關於地基鑽探，頗有經驗。市府委其承辦，取其駕輕就熟也。是項工程開始時，依據供給機器承商西門子電機廠負責人所指定之地點鑽探，以察驗地層實際情形。鑽探之方法，採用水喞穿鑿法。法用鐵管一副，直徑約15公分，每段長約3公尺，相接處用螺絲套管，在指定地點，打落至堅實地層為止。管內土壤之軟滑成漿者，則分別用鍬鑽，及其他工具挖出，其較堅實或散碎成粒者，則用水喞灌水冲出。每及一層，即探挖灌冲一次，鐵管以是愈探愈深，目的在鑽探地層之變化，及石層距地面之深度。此次鑽探，計分十五穴（圖一），結果，各穴情形不同（參閱附表）。有鑽探僅至9公尺左右，已

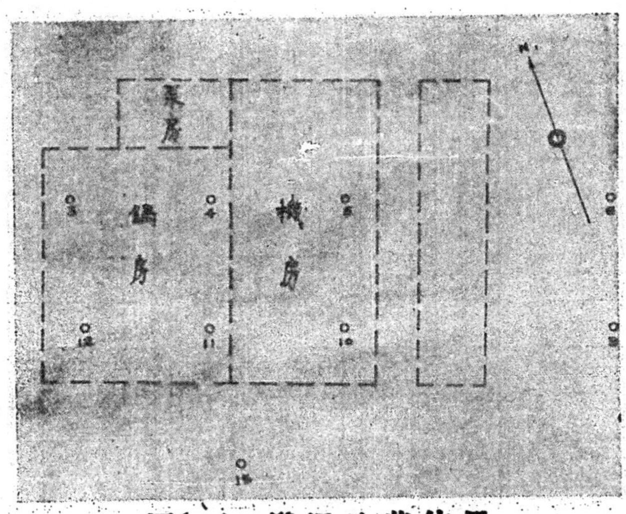

圖（一）　鑽探地基位置

見堅實紅砂岩者。有鑽探直至20公尺左右，仍屬沙礫黏土者。如第二孔：則第一二層為沃土及碎屑。第六七層，為紅砂及黏土。第八層為堅實土。第九層為堅實土，及不堅之砂石。第三孔：第一層為爛泥及碎屑，第五層為紅色黏土，第八九十層為砂或大卵石。及黏土或含砂狀之黏土。第十一層為砂及6—25公厘大卵石，第五孔第一層

爲粹屑爛泥及蜆殼,第七八九十層爲砂及卵石,第十六至十八層爲砂或黏土,第廿一層爲卵石及黏土。第七孔:第一層爲爛泥碎屑及殼,第四層爲紅砂及黏土,第七層爲石灰石。第八孔:第一層爲爛泥黏土殼碎屑等,第四層爲卵石及黏土,第八層則爲砂石。第九孔:第一層爲沃土爛泥碎屑,第三與第六層爲紅色黏土,而第十一十二層則爲小卵石及黏土,第十六十七層爲小卵石及砂。第十一孔:第一層爲碎屑及碎石,第四層爲紅色黏土,第六層爲不堅之紅砂石。第十二孔:第一二層爲黃沙及碎屑,第四五層爲卵石或硬砂,第八層爲硬砂石。第十五孔:第一層爲黑爛泥,第四層爲砂泥碎石,第

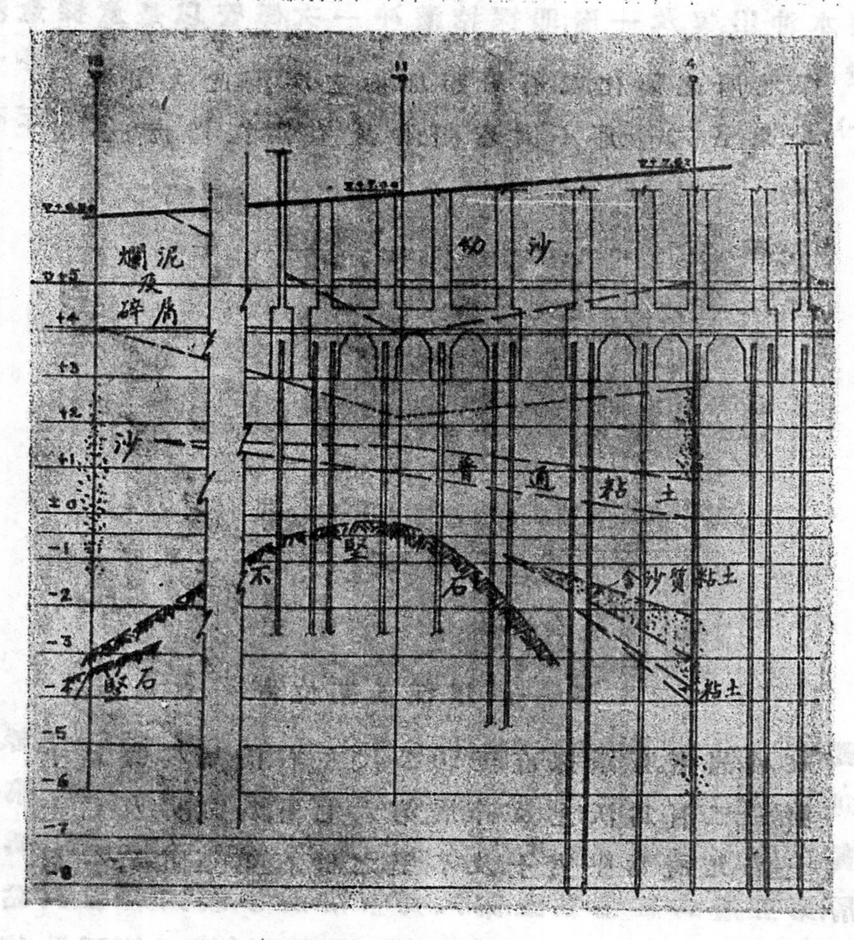

圖(二) 剖面 15—11—4

八層爲堅紅砂石。各穴相距並不遠,而結果則大異如是,則地層變化之大可知。每穴鑽探距地面約四五公尺之處,輒冲出蜆壳及其他有機物之類。意者,原有地址,舊屬河床,經冲積而成實地。惜當時工作祗限於施工地點,且時間迫促,未能周圍作遠距離之鑽探耳。鑽探地點,既由西門子洋行負責指定,爰就其原意,繪成探鑽地基位置圖(圖一)。鑽探結果,除由馬克敦公司派員紀錄外,籌備委員會亦派員負責紀錄,而據以作圖件焉(參閱圖二至四)。

(編者按,原附廠基地質鑽探圖,以製板難期清晰,從略。)

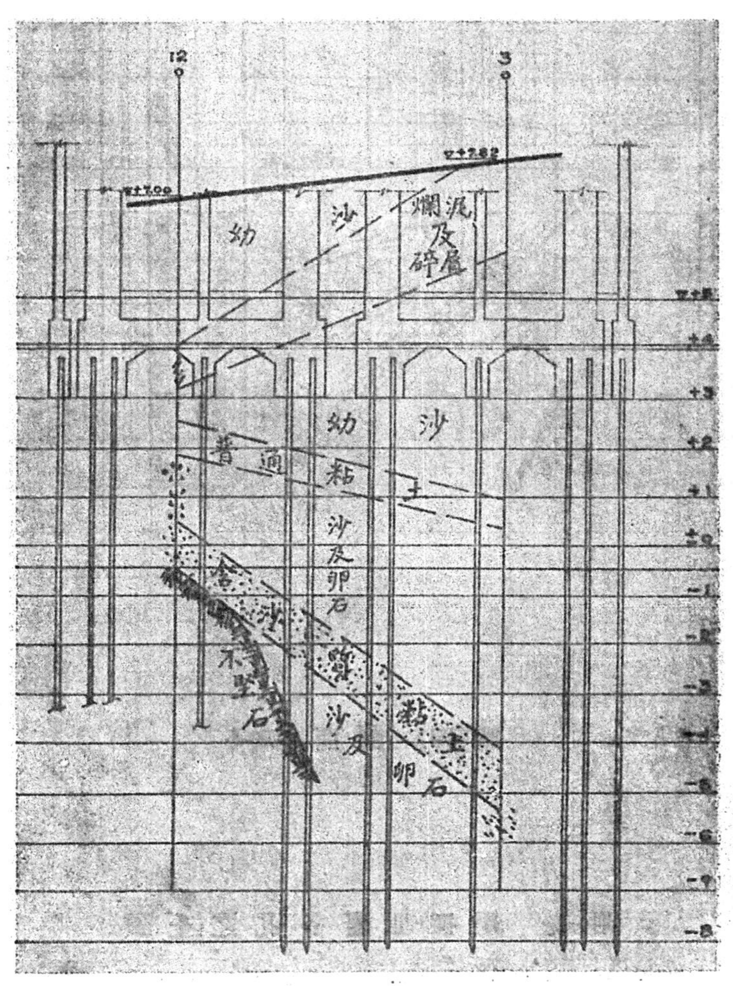

圖(三) 剖面 12—3

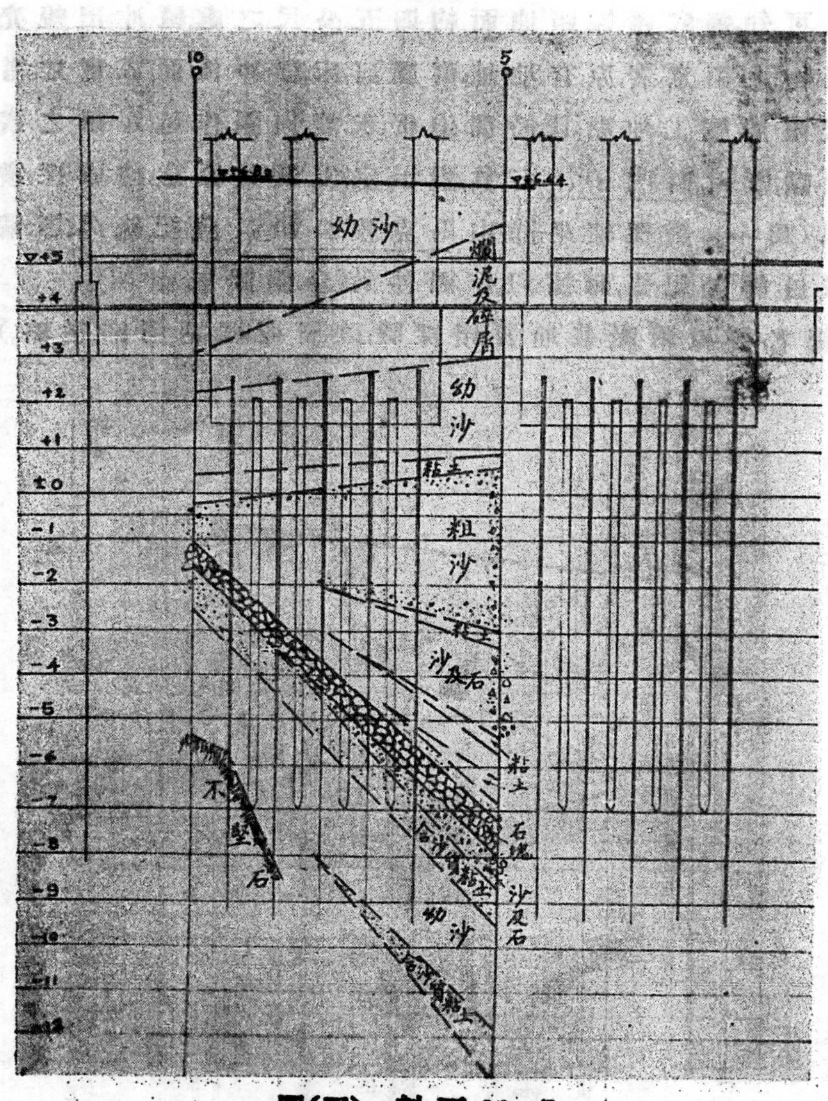

圖(四) 剖面 10—5

附表 鑽探地層各孔之土質

(第一及第十四兩孔,因在水中,且非甚需要,從略。)

第二孔			
深度	土質	深度	土質
7'-0"	沃土及碎屑	29'-0"	紅沙及粘土
18'-0"	沃土及碎屑	30'-6"	紅沙及粘土
23'-0"	沙及卵石	32'-0"	堅實土
27'-0"	紅色粘土	34'-0"	堅實土及不堅之沙石
28'-6"	堅實紅色粘土及卵石		

第三孔			
深度	土質	深度	土質
6'-0"	爛泥，及碎屑(1'-6"磚)	37'-0"	幼沙
15'-0"	沙，爛泥，及灰色粘土	39'-0"	沙，大卵石，及粘土
22'-0"	紅沙，粘土，及蜆殼	43'-0"	含沙狀之粘土
22'-0"	幼紅沙	45'-0"	沙
24'-6"	紅色粘土	48'-0"	沙及$\frac{1}{4}$"-1"大卵石
34'-0"	沙及小卵石		

第四孔			
深度	土質	深度	土質
8'-0"	沙	37'-0"	粗沙，及粘土
16'-0"	爛泥及碎屑	38'-0"	粘土
22'-6"	沙，爛泥，及卵石	41'-0"	紅沙
25'-0"	粘土	44'-0"	沙及$\frac{1}{4}$"-1$\frac{3}{4}$"大卵石
32'-0"	沙	52'-0"	沙，及卵石
35'-0"	含沙狀之粘土		

第五孔			
深度	土質	深度	土質
12'-0"	碎層，爛泥，及殼	42'-0"	沙
19'-0"	紅沙及殼	44'-0"	粘土
20'-0"	紅色粘土	45'-0"	粗沙
27'-0"	淡色沙	47'-8"	堅碎石
31'-6"	粗沙，鵝石，及碎石	50'-0"	沙
32'-6"	粘土及小碎石	53'-0"	1/2"-1 1/2"大碎石及沙
35'-0"	沙	55'-0"	粘土
36'-6"	沙及鵝石	60'-0"	沙
38'-0"	沙	64'-0"	粘土
39'-0"	沙及鵝石	66'-0"	鵝石及粘土
40'-0"	粘土		

第六孔			
深度	土質	深度	土質
7'-0"	爛泥，沃土，及碎層	26'-2"	沙石及1/4"-1 1/2"大鵝石
11'-0"	爛泥，碎層，及紅沙	29'-0"	紅色粘土
14'-0"	紅色粘土	34'-0"	鵝石及沙
17'-0"	紅沙	39'-0"	細沙及1/2"-1 1/2"大鵝石
17'-9"	紅沙，石，及鵝石	42'-0"	沙
21'-2"	紅沙		

第七孔			
深度	土質	深度	土質
10'-0"	爛泥，碎層，及殼	16'-0"	紅沙石
12'-0"	爛泥及紅色鵝石	17'-0"	紅沙石
13'-0"	紅沙	20'-2"	石灰石
14'-0"	紅沙及粘土		

第八孔			
深度	土質	深度	土質
8'-0"	爛泥，粘土殼，碎屑，	18'-0"	堅實紅色粘土
10'-0"	紅色粘土	19'-6"	紅沙
12'-0"	粗沙及粘土	23'-0"	紅沙
15'-0"	卵石及粘土	30'-0"	沙石

第九孔			
深度	土質	深度	土質
12'-0"	沃土，爛泥，碎屑	35'-2"	堅實紅色粘土
15'-3"	紅沙及碎屑	39'-0"	沙，小卵石，及粘土
10'-0"	紅色粘土	46'-0"	卵石，1/2'-1 1 2"大，1'層
17'-6"	紅沙	50'-1"	紅沙
19'-0'	卵石及小石子	51'-8"	紅沙及卵石，1/4"-1"大
25'-0"	紅色粘土	60'-3"	幼紅沙及粘土
27'-0"	紅沙	62'-0"	小卵石及沙
29'-6"	粗紅沙及小卵石	63'-0"	小卵石及沙
30'-4"	紅色粘土		

第十孔			
深度	土質	深度	土質
12'-0"	白沙	31'-0"	紅色粘土及沙
15'-0"	粘土	36'-0"	紅沙
21'-0"	沙及碎屑	38'-0"	紅沙，及1/4"-1"大卵石
23'-0"	紅色粘土	40'-0"	紅沙及卵石
26'-0"	粗沙	45'-6"	不堅之紅色沙石
28'-0"	小石子		

第十一孔			
深度	土質	深度	土質
0′-0″	磚，碎屑，及碎石	20′-0″	紅色粘土
10′-0″	灰色沙	23′-0″	紅沙
18′-0″	灰色爛泥及蜆壳	28′-0″	不堅之紅沙石

第十二孔			
深度	土質	深度	土質
10′-0″	黄沙	21′-0″	硬沙
15′-0″	沙及碎屑	24′-0″	沙泥
17′-0″	紅泥	33′-0″	沙石
19′-0″	卵石及沙	37′-0″	硬沙石

第十三孔			
深度	土質	深度	土質
16′-0″	沃土，碎屑，及蜆壳	29′-0″	含沙狀紅色粘土
20′-0″	黑色爛泥，碎屑，及壳	29′-6″	紅色粘土，沙及卵石
21′-0″	蜆壳及紅色粘土	31′-0″	紅沙及卵石
28′-0″	紅色粘土	33′-0″	紅色沙石

第十五孔			
深度	土質	深度	土質
0′-0″	黑爛泥	20′-0″	堅實紅沙
8′-0″	碎石	23′-0″	紅沙泥
16′-0″	沙泥	31′-0″	不堅之紅沙石
18′-0″	沙泥碎石	32′-6″	堅紅沙石

（乙）打樁經過　鑽探地層，所以決定地基計劃。爲安全起見，除鑽探外，仍須試樁，以覘地層究竟。况機房活動震撼力甚大，地基稍有變動，則關係匪輕。通常試樁責任，可分爲兩種：第一種由業主出資試樁，待試得結果後，根據以爲設計，然後招商照計劃施工。第二種由承商定用某種樁，担保能負荷所定重量，爲彼此互信計，復有試樁之舉。晚近打樁公司桒多，故多採用第二種辦法，以歸簡易。查機器之安裝，與地基有連帶關係，機器於安裝後，或有變動，而供給機器商人，每每諉諸地基未善者事所常有。市政府爲慎重起見，於新電力廠着手設計之頃，决定須西門子電機廠同意負責。新電廠地基工程進行之始，籌備委員會用西門子廠交來地基載重圖，分函徵求省港各打樁公司計劃估價。計應徵者在廣州祗有廣華及馬克敦兩公司。廣華公司祗列價目，未有計劃，馬克敦公司則除有價目外，復詳報計劃，及已成之成績。樁別，則廣華用灌三合土樁，而馬克敦公司則用鋼樁。鋼樁之用，在我國尙屬新穎，是否適合於地基，實有討論之必要。但馬克敦公司計劃頗見週詳，據其負責人稱：願担保其計劃能負所估重量，且可試樁證明。而西門子洋行，亦認爲有同意負責可能。經三方幾度會議後，决定由馬克敦公司担保其本身計劃之安全，而西門子洋行亦在馬克敦公司計劃圖上簽字承認。市政府遂將新電力廠地基工程，批准交馬克敦公司承造，限期爲 165 天完竣，所用鋼樁，係從德國訂購。工作進行時，所設樁架，高約 20 公尺，其下配置燃油蒸汽爐兩個，水泵一副。蒸汽爐除供氣打樁扯樁外，復以推動泵機泵水，蓋以備水喉用途也。樁架設備外，復有氣壓機車，製造氣壓，備鉚釘及鋤鑿等用。其他如電銲電割等設備亦多。對於巨量樁架之移動，在樁架下設有實心鐵管，並在工場各方埋藏錨石，以便扯動，在打樁設備上尙稱完備。

在合約及三方議定之圖則內，原定各部份均用鋼樁。後經西門子洋行德國總行認鋼樁之用於受震撼活力之透平機地脚，爲有考慮價值，獻議採用三合土樁，以求質體宏大，免上重下輕之弊。

有此考慮,自應審愼,遂決定提前載重試樁,以覘究竟。

(編者按,原附西門子洋行地基載重圖及馬克敦公司地基計劃圖,以不便製版,從略。)

(丙)試樁經過　試樁爲一種工程上學理試驗,依此以作設計及實施之根據,自應審愼周詳,俾獲準確結果。此次試樁,關於紀錄方面,完全由新電力廠籌備委員會工程處主持,西門子廠則派何嘉德工程師在場襄理而馬克敦公司則担任供給工具及材料。計先試鋼筋三合土樁兩條,後又試鋼樁兩條。關於鋼筋三合土樁試驗,在國內外不少先例,惟關於試驗鋼樁則在國內可視爲創舉。誠以鋼樁,尤其爲關邊工字鐵,見用於工程界之時尙短。以德國而論,最近仍有雜誌登載其討論文章,得失之衡,尙在硏究之列。此次試驗自有相當價值。惜載重辦法未免陳舊,重量搬運,既費時間,而搬運時之震撼,每使兩樁受力不勻。故所得結果,亦祇供參考而已!茲詳說如后:

(一)試驗鋼筋三合土樁

材料　鋼筋三合土樁之材料,以堅實爲上,其堅實程度,與其年齡隨增。如臨時凝製,需時既多,且堅實問題,亦有考慮。嗣悉市內華益公司有在七年前已凝製而未用者。因商由馬克敦公司向其購用,該項舊樁長度爲35呎,剖面爲14吋見方,內包藏1吋方鋼筋五條。

地點　擇在泵房內平台柱脚下,將來該柱脚載重爲13公鐵,所以擇此之原因,蓋以試過之樁將來復可利用也。試樁兩條,南北排列,相距約3公尺,定名南樁爲第一號,北樁爲第二號。

打樁　打樁用烏崗式第一號(Vulcan Hammer No.1)單効錘。謂爲「單效」,指其用汽提升,自重下墮之意。該錘活動部份,重2.5公鐵全升爲1公尺,半升爲半公尺,若以錘之效能稱之,則全升爲全能,全能數爲2.50公尺公鐵。半升爲半能,半能數爲1.25公尺公鐵。

最先用半能錘打第一號樁,並助以水唧,不數錘而入地甚深。

且深入甚驟,不易記錄,直至深入地面至5公尺後,意者已過浮沙,水喞功效所不易及,則樁入漸緩,每錘約入地2公分,且深入甚有規則。及至深入地面7公尺時,樁入驟難,因易半能錘爲全能錘。但仍不見若何變化,卒以五十八錘深入44.5公厘,即平均每錘深入0.77公厘而止。按該樁共長7.721公尺(參閱圖五)。

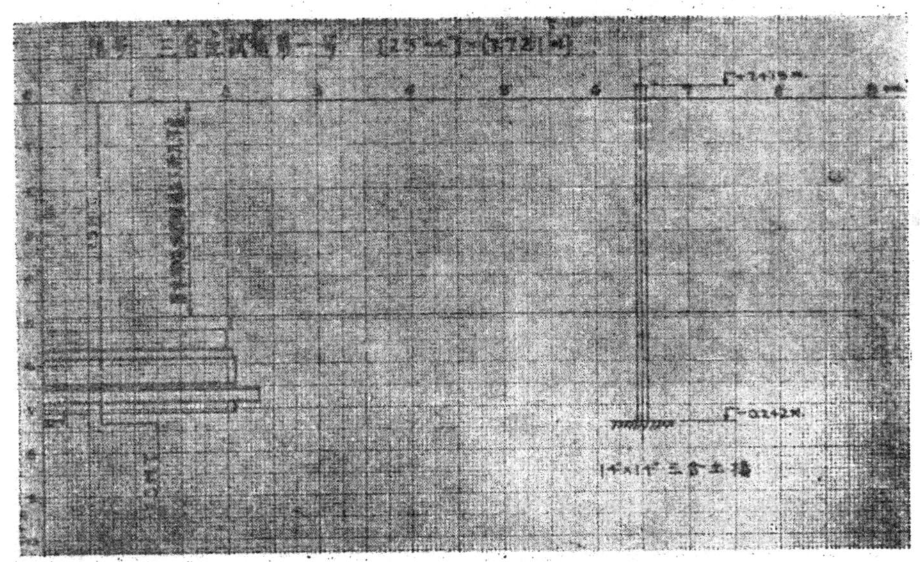

圖（五）

其次,用半能錘打第二號樁,摒水喞不用,第二號樁入土較難,深入程度則甚規則。及至入地7公尺時,益見難入,每錘約半公厘,遂易半能錘爲全能錘,如是樁入乃變,且不規則,直至入地10公尺處,復見堅實。最後,以每四十錘深入38.1公厘,即平均每錘深入約0.95公厘而止。按該樁共長10.363公尺(參閱圖六)。

試樁　打樁既畢,試樁開始。載重材料採用馬克數公司運來鋼樁,每重1.050公噸。全載至180公噸,即每樁受90公噸時,始行測驗,察得:

關於第一號樁,在其初載時,驟然坐落2公厘。以後經十六小時略無變化,經一夜霖雨,即四十八小時後,共坐落3公厘。此3公厘之坐落數迄至卸重後,亦無變化(參閱圖七)。

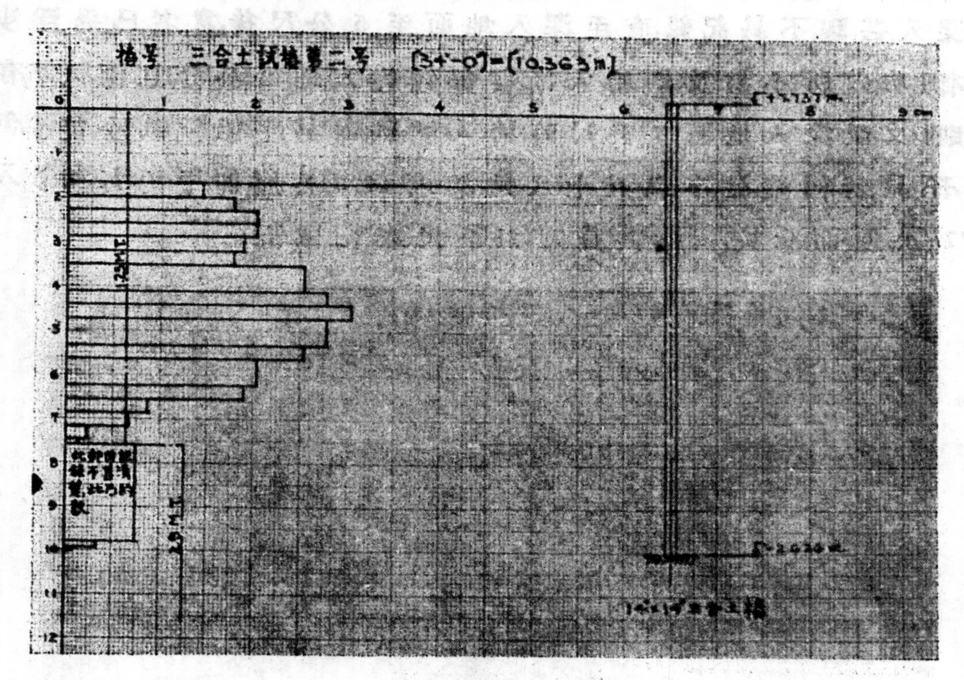

圖　（六）

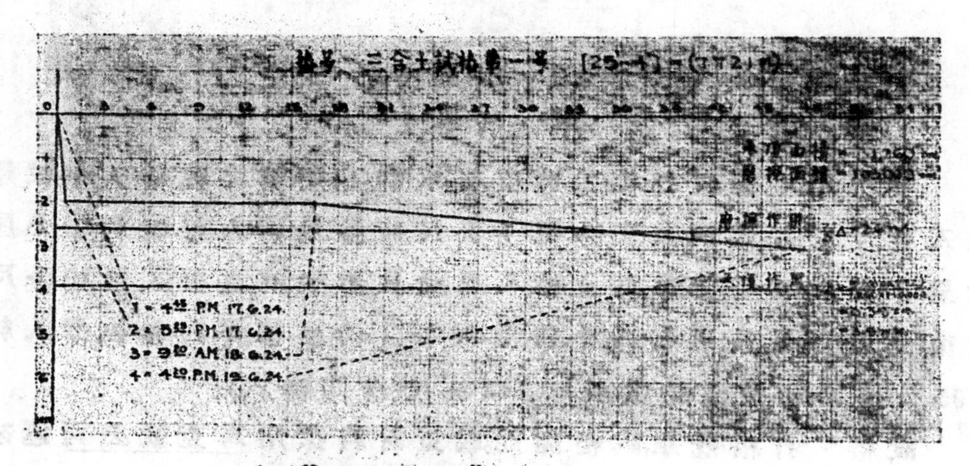

1. 載重＝90公噸
2. 超落載重在此邊
3. 未加載重時樁頂平水＝7.479公尺
4. 加載重後共陷下＝3公厘
5. 加載重後樁頂平水＝7.476公尺
6. 載重移開後樁頂平水＝7.476公尺
7. 載重移開後此樁並無突上或再下

圖（七）

關於第二號樁情形較好,初載毫無坐落,二時後始見低縮,至十六小時後,坐落至1公厘。至此樁則固定,經四十八小時,毫無變化,即卸重後亦無變動(參閱圖八)。

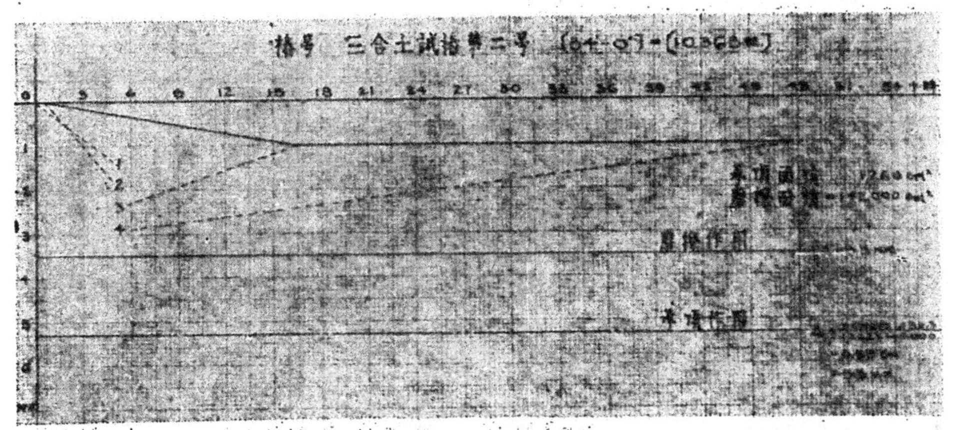

1. 載重＝90公噸
2. 起落載重不在此邊
3. 未加載重時樁頂平水＝7.737公尺
4. 加載重後共壓下＝1公厘
5. 加載重後樁頂平水＝7.736公尺
6. 載重移開後樁頂平水＝7.736公尺
7. 載重移開後此樁並無突上或再下

圖（八）

結果　察兩樁坐落數不多,均不超出承頂作用之自擠綫,第一號樁雖略超出磨擦作用之自擠綫,但爲數不多。至於第二號樁,則並磨擦範圍亦未超過也(參閱圖七及八)。

（二）試驗鋼樁

材料　自以馬克敦公司計劃所擬定之闊邊工字鐵爲準。蓋以證明其受二十錘深入祗一吋,能承100公噸重量之說也。(按二十錘一吋等於每錘1.27公厘)該樁邊闊爲24公分,標準長爲12公尺,過長可以截斷,過短則可用鉚釘鉚接,一切均載計劃圖。

地點　擇定在鍋爐房及透平機房,中間隔牆,取其適中。樁號照計劃圖中爲二十九號及三十一號,排列南北,距離爲6.45公尺。

打樁　仍用烏崗錘,始終使用全能,並規定速率每分鐘在六十餘以上。

關於廿九號樁,初則入地甚速,至入地10公尺後,乃見遲緩。但

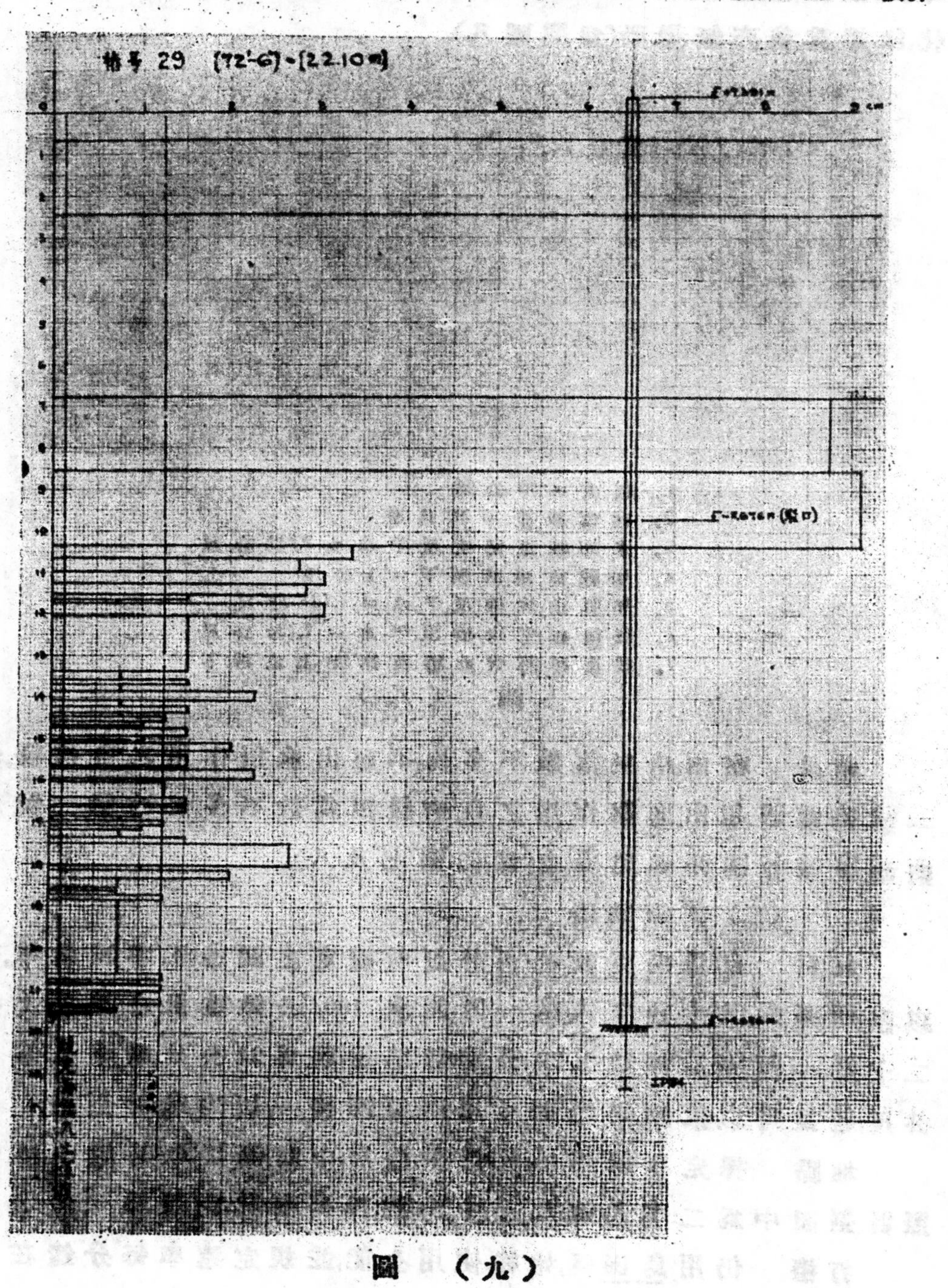

圖(九)

深入程度,較規定仍大,及至全樁入地,每錘深入程度仍有1公分之多。認爲不足,遂駁樁續打,駁樁後,入地略見規則。及入地21公尺,頓覺深入程度甚微。最後以五十錘深入數爲31.8公厘,即每錘僅入0.64公厘而止。按二十九號樁入地21公尺,樁本身長計22.1公尺(參閱圖九)。

關於第三十一號樁情形較好,入地5公尺已見堅硬,每錘祇入地1—2公分。此種現象,直至駁樁後再過4公尺不變,及至16公尺地層,益見堅硬,最後以二十錘入地6.35公厘,即每錘入地0.32公厘乃止。按該樁入地共18.35公尺,而樁本身長則爲18.50公尺(參閱圖十)。

試樁　用樁以每條能受100公噸爲標準,而試樁則應於標準載重外,復加百分之廿五。即受重須至125公噸以示保險。此次試樁載重,即以此數爲目標。載重材料,仍用鋼邊工字鐵,不足之數以鋼板樁補充之。至於測量平水,爲準確起見,曾挖地成壕,壕中設兩臨時水準標點,以資比較(圖十三)。又載重以15公噸爲一級,每級觀測一次。

關於第二十九號樁,在負載15公噸時,毫無坐落,及增至30公噸,始坐落1.5公厘,此數直至45公噸不變。自此以上則坐落數與載重數幾成比例,至80公噸,坐落數與磨擦作用自擠數同,過此坐落較速,至115公噸,坐落數又與承頂作用自擠數同。過此坐落程序頓見增加,至125公噸全載時,共坐落15.5公厘。經一晝夜復坐落7.3公厘,計總共坐落22.8公厘乃止。以後尙無變化(詳圖十一)。

關於第三十一號樁打樁時,已見其成績,今試樁尤顯坐落情形,雖與第二十九號近似,然爲數更微。至80公噸坐落數,與磨擦作用自擠綫交會後,坐落則不見大,直至載重125公噸,共坐落9公厘,經一晝夜,再落0.5公厘,合共9.5公厘而止。並未超出承頂作用自擠範圍。(詳圖十二)

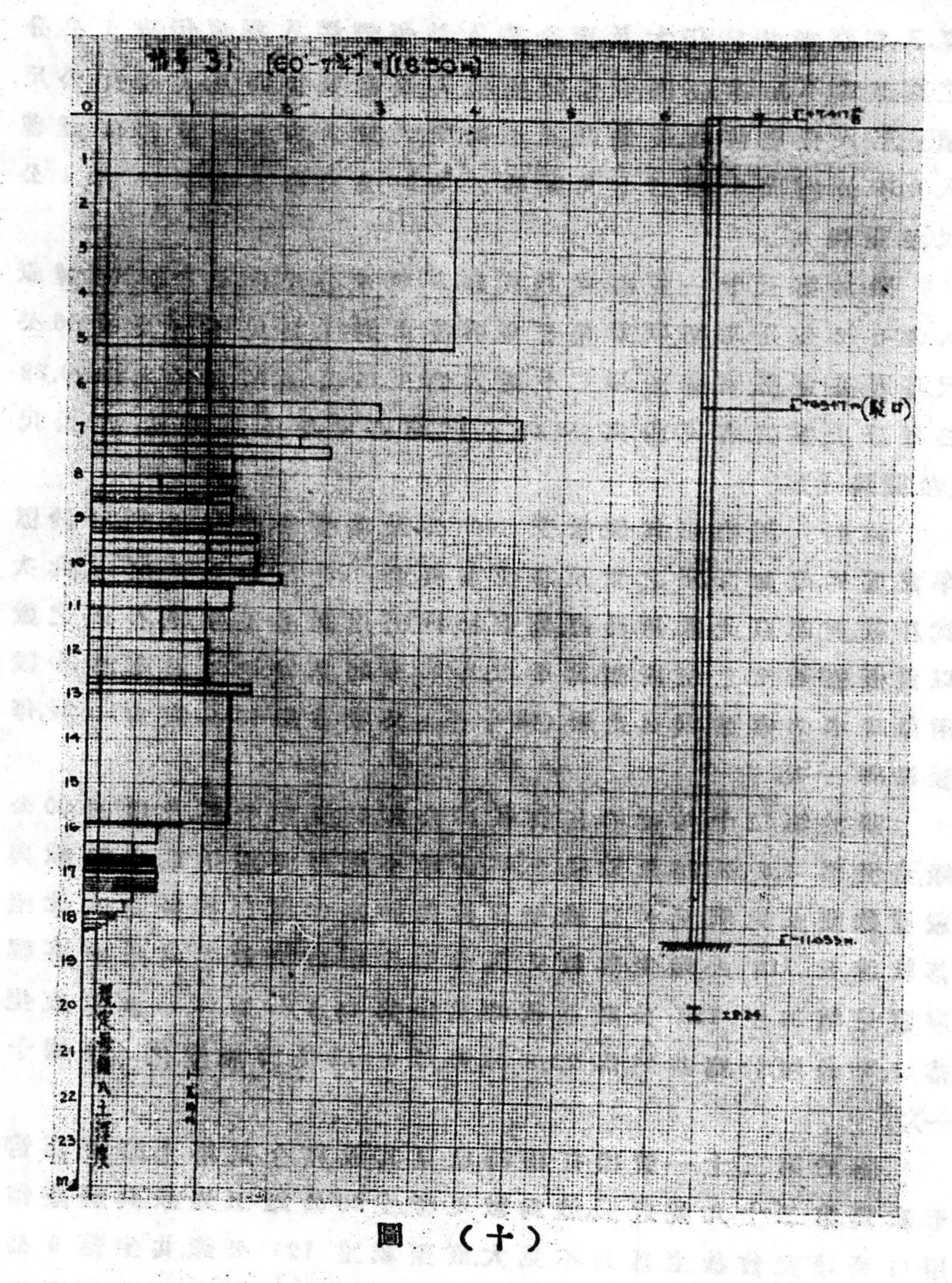

圖（十）

結果兩樁比較,則二十九號樁較三十一號良好。即在卸重後,第二十九號樁仍繼續坐落 1.7 公厘,而第三十一樁則反突上

8 公厘(詳圖十三)。兩樁同一構造,同一環境而結果相差若是。考其原因,殆載重起落,均在第二十九號樁,則拋擲震撼,不無影響。然就大體而言,所打鋼樁,載重在 100 公噸時,仍不超過其承頂作用自擠範圍,衡情而論,尚可稱爲滿意也。

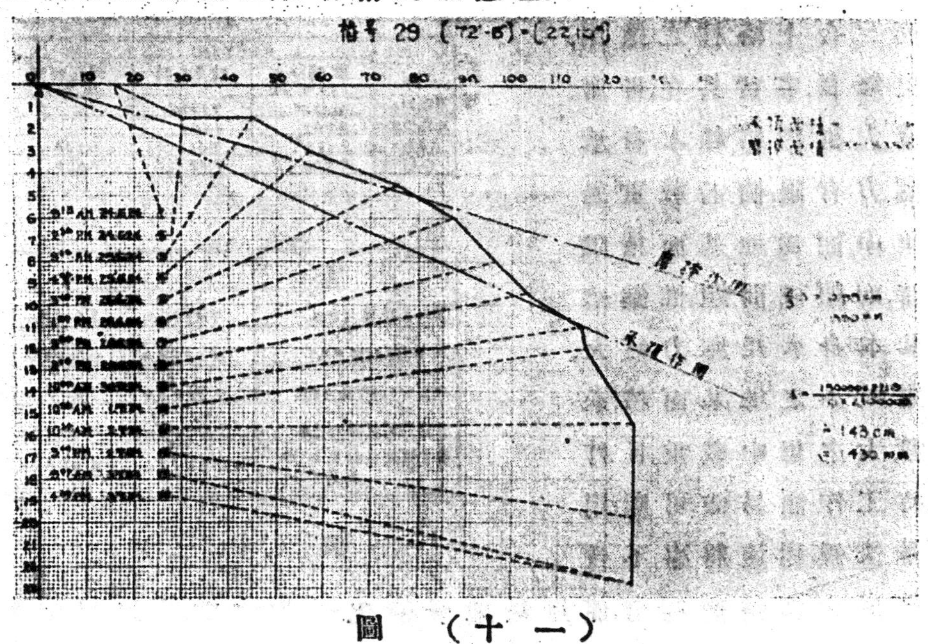

圖(十一)

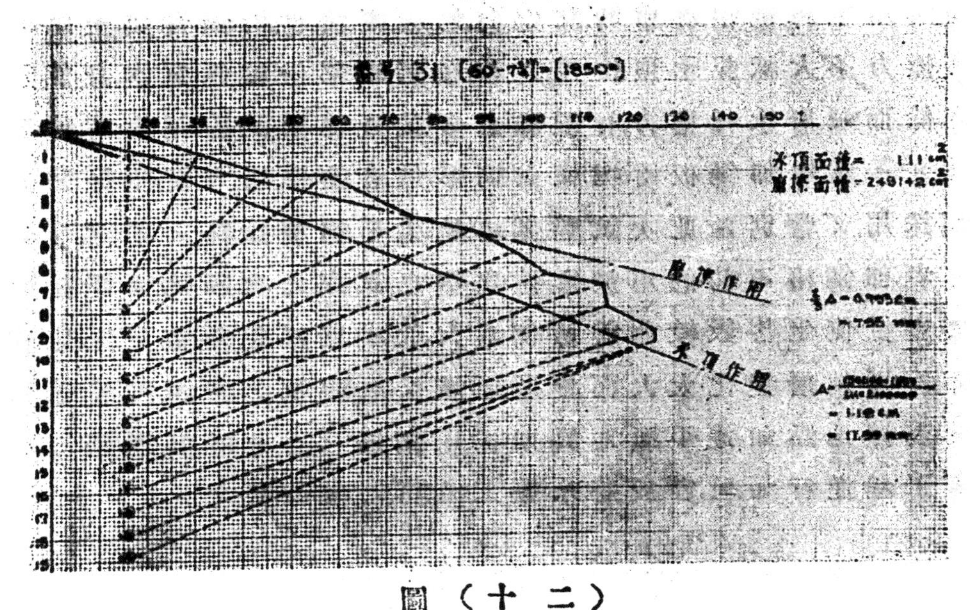

圖(十二)

(丁) 試樁後意見

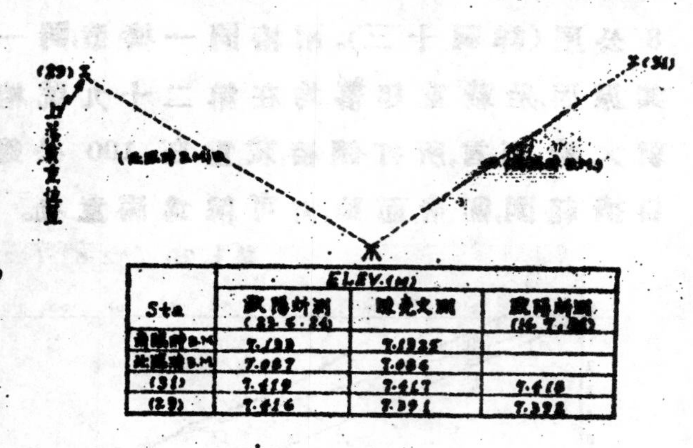

Sta	ELEV.(m)		
	歐陽炘測 (23.5.24)	陳虎文測	歐陽炘測 (26.7.[illegible])
[illegible]B.M	7.133	7.1335	
[illegible]B.M	7.087	7.086	
(31)	7.419	7.417	7.418
(29)	7.416	7.391	7.392

樁號	29	31
未加重時樁頂平水	7.4160m	7.4190m
加重125噸時共降下	0.0228m	0.0095m
加重125噸時樁頂平水	7.3932m	7.4095m
載重移開後樁頂平水	7.3915m	7.4175m
載重移開後樁昇上(+)或再降下(-)	-0.0017m	+0.0080m

圖（十三）

地基工程正在進行,本難遽下斷語。惟就本身樁柱選擇問題而言,以爲關於鋼筋三合土樁柱之選用,歷史悠長,事實具在,毋庸多贅。大抵因樁柱本身承托應力有限,倘若載重過於集中,而爲地基面積限制時,則頗成問題。惟鋼樁則其本身承托應力較大,可用較小之地基面積,承載較大之集中載重。且打樁時工作簡易,儘可應用重量快鎚趕速將事,不致有破碎之虞。最便利者,係用於地層變化太甚之處,其駁長截短,立刻可用電焊電割從事,時間定向,均極經濟也。惜鋼質與土壤間之磨擦力不大,祇靠承頂作用之樁,在尾端部份,縱鋼質本身能承托有餘,而硬層承托應力,有須顧慮者。最近德國試驗鋼樁時,曾在樁柱之一處,增加鋼板兩塊,使成筒形,於磨擦作用方面,頗得助力,今未採用,又當別論。此次試驗鋼樁結果,所得概論,略如前說。今更欲言者,即鋼樁不甚適用於震撼建築也。試以此次所試兩鋼樁而論,其震撼側坐落數,較非震撼側爲大。故本廠採用鋼樁於固定載重部份,因地層變化太大而地基面積又有限制之原因,尚覺適宜。至於震撼地點,如透平機地脚,則採用鋼筋三合土樁。但鋼筋三合土樁工程進行如何,容於將來施工時,再詳細研究之。

粤漢鐵路株韶段橋樑涵洞之設計

梁 旭 東

粤漢鐵路株韶段副工程司

摘要： 粤漢鐵路株韶段由湖南之株州起，至廣東之韶州，全長計四百五十六公里，其中大小橋渠有一千三百餘座。全部橋渠建築費約需一千二百餘萬元，佔鐵路資本賬大宗支出之一。本篇首將本路橋渠之環境分別說明，以定設計方針；又各種橋樑優劣之點，亦列表比較，以憑選擇。

對于橋樑孔數與跨度之決定，根據經驗與理論作切實之商討，以供優劣之判斷。又橋渠翼牆之式樣及其高度，與橋墩內有無鋼筋設備之利弊，亦加研究。據作者研究之結果，用鋼筋之後，可減少橋墩之體積及重量，利多弊少，故該路除一二兩段外，所有橋墩均有鋼筋設備。

該路各種橋渠設計所根據之活重係古柏氏 E—50。至于橋渠應留流水截面面積之設計，係採用實用公式。

本篇由秦方薛先生代讀。 論文委員會識

（甲）引言

粤漢鐵路株韶段由湖南之株洲起，至廣東之韶州止。全長計四百五十六公里。其間大小橋渠有一千三百餘座，全部橋渠建築費約需一千二百餘萬元，佔鐵路資本賬大宗支出之一。況橋渠為路線最要部份，與行車之安全有密切關係，若設計不善，於經濟及安全均有莫大影響。故本路對於橋渠，均依據工程上之學理，參以實地上之情形，精密設計，俾臻完善。茲將本路橋渠之設計情形詳述於后。

(乙) 各總段地理上之情形

設計橋渠,固須依據工程學理,但在設計之先,尤須研究各段地理上之情形,方可定設計之方針。至地理上情形所包括者凡有五項:(一)地形,(二)地質,(三)交通狀況,(四)附近所出產之建築材料,(五)氣候情形。本路各總段地理情形見第一表。

(丙) 本路所採用橋渠之種類

綜觀上表,可知全路之氣候均係溫和潮濕,不宜利用木材,以建築橋渠。又以交通之不便,運輸之艱難,採取建築材料均以就地取材爲原則。凡外來之材料,苟有可替代者,均避而不用;無可替代者;則盡力節省之。如純鐵,浪紋水管,生鐵水管,及木橋木渠,均一概避而不用,鋼筋及鋼料均力求其省。故本路所擇用之材料,均係永久堅固,而又就近可得者。此種材料,不外砂石,水泥,及鋼鐵等。利用此種材料所建造橋渠之種類,略分如下:

(一) 橋樑之種類(跨度每孔在四公尺以上者屬此類)

(1) 鋼橋　此種橋樑本身用鋼鐵建造,橋台及橋墩均用水泥混凝土或用石料建造。

(2) 鋼筋混凝土橋　橋樑本身用鋼筋混凝土建造,橋台及橋墩用水泥混凝土或用石料建造。

(3) 拱橋　此種橋樑全部用水泥混凝土或鋼筋水泥混凝土或石料造成。

(二) 涵渠之種類(每孔跨度在四公尺以下者屬此類)

(1) 明渠　凡渠頂不塡土之涵渠皆屬此類。此類又可分爲二:

A.鋼筋混凝土明渠　渠面用鋼筋混凝土製造,兩邊渠牆用混凝土或石料建造。

第一表　粵漢鐵路株韶段地理情形一覽

總段名稱	起止地點	地面狀況	地質狀況	交通現狀	附近所出產之建築材料	氣候情形
第一總段	韶州至樂昌	本段路線所經之處十之三四係平地十之六七係山地河道亦較紆緩	本段內之地層大部份均係沙石惟除數處外石層均深藏土中	材料運輸半藉汽車半藉人力頗不利便	沙石木材均可得之於附近各地惟不若第二總段之便	氣候溫和潮濕
第二總段	樂昌至羅家渡	本段路線依山面水而行經過之地起伏甚大大部份均係石山山上樹木亦少附近河流均甚湍急	路線經過處之地層十之八九均係石灰岩且石層甚近地面間有露出者	一切建築材料可藉武水運輸惟水淺灘多行舟不便	沙石二者隨處可得	仝上
第三總段	羅家渡至水頭洞	本總段第一及第二分段路線均行於萬山之中地勢起伏甚大河流亦甚湍急惟地面上樹木則較第一總段爲多至第三分段所經之處半屬平地半屬山地	第一分段之地層均係沙石岩第二及第三分段均係石灰岩惟岩層深淺不一各橋渠之基礎不能盡在石層上建築	第一分段尚可藉武水及白沙水運輸材料然逆流而上亦甚不便第二及第三既不能水運又不能全用車運故運料殊覺困難	除第一分段外沙石二者均隨處可得松木沿線亦有產生	仝上
第四總段	水頭洞至高亭北	本段路線所經之處十之三四係平地十之六七係山地河道亦較紆緩	本段內之地層大部份均係沙石惟除數處外石層均深藏土中	材料運輸半藉汽車半藉人力頗不利便	沙石木材均可得之於附近各地惟不若第二總段之便	仝上
第五總段	高亭北至觀音橋	本段路線所經之處十之三四係平地十之六七係山地河道亦較紆緩	本段內之地質半屬沙石及石灰石半屬沙土大部份岩石均深藏土中	料運可藉汽車及舟楫惟運費頗昂	沙石木材均可得之于附近各地惟不若第二總段之便	仝上
第六總段	觀音橋至雷溪市	本段路線所經之處十之六七係平原十之三四係邱陵山地起伏不大坡度平易河道亦甚平緩	本段經過處之地質十之三四係沙石十之六七係沙土及卵石	料運可藉人力汽車及舟楫較四五總段爲便	沙及紅沙石可得之于附近各地惟青石須來自遠處	仝上
第七總段	雷溪市至株洲	仝上	本段地質十之三四係沙石及石灰石十之六七係沃土及沙土卵石等	料運可藉舟楫及人力頗爲便利	沙石二者均可得之於附近各地	仝上

B.鋼明渠　渠面或用鋼樑承托軌道或於跨度在五十公分以下時直接用鋼軌跨過,兩邊渠牆亦用混凝土或石料建造。

(2)暗渠　凡渠頂填土之涵渠皆屬此類,此類又可分爲九:

A.鋼筋混凝土管渠　此種涵渠即用鋼筋混凝土水管建造於石砌之管基上。

B.鋼筋混凝土箱渠　此種涵洞,全部用鋼筋混凝土製造。

C.混凝土箱渠　洞頂用鋼筋混凝土建造,兩邊渠牆用混凝土建造。

D.石砌箱渠　洞頂亦用鋼筋混凝土建造,惟兩邊渠牆則用石料砌成。

E.鋼筋混凝土拱渠　此種涵洞全部均用鋼筋混凝土建造。

F.混凝土拱渠　此種涵洞全部均係混凝土建築,惟內部不用鋼筋。

G.石砌拱渠　此種涵洞係用石料砌成。

H.倒虹吸渠　此種涵渠或係管渠,或係箱渠,惟渠之兩端均高出於路面,成U式樣。

(丁)各種橋渠優劣之比較

以上各式橋渠,各有優點,亦各有劣點,利於甲地者或不利於乙地,在甲地建造經濟者未必在乙地亦得同一結果,實無絕對可用之式樣,亦無絕對不可用之式樣。採用之時,必須考察各種涵洞之性質及其優劣之點,再參以實地之情形,作一精密之選擇,而後決定。

各種橋渠之優劣比較如第二表。

第二表　各種橋渠優劣之比較

橋渠種類		優點	劣點	適宜建築此種橋渠之處
橋	鋼橋	1. 易于建造 2. 易于修理 3. 鋼橋之橋台及橋墩稍有不平均之低陷可不生危險	1. 修養費頗鉅 2. 壽命較短 3. 建築費較大 4. 大件材料運輸困難 5. 鋼橋建築在坡道上頗不適宜	凡在土質疏鬆運輸利便之處橋之跨度又在十公尺以上者以建造鋼橋爲宜
	鋼筋混凝土橋	1. 在十公尺以內者建築費較鋼橋爲廉 2. 無修養費 3. 混凝土橋材料均屬另碎小件運輸較易 4. 外觀較佳 5. 除鋼筋外一切材料均係國貨	1. 壽命較拱橋爲短 2. 不易修理 3. 在十公尺以上者建築費較鋼橋爲昂	凡在土質不甚疏鬆運輸不甚便利之處橋之跨度又在十公尺以下者以建此種橋樑爲宜
樑	拱橋	1. 無修養費 2. 拱橋如不遭意外破壞其壽命有永久性 3. 拱橋材料均屬零碎小件運輸較便 4. 外觀較佳 5. 拱橋在坡道上與平道上同一安全 6. 除鋼筋外一切材料均係國貨	1. 不適宜于泥土疏鬆之處 2. 拱橋施工時較爲困難如萬一不愼則補救不易 3. 拱橋如遭意外損壞修理甚難	凡橋址土質堅硬或係岩石而交通又不便利附近能產良好之石料者以建此種橋樑爲宜
涵	鋼筋混凝土明渠	1. 無修養費 2. 材料除鋼筋外均係國貨 3. 易於建造 4. 宜於渠底離路面甚淺之處	1. 壽命較暗渠爲短 2. 建築費較暗渠爲昂	凡在土質良好而渠底離路面甚淺不能建築暗渠者宜用此渠
	鋼明渠	1. 每孔跨度在半公尺以內者可不用鋼樑故建築費較廉 2. 易於建造 3. 宜於渠底離路面甚淺之處	1. 跨度在半公尺以上者建築費較暗渠爲昂 2. 跨度在半公尺以上者修養費亦較暗渠爲昂	凡每孔跨度在半公尺以內而渠底離路面甚淺不能建造暗渠者宜用此渠
	鋼筋混	1. 口徑在一公尺以內者建築費較出水面積相同之箱渠爲廉	1. 口徑在一公尺以上者建築費較箱渠爲昂 2. 口徑在一公尺以上者建	凡在土質疏鬆之處而所需出水面積又屬不大者宜用此渠

凝土管渠	2. 宜於基礎土質疏鬆載重能力薄弱之地 3. 無修養費 4. 壽命有永久性	築時亦不便	
鋼筋混凝土箱渠	1. 渠身較他種箱渠為堅固 2. 渠底壓力平均故宜于土質疏鬆載重能力薄弱而填土頗高之處 3. 無修養之處 4. 壽命有永久性	1. 建築時較難 2. 在產石之處此種箱渠之建築費較他種為昂	凡在土質疏鬆填土頗高之處而又需大量出水面積者宜用此渠
混凝土箱渠	1. 在產石之處此種涵洞之建築費較廉 2. 建築較易 3. 無修養費 4. 壽命有永久性	1. 渠底壓力不均不宜於土質疏鬆載重能力薄弱之處 2. 不若鋼筋混凝土箱渠之堅固	在土質堅硬或填土不高之處應用此渠
石砌箱渠	1. 在產石之處此種涵洞之建築費較廉 2. 易於建築 3. 無修養費	1. 渠底壓力不平均不宜於土質疏鬆載重能力薄弱之處 2. 不若鋼筋混凝土箱渠之堅固而耐久 3. 渠壁不如鋼筋混凝土渠之平滑故其出水量亦較出水面積相同之混凝土箱渠為少	有土質堅硬或填土不高而附近能產良好之石料者應用此渠
鋼筋混凝土拱渠	1. 在基礎土質堅實之處能承受高填土之壓力 2. 此種涵洞宜于排洩多量之水 3. 此種涵洞因有鋼筋之設備故雖有微細不平均之沉陷亦可免破裂 4. 無修養費 5. 壽命有永久性	1. 不宜于土質疏鬆載重能力薄弱之處 2. 施工時較為困難 3. 如遭意外損壞修理不易	在土質堅硬而又需大量出水面積者宜用此渠
混凝土拱渠	1. 在基礎土質堅實之處能承受高填土之壓力 2. 此種涵洞宜于排洩多量之水 3. 無修養費 4. 壽命有永久性 5. 施工較有鋼筋者為便利	1. 不宜于土質疏鬆載重能力薄弱之處 2. 若基礎有微細不平均之沉陷則渠身即見裂痕 3. 如遭意外損壞修理不易	在土質堅硬或係岩石之處而又需大量出水面積者應用此式

洞	石砌拱渠	1. 在產石之地建築費較廉 2. 在基礎土質堅實之處能承受高填土之壓力 3. 此種涵洞宜於排洩多量之水 4. 無修養費 5. 壽命有永久性	此種涵洞之劣點與混凝土拱渠相同	在土質堅硬或係岩石之處附近能產良好之石料並需大量出水面積者應用此渠
	倒虹吸渠	此種涵洞僅適宜于引水流過路塹之用他處均不經濟		

綜觀上表,可知各種橋渠各有優劣之點,各有適宜之處。本路選擇橋渠之時,均視實地上之情形,考察各種橋渠之利弊,去其所不利,而取其所合宜。第二,三,四,五總段以地質較爲堅硬,產石較多,故多用拱橋及石砌涵渠。至六,七兩總段,土質較鬆,運輸便利,故採取鋼橋及鋼筋混凝土涵洞亦較多。

又單孔橋渠之與多孔橋渠,長方形涵渠之與正方形涵渠,亦各有優劣之點。除特別情形外,普通單孔涵渠常較同出水面積同種類之多孔涵渠爲經濟,正方形涵渠之建築費亦較長方形者爲廉,惟每以填土之關係及實地之需要,捨單孔及正方形而取多孔與長方形,亦常遇及。至單孔鋼橋與多孔者在經濟上之比較,全視鋼橋本身之重量及橋墩之高低而定。普通欲得最經濟之孔數或最經濟之跨度,務使鋼橋本身與橋墩及橋台總値之和爲最小時爲準,或卽全橋身之値與橋墩及橋台之値相等時方爲最經濟之跨度,但每爲水道面積交通情形及建築時間所限制,亦略有所變更。總之橋渠之孔數亦必須按照實地上之情形,並施以經驗上之判斷,方能決定。

(戊) 橋渠翼牆之式樣及其高度與橋墩內有無鋼筋設備之利弊

橋渠設計是否完善,與所定翼牆式樣有密切之關係。蓋翼牆乃橋渠重要部份,苟式樣不良,影響於經濟及安全均非淺鮮。普通橋渠翼牆之式樣路分爲三:(1)U字式,(2)八字式,(3)直式。就水力上言,則以U字式易使水流起旋渦,水流不暢,直式易使水流侵入護牆之後,致有崩圮之虞,惟八字式爲最佳之式樣。若就經濟上言,則橋梁之翼牆以U字式爲最經濟,且高翼牆可將內部做成拱形,尤爲經濟,試觀「各式橋台比較圖」及圖上材料之數量,即可知之。故本路均採用U式。至涵渠之翼牆則以直式爲最佳,惟U字式建築便利,八字式水流暢快,涵洞之効力增大,且(1)(2)兩式與(3)式材料相差之數量亦甚微少。故本路爲便利及安全計,除少數明渠外,均採用(1)(2)二式。至涵洞翼牆之高低,與涵洞之長短亦有直接之關係。如路堤坡度爲1.5:1,則翼牆加高1公尺則每端涵洞長度可減省1.5公尺。就涵洞本身論之,則愈短愈經濟。就翼牆而論,則牆愈低愈經濟。惟每座涵渠全部建築費達到最經濟之地位,則翼牆與洞身建築費之和應爲最小數。欲得此最小數,必須使加高每單位高度所增加翼牆之建築費,適等於減省涵洞之建築費。大抵在管渠及小箱渠以翼牆愈低爲愈經濟,其在大箱渠及拱渠,則可酌量加高翼牆,使渠身縮短。

橋墩有無鋼筋之設備,亦各有利弊之點。無鋼筋者建築較易,又可省鋼筋之費用。若用鋼筋建築,固較爲困難,並增加鋼筋之費用,但(1)可減少橋墩之體積,則建築費亦可減省,(2)減少橋墩之體積,即減少阻礙水流之面積,亦即增加流水之面積,(3)減少橋墩之體積,即減輕橋墩之重量,在土質疏鬆之地,須打樁以承托橋墩者,則因橋墩重量減少,木樁之數量及橋墩基礎之體積均可減省。總之有鋼筋橋墩利多弊少,而費亦較省。故本路除第一,二兩總段外,所有橋墩均有鋼筋設備,此爲橋墩設計上之特點。

(巳)各種橋渠之設計

(一)設計上各項數量之規定

(1)活重　經部核定,採用古柏氏E—50。

(2)衝擊力　假定爲活重百分之一百。

(3) 死重　規定道渣厚度38公分,泥土每立方公尺之重量爲1600公斤,道渣每立公方公尺1900公斤,道木鋼軌及扣件等每平方公尺250公斤,混凝土每立方公尺2400公斤。

(4) 泥土之橫壓力(Horizontal equivalent fluid Pressure)　每平方公尺爲165公斤。

(5) 其他如水力,風力等均依實地情形定之。

(6) 各種建築材料之應力　規定如第三表。

第三表　各種建築材料之許可應力

材料名稱	力之種類	每平方公分能勝任之力
一,二,四,水泥混凝土	壓力	40 公斤
一,三,六,水泥混凝土	壓力	30 公斤
一,四,八,水泥混凝土	壓力	20 公斤
一,二,四,水泥混凝土	引力	
一,三,水泥沙漿砌片石	壓力	5 公斤
一,一,六,水泥石灰沙漿砌片石	壓力	4 公斤
一,三,水泥沙漿砌整方塊石	壓力	30 公斤
鋼筋	壓力	十五倍于混凝土之壓力
鋼筋	引力	1,100 公斤
混凝土與竹節鋼	黏合力	70 公斤
一,二,四,混凝土	剪力	10 公斤（有鋼筋設備者） 4 公斤（無鋼筋設備者）
洋松	壓力 順紋 逆紋	110 公斤 25 公斤
洋松	引力	85 公斤
洋松	順紋剪力	11 公斤
洋松	彎力	1.0 公斤
本地松	彎力	70 公斤
本地松	順紋壓力	65 公斤
硬木	壓力	100 公斤
硬木	順紋剪力	15 公斤

(二) 橋渠應留流水截面面積之設計

計算橋渠應留流水截面之面積,須先知(1)溪河流域內之降雨量,(2)溪河流域之面積,(3)地土及種植情形,(4)水道之形式及傾度,(5)涵洞之形式等五種問題。關於(1)項,即降雨量之多寡,本路以測量後即須動工,時間匆匆,事先未有多年之紀錄,祇有由調查而求其約數。關於(2)項,流域之面積小者,作實地之測量,大者則由普通之詳細地圖上而求得其面積。關於(3)(4)二項,均由實地調查而得之。關於(5)項,即涵洞之形式,則可按實地之需要,再參以經驗上之判斷而定。本路計算流水截面面積,係用實用公式,參以實地觀察上之結果。蓋由實用公式以係數之關係,殊難得一準確之面積,祗可視爲一種約數,仍須以實地觀察上之結果,作爲參考,方爲可靠。惟本路二,三,四,各總段均有一部份路線經過人跡鮮到之區,無河道上之建築物及其他之記錄以供參考者,則祇有利用實用公式加以經驗上之判斷以決定耳。至本路所擇用之實用公式有二:(一)應留流水截面面積(平方英尺數)＝$C_1\sqrt{\text{河流域之英畝數}}$,(二)應留流水截面面積(平方英尺數)＝$C_2\sqrt[4]{(\text{河流域之英畝數})^3}$。(一)式中之係數$C_1$在平原應用1,在山嶺及岩石之地應用4。(二)式中之係數C_2,在山嶺地帶應用$\frac{2}{3}$至1,在耕種之地,春季有雪解流漲之情形,及流域之長度三四倍其闊度者,應用$\frac{1}{3}$;在無雪解之地,及流域長度數倍於其闊度者,可用$\frac{1}{5}$或$\frac{1}{6}$。

本路大多數橋樑所留水道之面積,均係按照最大水量估計,惟涵渠則依普通大水量估計。蓋水道截面面積若不足大水時之需要,致將橋樑衝壞,修理殊費時間,影響交通甚鉅;若涵渠或有損壞,修理較易,臨時又可建築便橋,妨礙行車甚微,且此種大水恆數年或數十年而一遇,遇到時亦未必至於損壞。故本路爲節省經費計,大多數涵渠之流水截面面積,概以普通大水爲標準。

至橋渠孔數之規定法,前節已詳言之,茲不再述。

第四表　粤漢鐵路株部段各總段橋渠最高最低單價之比較

項別	工作類別	單位	第二總段 最高價	第二總段 最低價	第三總段 最高價	第三總段 最低價	第四總段 最高價	第四總段 最低價	第五總段 最高價	第五總段 最低價	第六總段 最高價	第六總段 最低價	第七總段 最高價	第七總段 最低價
1	挖土質橋基	立方公尺	88	42	1.00	30	1.30	32	50	30	30	23	35	14
2	挖鬆石橋基	立方公尺	2.12	80	90	80	3.70	65	80	60	12.0	30	61	30
3	挖堅石橋基	立方公尺	2.12	1.70	1.88	1.70	4.80	1.40	1.50	1.00	1.70	50	1.22	68
4	1:3 洋灰沙漿砌片石	立方公尺	10.24	77	13.49	6.00	11.00	7.50	12.50	7.30	12.50	4.35	8.40	3.80
5	1:4 洋灰沙漿砌片石	立方公尺	7.20	7.20	10.63	8.79	10.80	7.50	12.50	7.60	7.00	5.80	8.40	5.30
6	1:1:6 洋灰石灰沙漿砌片石	立方公尺	10.24	7.42	10.50	6.00	12.90	8.80			7.00	4.63	7.00	4.20
7	1:2:9 洋灰石灰沙漿砌片石	立方公尺	8.90	7.50	9.40	5.40							4.50	4.50
8	1:3 石灰沙漿砌片石	立方公尺	9.35	7.00	7.81	5.20					8.50	4.95	6.43	4.40
9	乾砌片石	立方公尺	4.24	4.00	3.50	3.00	8.00	4.00	8.00	4.80	6.00	3.00	12.00	3.10
10	1:2:4 洋灰混凝土	立方公尺	21.63	15.50	32.20	14.50	22.70	17.00	21.50	16.80	23.00	9.75	25.00	12.00
11	1:2:4 鋼筋洋灰混凝土	立方公尺	24.71	16.50	31.40	16.50	26.00	19.40	23.50	18.80	25.00	9.00	19.40	12.80
12	1:2½:5 洋灰混凝土	立方公尺	20.88	14.00	22.90	17.50					13.30	8.46	13.56	11.50
13	1:3:6 洋灰混凝土	立方公尺	20.44	14.00	20.78	12.50	21.50	16.00	21.00	16.40	22.00	7.53	19.80	10.50
14	1:3:6 鋼筋混凝土	立方公尺					23.50	18.50	23.00	18.40				
15	1:4:8 洋灰混凝土	立方公尺	15.55	10.00	25.00	11.50	19.00	12.00	19.50	14.80	13.65	6.64	14.00	8.60
16	製造安置18"或45公分洋灰水管	公尺長	7.50	4.50	7.20	5.00	7.40	4.15	7.46	5.70	6.00	6.00	2.95	2.95
17	製造安置24"或60公分洋灰水管	公尺長	9.60	6.00	6.70	6.30	9.00	5.42	8.86	7.26	8.50	4.55	7.50	3.64
18	製造安置30"或80公分洋灰水管	公尺長	9.60	7.80	7.50	6.90	12.40	7.00	10.86	8.26	10.40	4.00	6.10	2.00
19	用25公分厚1:4洋灰沙漿塗橋頂	平方公尺	1.00	1.00	80	80							60	60

附註　(1)第一總段早已建築完成且當時單價係以墨洋計算故未列入此表內

(2)本表內之單價不包含水泥及鋼筋之價值惟其他一切工料均包括在內

(三) 各式橋渠各部份所用材料及其大小尺寸之設計

各式橋渠所用之材料,必須合乎實地上之情形及經濟上原則。至建築物各部份大小尺寸應如何規定,則須依據工程上之學理,再參以實地上之需要,與經濟上之判斷;庶不至有不合實用之弊。

(庚) 全段橋渠數量之統計及建築狀況

本路全段所有橋渠共計1,322座,建築費計一千二百餘萬元,內有管渠 423 座,倒虹吸管 4 座,明渠 104 座,箱渠 578 座,鋼筋混凝土橋渠36座,拱形橋渠 115 座,鋼橋 62 座。各種橋渠除第三總段第三分段及第五總段第四分段外,均已興工。完成之數,計小橋及涵洞約百分之七十五,大橋約百分之五十五。苟無意外阻礙,預計全部小橋及涵洞均可於二十四年年底前完工,全部大橋亦約於二十五年三四月間完成。各分段橋渠建築單價之比較見第四表。

(編者按,本篇原附圖多幀,以篇幅限制關係,概從略。)

吳淞機廠改進報告

陳福海

摘要 本篇報告吳淞機廠最近一年內之改進工作,計分組織之變更,工作之改良,及將來之計劃三項。關於工作改良一層,闡述以下各點:(一)旋準汽筩及滑閥座;(二)對準機車各部中心;(三)整理機器;(四)改良油漆;(五)起建噸半汽錘;(六)起建車輛工場;(七)改善客車門窗;(八)利用氣力機;(九)整理翻砂工場;(十)利用廢料;(十一)改善煙管工作;(十二)利用電銲及氣銲;(十三)其他。

本篇由薛德鑾先生代讀。　　論文委員會識

(一)弁言　京滬滬杭甬兩路於聯線之初,京滬線之吳淞機廠,除維持本路機務工作外,以該廠規模宏敞,設備完整,工匠技術亦頗可觀,故又兼司滬杭甬線機車車輛之重大修理及改造。嗣後閘口機廠逐漸擴充,對於滬杭甬線機務工作已自能應付需要,於是吳淞機廠乃專司京滬線機務工事。在此情形之下,京滬路機車車輛之設備理應益臻完善,詎結果適得其反。路政當局,思有以整飭而振發之,爰於二十三年三月初,派工程司數人赴廠協助前廠長從事整理,乃工人羣起反抗,糾紛迭生。鐵道部為徹底改革整頓起見,乃有更易廠長之舉。筆者膺命承乏,於是年三月三十一日率同工程司數人到廠服務,迄今一年矣。此一年中,對於廠務差有改進,茲述其梗概,公諸同志,尚望有以教正之!

(二)組織之變更　本廠成立垂三十年。其組織方法,素甚簡陋,除廠長及鍋爐監工外,各工場工作,皆由各工頭指揮一切,並無技術人員相輔助,是以管理難週。民國十六年以來,情形更為複雜,工人惰怠,弊竇叢生,所有文書,材料及工作,亦無有系統之案卷,以資稽考。筆者到廠後,即秉承鐵道部及管理局之原意,分設各工場及文事,材料,工作,帳務等股,設立主任,俾專職守,而策進行。嗣又召集各工程司各工場頭目,組織廠務會議,每週開會一次。凡廠中重大事務,均由會議决定施行,既示公開,又得集思廣益,誠一舉而兩得矣。

(三) 工作之改良 本廠以前工作效能甚低。約略言之,若機車大修,費時少則四五月,多則八九月。甚至有因不能利用已置之機器,修補損壞之機件,而再仰求於外洋,以致機車擱置廠中,有經年之久者。此種無形損失,實屬可觀。自此番改組以後,經通盤籌劃,以支配機器,整理工具,審查材料,督率工人等,務使條理井然,以增加工作效率。雖尚未達到理想之目的,但已逐漸進步矣。又從前工人到廠之比率,常在百分之八十左右,現在則爲百分之九十五左右。至於客貨車輛之修理,從前均敷衍了事。往往出廠未幾,復須進廠修理。因此常有貨車一百餘輛在廠停留。路帑損失,何可勝計。現在進廠出廠之車輛常在十輛左右,停廠修理者,亦僅三四十輛左右。蓋一般車輛經澈底修理,一勞永逸,不需頻頻送廠矣。惟修理工作繁多,故領用之材料數倍以前。工人在場工作,均能服從管理及指導,機器使用之狀况,亦較進步。爲肅清積欵工作起見,曾自二十三年五月十六日起,於每日午後加工二小時。後因太不經濟,故於七月底復即停止。自十月二十三日起,改開夜班,各工程及主幹人員亦均延長工作,協力督率,務使來廠修理之車輛,早日出廠,以應急需,而維營業。至於工作之法規,工場之佈置,亦經逐一改良,不下數十起,茲舉其犖犖大者如下:

(1)旋準汽筩及滑閥座 本路機車之汽筩及滑閥座,從前均不旋準,汽筩不圓,甚至有四分半之多,故汽在汽筩內,自由來往,機車因以無力,煤斤因以耗費,暗中損失,何啻累萬。其實旋準機器,已於二十年前購自外洋,乃當時棄置不用,殊屬可惜。現在則每機進廠,必將汽筩及滑閥座鏇準之,又將鞲鞴環鏇好即裝之習慣,改爲開槽後始鏇,故汽筩中蒸汽决無來去自由之弊,機力得以增加,煤斤得以節省。

(2)對準機車各部中心　凡稍具鐵路機車常識者,無不知各部中心之宜對準,使機車行駛平穩,機件不易鬆動,機力得以充足。乃從前機車進廠修理,每因工作遲延,遂不詳加修葺,頭痛醫頭,脚痛醫脚,眞缸不圓,既不鏇準,而軸箱不正,則又在連桿銅襯借改中心,曲拐銷偏耗,概不修鏇,輪緣凹入三四分,亦仍任其出廠,致本路所有機車,愈修愈壞。現在則所有大修機車車架各部,全對中心,庶出廠後行駛得以平穩,拉力得以充足,而行動部份,亦可減少損壞。惟進廠小修之機車因在廠日期短少,又爲維持行車計,不及一律辦理,擬俟大修時再澈底整理之。

(3)機器之整理　本廠機器類皆陳舊不甚準確,現已逐一整理,以期完善。其位置之不相宜者,亦經逐漸遷移。惜工作不可一日間斷,遷移機器事,未能一氣呵成,故尚在進行中也。又從前機器所用之皮帶,縱橫錯雜,長短不一,甚有長至五六十尺者,既不整齊,又多危險。現在已擇其大件,改用馬達,各個發動。驟視之,所費似屬不貲,其實皮帶一根,所需已較馬達爲鉅,故用馬達仍係費而不費也。

(4)改良油漆　本路客車,以前油漆甚佳,但前廠長則以改良金漆之省工易燥,競用改良金漆,致經過三四個月後,即暗淡無光,故現特改用中國金漆,預計可歷四年之久。又前廠長爲省工之故,於各種貨車上油之先,均不塗紅粉,致油漆均不貼着鈑皮,閱三四個月後,即紛紛剝落,開始銹蝕。今則一律先以紅粉塗底再加油漆,庶鐵鈑可較耐用。又本路蒸汽車因新購時誤信洋行之言,用銀灰色噴漆,以爲永不退色,豈知僅用數月,已灰暗無光。而核計所費,則車僅五輛,用銀約達一萬一千兩之多。此次大修,乃改用國貨紅漆,美觀耐久,費銀不過數百元耳。又本廠自造滬平通車,其車身藍漆,本係購自外洋,此次改用中國藍漆後,反較洋漆爲美觀,而價格則價及洋柒十分之一。

(5)起建噸半汽錘　本廠於十四年前購有噸半汽錘,底座雖已砌好,但延未起建,致廠中原有汽錘二座,不敷應用。現該汽錘已起建,將告完成。此後鍛鑄工作,當更可迅速。

(6)起建車輛工場　本廠昔曾建有車輛工場,嗣經大風吹倒,致工人工作,每在烈日之下,與風雪之中,痛苦萬狀。且當大雨之際,須停止工作,工作效率亦因之低落。現經重行起造篷廠,啓用多時矣。

(7)改善客車窗　本路客車,昔皆包造,門窗式樣有二十一種之多。窗座之底,皆無銅片,啓閉移動時,木料經磨擦,損耗極大,遂使各窗上下隙縫達六分之多,致冬令時,車廂內寒氣逼人,旅客嘖有煩言。司其職者,不察所由,以爲暖氣設備未妥,乃向外洋訂購暖氣機件,價值美金二萬五千元,裝置於客車廂內。實則癥結之點,不在暖氣設備不週,而在車窗之不合縫,及機車汽箭之不圓準。窗不合縫,車內暖氣因之四散。汽箭不圓準,則汽力不足,不得不將暖汽管中途關閉。現爲根本改良起見,除將機車汽箭逐一鏇準外,又將客車門窗式樣,改成一種,且於窗座之底,鑲以銅皮,使各窗上下,均無隙縫,以禦外寒,而保溫度。

(8)利用及添購氣力機　本廠各種氣力機,本皆放置於藏氣室內。茲以鍋爐廠與藏氣機室,相距離五六百尺之遙,取用不便,乃請工務處於鍋爐廠之旁,建一臨時工具放置所,以便管理。又鑒於從前鑽公爐撐眼,鑽去爐撐,鉚爐撐頭,鏨去鉚釘頭,及一切鑽眼等工作,未經盡量利用氣力機,乃嚴令應用。今已漸成習慣,所有氣力機反覺不敷。於是呈請添購,均蒙照准。現有氣力機器,倍於從前,工作速率亦已增加。

(9)整理翻砂工場　本廠各部規模甚大,而翻砂工場則獨小,以致工作延滯。現已將該工場略加放大。又該場向用件工制,不論物品大小,每磅計洋一分五厘。工人爲求產量增多起見,儘量翻製軔展,不作其他精細費時之工作,且爲偷工起見,並不將銷孔三個翻出,故軔展鑄成後,須送機器工場鑽眼,佔用鑽床。在翻砂工場工人,固可省工,獲得非分之利益,而在本路則損失不貲。現在則軔展均連眼翻出,不必再行鑽眼。且本廠所需機件,無論大小,一律飭令翻製以免延誤工事。至工人利益則並不因此減少。

(10)利用廢料　從前本廠所有舊料,如鍋爐內火箱紫銅皈,舊彈簧片,舊輪箍輪軸,以及閘鐵架等,均作爲廢料,招商標賣,而標價低廉,致路帑損失不貲。自筆者蒞任後,卽將已定標價之廢料,設法利用例如將舊輪箍打成條鋼,作爲各廠之車刀,並請材料處勿再向外洋定購車刀鋼。計自二十三年四月至該年年底,因利用廢料而節省之路帑,已達一萬三千餘元,特列表如下:

廢料	重量(磅)	標價(元)	市價(元)	節省數額(元)
彈簧鋼	8,226	138	1,970	1,832
銅料	22,000	5,860	13,200	7,340
輪箍輪軸	11,000	186	2,640	2,454
閘鐵架	10,967	185	1,640	1,455
共計		6,369	19,450	13,081

以上不過就五六種舊料而言,價值出入已如是之鉅,其他陸續在材料廠廢鐵堆內選用之零星廢料,爲數亦屬不少,因無統計尙未計入。據上表以觀,可見本廠自成立以來,在廢料上之損失,已不知幾百萬元矣!

(11)改善烟管工作　本廠洗管,本用人工,每洗一管最快須費半小時,平均每人每日可洗管子十六根。現在雖已訂購小號洗管機一架,但運到尙須時日。爲應急起見,曾依照日本機廠辦法,自造洗管床,由工人一名管理,每二十分鐘可洗管十根,平均每洗一管,僅費二分鐘足矣。又以烟管洗割磨銲等工作,散在各處相距甚遠,向用人力在廠中來回肩運,有六七次之多,殊覺費工費時。乃將割管車,銲管爐灶,磨管機,洗管床遷移一處,使各項工作,連續進行,其速力可加三倍。又將銲管爐灶改良重裝,從前每日銲管四十餘根,今則每日可銲二百根左右矣。

(12)利用電銲及氣銲　本廠原有電銲機兩架,以前修理時應用甚少,凡可電銲或氣銲之機件,率皆拆去廢棄,而改換新料,殊爲可惜。例如汽箭之翻製,極費工料,如有損壞,類均修補,而修補之法,莫善於銲補。但前廠長固執成見,將已裂碎之G字第五十九號機車之汽箭,及D字號機車汽箭兩只,沿用舊習,補以鐵鈑,然仍漏汽,無法可施。乃將機車停廠,專待新購汽箭,致延誤修理。筆者接事後,即改用氣銲方法,成績良佳,可免新製,減少路幣損失約數千元。他如貨車之補綴,亦用電銲,從前每月領用電銲線祇四百餘磅,而現在已增至三千磅左右。

(13)其他　其他工作,如建造燒輪箍灶,編製車輪及汽鍋號次,填具機車修理報告表,以及利用鍊鋼爐等,無一不以節省工料及得詳細紀錄爲目標。又此後客車木料,除萬不得已外,擬改用國貨杉木(現在各路客車木料均用外國柚木及洋松)。本廠現已訂購國貨杉木九千方尺,以備試用。如果試用成績並不十分惡劣,則擬推及客車,以塞漏巵。

(四)將來之計劃

(1)管理科學化　當茲科學猛進之際,工廠管理,萬難沿用舊法。本廠卅年來積習已深,一時尚難完全改善。一俟整頓就緒,即將厲行科學管理。現在已經着手籌備者,有如工具標準之規定,機車修理規範之釐訂,賬目之改善,機器之移畱,及整頓機車修理圖表之實行,機車修理程序之議擬等。

(2)改用件工制　工資之計算,有以月論者,有以日論者,亦有以件數論者。凡按月與日領取工資之工人,只須每日在規定時間內做工,則不論數量之多寡,概得領取預先規定兩方認可之工資數額,故易趨惰惰,工作效率亦因之低落。本廠現行制度,即爲日工制,殊不合科學管理原則,且不易提高效率,消弭工潮,故將來擬改用件工制,庶可按件計值,各無異言,而工人亦以多做多得,競以增加生產爲尚,而技術人員得專心研求技術上之進步。關於此者,現已從事籌備矣。

(五)贅言　就筆者在淞廠經驗所得,凡機客貨車所需各項配件,除輪子及各種汽表外,無一不可自造,或招滬地各小廠承造。在此商業不景氣時代,彼等當然非常歡迎,雖明知原料仍係來自外洋,然工則在本國,既可減少失業工人,又可養成特種技術,一舉兩得,獲益匪淺,雖本國工業界容或有交貨延期,工作粗糙等小疵,祗要雙方時常商量,糾正錯誤,不難與洋商競爭。抑更有進者,今後凡一工廠,將不能永久保持其原有之性質,必能應環境之需要,而改變其性質,方能繼續圖存,否則將因不合環境而被消滅。此後環境之至可怖者,莫若戰爭,我人不可不日夕思慮,作身歷之準備。竊觀歐美之工廠,其組織訓練,大都隨時可改爲適應戰時之需要者。兩路爲首都咽喉,吳淞機廠處濱海重地,設備完善,匠工巧練。一旦國家有事,幾衛告警,我吳淞機廠將如何奮發有爲以適非常時期之需要,以盡我天職,則筆者所願於整理工作完成之後,與廠中同人共同籌策者也。

(編者按,本篇原附圖表多張,此以限於篇幅,概從略)。

鋼筋三合土軌枕之我見

梁永槐

摘要　本篇係著者報告個人對於試用鋼筋三合土軌枕之意見,照廣九路英段所試用之該項軌枕,目前結果似不如實木軌枕之滿意。著者在文中列舉三合土軌枕優劣各點,而結論認為不滿,以供吾國鐵路工程界之檢討。

本文因作者本人未到,由金通尹先生代讀。　論文委員會附識

鐵路構造之主要材料,軌枕其一也。軌枕多取材於木,故通稱枕木。其在鐵產豐富之區,亦有以鋼為之者。惟我國鐵鑛與森林皆未發展,各路所需軌枕,無論為鋼為木,大都來自外洋,每年輸入大宗軌枕,漏巵之鉅,誠足驚人。國內鐵路專家每欲利用國產材料設計軌枕,以挽利權,故鋼筋三合土軌枕之製,種種色色,盡設計之能事。然設計式樣雖多,從未聞有作大規模之實地試驗者。近年廣九路英段鑑於枕木之易朽,始實行盡量採用鋼筋三合土軌枕之計劃,事雖失敗,而其積極試驗之精神有足多者。著者見聞較近,爰舉其試驗經過之實況,以供吾國鐵路工程界之研究。

(甲)試驗路段　廣九路英段,即九龍至深圳一段,路長35公里。民國十年始在各站場試鋪鋼筋三合土軌枕,繼在隧道採用,三數年後,即盡量推廣。至民國二十三年,沿路正綫敷設鋼筋三合土軌枕39,097根,約占全綫百份之七十。惟每遇兩軌條之交接點,即夾鐵之下,間用枕木,殆以未有適當之鋼軌夾器(Rail Clipper)以供此用途也。

(乙) 軌枕設計　三合土軌枕形式與方整者稍異,兩端較大,形如琵琶,中部剖面略小,作十字形,蓋欲減少體積,而仍足以抵抗彎率(Bending Moment),且枕面不平,可免行人踐履也。鋼筋佈置亦極輕巧,其主要鋼條均直聯兩端,甚見着力。軌枕底部,兩端均有凹殺,使與石渣相吃,並減輕軌枕重量。其上部承軌處,墊以厚38公厘之實木塊,以免鋼軌直接摩擦,並用徑大25公厘之螺栓以代道釘。設計者為廣九路英段局長兼總工程司碧架(Baker)氏,自稱此項軌枕為「永年軌枕」(“Timeproof” Ferro-Concrete Sleepers)曾在英政府取得專利權。軌枕式樣略如附圖。

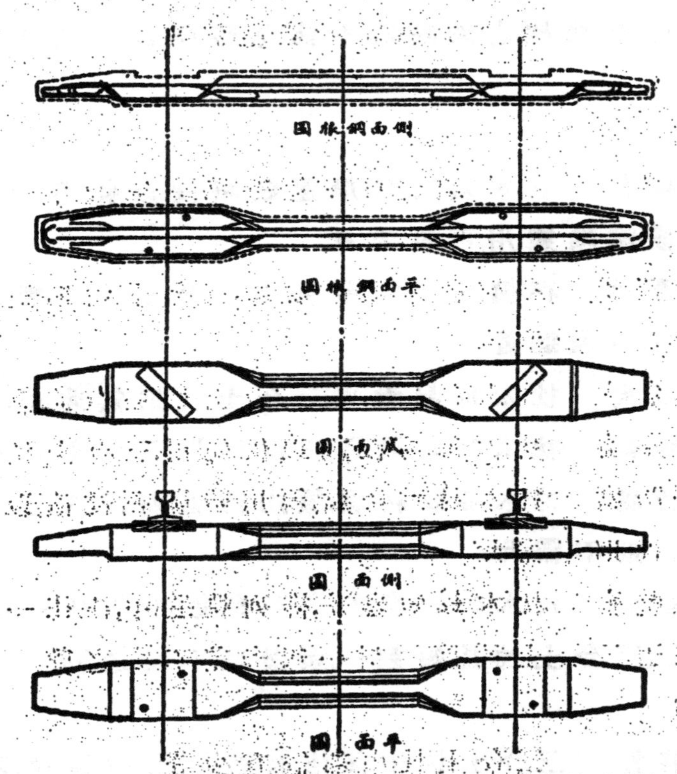

(丙) 實驗情形　實驗期間已逾十年,列車最高速率為每小時80公里,通常速率亦在60公里內外,未聞有在敷設三合土軌枕段內發生出軌事項,故行車事變之意外損失,是否因此項軌枕而加重,抑較枕木為輕,尚難懸揣。惟去年某次下行快車因機車下部

有25公厘拉桿一根中途折斷,拖下軌道,未爲司機察覺,遂向沿綫軌道中間打擊。事後查驗,所有枕木中部之角邊,多發現被擊痕迹,深約15公厘,迨至敷設三合土枕段內,竟將三合土枕二千餘根打裂,其損失過於枕木遠甚。又年前該段有一機車,其連桿(Coupling Rod)發現裂紋,機務處指爲路床過硬所致,工務處則謂因鋼質不良使然,辯論紛紜,莫衷壹是,後派專員將該連桿送至英國研究結果,仍歸咎於路床過硬,自是該段當局認爲不滿意,毅然停止試驗,仍用澳洲實木以充軌枕,將所有正綫之三合土枕逐漸移至岔道廠道。

鋼筋三合土軌枕之缺點固不能免,然亦自有其優點,請分論之:

（1）優點

一.可省運費　枕木須由口岸運赴路段需費不少,三合土枕則沿綫就地製用,可省運費。

二.不須蓋護　存儲枕木,須蔽風雨,三合土枕則製成歸堆,露天安放,不須遮蓋。

三.不患着火　枕木每易着火,三合土枕則無此患。

四.不患竊盜　枕木每易被竊以供他用,三合土枕則否。

五.不須防腐　枕木易致朽腐,須用防腐劑浸漬,以延壽命,三合土枕則不需此。

六.形式整齊　枕木長短參差,排列軌道中,往往一端齊平,他端則否。三合土枕長短劃一,無參差不齊之弊。

（2）缺點

一.缺乏彈性　三合土枕中部偶有少許石渣窒塞,則列車重量每易使其破裂,其中部剖面設計作十字形,亦爲此故。此種破裂軌枕,每年發現若干根,尚無精密統計,且勿具論,惟既乏彈性,則路床過硬,行車固不舒適,而機車與客貨車之彈簧螺栓等件折斷不少,且易發生意外,顧此失彼,通盤計算,自屬得不償失。

二.墊板易朽　鋼軌與三合土枕均屬硬質,中間須介以木塊,方能貼服。木塊甚薄,暴露風雨,恆不耐用。更換頻繁,既需木材,又耗工資。若用堅實樹膠或煉紙以代之,或可彌此缺憾,然國內無此種物料以供試驗,亦理想之談耳。

三.鐵件易銹　鋼軌之維繫於三合土枕之上,賴有鐵夾,螺拴,墊圈等件,此等配件均屬鐵質,易於銹壞,修理顧煩,在隧道內銹壞尤速,此乃不易解決之問題也。

四.道規易變　三合土枕所用之螺拴,徑大25公厘,螺拴孔約大30公厘,所餘空位為5公厘。當列車經過時,其勢常使鋼軌向外推出,螺拴亦當然向外打擊,水滴石穿,何況以鐵擊三合土乎,其損壞之速,不言而喻,則螺拴孔寬,當與日俱增,軌間道規,終有不能維持之一日,此亦不易解決之一問題也。

五.價值較昂　民國二十年間,每根三合土枕約值港銀七元,近年物料較廉,或值港銀五元,比較木枕,價幾倍之。

六.年齡之比較　此尚在未知之數。廣東氣候潮濕,難與北方各路比較。惟就閱歷所得,廣九路段澳洲(New South Wale)實木之耐用年齡由十五年至十八年,呂宋木(Appitong)約四五年,南洋英木(Kruen)約兩三年,金筆木(Kambaug)約一二年,白抄(Lavan)數月便不適用,如用洋松(Oregan pine)轉瞬即為白蟻蝕去矣。以最近匯價計算,澳洲枕木祗值三合土枕之強半,然則三合土枕最少須有三十五年之壽命,方有比較之價值也。

七.意外損失之比較　三合土枕遇有意外,其損失較木枕為甚,已如上述。

綜上觀之,則三合土枕之缺點自較優點為多,無怪試驗之失敗。況廣九英段路基,多屬開山闢路,其填築之路基,亦以山坭為之,故路床較實，且石料堅實充足，所用石渣為花崗石，約大25公厘（國內各路所用多60公厘）。開始客運十年後，始逐漸在正綫鋪設三合土枕，雖軌道常需修理，惟不須因路基低陷而復提高，故比較耐用。若將此三合土枕鋪於新築路基之上，路軌常須撥起，而石渣又大，恐不旋踵而三合土枕之下部已被搗敲打碎，其耐用年齡或較廣九英段試驗所得為低也。夫三合土號稱永久性之建築材料，不知者多以為萬能，豈知物各有性，宜於靜者不宜於動，自不能以地基之三合土與軌枕之三合土相提並論。雖然，路段若存有殘餘無用鐵料，堪供軌枕之需，而就近亦有士敏土出品，價格不高者，似又不妨以餘閒之工，分期綏製鋼筋三合土軌枕，以敷設於不甚重要之廠路，於利用廢物，推銷國產，尚非無研究之價值也。

浙赣铁路之车辆钩高问题

茅以新

1. 轨重,轨间与钩高: 浙赣铁路即前杭江铁路改组而成,包括原杭江铁路自杭州至玉山之路线,及由玉山延长达南昌,萍乡以至长沙之线,全线完成后,将有1000公里以上之长度,横跨浙赣湘三省。将来或再由长沙西展至贵州昆明,以贯通长江以南之交通。今日之规模及其重要,於创设杭江铁路之初万难意料所及。杭江铁路原非干线(铁道部所定铁路网中,列为第二期路线之支线,)故在当时经费万难之中,决定採用35磅轻轨。在今日论之,固为不当;试一观察当日情况,亦自有其特殊之环境,不得不尔也。此系另一问题,兹不论列。

但採用35磅钢轨之结果,所有机车车辆,亦均随之而为轻小,车辆挽钩中心距轨面之高度——即钩高——祇定为680公厘。嗣后经改订为700公厘,较之国有铁路车辆之钩高为1092公厘,或较现经铁道部改订为1070公厘者,相差达370公厘之巨。杭江铁路最初所拟採用之轨间,原係一公尺。盖因35磅轻轨,实祇能适用1公尺之轨间。嗣以轨间与国有铁路不同,有关联运,且鉴於印度,澳洲,法国等之深受複杂轨间之纷歧,决採用1435公厘之标准轨间。或有论杭江铁路採用标准轨间关係甚大,影响所及,实有防止中国铁路複异轨间之功。如後起之江南铁路,淮南铁路,当初亦皆主张採用狭轨,卒以杭江先例,均改用标准轨间。惟山西之同蒲铁路,则用一公尺狭轨,致成特异,殊为可惜!至於机车车辆,虽用标准軌間,但以軸重之限制,仍祇爲輕便機車車輛,設當時改用標準軌間之時,亦改用標準鈎高,則可免今日之問題。未此之謀,實爲失策。然彼時若更能棄35磅之議,而改用60磅以上之鋼軌,豈不更佳?吾人若能臆度當時之情形,則採用低鈎之決定,或可宥諒。

2. 軸重與鈎高: 鈎高與軸重原無直接之關係,亦不能繩以公式。但軸重小者,車必輕小,車若輕小,則鈎高亦必低下,如此而已耳。杭江鐵路既採用35磅輕軌,其軸重則可依公式而定。按軸重雖視枕木之疏密而異,普通仍依"Baldwin Locomotive Works"之公式定之,即

最大軸重(磅數)=軌重(每碼磅數)×F

F之值,對於軌重在60磅以下,爲500,在60磅以上爲600,故杭江鐵路之軸重,依此計算得17,500磅,約合8公噸弱。又因常例車輛之軸重,宜較最大許可者略小,以減少鋼軌磨耗。機車則以挽力與軸重成正比例關係,故必任令至最大許可軸重。故杭江鐵路以8噸爲機車最大軸重(實際有至8,6噸者),7噸爲客貨車輛最大軸重。

既得軸重,則兩軸車輛之總重,不能超過14噸。四軸者不能超過28噸。即在35磅鋼軌上能行駛之最重車輛(以四軸計)其皮重與載重合計,不能超過28噸也。又按皮重與載重比例,自視車之構造,如二軸或四軸,木體或鋼體,平車,敞車或棚車,與車之輕重,而大有差別,例如40噸4軸全鋼平車之皮重僅13噸,爲總重53噸之24,5%,而粤漢南段之20噸4軸木體棚車之皮重有24噸,爲總重44噸之54,6%。

玆再擇列我國鐵路之4軸車輛中,皮重佔總重百分數較大者如下(第一表):

總之噸位愈小者,其皮重所佔百分數必愈大。又棚車較平車爲大,全鋼較木體爲大,四軸較二軸爲大。杭江鐵路以軸重之限制,噸位甚小,必須採用四軸,故以此推論,杭江之四軸全鋼貨車,其皮重佔總重之百分數,可佔爲40—45%,今將杭江車輛實際情形列

第一表

路名	車式	載重	皮重	總重	皮重/總重%
		噸	噸	噸	
粵漢南段	棚車	20	24	44	54,6
粵漢南段	棚車	20	18	38	47,4
粵漢南段	棚車	20	16	36	44,5
新寧	棚車	22	15,9	37,9	42,0
湘鄂	牲畜	8,1	17,2	25,3	67,5
廣三	低邊	20	16	36	44,5
滬杭	棚車	25	16,4	41,4	39,7
隴海	棚車	25	16,7	41,7	40,2

表如下(第二表):

第二表

路名	車式	載重 噸	皮重 噸	總重 噸	皮重/總重%
杭江	平車	15	10	25	40,0
杭江	敞車	15	10,6	25,6	41,5
杭江	棚車	15	12,3	27,3	45,0

故爲防止載重逾限,皮重祇能限13噸,載重限15噸。

今以皮重限於13噸以下之條件,欲設計一四軸全鋼棚車,能載重15噸者,其能適用之輪徑,必在600至700公厘之間,蓋轉向架之重量,與輪徑有正比之關係,而各輪徑轉向架之重量亦可約估如下(第三表):

第三表

輪徑(公厘)	4輪轉向架約重(公噸)
600	2
700	2,5
860	3,8

設採用860公厘輪徑,則兩轉向架共重8噸,僅餘5噸,不足以製底架與車身。故以600或最大以700公厘之輪徑爲較適合。

茲再論輪徑與鈎高之關係,若無特殊之限制,鈎高宜等於或略高於輪徑。如是乃能得最合比例之車輛設計。例如美國貨車車輪直徑,標準為 33",即 840 公厘,客車車輛直徑標準為 36",即 915 公厘。而美國鐵路標準鈎高為 34½,即 877 公厘。其車輛之設計與比例,頗為合宜。日本及南滿,朝鮮,台灣,非律濱,各鐵路亦均採用近於美國標準之鈎高。我國鐵路之鈎高根源於英國。最初之淞滬鐵路與唐山鐵路,其機車車輛,尙引用英國之棘與鈎,其後能採用自動挽鈎,已足慶幸。但鈎高則仍沿用英國標準,即 43"或 1092 公厘。英國之採用 43" 為鈎高,自有其理由,一因英國車輛多為二軸,輪徑多為 36",即 42",(1067 公厘)。又因係二軸,故車之構造,多用片簧,架於軸箱上。結果鈎高與輪徑必相差無幾。我國鐵路之車輛,二軸者亦甚多,共用 1092 公厘之鈎高,則頗相宜。但鐵道部所制定之標準車,則為四軸,即每車用兩轉向架,輪徑則客車標準為 1000 公厘,貨車標準為 860 公厘(舊定 840 公厘,最近因改用 75 公厘厚輪箍,改定為 860 公厘)。故若以客車而論,1092 公厘或最近改訂之 1070 公厘之鈎高,實甚相宜。以貨車論,則依上論列,其最適合之鈎高,應為美國標準之 877,或日本標準之 880 公厘,今用 1092 公厘,則覺太高。試以鐵道部制定之標準 40 噸貨車之設計圖察之,即見其轉向架拱桿之突高,中心鈑與旁承之特高各點,然仍不害為一設計甚佳之車輛。今杭江鐵路若欲以 600 公厘之輪徑,同時欲採用 1092 公厘之鈎高,即非不可能,其設計必異常困難,即或能設計成功,其轉向架旁架之突高與中心鈑及旁承之特高必更甚。其於行車安全上能否認為滿意,頗有疑問,至於構造之不經濟,尺度之奇突與不稱,行車之危險,皮重之必更增重諸點,亦為必然之結果。倘吾國鐵路之標準鈎高近於美國標準,即在 877 公厘左右,則杭江鐵路雖用 600 公厘至 700 公厘之輪徑,必能適用無疑,今相差過遠,又以行車安全關係過鉅,故當時決採用 680 公厘,嗣復改訂為 700 公厘,為杭江鐵路輕小車輛之鈎高。在今日觀之,實與採用 35 磅輕軌一事,同爲浙贛鐵路之缺憾也。

查我國境內鐵路車輛之鈎高,除正太係狹軌,鈎高僅 800 公厘,滇越亦係狹軌,鈎高亦特低,暨山東崑崙狹軌輕便鐵路,鈎高僅 680 公厘,與其他鑛用鐵道,亦多用抵鈎外,廣東境內之潮汕鐵路,係標準軌間。軌重近60磅左右,其車輛鈎高則係 880 公厘。但以路綫甚短,且無與其他路聯連之議,故其鈎高問題,尙未爲吾人所注意。近聞廣東省政府有建築省惠鐵路,且展長至與潮汕接軌之議,則車輛鈎高問題,亦必將予以解決。所幸潮汕路綫甚短,車輛甚少,卽全部廢棄,亦屬可能。非若杭江客貨車共計有 216 輛之多,問題比較嚴重也。

今浙贛鐵路就原有杭江鐵路而展長之,雖自玉山以上已改用63磅較重之鋼軌,鈎高同時亦提高至部定標準1070公厘,而杭江鐵路舊有之35磅輕軌,與 700 公厘高之低鈎仍在。妨害聯運,不便至甚。此浙贛鐵路當前之迫切問題也。

3. 車體容積與鈎高　吾人於討論最合理之鈎高時,尙有一點,頗關重要,卽車體容積。蓋鈎之高度決定後,地板高度亦必同時決定。故在某鐵路之車輛最大限斷面中,地板以上之車體容積亦同時可決定。易言之,鈎高與車體容積成反比。車體容積乃運輸中有收入之一部份,宜令最大,故鈎高亦宜令最低,猶之車輛皮重之應使最小,以減少運輸成本。再鈎高與皮重自亦有密切之關係。鈎高愈低,皮重亦必愈小,車輛之造價亦略低。故於運輸經濟一點觀之,鈎高宜於較低。故我國鐵路之鈎高,如今日尙有容討論之餘地者,則應採用美國標準之877之公厘,現定之1070公厘,終不免太高也。

4. 換軌與低鈎車輛之處置　浙贛鐵路既逐漸展長,已成國內幹綫,則杭江一段之輕軌,自應速予更換。以謀聯運之便利,且鐵路當局對此亦已擬有計劃矣。至低鈎車輛之處置,則有二途,須視換軌之進行如何而定。設換下之輕軌移作支綫,或他處線路之用,則全部機車車輛可以毋須改造,卽可移用。若換下之輕軌卽予廢棄,不再利用,則所有車輛,必予改造,使能與國有鐵路高鈎車相聯掛。

在未完全改造竣事前,高鈎低鈎車輛之運用,亦可暫時分別列車行駛。如區間車旅客列車,往來於一定區間,整車貨物之由一地運往另一地,可駛專用列車者,均無轉運之煩,可備同類鈎高之車輛暫時行駛或於每列車備掛一雙鈎車,使兩種鈎高之車輛,得以聯掛行駛。東三省因南滿路用 880 公厘低鈎與我國鐵路車輛之 1092 公厘高鈎,時有聯掛於一列車者其法則掛用備有特種鈎肘(Special Kunckle)之車二輛,以聯結之。此蓋以鈎高相差不多,可以利用特種鈎肘,若在浙贛鐵路,則相差過巨,祇有利用雙鈎之法耳。又杭江鐵路之機車,全裝有雙鈎,故機車無須加以改造。

5. 低鈎車輛之改造　杭江鐵路低鈎車輛,若欲改造,使成高鈎,其法有四:

(1) 轉向架不予改造,將鈎高之差約 370 至 390 公厘之全部,置於底架承樑 (Body Bolster), 中心墊鈑 (Center Plate) 與轉向架承樑 (Truck Bolster) 之間如圖(1)。此法因轉向架與底架懸隔過遠,最爲危險。

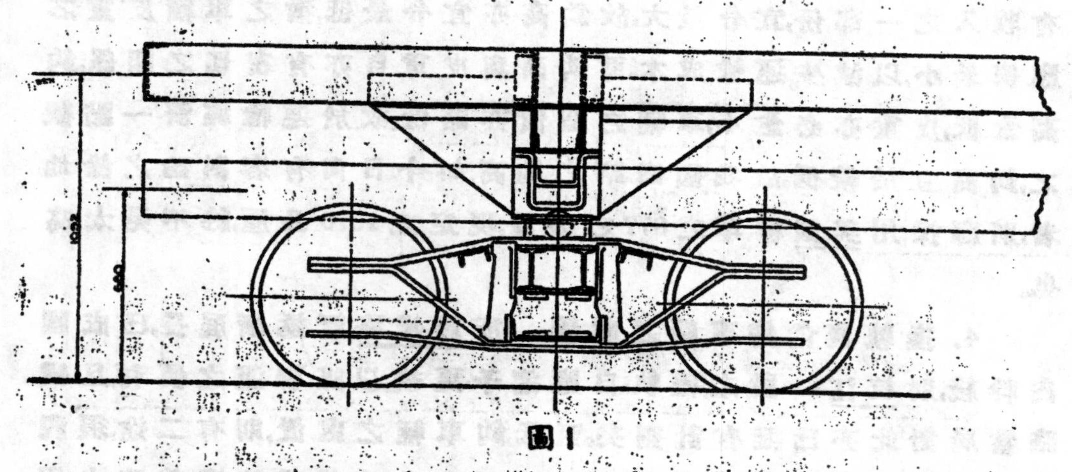

圖1

(2) 轉向架亦予改造,使鈎高之差 390 公厘內,分 100 公厘於轉向架之改造內,餘差仍置承樑與中心墊鈑上如圖(2)。此法雖能減少轉向架與底架之懸隔,但轉向架本身較弱亦不安全。

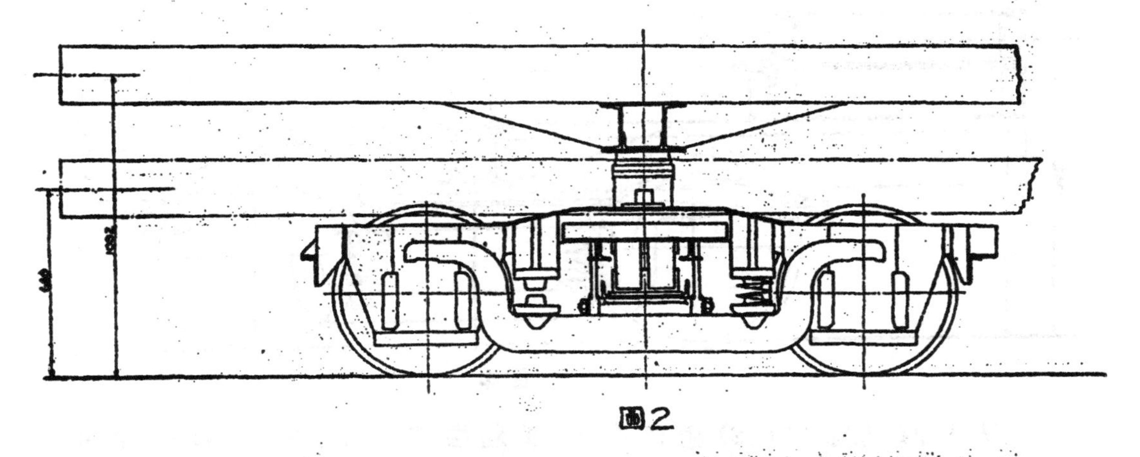

圖2

(3) 原來低鈎拆去不用,另於其上添裝高鈎,如圖(3)。此法最爲安全,但亦有須考慮之點,如客車不能適用,貨車內容積將略減少,耐撞震之力略減等。此法最適用於貨車。

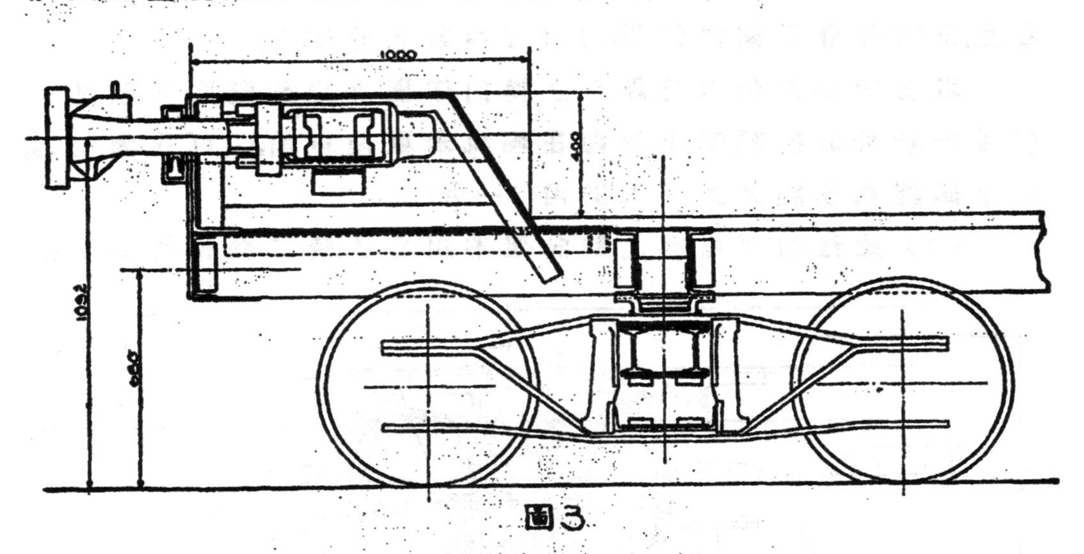

圖3

(4) 轉向架不予改造,但將挽鈎與牽挽具全部改裝高約180公厘。餘約 20) 公厘,則置於底架承樑與中心墊鈑上。如客車用此法改造,則車端較車內高180公厘(實際可使減爲150公厘)。旅客上下多走一級,雖屬不便,但於行車安全上,較(1)(2)法爲佳。如圖(4)。

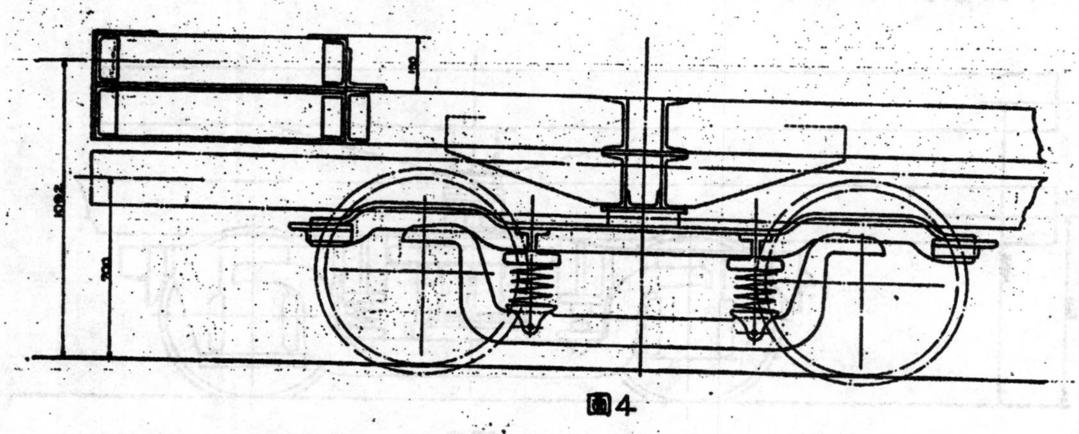

圖4

以上四法,除(1)(2)兩法,有行車危險不論外;(3)(4)兩法較可採用。但車輛之壽命,若維持有方,恆在三四十年以上。(3)法使車輛之載積減少,耐震力單薄。(4)法使旅客上下長此不便,行車安全上亦非最善。若爲暫時之過渡,或短期之使用,(3)(4)兩法,原較合用,但若任令長期之使用,則尙有討論之餘地也。

以上四法,均仍保持原有之轉向架,僅加以改造而已。改造後仍可行駛於35磅輕軌上,故卽在輕軌未更換以前,已可逐漸改造。至全部輕軌已經更換完畢,則尙有一法:

(5)此法卽棄原有之轉向架不用,另添裝二軸,輪徑1000公

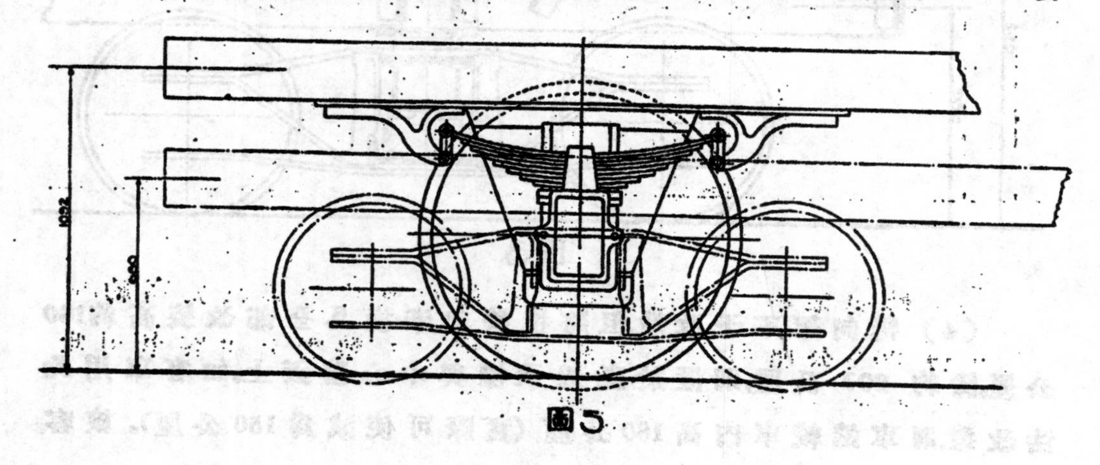

圖5

厘,用片簧,如此可使輓鈎中心提高至1070公厘,如圖(5)此法之改造費用最大,又較長之客車,駛於較銳之灣道上,恐有不便。改造後祇能行駛於重軌,均宜注意,換下之轉向架,廢棄不用,頗爲可惜。

6.輓鈎之更換　低鈎車輛之改造,除輓鈎中心應提高至標準高度外,輓鈎本身尚須更換。蓋杭江鐵路之低鈎車所裝輓鈎係¾號.脛(Shank)爲4"×4",與國有鐵路高鈎車輛之1號,脛5"×7"或6"×8"者.不能連結。尤宜注意者,爲卽輓鈎能予更換1號(full size)者,脛必爲5"×7"或6"×8",則牽輓具(draft gear)又不能用。若併牽輓具而更換之,則又有困難。蓋大號牽輓具尺度較大,又不能置於中樑(Center Sills)之間,若中樑之背距再予改造使較寬,則改造工程過大,將與新造車輛無異,或反較浩繁。解決此點之最簡易之法,爲拆去原有輓鈎不用,保留原有牽輓具,而定鑄特種輓鈎,使其脛仍爲4"×4",以適合裝入於原有之牽輓具,他端活動鈎肘一部則與1號相同,以便與標準5"×7"或6"×8"脛之輓鈎相連接。此種改造費用,或亦不在少數,但捨此別無他法。

7.結論　以上論列,已將35磅輕軌上能行駛之輕便車輛之設計困難與經過,略加敍述,復於低鈎改造高鈎之方法及關連此問題之各方面,加以研究與考慮,吾人可知杭江鐵路舊有之低鈎車輛,可以改造,雖不及原車構造之安全與便利,究非不可能之事。設原有之35磅鋼軌更換後不予廢棄,尙有用作支綫或舖設他綫之議,則處置此低鈎車輛之方法,卽可完滿解決,卽不予改造,全部亦移作枝綫或他綫之用,讀者諸君,以爲如何?

四十公鐓貨車鑄鋼旁架之設計

段世芬　茅以新

車輛重量,載於底架,承於脊版,中經車體承樑,轉向架承樑,與彈簧之傳遞,乃復承持於轉向架旁架。更經輪軸,車輪,始達於鋼軌。至列車行駛時,由軌道方面而起之衝擊與震盪,則經車輪,輪軸,直達旁架。而車輛底架兩端所受之碰擊力,經轉向架承樑,亦轉達於旁架上。故轉向架旁架,既爲負荷全車重量上承下遞之樞紐,尤爲列車行駛時,全車之搖盪與撞擊等作用之聚集點。其結構之完善與否,影響於行車之安危,誠非淺鮮。

晚近貨車適用之旁架,厥爲拱桿與鑄鋼二式。拱桿式旁架乃用拱桿與螺栓等締結而成。修理製造均頗便利,故世界各國採用甚久。我國交通部於 1922 年公佈部定標準40公噸貨車設計圖,其轉向亦係拱桿式。迄今已越十三年,國內各鐵路新購貨車,迄仍遵照此項標準。至鑄鋼式旁架,則用鑄鋼整塊鑄成。在鑄鋼事業未發達以前,鑄造頗非易易。然因其結構完善,自 1924 年起,採用者已漸衆多。我國鐵道部現亦製定一種鑄鋼式旁架圖。正擬與拱桿式旁架互換應用,但尚未公佈。統計世界各國之貨車,其轉向架旁架,仍以拱桿式佔大多數,惟新造車輛則均改用鑄鋼式旁架。致舊有拱桿式旁架漸趨於淘汰。

按轉向架旁架既爲車輛荷重之重要部分。又位於全車搖盪最烈之點,易受劇烈之震盪。端賴完善之構造,始足以謀行車之安甯。惟依實際行車之經驗,關於旁架之構成,其可以鬆動之締接處,應愈減少愈好。最優者厥爲整塊構成。查拱桿式雖係一種優良設計,且適用甚久,然以其結構全憑拱桿螺栓等之緊締。苟維持未週,一遇激烈之震盪,即生鬆動與損壞,致車輛行駛,易肇危險。若用鑄鋼式,則因其係整塊鑄成,結構強固,雖受鉅大之震盪,亦無螺栓等締接鬆動之弊,故其設計,尤覺完善。於 1886 年間,美國因鑄鋼事業之進步,首先鑄造鑄鋼式旁架,以應貨車之需要,藉謀行車之安全。其構造爲連軸箱,架柱,及軔具吊桿等,鑄成一體。凡拱桿式所用之可分開各件,均可用整塊之鑄鋼替代之。拱桿式轉向架原用41分件構成,鑄鋼旁架則僅爲一整件,其結構極爲完善。茲將二式旁架之優劣各點,臚列於後:

(1) 鑄鋼旁架之承樑接口,可適用於固着與旁動兩式之標準承樑,俾與轉向架承樑之連接,可以採動。當車輛行駛於坡道及轉轍器等處,軌道不平,兩輪軸發生高低不同。鑄鋼式旁架因能自行調整,因此可減少車輪之越軌,並能免除車輪摺緣及軸瓦銅套等之過量磨耗。

(2) 鑄鋼式旁架之鑄成,既將轉向架旁架之應有部份鑄成一體。故能免除拱桿式所用之拱桿螺栓等締接之繁。構造既較簡易,耐力尤覺強大。至其全部重量之估算,茲所設計者爲 200 公斤。交通部之40公噸貨車標準圖,其拱桿式旁架連軸箱,約重 265 公斤。則車之荷重量雖同,而每車旁架所需用之材料,鑄鋼式可減少 275 公斤,故於購製方面,鑄鋼式似較拱桿式爲經濟。

(3) 關於轉向架之修理,在拱桿式須於拆卸修理時,將全部螺栓等之締接先行拆開。但車輛行駛相當時期後,螺栓銹蝕,螺絲可以損壞,甚至螺栓彎曲。欲謀於短時間之拆開,殊非易易。且依據行車之經歷,則拱桿式旁架之最易損壞,及修理之次數最多者,又爲旁架柱與軸箱等之緊締螺栓。故拱桿式之修理,非惟拆卸費時較長,修理之次數亦較多。若鑄鋼式,則因其係整塊構成,無螺栓拱桿等之締接,故非特修理所需之時間短,即修理之次數亦大可減少。此於維持方面,鑄鋼式較拱桿式爲經濟。

(4) 列車行駛時,車輛之搖盪最烈部份,固爲轉向架旁架,然因搖盪可生巨大之震盪力。在拱桿式之設計,對於震盪力乃假定有絕對之限度。此於拱桿螺栓等締接緊固時,固可適用。然過維持未週,螺栓發生鬆動,此劇烈之震盪力,乃蓄勢以發。其破壞力作用之大,可遠過於原定限度。結果可使轉向架損壞,或車輪越軌。若旁架爲鑄鋼式,因無螺栓締接鬆動之可能,絕不致發生過大之震盪力。損壞越軌等危險,當可免除。

上述各端,係僅就鑄鋼式優點之犖犖大者言之。至其鑄造簡單,構造之强固,猶其餘事。

最近美國於復興計劃中,關於貨車轉向架之設計,決議一致廢棄拱桿式,而採取鑄鋼式。查全美國所有貨車輛數,約共二百四十萬輛。自採用鑄鋼式後,具有久遠歷史之拱桿式日漸減少,迄今僅存半數而已。由此可逆料在最短期內,全美國之貨車,其轉向架旁架將全改爲鑄鋼式矣。美國爲工業先進國,對於拱桿旁架,既發覺劣點甚多,而廢棄不用,奈何我國各鐵路猶未追進,尚繼續採用人之棄餘耶。在昔國內燒焊未臻發達,製鋼工廠稀少,於鑄鋼機件之修理或更換,須向外洋辦理時,則鑄鋼式之採用,維持方面,固感困難。現在我國上海等處,已有鑄鋼廠之設立,至燒焊則更爲普遍。前項困難已可免除。則鑄鋼式之換用,又有何所顧慮。浙贛鐵路有鑒於斯,對於訂購新貨車,其轉向架旁架,擬採用新設計之鑄鋼式,以資提倡,而謀改進。至本設計之一切緊要尺度,仍依據鐵道部所定40公噸貨車標準圖,俾可與拱桿式互換使用,以冀適合我國高鈎貨車,並避免其他關連部份之更改。至結構方面則悉仿照美國A. R. A.之標準式,以其富有深切之研究,設計完善,所需用之鋼料省,而耐力强也。茲將全部詳細設計列後,用冀國內明達予以指正,藉供各路車輛設計者之參考焉。

(一)轉向架旁架負荷重量之估算:

車身與轉向架重量＝20 公噸

載　　　重＝40 公噸

過量載重＝4 公噸(設過量載重等于原載重 10%)

上三項總重量＝64 公噸

減去車輪輪軸重量＝4.5 公噸

四旁架共荷重量＝59.5 公噸

加搖盪荷重＝11.9 公噸(設搖盪荷重等于原荷重 20%)

四旁架共荷總重量＝71.4 公噸

每旁架荷重＝17.85 公噸＝17850 公斤

每輪之反作用力,須假定等于每旁架荷重之$\frac{2}{3}$,因迅轉向架承樑與彈簧等佈泥如有未合時,兩輪之反作用力未能相等也。

每輪反作用力＝$17850\times\frac{2}{3}=11900$ 公斤

(二)轉向架承樑橫荷重之估算:

每轉向架承樑之集中荷重＝$\frac{71.4}{2}=35.7$ 公噸

依據美國普渡大學之車輛設計教本,則每承樑之橫荷重應等于其集中荷重之 22%,

即每承樑之橫荷重＝35.7×0.22＝7.85 公噸＝7850 公斤

因轉向架承樑之橫荷重,直傳于旁架,故設計旁架各臂撐之斷面積時,均應將其所荷之橫荷重加入,以策安全。

(三)旁架各臂撐受垂直荷重之應力,可根據圖(一)之旁架構架圖作應力線形圖(二),以求出之。

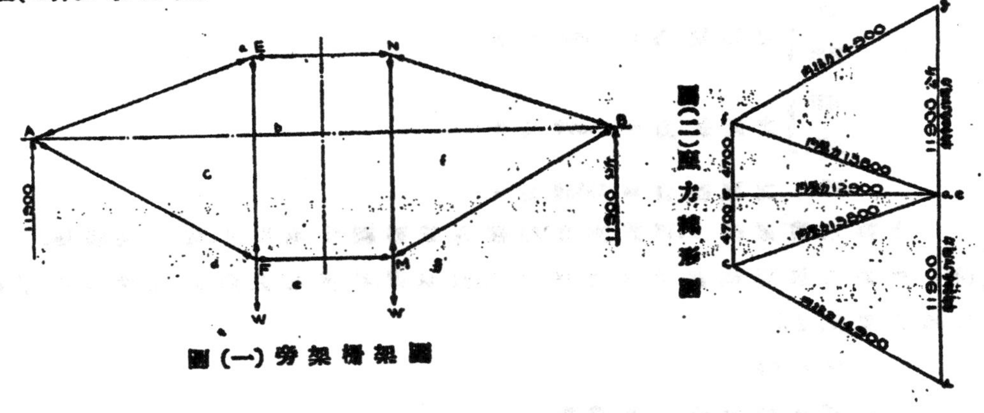

圖(一)旁架構架圖

房架構架圖之作法: 先依草圖情形,擬知跨距及承樑接口處之需要尺度。然後試求房架各桿撑之經中立軸,即以此項中立軸線之近似方向為構架圖各線之方向,更用適宜之縮尺,使圖中各線之長度,與原房架各部份長度成比例。乃得畫成房架構架圖如圖(一)。

房架應力線形圖之作法: 先求出線之長度單位,與適宜之重力單位數(例如 1 公分等於 2260 公斤),乃由構架圖之 A 點起,依反時針方向,作 da 線平行於輪之反作用力方向,使其長度恰表示 11900 公斤,再作 ac∥AE,與 da 相交于 a, cd∥AF,與 da 相交于 d,而 ac 與 cd 則相交于 c,更用同樣方法,順次由 E, F, M,各點,作構架圖各相當平行線。因得作成房架之應力線形圖如圖(二)。量圖中各線之長度,以原定每單位長所表之力單位數乘之,即得房架各部份之應力如下:

EN 之應壓力 = 12900 公斤

AE, BN } 之應壓力 = 13800 公斤

AF, BM } 之應拉力 = 14900 公斤

EF, NM } 之應拉力 = 4700 公斤

FM 之應拉力 = 12900 公斤

又法:房架各桿撑之應力又可依力率方法直接算出之,以資校對。茲將結果如下:

AE, BN } 之應壓力 = 13700 公斤

AF, BN } 之應拉力 = 14800 公斤

EF, NM } 之應拉力 = 4690 公斤

FM 之應拉力 = 12850 公斤

上列之計算結果,與前法之用應力線形圖法求得者,幾完全相等。

(四) 房架各桿撑斷面之需要應力,既經求得,其所需之斷面積,因可依下列公式以算定之。

$$W = fA$$

內 W = 應力,以公斤為單位。

f ＝邊部單位應力,(不得超過7公斤/平方公厘)

A＝所需斷面積,以平方公厘為單位。

(a) EN之斷面

垂直荷重應壓力＝12900公斤

橫荷重應壓力＝ 7850公斤(由經驗,EN斷面受橫荷重之垂直應力須與轉向架承樑所荷之橫荷重相等。)

總應壓力＝20750公斤

所需斷面積＝$\frac{20750}{7}$＝2960平方公厘

設用127公厘×64公厘槽鐵,其斷面如圖(三):

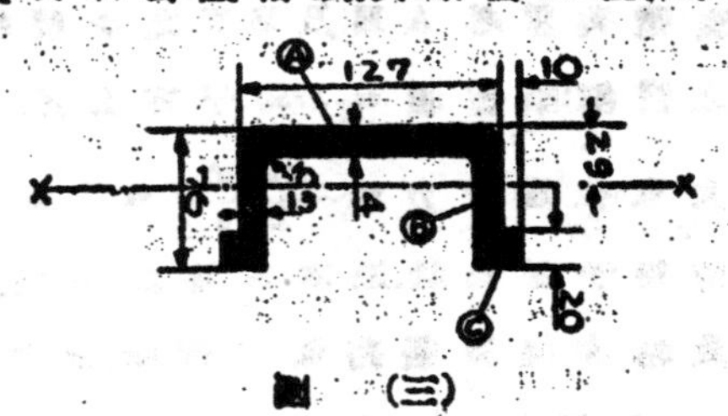

圖　(三)

斷面積＝102×14+44×13×2+20×23×2＝3490平方公厘

中立軸距＝$\frac{1430\times7+1140\times22+920\times(44+10)}{3494}$＝24公厘

斷面之最大單位應壓力＝$\frac{20750}{3494}$＝5.95公斤/平方公厘＜7公斤/平方公厘

注意:——中立軸距等于由背鐵外邊至中立軸線之距離。

(b) AE與BN之斷面積

垂直荷重應壓力＝13800公斤

橫荷重應壓力＝$\frac{7850}{2}\times\frac{2^*}{3}\times\frac{1}{\cos20^\circ}$＝2790公斤

總應壓力＝13800+2790＝16590公斤

所需斷面積＝$\frac{16590}{7}$＝2370平方公厘

設用127公厘×51公厘槽鐵,斷面如圖(四):

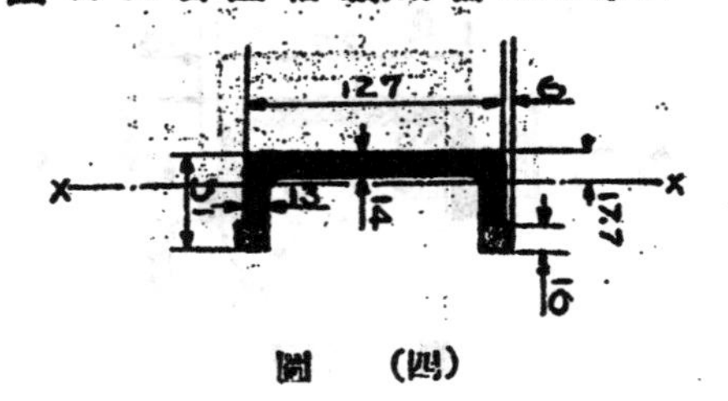

圖　(四)

6871

$$斷面積 = 102\times14+35\times13\times2+19\times16\times2=2950 平方公厘$$

$$中立軸距 = \frac{1430\times7+910\times17.5+610\times(35+8)}{2950}=17.7 公厘$$

$$斷面之最大單位壓應力 = \frac{16590}{2950}=5.5 公斤/平方公厘$$

(c) AF與BM之斷面積

$$垂直荷重應拉力 = 14900 公斤$$

$$橫荷重應壓力 = 7850\times\frac{1^*}{2}\times\frac{1}{\cos30^\circ}\doteqdot2240 公斤$$

因拉力與壓力之作用方向相反,且壓力較拉力小,故僅用拉力以求其所需斷面積。

$$所需斷面積 = \frac{14900}{7}=2130 平方公厘$$

因此項斷面積與算得AE及BN之面積相差無多,故亦採用127公厘×51公厘之槽鐵;斷面積 = 2950 平方公厘。

$$斷面之最大單位應拉力 = \frac{14900}{2950}=5 公斤/平方公厘$$

* 注意:——橫荷力之作用于旁架柱,原不在柱之中點,而稍近於其上端,但設計時須顧及橋向架現甚高低之變動,故於計算AE之橫荷重,用$\frac{2}{3}$因數,於AF則用$\frac{1}{2}$因數。

(d) EF與NM之斷面積

查EF與NM為旁架之兩柱,其垂直荷重應拉力僅4700公斤,原不甚大,惟因車輛行駛時,橋向架承樑之橫荷重直接於兩邊旁架柱之中部,而橫荷重為7850公斤,即每柱中間所受之撞擊力為3925公斤。此其所生撓曲應力之大,當倍蓰於其直接應力。又因該柱兩端固定,中間荷重,故其設計方法,極適合於用集中荷重之固着承樑式,以求出其所需要之斷面積:

$$M=\frac{WL}{8}$$

內 M = 最大(負)撓曲力率;W = 集中荷重;L = 承梁跨度。

$$故\ M=\frac{3925\times543}{8}=267000 公厘公斤$$

設用127公厘×76公厘槽鐵;其斷面如圖(五)。

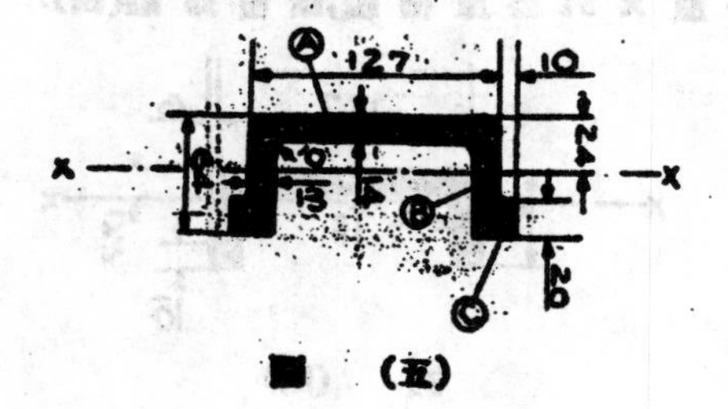

圖　(五)

斷面積 $= 102\times14+2\times56\times15+20\times23\times2=3800$ 平方公厘

中立軸距 $C=\dfrac{1430\times7+1450\times28+920\times(56+10)}{3800}=29.4$ 公厘

各部分對其中線之惰性率：$I_A=\dfrac{102\times(14)^3}{12}=23300$(公厘)^4

$I_B=\dfrac{13\times(56)^3}{12}\times2=380000$(公厘)^4

$I_C=\dfrac{23\times(20)^3}{12}\times2=30660$ (公厘)^4

各部分對中立軸之惰性率：$I'_A=I_A+1430\times(22.4)^2=715300$(公厘)^4

$I'_B=I_B+1950\times(1.4)^2=382840$(公厘)^4

$I'_C=I_C+920\times(36.4)^2=1240600$(公厘)^4

全斷面之惰性率：$I=715300+382840+1240,600=2338740$(公厘)^4

斷面係數 $Z=\dfrac{I}{C}=\dfrac{2338740}{76-29.4}=50150$(公厘)^3

撓曲應力 $=\dfrac{M}{Z}=\dfrac{267000}{50150}=5.32$ 公斤/平方公厘

縱應拉力 $=\dfrac{4700}{3800}=1.24$ 公斤/平方公厘

聯合最大應拉力 $=5.32+1.24=6.56$ 公斤/平方公厘

(e) FM之斷面積

FM為轉向架彈簧座之承樑，乃全旁架荷重最鉅大之部份。其所受之力除以上算得之應拉力為12900公斤外，尚有直接載重17850公斤之巨。故其設計，既須顧及彈簧座可以為安放，尤應計算其充分荷此巨大之重量。所載之兩荷重，均由轉向架彈簧直接傳來。重量既相等，對其兩支點之距離亦等。依單樑之設計方法，得最大撓曲力率：

$M=W.x$

內 $W=$ 集中荷重；$x=$ 荷重點至支點之距離

在本設計 $W=\dfrac{17850}{2}=8925$ 公斤

$x=124$ 公厘

故 $M=8925\times124=1,106,000$ 公厘公斤

設斷面如圖(六)：

斷面積 $=16\times306+140\times16+70\times13\times2=8960$ 平方公厘

中立軸距 $=\dfrac{4900\times8+2240\times(16+70+8)+1820\times(16+35)}{896.0}=38.4$ 公厘

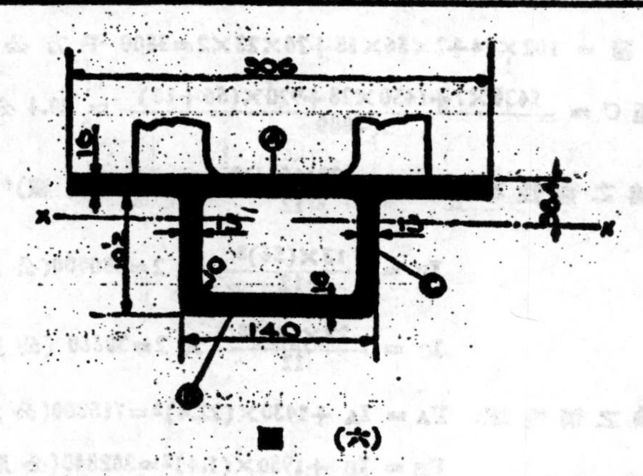

圖 (六)

各部分對其中軸之惰性率: $I_A = \frac{306\times(16)^3}{12} = 104448$(公厘)^4

$I_B = \frac{140\times(16)^3}{12} = 47790$(公厘)^4

$I_C = \frac{13\times(20)^3}{12}\times 2 = 745000$(公厘)^4

各部分對中立軸之惰性率: $I'_A = I_A + 4900\times(30.4)^2 = 4,644,448$(公厘)^4

$I'_B = I_B + 2240\times(55.6)^2 = 6,997,760$(公厘)^4

$I'_C = I_C + 1820\times(12.6)^2 = 1,035,000$(公厘)^4

全斷面之惰性動率 $I = 4,644,448+6,997,760+1,035,000=12,677,208$(公厘)^4

斷面係數 $Z = \frac{12,677,208}{102-38.4} = \frac{12677208}{63.6} = 199500$(公厘)^3

撓曲應力 $= \frac{1106000}{199500} = 5.55$ 公斤/平方公厘

縱應拉力 $= \frac{12900}{8960} = 1.43$ 公斤/平方公厘

聯合最大應拉力 $= 5.55+1.43=6.98$ 公斤/平方公厘

<7 公斤/平方公厘

國內工程人才統計

莊 前 鼎

摘要: 根據國內各工科大學畢業生統計,土木科計約一千五百人,機械一千三百人,電機一千人,化工五百人,礦冶三百人。根據中國工程師學會正會員之職業分類統計,學土木而在土木界服務者占百分之四十八,學機械而在機械界服務者占百分之四十四,其他電機之百分比數爲三十六,化工三十二,礦冶十八。以上百分比數,不包括政府行政人員及教育界在內。

引言 年來國內,各種建設工作甚多,每感工程人才之缺乏。有時才不得其用,用不得其人。就事擇人,感才難之歎,因人擇事,感人浮於事。究竟國內各種工程人才,共有多少。各種工程職業,需用工程人才多少,實有研究統計之價值,俾供國內工程界參考之資料,而同時亦可爲工程教育界造就人才之方向。前德國在歐戰時,興登堡大將有言,敵國可將德國克虜伯砲廠全部燬滅而德國仍有復興之希望,若將廠內全部工程技術人員殺亡,則德國永無復造大炮及其他軍器之希望矣。於玆可見工程人才之重要,爲現代物質文明及一切國防軍備之基礎。國內當政者,平時不知獎勉工程人才,提倡工程教育,而於國難危急時,希望少數工程師能有驚人之技能,製造大炮,機關槍,摩達以救國,實覺希望太奢。其結果不得不失望,而謂國內工程師之無能,不足以救亡圖存。筆者有感於是,因作是篇統計。向祈海內賢達,不吝賜教,加以指正。幸甚!

國內各種工程人才

第一表 根據中國工程師學會會員錄統計人數

	總共會員	正會員	仲會員初級會員
土木工程師	1,211	901	310
電機工程師	486	391	95
機械工程師	460	375	85
化學工程師	191	161	30
礦冶工程師	175	153	22
總共	2,523	1,981	542

正會員係國內外大學工科畢業,在工程界負責工作有經驗在五年以上者。

仲會員係國內外大學工科畢業後,工程經驗僅有二三年者。

初級會員係國內大學工科畢業生之方投身工程界工作者。

觀上表,國內土木工程人才最多,電機及機械工程次之,化學及礦冶工程又次之。土木工程包括水利,建築,鐵路,公路等工程,範圍甚廣。機械包括紡織,造船,航空,汽車等。全國工程人才,不止此數。但中國工程師學會係國內最大之工程學會,大部份高級負責工程人才,均屬此會。所以根據該會會員統計,當知國內工程人才之梗概矣。

茲就國立清華大學從前留美工科歷屆畢業生分類統計如下:

第二表 國立清華大學留美工科歷屆畢業生分類統計

1.	土木工程	116名	9.	航空工程	10名
2.	機械工程	76名	10.	製糖工程	6名
3.	採礦冶金	61名	11.	鐵道工程	5名
4.	電機工程	59名	12.	造紙工程	5名
5.	化學工程	55名	13.	道路工程	4名
6.	建築	25名	14.	造幣工程	4名
7.	紡織工程	18名	15.	陶瓷工程	4名
8.	工業化學	15名	16.	市政工程	3名

17. 衛生工程	3名	21. 漂染化學	2名
18. 煤油工程	3名	22. 農用機械	2名
19. 河海工程	2名	23. 製革工程	1名
20. 汽車工程	2名	總共	481名

清華大學,在民國十七年以前,為清華學校。預備留美學生,在校畢業後,赴美進大學二三年級。在美四五年後回國服務。工科學生畢業後,或實習二三年,或進研究院,再行深造。

民國元年,初次招考,錄取數十名送美。以後自行招生,留校八年,再送美遊學。歷屆留學畢業生迄今共二千一百餘名。

上表留美工科畢業生,亦以土木工程為最多,機械礦冶電機及化學工程次之,其他汽車,河海,製革等專門工程,則人數甚少。

茲就國內著名工科大學之歷屆畢業生調查統計如下:

土木工程人才

第三表　交通大學唐山工程學院畢業次數及年份

1. (宣統三年)	28名	12. (民國十一年)	29名
2. (民國元年)	19名	13. (民國十二年)	24名
3. (民國二年)	21名	14. (民國十三年)	16名
4. (民國三年)	15名	15. (民國十四年)	29名
5. (民國四年)	12名	16. (民國十五年)	32名
6. (民國五年)	16名	17. (民國十六年)	34名
7. (民國六年)	20名	18. (民國十七年)	22名
8. (民國七年)	13名	19. (民國十八年)	15名
9. (民國八年)	14名	20. (民國十九年)	32名
10. (民國九年)	13名	21. (民國二十年)	35名
11. (民國十年)	28名	總共	468名

第四表　交通大學土木科畢業次數及年份

第四次 (民國二年)	22名	第八次 (民國六年)	12名
第五次 (民國三年)	17名	第九次 (民國七年)	12名
第六次 (民國四年)	16名	第十次 (民國八年)	15名
第七次 (民國五年)	18名	第十一次 (民國九年)	20名

第十二次（民國十年）15名　第十三次（民國廿年）54名

總共 201名

第五表 國立清華大學土木工程學系歷屆畢業學生人數

1. 民國十八年 工 系 8
2. 民國十九年 取 消 0
3. 民國二十年 0
4. 民國廿一年 土木工程系 17
5. 民國廿二年 土木工程系 21
6. 民國廿三年 土木工程系 27
7. 民國廿四年 土木工程系 22

總共 95名

第六表 國立北洋工學院工程土木工學門畢業次數及年份

1. 甲 班（宣統二年）8名
2. 乙 班（宣統二年）9名
3. 丙 班（民國元年）19名
4. 丁 班（民國四年）18名
5. 戊 班（民國五年）15名
6. 己 班（民國六年）11名
7. 庚 班（民國八年）16名
8. 民九班（民國九年）13名
9. 民十班（民國十年）6名
10. 十一年班（民國十一年）8名
11. 十二年班（民國十二年）11名
12. 十三年班（民國十三年）10名
13. 十四年班（民國十四年）12名
14. 十五年班（民國十五年）4名
15. 十六年班（民國十六年）23名
16. 十七年班（民國十七年）15名
17. 十八年班（民國十八年）16名
18. 十九年班（民國十九年）34名
19. 二十年班（民國二十年）56名
20. 廿一年班（民國廿一年）56名

總共 360名

第七表 湖南省立湖南大學工學院土木系歷屆畢業生人數

民國十九年一月 17名
民國二十年一月 12名
民國廿一年一月 22名
民國廿二年七月 12名

總共 63名

第八表 國立武漢大學土木工程系歷屆畢業生人數

民國廿二年六月(第二屆) 15名
民國廿三年六月(第三屆) 23名

總共	38名

第九表　北平大學工學院土木科歷屆畢業生人數

民國十七年	5名
民國十八年	5名
總共	10名

數校共計土木科畢業生1,235名,若以每年每校土木科畢業生四十名計算,迄至現在止,當在1,500名左右。若併其他公私省立土木專科畢業生計算,國內土木工程人才,當在2,000名以上。

電機工程人才

第十表　交通大學電機科畢業次數及年份

第一次	(宣統三年)	10名	第十二次	(民國十一年)	16名
第二次	(民國元年)	16名	第十三次	(民國十二年)	26名
第三次	(民國二年)	8名	第十四次	(民國十三年)	56名
第四次	(民國三年)	10名	第十五次	(民國十四年)	31名
第五次	(民國四年)	7名	第十六次	(民國十五年)	32名
第六次	(民國五年)	8名	第十七次	(民國十六年)	30名
第七次	(民國六年)	4名	第十八次	(民國十七年)	28名
第八次	(民國七年)	3名	第十九次	(民國十八年)	47名
第九次	(民國八年)	11名	第二十次	(民國十九年)	29名
第十次	(民國九年)	17名	第廿一次	(民國二十年)	15名
第十一次	(民國十年)	17名		總共	421名

第十一表　北平大學工學院電機科歷屆畢業生人數

民國四年	13名	民國十二年	19名
民國五年	5名	民國十三年	22名
民國六年	14名	民國十四年	18名
民國七年	8名	民國十五年	27名
民國八年	8名	民國十七年	16名
民國九年	7名	民國十八年	25名
民國十年	12名	民國十九年	17名
民國十一年	8名	民國二十年	18名

民國廿一年	21 名	民國廿三年	31 名(內電力班7,電信班24)
民國廿二年	50 名(內電力班28,電信班22)	總　共	339 名

交通大學電機科爲國內歷史最久者。近數年來,國內各大學增設電機及機械二科,已年有畢業生。若一併計算,國內電機工程人才,當在一千名左右。

機械工程人才

第十二表　交通大學機械科畢業次數及年份

1.	(民國 11 年)	6 名	7.	(民國 17 年)	27 名
2.	(民國 12 年)	27 名	8.	(民國 18 年)	22 名
3.	(民國 13 年)	37 名	9.	(民國 19 年)	20 名
4.	(民國 14 年)	31 名	10.	(民國 20 年)	8 名
5.	(民國 15 年)	21 名		總　共	229 名
6.	(民國 16 年)	30 名			

第十三表　國立北平大學工學院機械科歷屆畢業人數

民國四年	13 名	國民十五年	18 名
民國五年	9 名	民國十七年	13 名
民國六年	12 名	民國十八年	10 名
民國七年	20 名	民國十九年	20 名
民國八年	16 名	民國二十年	15 名
民國九年	6 名	民國廿一年	12 名
民國十年	16 名	民國廿二年	40 名
民國十一年	16 名	民國廿三年	38 名
民國十二年	11 名	總　共	311 名
民國十三年	12 名		
民國十四年	14 名		

民國十六年無畢業生,係年限延長之故。

第十四表　北平大學工學院機織科歷屆畢業人數

民國五年	6 名	民國十年	14 名
民國六年	11 名	民國十一年	10 名
民國七年	8 名	民國十二年	9 名
民國八年	12 名	民國十三年	21 名
民國九年	9 名	民國十四年	11 名

民國十五年	13名	民國廿一年	4名
民國十七年	5名	民國廿二年	10名
民國十八年	8名	民國廿三年	8名
民國十九年	4名	總共	168名
民國二十年	5名		

第十五表　湖南省立湖南大學工學院機械系歷屆畢業生人數

民國二十年一月	5名
民國廿三年一月	2名
總共	7名

第十六表　河北省立工業學院機器科歷屆畢業人數

光緒三十三年八月	1名	民國十年六月	13名
光緒三十四年四月	16名	民國十一年六月	21名
光緒三十四年四月	5名(出洋實習)	民國十二年六月	24名
宣統二年十二月	16名	民國十三年六月	23名
宣統三年十二月	14名	民國十四年六月	29名
民國三年六月(以下係機械科)	14名	民國十五年十二月	28名
民國四年六月	24名	民國十六年十二月	21名
民國五年六月	14名	民國十七年十二月	12名
民國八年六月	20名	民國十九年八月	30名
民國九年六月	15名	民國二十年八月	20名
		總共	360名

國內大學之設立機械科者以同濟大學,各省省立工業專門學校及交通大學爲最早。但同濟畢業生甚少。近數年來,其他國立大學,均增設機械科。其已有畢業生,若一併計算。國內機械工程人才,當在一千三四百名左右。

礦冶工程人才

第十七表　國立北洋工學院工科採礦冶金學門畢業次數及年份

1. 甲班	（宣統二年）	7名
2. 乙班	（宣統二年）	11名
3. 丙班	（民國元年）	19名
4. 丁班	（民國三年）	18名
5. 戊班	（民國四年）	19名
6. 己班	（民國五年）	11名
7. 庚班	（民國六年）	10名
8. 辛班	（民國八年）	18名
9. 九年班	（民國九年）	15名
10. 十八年班	（民國十八年）	19名
11. 十九年班	（民國十九年）	28名
12. 二十年班	（民國二十年）	16名
13. 廿一年班	（民國廿一年）	10名
總共		201名

第十八表　私立焦作工學院歷屆畢業生人數

第一屆	民國十一年	22名
第二屆	民國十五年	12名
第三屆	民國十六年	11名
第四屆	民國十七年	13名
第五屆	民國二十年	23名
總共		81名

礦冶工程科，北洋工學院設立最早。現在全國有礦冶工程科者，僅河南焦作工學院，交通大學唐山工學院及北洋工學院而已。統計總數約三百名左右。

化學工程人才

第十九表　北平大學工學院應用化學科歷屆畢業生人數

民國四年	15名
民國五年	9名
民國六年	8名
民國七年	18名
民國八年	18名
民國九年	13名
民國十年	15名
民國十一年	13名
民國十二年	15名
民國十三年	16名
民國十四年	7名
民國十五年	27名
民國十七年	16名
民國十八年	20名
民國十九年	17名
民國二十年	18名
民國廿一年	19名
民國廿二年	12名
民國廿三年	13名
總共	289名

第二十表　河北省立工業學院化學科歷屆畢業生人數

光緒三十三年二月	13名
又八月	13名
又十二月	10名
光緒三十四年	7名
宣統元年	20名
宣統二年	13名
民國三年	6名
民國四年	13名
民國五年	8名
民國六年	26名
民國七年	16名
民國八年	12名
國民九年	17名
民國十年	17名
民國十一年	12名
民國十二年	16名
民國十三年	7名
民國十四年	23名

民國十五年　14名　民國十七年　13名　民國二十年　7名
民國十六年　14名　民國十九年　8名　總共　305名

國立大學,從前向無化學工程科,僅各省立工業專門學校,如北平工專,杭州工專及蘇州工專等校,設立化學工程專修,科如製革,紡織,染色,油漆及製紙等科。近數年來國立中央大學,北平大學工學院,浙江大學均已設立化學工程科,但歷屆畢業人數不多。所有國內化學工程人才,大部係國外留學畢業及從前工業專門畢業,無統計可查。估計約在五百名左右。

現在全國各種工程人才,總計當在五千以上。若連同其他技術人員之不由大學工程畢業而學有專長者,當在六千左右。

國內各種工程職業

根據中國工程師學會會員錄中正會員之各種職業分類統計,列表如下。總共門類一百三十二種,人數一千四百八十人。其他五百餘人,不註明職業,無從統計。但亦可見國內工程職業之梗概矣。

第二十一表　工程職業

(一)依人數爲次序

序	職業	類	人數	序	職業	類	人數
1.	各學校	(教)	188人	12.	省市電話局	(電)	41人
2.	鐵路工務處	(土)	123人	13.	鐵路局	(土)	39人
3.	外國公司洋行	(洋)	96人	14.	建築公司	(土)	36人
4.	各省建設廳	(政)	78人	15.	紡織紗廠	(機)	31人
5.	電廠電氣公司	(電)	49人	16.	自立工程公司	(工)	23人
6.	鐵路機務處	(機)	49人	17.	無綫電台	(電)	22人
7.	鐵路機廠	(機)	48人	18.	建設委員會	(政)	20人
8.	鐵路工程處	(土)	47人	19.	水利工程局	(水)	18人
9.	鐵道部	(政)	45人	20.	煤礦公司	(礦)	16人
10.	水利委員會	(水)	45人	21.	營業公司	(商)	16人
11.	省市工務局	(土)	43人	22.	兵工署	(政)	15人

23.	實業公司	(商)	15人
24.	江漢工程局	(水)	15人
25.	自立機器廠	(機)	15人
26.	交通部	(政)	12人
27.	市政府	(政)	12人
28.	實業部	(政)	11人
29.	市公用局	(政)	10人
30.	水泥廠	(化)	9人
31.	兵工廠	(機)	9人
32.	自來水工程	(土)	9人
33.	工部局	(洋)	7人
34.	中央研究院	(研)	7人
35.	水電公司	(電)	7人
36.	水利局	(水)	7人
37.	濬浦局	(水)	7人
38.	地質調查所	(礦)	6人
39.	電機製造廠	(電)	6人
40.	無綫電公司	(電)	6人
41.	鐵路材料處	(土)	6人
42.	港務處	(水)	6人
43.	河務處	(水)	6人
44.	鹽業公司	(商)	6人
45.	鹽務稽核所	(政)	6人
46.	鐵路車務處	(土)	6人
47.	經濟委員會	(政)	5人
48.	省政府	(政)	5人
49.	士敏土廠	(化)	5人
50.	銀行界	(商)	4人
51.	中央黨部	(政)	4人
52.	鐵路公司	(土)	4人
53.	航空公司	(機)	4人
54.	礦 鐵	(礦)	4人
55.	電業公司	(電)	4人
56.	縣建設局	(政)	4人
57.	麵粉廠	(化)	4人
58.	招商局	(政)	4人
59.	工業試驗所	(研)	4人
60.	油漆公司	(化)	4人
61.	國民政府	(政)	3人
62.	國防設計委員會	(政)	3人
63.	商辦工廠	(化)	3人
64.	皂藥廠	(化)	3人
65.	製鹹公司	(化)	3人
66.	化學工業公司	(化)	3人
67.	商品檢驗局	(研)	3人
68.	長途汽車公司	(機)	3人
69.	考試院	(政)	3人
70.	造船所	(機)	3人
71.	航政局	(政)	3人
72.	經委會工程處	(土)	3人
73.	經委會水利處	(水)	3人
74.	火藥廠	(化)	3人
75.	電報局	(電)	3人
76.	理化研究所	(研)	3人
77.	電政管理	(政)	3人
78.	航空署	(政)	2人
79.	衛生署	(政)	2人
80.	工程研究所	(研)	2人
81.	教育部	(政)	2人
82.	電車公司	(電)	2人
83.	鐵路機務	(土)	2人
84.	工程顧問	(工)	2人
85.	市衛生局	(政)	2人
86.	文化基金會	(教)	2人

87.	軍委會	(政)	2人
88.	陵園管理	(政)	2人
89.	中國科學社	(教)	2人
90.	墾植公司	(土)	2人
91.	磚瓦公司	(化)	2人
92.	瓷業公司	(化)	2人
93.	採石公司	(化)	2人
94.	味精電化廠	(化)	2人
95.	縣政府	(政)	2人
96.	稅警團	(政)	2人
97.	社會局	(政)	2人
98.	司法行政部	(政)	2人
99.	天文研究所	(研)	1人
100.	烟草公司	(化)	1人
101.	航業公司	(商)	1人
102.	審計部	(政)	1人
103.	軍需署	(政)	1人
104.	軍官學校	(教)	1人
105.	鹽務署	(政)	1人
106.	堤工處	(土)	1人
107.	棉業統制會	(政)	1人
108.	硝磺局	(政)	1人
109.	度量衡局	(政)	1人
110.	菸酒稅局	(政)	1人
111.	製絲所	(化)	1人
112.	海關統稅處	(政)	1人
113.	玻璃廠	(化)	1人
114.	消費協會	(商)	1人
115.	浚渫工程科	(土)	1人
116.	造紙廠	(化)	1人
117.	染料公司	(化)	1人
118.	鐘表廠	(機)	1人
119.	鐵廠	(機)	1人
120.	皮革公司	(化)	1人
121.	製革公司	(機)	1人
122.	治河處	(水)	1人
123.	造幣廠	(機)	1人
124.	煉鋼廠	(礦)	1人
125.	輪渡公司	(土)	1人
126.	輪渡工程處	(土)	1人
127.	輪渡管理處	(土)	1人
128.	博物院	(政)	1人
129.	陳列所	(政)	1人
130.	監察院	(政)	1人
131.	航空委員會	(政)	1人
132.	商務印書館	(教)	1人
	總共		1,480人

〔註〕
- 研　試驗及研究機關
- 教　教育機關
- 土　土木工程
- 水　水利工程
- 電　電機工程
- 機　機械工程
- 化　化學工程
- 礦　礦冶工程
- 工　工程公司
- 商　商業公司
- 政　政府及省市行政機關
- 洋　外國公司洋行
- 他　其他職業

觀照上表工程人才之服務於教育界者最多,鐵路工務次之。而服務於外國公司洋行者,亦在百人左右,佔總數百份之七,實爲國內工程人才之絕大損失,亦即表示國內工業之落伍而工程職業之不發達。若以國內工程人才之服務於鐵路者,包括鐵路工務,機務,機廠,車務,路局及鐵道部等職業,總共計算,則約三百六十餘人,佔總數百份之二十四以上,實爲國內現在容納工程人才之最大職業,而間接表示國內共工程職業之不發達。

第二十二表　工程職業

(二)依工程門類爲次序

(一)　土木工程及水利工程共433人

1.	鐵路工務處	123
2.	鐵路工程處	47
3.	省市工務局	43
4.	鐵路局	39
5.	建築公司	36
6.	自來水工程	9
7.	鐵路材料處	6
8.	鐵路車務處	6
9.	鐵路公司	4
10.	經委會工程處	3
11.	鐵路總務	2
12.	墾植公司	2
13.	堤工處	1
14.	海塘工程	1
15.	輪渡工程	3
		325

水利工程

1.	水利委員會	45
2.	水利工程局	18
3.	江漢工程局	15
4.	水利局	7
5.	濬浦局	7
6.	港務處	6
7.	河務處	6
8.	經委會水利處	3
9.	治河處	1
		108

(二)　政府及省市行政機關共278人

1.	各省建設廳	78
2.	鐵道部	45
3.	建設委員會	20
4.	兵工署	15
5.	交通部	12
6.	市政府	12
7.	實業部	11
8.	市公用局	10
9.	鹽務稽核所	6
10.	經濟委員會	5
11.	省政府	5
12.	中央黨部	4
13.	縣建設局	4
14.	招商局	4
15.	國民政府	3
16.	國防設計委員會	3
17.	考試院	3
18.	航政局	3
19.	航空署	

20.	衛生署	2
21.	教育部	2
22.	市衛生局	2
23.	軍委會	2
24.	陵園管理	2
25.	縣政府	2
26.	稅警團	2
27.	社會局	2
28.	司法行政部	2
29.	審計部	1
30.	軍需署	1
31.	鹽務署	1
32.	棉業統制會	1
33.	硝磺局	1
34.	度量衡局	1
35.	菸酒稅局	1
36.	海關統稅處	1
37.	博物院	1
38.	陳列所	1
39.	監察院	1
40.	航空委員會	1
		278

(三) 教育界 共194人

1.	各學校	188
2.	文化基金會	2
3.	中國科學社	2
4.	軍官學校	1
5.	商務印書館	1
		194

(四) 機械工程 共166人

1.	鐵路機務處	49
2.	鐵路機廠	48
3.	紡織紗廠	31
4.	自立機器廠	15
5.	兵工廠	9
6.	航空公司	4
7.	長途汽車公司	3
8.	造船所	3
9.	鐘表廠	1
10.	鐵廠	1
11.	製釘公司	1
12.	造幣廠	1
		166

(五) 電機工程 共140人

1.	電廠電氣公司	49
2.	省市電話局	41
3.	無線電台	22
4.	水電公司	7
5.	電機製造廠	6
6.	無線電公司	6
7.	電業公司	4
8.	電報局	3
9.	電車公司	2
		140

(六) 外國公司 共103人

1.	外國公司洋行	96
2.	工部局	7
		103

(七) 化學工程 共51人

1.	水泥廠	9
2.	士敏土廠	5
3.	麵粉廠	4
4.	油漆公司	4
5.	商辦工廠	3

6.	皂藥廠	3
7.	製鹼公司	3
8.	化學工業公司	3
9.	火藥廠	3
10.	磚瓦公司	2
11.	瓷業公司	2
12.	採石公司	2
13.	味精電化廠	2
14.	烟草公司	1
15.	製絲所	1
16.	玻璃廠	1
17.	造紙廠	1
18.	染料公司	1
19.	皮革公司	1
		51

(八)　商業公司　共43人

1.	營業公司	16
2.	實業公司	15
3.	興業公司	6
4.	銀行界	4
5.	航業公司	1
6.	消費協會	1
		43

(九)　礦冶工程　共27人

1.	煤礦公司	16
2.	地質調查所	6
3.	鐵礦	4
4.	煉鋼廠	1
		27

(十)　工程公司　共25人

1.	自立工程公司	23
2.	工程顧問	2
		25

(十一)　試驗及研究機關　共20人

1.	中央研究院	7
2.	工業試驗所	4
3.	商品檢驗局	3
4.	理化研究所	3
5.	工程研究所	2
6.	天文研究所	1
		20

觀上表,國內正式工程職業,土木工程範圍最廣,容納人才最多,包括鐵路工務工程,省市工務,建築公司及水利機關與河港工程等,但大部係服務於鐵路機關。其他新興土木工程職業,如各省公路建設,附屬於各省建設廳,爲省市行政工程職業。機械工程職業,大部人才服務於鐵路機務機廠及紡織工廠。其他自立機器工廠,極不發達。電機工程職業,大部係國家電氣事業,如電話,無線電,電報,電車等,與其他公私發電廠。化學工程職業範圍甚廣,但均不甚發達。各種化學工廠,容納人才不多,可見國內化學工業之不發達。礦冶工程,範圍甚小,且極不發達。但在國外礦產爲各種工業原

料,且爲國防基礎。國內礦業不發達,所以礦冶工程人才大部分不得其用。

政府及省市行政機關容納工程人才,佔第二位,大部份係主持國家工程事業。其中一小部份係改變職業,與工程事業無關,實爲國家損失。甚覺可惜。

第二十三表　工程職業

(職業人數百份比率及工程人才比例)

職業名稱	I 職業人數	II 百份比率 %	III 工程人才 工程師學會 正會員數	IV 比例 I / III
1. 土木及水利工程	433	29.25	901	47.5%
2. 政府及省市行政	278	18.80		
3. 教育界	194	13.15		
4. 機械工程	166	11.20	375	44.3%
5. 電機工程	140	9.45	391	35.8%
6. 外國公司洋行	103	6.95		
7. 化學工程	51	3.44	161	31.6%
8. 商業公司	43	2.90		
9. 礦冶工程	27	1.82	153	17.7%
10. 工程公司	25	1.69		
11. 試驗及研究機關	20	1.35		
	1,480	100.00	1,981	7.50%

觀上表,全國工程職業土木及水利工程容納人才最多,至百份三十左右,與國內土木工程人才數之比例爲47.5%,其中一部份服務於政府及省市行政機關與教育界,間接執行工程事務。極少數失業而改變職業。

政府及省市行政機關容納工程人才至278人,佔第二位,至全數百份之18.8%,教育界容納194人,佔第三位,至全數百份之

13.15%。二種均爲間接的而非直接的工程職業。前者主持國家工程事務之進行,後者負造就國家工程人才之責任,均極重要。但總共佔全國工程人才百份之三十以上,實足表示國內工程事業之不發達,而大部人才不負担直接正式工程之事務。

機械工程職業人數166人,佔百份之11.20%,與機械工程人才數之比例爲44.3%。電機工程人數140人,佔9.45%,比例35.8%,二者僅及土木工程職業人數三份之一。表示國內機械及電機工程事業,尙極幼稚。除國家鐵路機務及電氣事業容納大部人才外。其他公私機械及電機工廠極少發展。歐美各工業國家,機電二種工程職業人數,均在土木工程之上。蓋現代物質文明之基礎,築在機械及電機工程事業上也。國內一部份機械及電機工程人才,從事政府行政及敎育界職務,甚少失業而改變職業者。

國內一部份工程人才,服務於外國公司及洋行,人數多至103人,佔百份之6.95%,實爲國家重大損失。蓋彼等大部份係國家扶養敎育,國外留學而極有經驗者,徒以待遇較高,職位安定,而不願爲國家服務。楚材晉用,甚爲可惜也。

化學工程範圍甚廣,人才甚多,而職業人數僅五十餘人,佔百份之3.44%,比例31.6%,大部人才從事敎育。表示國內化學工業極幼稚,且均係新興事業,將來甚有希望發展也。

礦冶工程人才153名,而職業人數僅27名。比例17.7%,大部份不得已而改變職業。且國內礦冶事業不發達,容納人才極少,佔百份之1.82%而已。

全國工程職業人數1,480人,而工程師學會正會員數1,981人。其中五百餘人,因調查不明而未註職業。一部份係仍在國外留學之學生,一部份因住址遷移而仍未更正。統計無業而改變職業者約百份之十左右。

國內工程人才區域

根據中國工程師學會分區會員統計,得第二十四表:

第二十四表

上海分會會員	467
南京分會會員	288
武漢分會會員	147
天津分會會員	124
北平分會會員	122
濟南分會會員	106
青島分會會員	78
杭州分會會員	75
廣州分會會員	70
美國分會會員	59
太原分會會員	30
重慶分會會員	26
唐山分會會員	26
梧州分會會員	25
長沙分會會員	24
蘇州分會會員	21
大冶分會會員	16
總共	1,704

會員總數二千五百餘名。各分會會員總數一千七百餘名。其餘八九百名,因地址不明,無從統計。

上海,武漢及天津爲全國工業中心,所以會員人數甚多。南京爲政府所在地,政府各機關容納工程人才不少。北平舊都會,因學校林立,且爲平漢北甯及平綏三鐵路中心點,所以會員人數亦極多。濟南,青島,杭州及廣州均爲大商埠,故工程人才亦不少。

國內工程人才與其他各科人才之比較

第二十五表　國立清華大學歷屆留美畢業生學科分類統計

	學科	畢業人數	百分比率
1.	法科	551	26.70%

2.	工　科	481	23.40%
3.	文　科	399	19.40%
4.	理　科	294	14.30%
5.	商　科	147	7.16%
6.	醫　科	65	3.16%
7.	農　科	58	2.82%
8.	藝術科	27	1.31%
9.	軍事科	27	1.31%
10.	其他科學	9	.44%
	總　共	2,058	100.00

根據最近教育部調查（申報年鑑22年29卷）：

第二十六表　全國各大學各學院及專修科歷年畢業生數比較

科別	十七年度		十八年度		十九年度	
	人數	百份比	人數	百份比	人數	百份比
1. 法科	1,044	26.1	1,123	24.0	1,512	25.8
2. 文科	581	14.6	758	16.1	902	15.4
3. 工科	373	9.4	450	9.6	4.2	8.4
4. 理科	352	8.7	315	6.7	391	6.7
5. 商科	270	6.7	312	6.6	284	4.9
6. 教育科	149	3.7	187	4.0	229	3.9
7. 醫科	93	2.4	138	2.9	179	3.0
8. 農科	91	2.3	69	1.5	206	3.5
9. 專修科	1,046	26.1	1,352	28.6	1.662	28.4
總數	4,004	100.0	4,706	100.0	5,857	100.0

觀以上二表，知國內法科人才最多，人數在二萬左右，三倍於工科人才。文科人才次之，人數在一萬以上，二倍於工科人才。理科與工科相等，因理工二科，實有連帶關係。在國外有許多工程人才，

因期求獲得博士之虛榮,而改變志趣,轉入理科。在國內亦有許多工程人才,因職業問題而轉入理科工作,甚覺可惜,蓋國內人才有限,理科特出人才,極應以國家當前急難爲前題,而不應以個人志趣爲惟一趨向也。

國內工程人才與美國工程人才之比較

根據美國機械工程師學會之會員統計

		1928	1929
名譽會員	(Honorary Members)	23	24
正會員	(Members)	8,472	8,633
贊助會員	(Associatas)	623	607
仲會員	(Associates Members)	3,993	3,978
初級會員	(Junior)	5.184	5,504
		18,295	18,746

正會員,仲會員及初級會員,總共人數一萬八千餘人。過去數年,會員總數二萬餘人。其他電機工程師學會及土木工程師學會亦各有會員二萬餘人。礦冶及化學工程師學會會員人數各在一萬左右。合計美國全國工程人才當在十萬左右。反觀我國,全國工程人才僅六七千人,不及美國十份之一,而全國人民數四萬八千萬人,則正四倍於美國人民總數一萬二千萬人,亦可見國內工業之幼稚與工程人才之缺乏。國內負工程教育之責者,當知責任之重大,國內特出人才,亦當知救國重任責無旁貸,而踴躍從事工程職業也!

附錄

蔡方陰君來函

——「打樁公式及樁基之承量」篇之補充及正誤——

「工程」總編輯先生：

查「工程」十卷六號所載拙著之「打樁公式及樁基之承量」文中之公式(22)及(24)與德查希(Terzaghi)氏"Erdbaumechanik"書中所列之打樁公式，大概相同，其不同之點，即在德氏之公式，任意假定打樁時之衝擊為半彈性的(semi-elastic)，即假定$n=0.5$，故$K=\frac{1}{0.25+0.75m}$，而拙著公式(22)及(24)中K所含n之值，可依樁之材料，採用517頁表中之數，或用同頁所舉之實驗方法以定之。如是則公式(22)及(24)之採用，必需先求得s, h_0及n之值〔公式(24)中之e及β之值，當然亦須決定〕。鄙人茲發現拙著公式(22)及(24)尚可大加改良，而成為一個最合理最普遍之新打樁公式，其法如下：

使公式(22)與(20a)相等，即可得，

$$K=\frac{WL}{2EAh_0}\left(\frac{h-h_0}{s}\right)^2 \quad\cdots\cdots(25)$$

及

$$h_0=h-\frac{sKEA}{WL}\left[-s+\sqrt{s^2+\frac{2WhL}{KEA}}\right] \quad\cdots\cdots(26)$$

由第五圖(a)，可知：

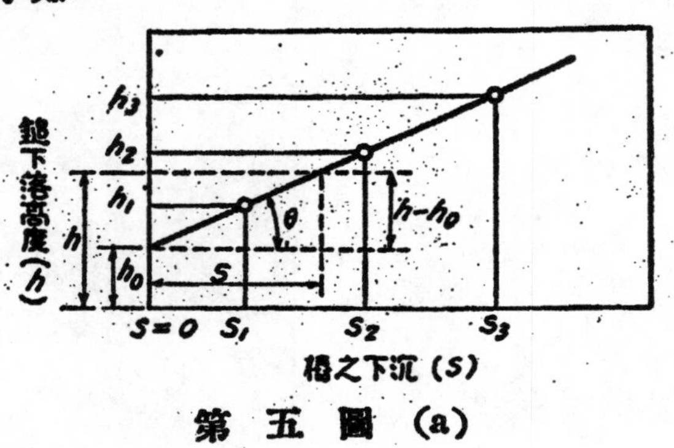

第五圖(a)

$$\tan\theta=\frac{h-h_0}{s}=\frac{KEA}{WL}\left[-s+\sqrt{s^2+\frac{2WhL}{KEA}}\right]\cdots\cdots(27)$$

以公式(25)及(27)代入公式(22),即得,

$$Q_d=\frac{2EAh_0}{L\tan\theta}\cdots\cdots(29)$$

而公式(24)亦變爲

$$Q=\frac{Q_s}{e}=\frac{Q_d}{e\beta}=\frac{2EAh_0}{e\beta L\tan\theta}\cdots\cdots(30)$$

公式(29)及(30)即公式(22)及(24)改良後之新公式也。該二公式至少具有下列二大優點:

(1)公式(29)與517頁之最合理最普遍之公式(14)比較,其意義完全相同。所不同者,祇形式耳。故該二公式可以互相通化。由公式(26)與(27)可得,

$$\frac{h_0}{\tan\theta}=\frac{1}{2}\left[-s+\sqrt{s^2+\frac{2WhL}{KEA}}\right]\cdots\cdots(31)$$

以公式(31)代入(29),即得公式(14)。故公式(29)與(14)皆爲最合理最普遍之打樁公式,但前者之簡單便用,遠勝於後者。

(2)公式(14)所含n與s之值,須兩種手續測定之,且517頁所述之實測n方法,其h'之觀察,殊不易精確。公式(29)中,不但無K或n,即W亦消去。至其中h_0與$\tan\theta$之值,祇須以一種手續用519頁之方法,依附圖第五圖(a)測定之,且較易精確。

公式(29)及(30)之合理及普遍性,在理論上固絕無疑問,但尙需實際之證驗。鄙人擬於最近之將來,將該二公式,加以相當之實驗研究。俟得有結果後,自當在「工程」報告。若任何工程師採用樁基時,亦盼能以精密審愼之方法,將公式(29)與(30)加以實際之證驗,無論其結果與該公式所算得相符與否,皆鄙人之所樂聞也。

文拙著稍有誤印之處,茲更正如下:

512頁,20行,大字母「P」應改爲小字母「p」。

513頁,公式(4)「m」應改爲「w」,「l」應改爲「L」。

6895

514 頁，18 行，「q=6」應改爲「e=6」。

518 頁，公式 (18)，大字母「S」，應改爲小字母「s」。

519 頁，第六圖，曲線上「n 之值 20, 30, 40, ……」等均應改爲「n 之值 0.20, 0.30, 0.40 ……」等。

526 頁，註腳 (26)，「式」應改爲「考」。

請將此函刊入下期「工程」中，以爲拙著之補充，是爲至感！專此即頌著祺。

蔡方蔭謹啓

北平國立清華大學

廿四年十二月九日

編餘贅言

中國工程師學會第五屆年會論文，凡經論文委員會移送到本刊編輯部者，均已刊入本專號上下兩期。事先承撰述諸君惠予合作，或將原提出之英文稿改寫中文，或以原附藍晒圖不便製板，而以底圖或照片見寄，使編印工作得順利進行，殊堪感佩。惟因限於篇幅，較繁之圖表每不克轉載；又若干設計圖案縮印後殊欠明晰；此外因時間侷促，魯魚亥豕之誤，在所難免；統希撰文諸君與讀者同鑒諒之！ 編者

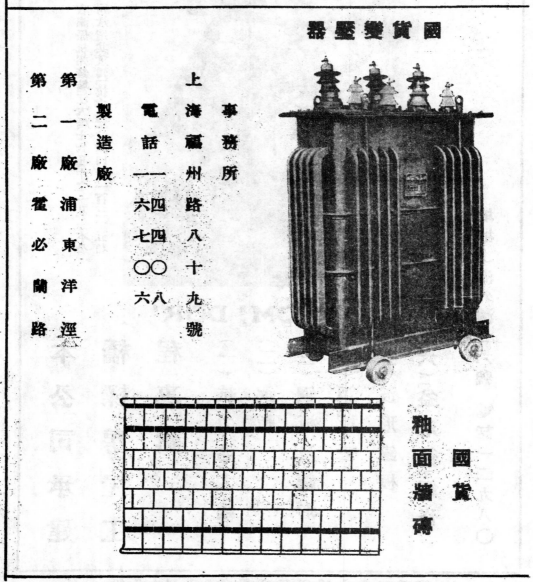

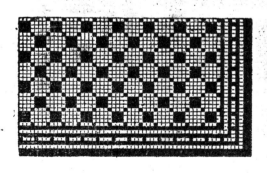

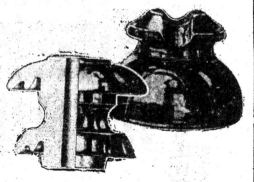

請聲明由中國工程師學會『工程』介紹

SHELL
殼牌汽油與汽車滑機油
為最高等之物品能使君之汽車行駛最為滿意
瀝青（柏油）
為鋪路蓋屋避免走電等用
滑機油
凡輪船工廠機器上應用之滑機油各級均備
殼牌礦質松香水
為最有效最經濟之松節油代替品
柴油
為引擎內部燃燒及燒油爐鍋與蒸熱汽管之用
亞細亞
A

隴海鐵路簡明行車時刻表

民國二十四年十一月三日實行

上行車

車次／站名	特別快車 1	特別快車 3	特別快車 5	混合列車 71	混合列車 73
連雲			10.00		
大浦			↓	8.20	
新浦			11.46	9.01	
徐州	12.40		19.47	18.25	19.05
商邱	17.18				1.36
開封	21.36	14.20			7.04
鄭州南站	23.47	16.17			9.44
洛陽東站	3.51	20.23			16.33
陝州	9.10				0.09
靈寶	10.06				1.10
潼關	12.53				5.21
渭南	15.37				8.59
西安	17.55				12.15

下行車

車次／站名	特別快車 2	特別快車 4	特別快車 6	混合列車 72	混合列車 74
西安	0.30				8.10
渭南	3.15				11.47
潼關	6.36				15.33
靈寶	9.09				18.56
陝州	10.30				20.27
洛陽東站	16.30	7.36			4.11
鄭州南站	20.50	11.51			10.27
開封	22.59	13.40			13.12
商邱	3.02				18.50
徐州	7.10		8.53	10.30	0.15
新浦			16.48	20.04	
大浦			↓	20.30	
連雲			18.25		

本路73次與平漢62、72次又本路73、74次與平漢61次在鄭州聯接

本路一次特快與平漢21次又本路二次特快與平漢22次在鄭州相聯接

本路一次及二次特快與滬平通車301、302次在徐州聯接

北寧鐵路簡明行車時刻表

中華民國廿五年一月一日重訂

41次 普通客車中膳各等	71次 平津客貨三等慢車	3次 特別快車膳車各等	23次 快車膳車各等	301次 平滬特快膳臥各等	5次 平津特快膳車各等	305次 平浦特快膳臥各等	401次 平津客貨平滬通貨	1次 平瀋特快膳臥各等	73次 津唐客貨三等慢車	75次 唐榆客貨三等慢車	下行車	站名	上行車	2次 瀋平特快膳臥各等	302次 滬平特快膳臥各等	6次 津平特快膳車各等	72次 津平客貨三等慢車	42次 普通客快中膳各等	4次 特別快車膳車各等	24次 快車膳車各等	402次 津平客貨滬平通貨	306次 浦平特快膳臥各等	74次 唐津客貨三等慢車	76次 榆唐客貨三等慢車
5.45	7.10	9.30	13.00	15.35	17.10	20.00	20.10	21.15			開	北平前門	到	9.25	10.00	11.38	16.35	17.40	18.25	22.30	23.40	23.15		
6.04	7.56		13.16				20.54				開	永定門	開				16.03	17.23		22.15	23.13			
6.20	9.01	10.00	13.30	16.00		20.26	22.10	21.40			開	豐台	開	9.02	9.36		15.15	17.05	18.03	22.02	22.17	22.50		
6.44	10.24		13.48					21.58			開	黃村	開	8.43			13.53	16.37						
7.39	12.59		14.37			21.20	0.50	22.38			開	郎坊	開	8.05			11.42	15.41		20.54	19.15	21.51		
8.03	13.48		14.53				1.29	22.55			開	落垡	開	7.43			10.28	15.20			18.31			
8.36	15.35		15.20				2.24	23.16			開	楊村	開	7.21			9.01	14.50		20.19	17.30			
9.14	17.28	11.44	15.47	17.51	19.10	22.24	3.43	23.42			開	天津總站	開	6.56	7.45	9.40	7.08	14.14	16.10	19.55	16.22	20.54		
9.23	17.45	11.52	15.55	18.00	19.18	22.32	4.00	23.50			到	天津東站	開	6.45	7.35	9.30	6.20	14.00	16.00	19.45	15.20	20.45	停	
9.35	停	12.05	16.05	18.20	停	23.00		24.00	6.35		開		到	6.30	7.05			13.46	15.48	19.32		20.15	11.45	
10.38		13.04	17.06	開		開		1.01	8.44		開	塘沽	開	5.30	由			12.46	14.55	18.35		由	10.10	
11.46		14.00	18.13	往		往		2.07	12.10		開	蘆台	開	4.26	上			11.41	14.00	17.26		浦	7.39	
12.34			19.00	上		浦		2.58	14.17		開	胥各莊	開	3.30	海			10.45		16.34		口	5.51	
12.47		14.55	19.13	海		口		3.12	14.40		到	唐山	開	3.15	開			10.30	13.05	16.20		開	4.50	停
12.52		15.00	19.18					3.15	停	6.45	開		到	3.10	來			10.23	13.01	16.17		來		21.30
13.06		15.11	19.29					3.30		7.25	開	開平	開	2.55				10.10	12.51	16.07				21.08
13.39		15.35	19.54					4.03		8.30	開	古冶	開	2.30				9.44	12.34	15.50				20.08
14.29		16.07	20.28					4.53		10.06	開	灤縣	開	1.32				8.45	11.55	15.07				17.26
15.32		16.49	21.18					5.59		12.30	開	昌黎	開	0.31				7.40	11.14	14.22				14.33
15.56			21.37					6.24		13.18	開	留守營	開	0.01				7.12		13.59				13.20
16.16		17.22	21.55					6.47		14.24	開	北戴河	開	23.42				6.54	10.43	13.45				12.46
16.43		17.42	22.17					7.16		15.30	開	秦皇島	開	23.09				6.25	10.20	13.20				11.45
17.05		18.00	22.35					7.40		16.07	到	山海關	開	22.40				6.00	10.00	13.00				10.45
								8.20		停	開		到	22.00										
								16.40			到	遼寧總站	開	14.00										

膠濟鐵路行車時刻表 民國二十三年七月一日改訂實行

下行列車

站名	到開	[illegible]次各等	[illegible]次各等	[illegible]次三等	[illegible]次三等	一次各等
青島	開	七・〇〇	[illegible]	[illegible]		[illegible]
大港	開	七・一一	[illegible]	[illegible]		[illegible]
四方	開	七・三〇	[illegible]	[illegible]		[illegible]
滄口	開	七・三六	[illegible]	[illegible]		[illegible]
女姑口	開	七・四八	[illegible]	[illegible]		[illegible]
城陽	開	七・五七	[illegible]	[illegible]		[illegible]
南泉	開	八・一三	[illegible]	[illegible]		[illegible]
藍村	開	八・二七	[illegible]	[illegible]		[illegible]
李哥莊	開	八・三六	[illegible]	[illegible]		[illegible]
膠東	開	八・四八	[illegible]	[illegible]		[illegible]
膠州	到	九・〇〇	[illegible]	[illegible]		[illegible]
膠州	開	九・〇三	[illegible]	[illegible]		[illegible]
芝蘭莊	開	九・一九	[illegible]	[illegible]		[illegible]
姚哥莊	開	九・二八	[illegible]	[illegible]		[illegible]
高密	到	九・三九	[illegible]	[illegible]		[illegible]
高密	開	九・五〇	[illegible]	[illegible]		[illegible]
康家莊	開	一〇・〇	[illegible]	[illegible]		[illegible]
蔡家莊	開	一〇・一三	[illegible]	[illegible]		[illegible]
塔耳堡	開	一〇・二三	[illegible]	[illegible]		[illegible]
丈嶺	開	一〇・三三	[illegible]	[illegible]		[illegible]
岞山	開	一〇・四一	[illegible]	[illegible]		[illegible]
黃旗堡	開	一一・〇一	[illegible]	[illegible]		[illegible]
南流	開	一一・〇九	[illegible]	[illegible]		[illegible]
蛤蟆屯	開	一一・二〇	[illegible]	[illegible]		[illegible]
坊子	到	[illegible]	[illegible]	[illegible]		[illegible]
坊子	開	[illegible]	[illegible]	[illegible]	[illegible]	[illegible]
二十里堡	開	[illegible]	[illegible]	[illegible]	[illegible]	[illegible]
濰縣	到	[illegible]	[illegible]	[illegible]	[illegible]	[illegible]
濰縣	開	[illegible]	[illegible]		[illegible]	[illegible]
大圩河	開	[illegible]	[illegible]		[illegible]	[illegible]
朱劉店	開	[illegible]	[illegible]		[illegible]	[illegible]
昌樂	開	[illegible]	[illegible]		[illegible]	[illegible]
堯溝	開	[illegible]	[illegible]		[illegible]	[illegible]
譚家坊子	開	[illegible]	[illegible]		[illegible]	[illegible]
楊家莊	開	[illegible]	[illegible]		[illegible]	[illegible]
青州	到	[illegible]	[illegible]		[illegible]	[illegible]
青州	開	[illegible]	[illegible]		[illegible]	[illegible]
普通	開	[illegible]	[illegible]		[illegible]	[illegible]
淄河店	開	[illegible]	[illegible]		[illegible]	[illegible]
辛店	開	[illegible]	[illegible]		[illegible]	[illegible]
金嶺鎮	開	[illegible]	[illegible]		[illegible]	[illegible]
湖田	開	[illegible]	[illegible]		[illegible]	[illegible]
張店	到	[illegible]	[illegible]		[illegible]	[illegible]
張店	開	[illegible]	[illegible]		[illegible]	[illegible]
馬尚	開	[illegible]	[illegible]		[illegible]	[illegible]
周村	到	[illegible]	[illegible]		[illegible]	[illegible]
周村	開	[illegible]	[illegible]		[illegible]	[illegible]
大臨池	開	[illegible]	[illegible]		[illegible]	[illegible]
王村	開	[illegible]	[illegible]		[illegible]	[illegible]
普集	開	[illegible]	[illegible]		[illegible]	[illegible]
明水	開	[illegible]	[illegible]		[illegible]	[illegible]
棗園莊	開	[illegible]	[illegible]		[illegible]	[illegible]
龍山	開	[illegible]	[illegible]		[illegible]	[illegible]
郭店	開	[illegible]	[illegible]		[illegible]	[illegible]
王舍人莊	開	[illegible]	[illegible]		[illegible]	[illegible]
黃臺橋	開	[illegible]	[illegible]		[illegible]	[illegible]
北關	開	[illegible]	[illegible]		[illegible]	[illegible]
濟南	到	[illegible]	[illegible]		[illegible]	[illegible]

上行列車

站名	到開	[illegible]次各等	[illegible]次三等	[illegible]次各等	[illegible]次三等	二次各等
濟南	開	七・〇〇		一一・四〇	一四・五〇	二三・〇
北關	開	七・〇九		一一・四七	一四・五七	二三・〇六
黃臺橋	開	七・一六		一一・五四	一五・〇四	二三・一三
王舍人莊	開	七・三〇		一二・〇八	一五・一〇	不停
郭店	開	七・四二		一二・二〇	一五・二三	不停
龍山	開	七・五七		一二・三六	一五・三九	二三・四八
棗園莊	開	八・一三		一二・五三	一五・五四	〇・〇五
明水	開	八・二三		一三・〇五	一六・〇七	不停
普集	開	八・四一		一三・二〇	一六・二四	〇・二八
王村	開	八・五一		一三・三一	一六・三四	不停
大臨池	開	九・〇三		不停	一六・五四	不停
周村	到	九・二〇		一三・五六	一七・一三	〇・二〇
周村	開	九・三三		一三・五九	一七・一六	〇・四二
馬尚	開	九・四〇		不停	一七・二六	不停
張店	到	九・四八		一四・二二	一七・三五	〇・五六
張店	開	一〇・〇五		一四・二六	一七・四八	一・〇二
湖田	開	一〇・一五		一四・三八	一七・五八	不停
金嶺鎮	開	一〇・二四		一四・五二	一八・一二	不停
辛店	開	一〇・三八		一五・〇三	一八・二二	一・一〇
淄河店	開	一〇・五一		不停	一八・三七	不停
普通	開	一一・〇一		一五・二五	一八・五五	不停
青州	到	一一・一二		一五・三七	一九・〇六	一・四六
青州	開	一一・二六		一六・〇三	一九・一六	一・五二
楊家莊	開	一一・三二		一六・一二	一九・二九	不停
譚家坊子	開	一一・四三		一六・二二	一九・四六	不停
堯溝	開	一一・五〇		一六・三七	一九・五八	不停
昌樂	開	一二・〇六		一六・五一	二〇・一二	二・三三
朱劉店	開	一二・一九		一七・〇一	二〇・一六	二・三九
大圩河	開	一二・三〇		一七・一二	二〇・二七	不停
濰縣	到	一二・四三		一七・一六	二〇・四〇	二・五九
濰縣	開	一二・五四	七・〇〇	一七・三二	二〇・五四	三・〇二
二十里堡	開	一三・〇四	七・一〇	一七・四二	二一・〇四	三・一〇
坊子	到	一三・〇八	七・二〇	一七・五二	二一・一七	三・二〇
坊子	開	一三・二一	七・三二	一八・〇六		三・二三
蛤蟆屯	開	一三・三六	七・四七	不停		不停
南流	開	一三・五〇	七・五四	一八・二〇		三・五三
黃旗堡	開	一三・五七	七・五九	一八・三二		四・〇八
岞山	開	一四・〇八	八・一七	一八・五四		不停
丈嶺	開	一四・二六	八・二九	一九・〇五		不停
塔耳堡	開	一四・四二	八・四八	一九・二三		不停
蔡家莊	開	一四・五〇	八・五八	不停		不停
康家莊	開	一五・〇一	九・〇八	一九・四一		四・四五
高密	到	一五・一二	九・二〇	一九・五三		四・五二
高密	開	一五・二四	九・三一	不停		不停
姚哥莊	開	一五・三七	九・四一	二〇・〇七		五・二五
芝蘭莊	開	一五・四七	九・五六	二〇・一九		不停
膠州	到	一六・〇三	一〇・〇五	二〇・四八		不停
膠州	開	一六・〇四	一〇・二三	二〇・五九		六・二一
膠東	開	一六・一六	一〇・三六	不停		不停
李哥莊	開	一六・二五	一〇・四四	不停		六・四二
藍村	開	一六・四三	一〇・五四	二一・二三		不停
南泉	開	一六・五四	一一・〇七	二一・三四		六・五一
城陽	開	一七・〇九	一一・二二	二一・四六		不停
女姑口	開	一七・一九	一一・三三	二一・五二		不停
滄口	開	一七・二九	一二・〇七	二二・一三		七・一九
四方	開	一七・三六	一二・二二	二二・二二		七・二一
大港	開	一七・四五	一二・三三	二二・三〇		七・三四
青島	到	一八・〇〇	一二・四四	二二・四〇		七・四五

6907

廣告索引

工 THE JOURNAL OF 程

THE CHINESE INSTITUTE OF ENGINEERS

FOUNDED MARCH 1925—PUBLISHED BI-MONTHLY

OFFICE: Continental Emporium, Room No. 542. Nanking Road, Shanghai.

中華民國二十五年二月一日出版

工程第十一卷第一號

編輯人 胡樹楫

發行人 裘燮鈞

發行所 中國工程師學會 上海南京路大陸商場五四二號 電話九二五八二號

印刷者 中國科學公司 上海福煦路六四九號 電話七一〇四六號

分售處

上海徐家滙蘇新書社

上海四馬路作者書社

上海四馬路上海雜誌公司

南京正中書局南京發行所

南京太平路花牌樓書店

濟南芙蓉街教育圖書社

南昌民德路科學儀器館南昌發行所

昆明市西華大街益世書店

太原柳巷晉華仁書店

廣州永漢北路上海雜誌公司廣州分店

定報處 上海南京路大陸商場五四二號 中國工程師學會會刊經理處

收稿處 上海本會編輯部

會員及定戶通訊 凡會員或定戶更改地址或有寄報遺失等情請即函知上海本會

交換書報 凡欲與本刊交換者請向上海本會圖書室接洽並請先寄樣本交換書報概請逕寄上海本會圖書室收

本刊價目表

全年六冊零售每冊定價四角

每冊郵費 本埠二分 國內五分 國外四角

預定	冊數	書價連郵費 本埠	國內	國外
全年	六冊	二元一角	二元二角	四元二角
半年	三冊	一元一角	一元二角	二元三角

新疆蒙古及日本照國內 香港澳門照國外

工程

第十一卷第二號

二十五年四月一日

桿距730公尺過江電線工程

由福州至長樂縣蓮柄港間之三萬伏高壓電線經過閩江之南港地名峽兜處桿距凡730公尺於兩岸建築鐵塔以支承之本期載有鮑國寶君所撰一文詳述設計施工之經過下圖示完工後情形圖中鐵塔高53.7公尺

天源機器鑿井局

江灣水電路新市路東

電話江灣七七二二九號

本局專營開鑿自流深井及探礦工程局主于子寬兼工程師昔從各國考察所得技術成績優異回國經營十餘載凡鑿本外埠各地工廠學校醫院住宅花園之大小各井皆堅固靈便水源暢潔適合衛生今擬擴充各埠鑿井探礦營業特添備最新式鑽洞機器山石平地皆能鑽成自流深井價格克己如蒙惠顧竭誠歡迎

最近各地鑿井成績之一斑

探礦工程

廣東韶關富國煤礦公司

機器鑿井工程

廣東中山縣政府
廣東中山縣建設局
廣州長堤先施公司
廣州市自來水公司

南京上海銀行
南京市政府
南京海軍部
南京交通部
南京中央無線電台
上海市公用局
上海市衛生局
上海市工務局
大中華洋火廠
中興賽璐珞廠
天一味母廠
海甯洋行蛋廠
屈臣氏汽水廠
肇新化學廠
泰豐罐頭廠
泰康罐頭廠

瑞和磚瓦廠
順昌石粉廠
永和實業廠
中國橡膠廠
正大橡膠廠
大用橡皮廠
大達橡膠廠
永大橡皮廠
華陽染織廠
麗明染織廠
五豐染廠
美龍酒精廠
開林公司油漆廠
永固油漆廠
國華染廠
光明染廠
協豐染廠

大華利衛生食料廠
振華油漆廠
崇信紗廠
三友社織造廠
圓圓紡織公司
安綠棉織廠
中國內衣工廠
上海印染廠
永安紗廠
達豐染織廠
上海英商自來水公司
永安公司
新新公司
大新公司
中英大藥房
中國實業銀行
百樂門大飯店
新亞大酒店
新惠中旅館
松江新松江社
光華大學
震旦大學
持志大學

勞働大學
同濟大學
大夏大學
復旦大學
松江省立中學
立達學校
中山路平民村
蝶來大廈
中實新村
天保里
公益里
實業部上海魚市場
上海海港檢疫所
中央研究院
上海畜植牛奶公司
派克牛奶房
華德牛奶場
生生牛奶場

並代經銷中外各種鑽鑿開井探礦機器價格特別公道

請聲明由中國工程師學會『工程』介紹

SWAN, HUNTER, & WIGHAM RICHARDSON, LTD.
NEWCASTLE-ON-TYNE, ENGLAND

And Associated Company
BARCLAY, CURLE & CO., LTD.
GLASGOW, SCOTLAND

Twin-Screw S.S. "CHANGKIANG"
Railway Ferryboat built for the Chinese Ministry of Railways

本廠代鐵道部建造雙輪葉式長江火車渡輪長江號之圖形

敝廠設在英國新堡創立已數十載專門製造大小輪船軍艦浮塢以及修理船隻內外裝修機件並製造各式輪機鍋爐煤力發動機柴油發動機以供各界採擇敝廠幷闢有最新式船塢五處其中最長達六百二十英尺上列圖形之長江號火車渡輪係敝廠所承造其式樣之新穎與夫行駛之便捷在遠東允屈首指焉

史璜亨脫造船廠有限公司
地點—英國新堡

聯合公司 巴克萊柯爾造船有限公司
地點—英國格拉斯戈

中國總經理 上海 香港 **馬爾康洋行**

春季旅行
四月四日至五月三日
趁日暖風和的時候，尋登山臨水的快樂
下列名勝，不可不遊 南京 鎮江 揚州 無錫 蘇州
青陽港 松江 嘉興 杭州 莫干山
假期結伴遊覽 省時省費，尤爲相宜。
京滬滬杭甬鐵路管理局啟
SPRING
EXCURSION
April 4—May 3, 1936.
An Ideal Season to Visit Some of the Following Places Long Noted for their Scenic Beauty and Historic Interest:—
Nanking, Chinkiang, Yangchow, Wusih, Soochow,
Tsinyangkong, Sungkiang, Kashing, Hangchow and Mokanshan.
FOR
COMFORT, ECONOMY, SERVICE TRAVEL VIA
Nanking-Shanghai & Shanghai-Hangchow-Ningpo Railways.

工程週刊

第5卷1—8期目錄（1—98頁）

中國工程師學會會刊

工程

第十一卷第二號

目錄

中國工程師學會發行

工程雜誌投稿簡章

一　本刊登載之稿，概以中文爲限。原稿如係西文，應請譯成中文投寄。

二　投寄之稿，或自撰，或翻譯，其文體，文言白話不拘。

三　投奇之稿，望繕寫清楚，並加新式標點符號，能依本刊行格繕寫者尤佳。如有附圖，必須用黑墨水繪在白紙上

四　投寄譯稿，並請附寄原本。如原本不便附寄，請將原文題目，原著者姓名，出版日期及地點，詳細叙明。

五　稿末請註明姓名，字，住址，以便通信。

六　投寄之稿，不論揭載與否，原稿概不檢還。惟長篇在五千字以上者，如未揭載，得因預先聲明，並附寄郵費，寄還原稿。

七　投寄之稿，俟揭載後，酌酬本刊。其尤有價值之稿，從優議酬。

八　投寄之稿，經揭載後，其著作權爲本刊所有。

九　投寄之稿，編輯部得酌量增删之。但投稿人不願他人增删者，可於投稿時預先聲明。

十　投寄之稿請寄上海南京路大陸商場 542 號中國工程師學會轉工程編輯部。

平綏鐵路工務述要

金　濤

平綏鐵路工務處長

此篇原稿,係以英文草成,備登中美工程師協會月刊暨美國著名雜誌工程新聞紀錄之用。嗣以平綏狀況,亦足資吾國工程師之參考,乃請平綏工程司邦君懋皖譯成中文,辭達而意不失眞,書以誌感。

金　濤附識(二十五年一月)

(一) 導　言

平綏一線,在中國全國國有鐵路中,具特異之點如左:

(甲) 完全用中國資本及中國工程家建築修養。

(乙) 路線起自北平(即昔日之北京),終於內蒙古西部之包頭,長 816 公里,為連鎖西北之大幹線。將來鐵路進展,可由此而外蒙,而新疆,而甘肅,而青海,而甯夏,則邊遠客貨,咸得藉軌道而通至太平洋。

(丙) 路線中有一段長約三十公里,通稱為關溝者,內有最峻之坡度(三十分之一即百分之3⅓,曲線上亦不折減)及最陡之曲線(半徑 600 英尺,按 100 英尺弦所涵中心角計之,約為 9 度 34 分),為東方標準軌路所僅見。駛行列車,須用大馬力機車(Mallet locomotives)。該機車連煤水車共重 285 英噸。

(丁) 路線由海拔 239 英尺之北平起,往西北逐漸上升,至距首站豐台約 549 公里之十八台站,其海拔為 5,304 英尺,由此下降至綏遠及包頭。綏遠海拔3,558英尺,包頭3,420英尺。十八台站附近氣候,夏涼而多極寒,其最低溫度曾至華氏表 -30 度,爲中國內地鐵路所不經見,

有此特殊情形,則此路之經過及現狀,與其最近之設施,當爲從事鐵路工程者所樂聞,爰撮涯略,以告同道。

(二) 路 史

(參閱第一圖)

北京(今之北平)張家口間敷設標準軌距鐵路,決議於前清光緒三十一年四月。是年九月開工,次年八月由首站豐台(在北平西南與關內外鐵路,卽今之北甯路接軌)通車至南口,長55公里。宣統元年八月,通至張家口完成,共長 201 公里。其北平西直門站至門頭溝之枝線,亦於光緒三十四年敷設通車,長26公里。

車通張家口後,卽議將幹線由張家口展至綏遠,中間經過大同豐鎮。自宣統元年工程開始,三年十月,車通張家口大同間之陽高縣(距豐台326.5公里)。革命軍興,工程暫停。民國元年繼續施工,三年六月,車通大同縣(距豐台 383 公里),四年九月至豐鎮(距豐台 428 公里)。至是受歐戰影響,工程復完全停頓者四年。

在此期間,完成短途枝線三處:(一)環城枝線,長 12.5 公里,由西直門起,環繞北平城外,與京奉路(今之北甯路)東便門站銜接,民國四年六月開工,五年一月完工。(二)大同至口泉枝線,長 19.8 公里,專供運煤之用,民國七年四月開工,八月完工。(三)宣化縣(距豐台 169 公里)至水磨枝綫,長 8.65 公里,供煙筒山開採鐵鑛之用,民國七年十二月修通,至十一年又拆卸,材料移用於他處。

豐鎮以西之展綫工程,民國八年秋重復開工。十年五月,車通綏遠,距豐台668.4公里。

綏遠至包頭一段工程,民國十年已着手進行,十二年秋工程車通包頭(距豐台816.2公里)開始營業,而全段工事設備實未完成,

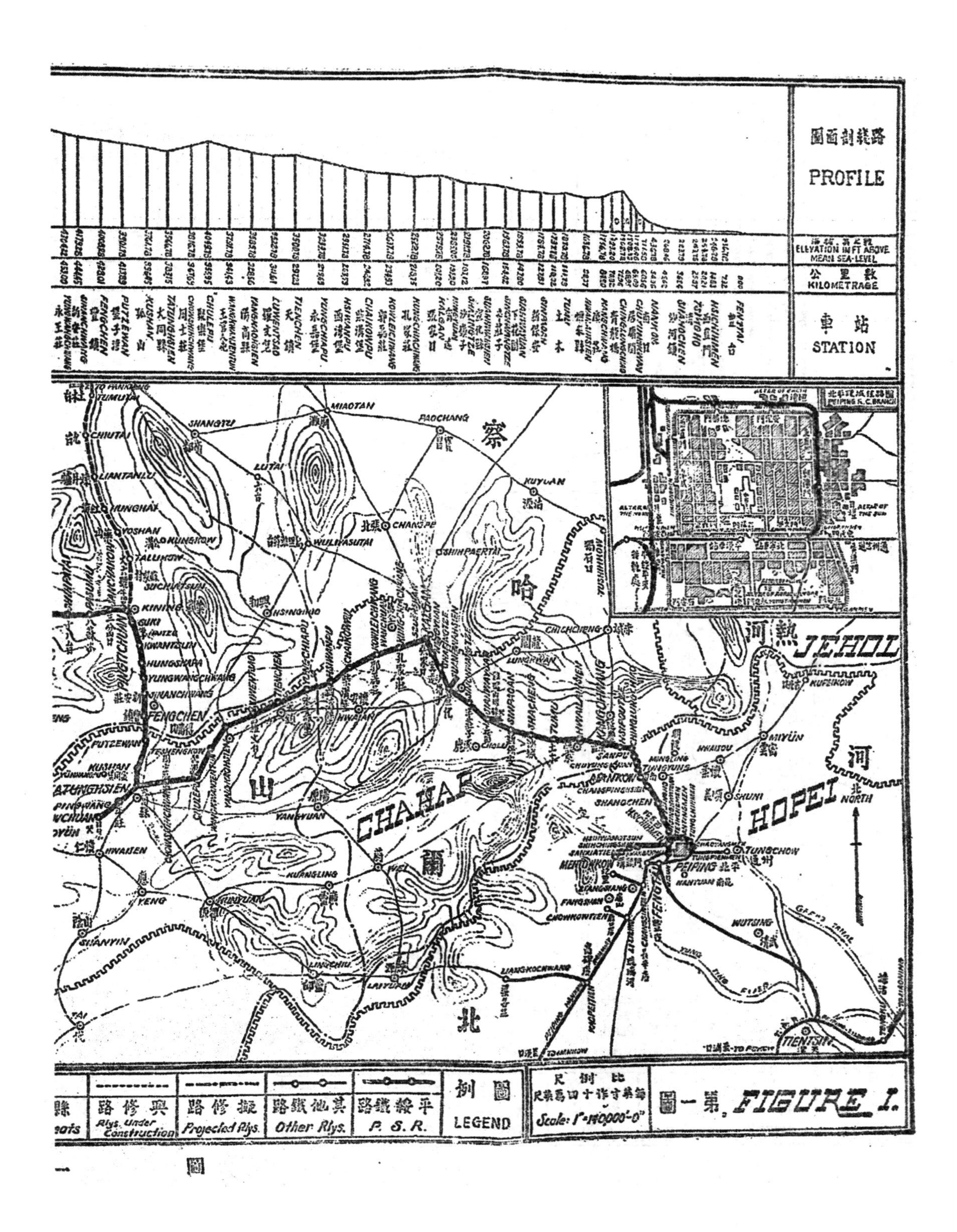
路綫剖面圖
PROFILE
ELEVATION IN FT ABOVE MEAN SEA-LEVEL
公里數
KILOMETRAGE
車站
STATION
CHAHAR
JEHOL
HOPEI
PEIPING
TIENTSIN
TUNGCHOW
FENGCHEN
KALGAN
NORTH
平綏鐵路
P. S. R.
其他鐵路
Other Rlys.
擬修路
Projected Rlys.
與修路
Rlys. Under Construction
圖例
LEGEND
比例尺
Scale: 1"=140,000'-0"
第一圖
FIGURE I.

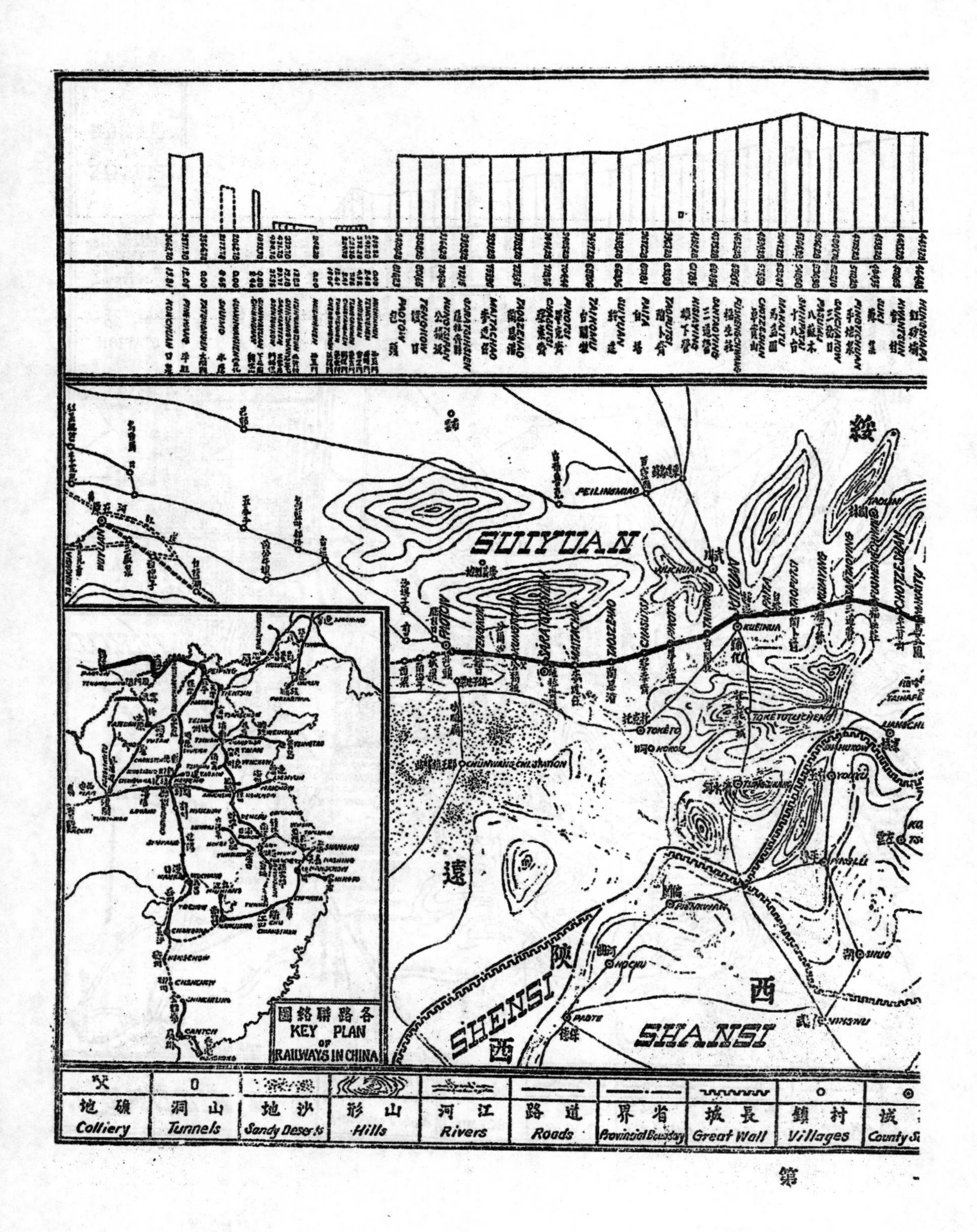
SUIYUAN
SHENSI
SHANSI
PEILINGMIAO
KUEIHUA
TOKETO
各路聯絡圖
KEY PLAN OF RAILWAYS IN CHINA
礦地 Colliery
山洞 Tunnels
沙地 Sandy Deserts
山形 Hills
江河 Rivers
道路 Roads
省界 Provincial Boundary
長城 Great Wall
村鎮 Villages
County S

第

經歷年量力增建,至今仍多欠缺,胥有待於將來之補充也。

(三)路線

全綫自北平至包頭,大致趨向西北,其地勢由北平逐漸上升,以達最高點之十八台,由此復低降以至包頭,已詳第一節導言(參閱第一圖內平面及剖面圖)。其幹綫各段及三枝綫之最峻坡度,(曲綫上無折減)及最緊曲綫,如第一表:

第一表

幹綫或枝綫	某段	公里數	最峻坡度	最小曲綫半徑(英尺數)
	豐台至南口	54.96	1%	1,000
幹	南口至康莊	29.84	1/30 即 3.33%	600
	康莊至張家口	116.40	1%	795
	張家口至大同	181.95	1/115 即 0.87%	1,000
	大同至平地泉	127.13	1/145 即 0.69%	1,000
綫	平地泉至綏遠	158.08	1/145 即 0.69%	1,250
	綏遠至包頭	147.87	1/400 即 0.25%	3,000
枝	西直門至東便門	12.61	1/300 即 0.33%	800
	西直門至門頭溝	25.96	1/125 即 0.80%	987
綫	大同至口泉	19.81	1/200 即 0.50%	1,000

關溝段　由上表觀之,平綏全綫,當以南口至康莊(即通稱關溝段一段最具特色。讀者欲知其詳狀,請參閱民國二十一年十一月出版之中美工程師協會月刊第十三卷第六期內著者所撰平綏鐵路關溝段一文(The Nankow Pass on the P.S.R., Journal of the Association of Chinese and American Engineers, Vol. XIII,No.6,Nov. 1932;此篇已譯成中文,印有單行本,並已登入二十二年七月出版之清華大學土木工程學會會刊第二期)。篇內所述各節,除下列兩端外,均與現狀無異。

(甲)行車准許最大速度,自民國二十四年起,南口至八達嶺山洞北口一段,由每小時10英里增爲每小時12.5英里,八達嶺山洞北口至康莊一段,增爲每小時15英里。

(乙) 幹線上開行之貨車(篇內原載貨車祇有500輛,現在除枝線專用小車220輛不計外,共有960輛),約百分之八十五,均配置氣軔或手軔,故各大馬力機車所曳列車噸數增加甚多。

由以上兩端之總合結果,近年關溝段運輸能力大有增進。

至於改線計畫,照前著關溝段文內所載第三計畫,核以現今市價,約需費二千四百萬元,遠非此路所能担負。民國二十三年,雖曾派諸棣工程家探測省費之路線,結果於前項一線外另無發見。惟當時因種種原因,勘察或有未周,究竟有無較善路線尚難確定,將來倘再議改線,仍當詳細覆勘。

沿路水患　平綏幹線軌道,大致一面與河岸平行或接近,一面則童山嶙峋,沿山趺而行。民國十三,十六,十八及二十三年,歷遭河水汎溢,附近山水又循傍澗而匯注,致路線之填基橋梁,涵洞,被冲多處,鐵路損失甚重,行車中斷者達數星期之久。平地泉至陶卜齊一段,形勢最惡,故十八及二十三兩年所受水患亦最重。此外各處,如下花園辛莊子(通稱蛇腰灣)間柴溝堡永嘉堡間(此兩段均在洋河沿岸),以及張家口車站,每年自六月至九月間,均易受水患。又蹬口一帶迫近黃河,民國二十四年八九兩月間,因河水漲溢,路線填基幾被冲斷。

護綫及改綫工程　因有上述水患,故歷年注意護線及改線工作。護綫之目的,在防障洪水,以避免或減少冲刷,下列護綫各法,單用或兼用,斟酌各地形勢而決定:

(甲) 以乾片石用白灰或洋灰漿堆砌路坡。

(乙) 臨水一面之坡脚,護以混凝土塊,以鐵搭(Iron Cramps)聯結之。

(丙) 沿臨水一面之坡脚,以白灰或洋灰漿砌片石牆。

(丁) 沿坡脚栽10—15英尺高柳樁兩排;樁頂聯以鐵絲或柳笆;兩排中間隙地,填以片石;裏樁內側之地基,填以好土。

(戊) 在上游建築混凝土或片石之順水壩(用白灰或洋灰漿填縫),以改變水向,不使直冲路基。

(己) 在上游栽鋼板樁或他種樁,以代順水壩,使洪水流向改變。淤泥堆積近傍,自成路基之一種保障。

(庚) 在路基間添築橋梁涵洞,以增山谷湍流之出路。

倘以地勢推測,覺使用以上各法,或嫌靡費太多,或嫌功力不足,則將路綫向附近山坡高處或離河遠處酌量遷移。民國十三年間,下花園站至蛇腰灣一段,因洋河水漲,曾改建一部。旗下營陶卜齊間之二道河地方路綫,因十八年之水患,於十九年中由黑河水道之傍,移至附近山麓,鑿成並無襄敷(Lining)之短隧道,長163.8英尺,頂高22英尺(此隧道之淨空較高於關溝內四隧道),皆其例也。

自二十年至二十三年之四年間,對於沿綫防水,如柴溝堡至永嘉堡,卓資山至三道營等處之護綫工程,三岔口至八蘇木,卓資山至福生莊等處之改綫工程,耗款頗鉅,皆十八年洪水破壞之後,分年修改之工作也。二十三年六月間,不幸平地泉至陶卜齊段內復遭水患,破壞程度與十八年相埒,凡十九至二十三年間所修工程,雖未受大害,而段內其餘各處,如平地泉三岔口間,卓資山稍西,三道營迤東,三道營旗下營間,以及前述二道河新建隧道稍西之路綫,均冲毁甚烈。此外更有福生莊三道營間新建501及509號兩橋亦被其害。當時日夜趕工,臨時修復,或臨時改綫,而列車停駛計二十三日。民國二十四年四月甫解凍後,復大舉從事改綫及護綫工程,進行猛速,大水期前完全竣事。所幸在該年內,以上各處並未發生重大水患。參觀下列第二表,可略知十九至二十三年間之工事概况。

第二表

年份	新築工程		改築工程
	平地泉至陶卜齊	其餘各處	平地泉至陶卜齊
民國二十至廿三年	160,625元	561,482元	66,335元
民國二十四年	115,985	245,347	662,000

統計民國二十年至二十四年用款,共約 1,811,774 元,二十四年份約 1,023,332 元。上列各數,自他路或國外工程家視之,或似渺不足道。然平綏路每年進款總額祇有八百萬至一千一百萬元,於管理及修養各項費用外,更加此項防水費,其担負亦甚重矣。

(四)軌道

(甲)鋼軌及配件 因各段路線係分期建築,而建築時又祇能以當時所有之軌道材料勉強應用,故全路所用鋼軌之重量及形式,自不能望其一律。約言之,凡正線及幹線上重要車站界內環線(Station loops)所用,均係每碼重85磅;枝線車站岔道及正線之第三環綫(Back loops)所用,均係每碼重60磅。

85磅鋼軌大率爲山北式(Sandberg section)及漢陽式。漢陽式即英國舊85磅T字式(T-rail section)。60磅鋼軌計有三種,即舊山北式,新山北式及美國式(U.S.A. Section)。

紅砂壩至卓資山間,有正線二段用70磅及75磅鋼軌,均爲美國土木工程司會(A.S.C.E.)式,其一段長53.5公里,一長6.8公里。

以上各種鋼軌,除曲線所用者外,大率長30英尺,魚尾鈑及螺釘,均與鋼軌相配合。道釘全係狗頭釘,即光面方形,頭上有鉤者;不用螺旋釘。85磅鋼軌所用狗頭釘,係⅝英寸見方,除釘頭不計,長5½英寸。60磅鋼軌所用者,9/16英寸見方,除釘頭不計,長5英寸。

全路除關溝段外,鋼軌下均無墊板。

關於鋼軌式樣,有應說明者三事:

（一）關溝內正綫所用鋼軌，均係85磅山北式加硬（Sorbitically Treated）鋼軌。

（二）洪水甫退，所修臨時便道，亦有用60磅鋼軌及隴海式85磅鋼軌者。至便道改爲正式路線，則正線上此種鋼軌大率撤換。

（三）前述二十四年內改線工程，約共長22.6公里，所用鋼軌幾全係美國南太平洋鐵路所撤換之美國鐵路協會90磅A式舊軌條（Second-hand 901b. rails of A.R.A. Section, type A），長33英尺。

（乙）軌枕　全綫所用軌枕，全係未經製煉之木枕，按長8英尺，寬9英寸，厚6英寸。關溝內軌節兩側之木枕，長9英尺，寬9英寸，厚7英寸（參考前著關溝段）。除關溝一段外，正線及幹線上重要環綫（Loops）每30尺鋼軌下，有枕木13條，各岔道及枝線每30尺鋼軌下，有枕木11條（因此各枝線之負荷力，遠遜於幹線，亦以枝線祇用60磅鋼軌也）。

枕木大率購自美國，卽木商所稱美松者。在平綏沿綫平均約可用至八年。照此計算，每年應換之枕木爲全數八分之一。全線共鋪枕木約一百六十萬根，每年計應購新枕木二十萬根。惟自民國十五年至二十一年之七年間，以財政艱窘，僅購325,400根，平均每年約攤46,500根。以修養久愆，致軌道情形日趨敗壞，至十九年時，遂不得不將全路行車速度一律縮減，如下表：

第三表

某	段	民國十九年前行車最大速度（每小時英里數）	自民國十九年起准許速度（每小時英里數）
幹綫	豐台至南口	30	20
	南口至康莊	15	10
	康莊至豐鎮	30	20
	豐鎮至包頭	30	25

枝	西直門至東便門	15	10
	西直門至門頭溝	15	10
綫	大同至口泉	20	15

行車速度減低之後,民國二十至二十一之兩年間,列車出軌之事仍不稍減。其最大原因,卽由於枕木朽腐,道釘鬆動(手指之力拔去極易)。

自民國二十二至二十四年之三年中,共購枕木681,874根,其大部均係用以替換朽枕,餘則鋪設便道,新岔道,及改綫。現在軌道狀況,遠勝兩年以前,軌道較穩,列車出軌者較少,故自二十四年八月一日起,行車之准許速度復增高如下:

		每小時英里數
幹綫	豐台至西直門	20
	西直門至南口	25
	南口至八達嶺山洞	12.5
	八達嶺山洞至康莊	15
	康莊至豐鎮	25
	豐鎮至平地泉	30
	平地泉至旗下營	20*
	旗下營至包頭	30
枝綫	西直門至東便門	20
	西直門至門頭溝	20
	大同至口泉	20

*此項臨時限制,係因本段改綫軌道,尙未完全鋪碴填實之故。一俟此項工竣,速度卽應增爲每小時30英里。

(丙) 道渣 平綏路所鋪道渣,係用礫石或碎石,頂寬10英尺,軌枕下填渣厚6–8英寸,惟僅填3–5英寸厚者亦頗多。

最近六七年來枕木朽壞情形,既如上述,故平路面淸石渣之工作絕難施行,蓋恐已朽之枕木動即破碎也。是以全線道渣悉成污穢,而新舊枕木胥受其害。近以抽換之新枕木已及六十萬根,乃從事於補充道渣及清渣之工作,擬將新石渣207,575立方碼分配沿線,填入軌道。現巳著手進行,再閱一年,料可蕆事。至於填渣或清渣等事,均用手工並不採用機械。

(丁)軌閘及轍叉　通例,凡幹線上之分岔,用十二號,十號,或八號固定轍叉(Rigid frogs);次要岔道,則全用八號者。尖軌大率長15英尺。

在前述修養弛緩期內,因破裂磨損之軌閘轍叉不能更新,惟有將次要岔道上未損之件移設需要岔道,以資救濟。二十四年巳向駐華比國鐵路公司定購下列各件,二十五年一二月間當可交貨。

用八十五磅鋼軌製八號軌閘及轍叉	85副
用八十五磅鋼軌製十號軌閘及轍叉	30副
用八十五磅鋼軌製十二號軌閘及轍叉	40副
用六十磅鋼軌製八號軌閘及轍叉	125副
用六十磅鋼軌製十號軌閘及轍叉	10副
閘座	80副

現以氧氣乙炔銲法修補磨損之轍叉間並修補軌閘,試用巳有成效。推而廣之,可用以修補磨損之軌端,並加强橋梁之負荷力,前途頗有發展之望。如財力充裕,擬更添購輕便電弧銲機一具。

(戊)軌道工程　近因更換大批枕木,於全線養路工人之工作尤特別注意,以期路面之平穩。舊日工人按年考績法,巳於二十三,二十四兩年重復施行。各道班飛班由主考人員分定等級,成績最優,列入前五名之工班按班酌給奬金;末名以前之數班,則戒飭之,以儆其將來;考列末名者,工頭立即開除,工人甄別去留,藉以鼓勵工人服務之勤奮。

(五)橋梁涵洞

全路併三處枝綫計之,共有橋梁涵洞3,334孔,其較要之正式

橋孔如第四表:

第 四 表

總共孔數	每孔長度(以英尺計)	式樣
1	110	矮梁瓦倫式桁架(Half through Warren trusses)
60	100	上承瓦倫式桁架(Deck Warren trusses)
16	30	上承鈑梁(Deck Plate girders)
171	30	寬肢工字梁(Diffeda-nge I-beams)
256	20	上承工字梁(Deck I-beams)
4	18.375	同上
15	5	同上
308	12	同上
28	10	同上
11	40	無筋混凝土填土拱橋(Plain concrete spandrel-filled arches)
3	30	同上
20	20	同上
193	10	同上

此外尚有次要橋洞,計可分爲七類,即(甲)舊鋼軌方木所建30英尺孔臨時式,(乙)舊鋼軌或方木所建20英尺孔臨時式,(丙)舊鋼軌所建12英尺孔臨時式〔乙丙兩項,現已逐漸更換鋼筋混凝土梁,詳見下〕,(丁)舊鋼軌梁10英尺孔橋,(戊)舊鋼軌梁6英尺及4英尺孔橋,(己)5英尺孔或不及5英尺混凝土拱橋,(庚)4英尺孔或不及4英尺方形涵洞(box culverts or drains)。

綏遠至包頭段所有20英尺或12英尺孔橋梁,豐鎮綏遠間以及大同口泉間枝線此類少數橋梁,尚係方木或舊鋼軌所造之臨時梁,均須正式改建(其混凝土台墩早已建成)。民國二十二年中,曾將鋼筋混凝土版及鋼梁之優劣及建築費互相校覈,決定下列兩項:

(甲) 20英尺孔應用鋼筋混凝土雙丁梁。

(乙) 12英尺孔應用鋼筋混凝土平版梁或雙丁梁參合用之。

現在各處之鋼橋,除關溝段外,其負重力均爲古柏氏E 35;鋼筋混凝土版橋則係遵照國有鐵路幹線標準按古柏氏E 50設計。

照二十二年計畫,全路20英尺孔橋共120孔,又12英尺孔橋共437孔,均須照此改建。由二十三年開始施工,至今已改建者約200孔,內以20英尺者爲最多,預計二十五年杪全數當可告竣。

二十三年被水各處及二十四年改線新添之橋孔,應改建鋼筋混凝土樑者,計12英尺者40孔,20英尺者1孔,當於二十五或二十六年中舉辦,在未改建前,均暫用舊鋼軌爲樑,以利行車。

大同口泉間枝線第四號橋14孔,第十號橋10孔,均爲30英尺孔臨時橋,其混凝土橋台墩久已建成,惟其幹樑則係以方木與舊鋼軌合成。第四號橋樑下以方木作斜撑,由各孔三分之一點(One-third point)傳其負重之一部達於混凝土墩或台之底部。第十號橋則以木杌架爲楮柱,二十二年中曾擬改建,用能負古柏氏E 35重量之工字鋼樑,惜此項計畫未能實行。

近自二十四年秋間起,飭由各分段長按月檢驗所管段內一切橋梁涵洞,按照制定格式,塡列呈報。其較要之桁樑橋(Trussed Girders),則派橋樑專門家一員,以工務員一員爲輔,率領臨時橋工隊沿線檢驗。遇有鬆動或缺損之鉚釘,即時更換。一切小修,亦於檢驗期間隨時辦理。全路各鉚接桁樑橋之載重,除關溝內100英尺之獨孔橋,爲古柏氏E 50外,大率均爲E 35。經此次詳細驗明,其負荷力已不及原設計之數,且有桁樑或其肢桿傷毁已甚,致其拱度(Camber)已減少者。以情勢論,均應設法加强,或更換規畫適合之新樑,目今財力實有未逮,惟有暫減過橋時之行車速度而已。

全路各站,惟西直門及張家口各有鋼質天橋一座,架於旅客月台之上,跨過軌道三條;沿線軌道上約有天橋十二座,大率爲木質,以供行人及輕載車馬之通行。二十一年在張家口站附近建鋼筋混凝土橋一座,接引道衢,跨過軌道之上,客貨汽車及一切車輛,均可安行無礙。

(六) 車　站

全路之車站,計幹線六十四站,平門及環城兩枝線各四站,口泉枝線二站。其與北甯路公用一段路綫之前門東站,東便門及豐台三站,平綏路未設車站,僅各置站長一員,與北甯路站長會同辦理站務(平漢路在豐台站亦設有站長)。

各大站,如西直門,門頭溝,南口,康莊,張家口,大同,口泉,豐鎮,平地泉,卓資山,綏遠及包頭,其站界內正綫及岔道之佈置頗為複雜,大率均有機車房,水塔,煤台,轉盤,磅橋,貨場等設備。機廠共有二處,在南口者較大,在張家口者稍小。材料總廠亦設南口。其餘各站均為小站,其軌道設置情形,豐鎮以東各站與以西各站不同,大致如第二圖內(甲)(乙)兩式。

第　二　圖

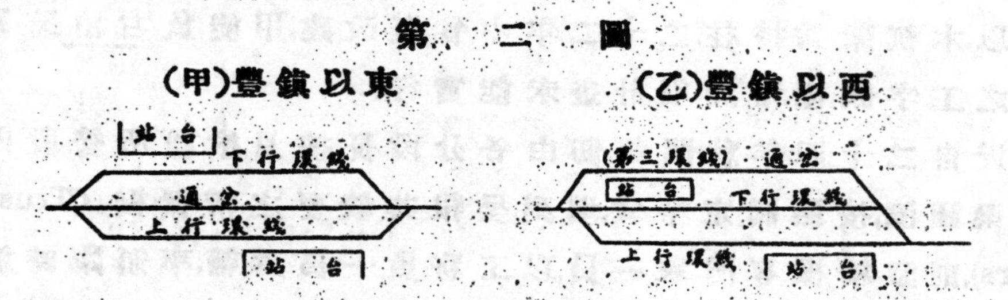

關溝段內各小站,專供錯車之用,其軌道佈置又自不同(參閱平綏鐵路關溝段)。

(七) 房屋及其他建築物

車站房屋　綏遠以東之車站房屋,當日按照標準設計建造,大致合用,惟歲修頗費。其不適於用或外觀惡陋者,酌施修改,以利營業,而壯觀瞻。西直門,張家口,大同等站皆已於近兩年內施工改

萬元,內中包頭站房屋獨費三萬四千元,規模較大。

員工住房　全路原有之員工住房,均係早年所建,現已漸呈坍敗,歲修頗重,且爲數太少,不敷員工住用,大站尤甚。二十二三兩年間,曾在張家口站添建住房九十間,分爲十八所。二十四年復添建南口站員工住房五十間,計十所,大同站員工住房七十間,計十四所。其他各大站住房,擬於二十五年酌予添建。

至於綏包段各站,除包頭外,所有員工住房均係臨時房屋,其形式之惡劣,與前述車站房屋相埒,現已計畫於此後兩年內,改建較爲正式之建築。

其他建築物　民國二十年北平總局內建築火保險室一處,備儲藏一切重要文件,如合同,冊籍,圖件等類之用。二十四年曾添建下列各項房倉,大都均已告成,其餘不久亦可竣工:

(甲)南口機廠內動力房一處,

(乙)張家口機廠修車房一處,

(丙)西直門廢車房改建貨倉一處,

(丁)包頭新車房一處,備存儲特別快車所用新造各車輛,

(戊)包頭新貨倉一處。

機車房　平綏路各機車房之分布情形,如第五表:

第五表

站名	建築式樣	每房內軌道數目	房內能容大機車輛數(調車機車不在內)
西直門	圓式	12	18
門頭溝	長方式	2	2
南口(舊)	長方式	4	12
南口(新)	長方式	4	12
康莊	長方式	4	12
張家口	長方式	2	8
大同	圓式	11	11
平地泉	圓式	6	8
綏遠	圓式	12	18
包頭	圓式	12	12

上列各圓式機車房,除大同一處,機車出入須用轉盤外,其餘各處均藉岔道通至正道,不用轉盤。

機車房頂之修養,特爲煩難,因各機車房幾全用石板爲頂,閱時既久,傷殘甚烈,罅漏叢生。民國二十一至二十四年,以新石板翻蓋過半,亦曾試用瀝青氈,氈之上下均塗熱瀝青油,較之石板,省費多而功效同。

西直門,康莊,大同,綏遠之機車房,今均附設機械室,以便各項車輛之小修可以就地施工,無須送至張家口或南口機廠。西直門大同兩站之機械室,現方竣工,其餘兩站,明春亦可告成。

各處機車房,除門頭溝外,均設有鋼水櫃,徑20英尺,容水約二萬三千美加侖,並有煤台,供機車上水裝煤之用,惟尙無設置裝煤機者。凡機車房設有水櫃者,車站界內卽不另設上水設備,故不換機車之列車稍覺不便。

各站上水設備　未建機車房之二十二站及門頭溝站,各設有13英尺徑之水櫃一具,容水約七千七百美加侖。

本路一切機車用水(各機車房用水在內),其來源大率均爲淺井,藉汽壓或手壓吸水機激入水櫃,惟張家口及平地泉兩之蘇集兩站水櫃之水,係利用自然就下之勢,無須激送(Gravity type)。

沿路各上水地點,均在站內環線(Station loops)之一端,設13英尺徑水櫃一具,他端則無水櫃,亦不設水鶴(crane)。各處水櫃之位置,多有因機車上水而阻塞正線或環綫道叉(loop turnouts)之弊,且僅適於單向列車之用。例如水櫃位置僅適於上行之機車,則在下行環線上之下行機車須由列車摘下,繞過上行環綫,至列車後方之水櫃取水,不特耗時太多,且來回調車,易與他車相撞。現擬於站內環線之他端,添設水鶴,藉水管通至現有之水柜,惟需要添修之地點甚多,此項工程只得分數年舉辦。南口站有機車房,大機廠,及多數之員工,故每日需水最多,向來仰給於關溝內之某水泉。自民國十九年起,漸有缺乏之象。嗣於二十年中在關溝內覓得新水泉一處,水量頗足,乃由其處埋設6英寸徑瓦管(Vitrified clay pipes)3893英尺,以達南口站。現在每日所得水量,併舊泉計之,至少約爲480,000美加侖,足供長期取用。

張家口亦感井水缺乏。二十三年,因埋設6英寸徑生鐵水管一萬二千尺,由附近山泉,藉自然趨下之勢,引水至機車房,每日至少可得水120,000美加侖。此項引水工程共費三萬元。

口泉站用水尙苦缺乏。現方試覓合用之水源,一俟水源覓得,即當計畫進行工程。

包頭用水,來自淺井,所出水量有限,目前僅足供行車之用。如機車增加,必感缺乏。數年前曾鑿深井(Deep artesian well)一眼,深達360英尺以上,出水甚多,惟水質殊不合機車或飲料之用,遂廢而不用。迄今包頭尋求足量佳水之問題,尙待解決。

此外多數小站之給水,亦有尙須籌畫者,茲爲節省篇幅起見,不復詳述。

全線上水地點,均無軟水設備,惟此並非以平綏路各處所用之水無須軟治也。至於軟治之法,究應用石灰梳打法或沸石法(Zeolite Process),現方從事審核。

轉盤　轉盤之設置地點及其長度,如下:

西直門	70英尺	大同	70英尺
南口	70英尺	平地泉	62英尺
康莊	62英尺	綏遠	70英尺
張家口	60英尺	包頭	70英尺
陽高縣	60英尺(現已不用)		

以上各轉盤,均係通用之上承樑式(Deck Type)。

磅橋　各處設置之磅橋如第六表。

第六表

站名	能稱重量公噸數	製造者
門頭溝	70	Avery
西直門	70	Fairbank
康莊	70	Fairbank
下花園	60	Arnold Karberg
張家口	60	Hodgson & Stead
大同	70	H. Pooley & Son Ltd.
口泉	80	Dinse-Maschinenbau-A.-G.
綏遠	70	Avery
包頭	70	Dinse-Maschinenbau-A.-G.

(八) 號誌及聯鎖

幹線各站,除關溝段內四站外,現均有近距及遠距號誌,與車站兩端最遠之軌閘相聯鎖,民國十九年,著者初到此路時,台閣牧至包頭九站及綏遠迤東三小站均尚未設號誌,乃於二十至二十四年間著手籌備,定購應用材料,並託南口機廠製造各種配件。至二十四年夏,已設立完竣。惟各枝線迄無號誌,尚待籌設。

近距及遠距號誌,均係通用之懸臂式,東段用木桿,西段則用鋼筋混凝土桿,由車站站台上之號誌樓以鐵線節制之。通例,近距號誌均設於站界兩端最遠軌閘以外 300 英尺處,遠距號誌則在近距號誌以外1,000英尺。惟此兩項號誌間之距離,隨各地情形而有不同,而尤以入站坡度之關係為最大。最遠之軌閘,各設有保險箱 (Detector Box) 一具(豐鎮以西各站,於一端設保險箱一具,他端則於兩最遠軌閘處各設一具,因其第一道軌閘均通至第三環線也,參閱第二圖乙)。近距號誌綫均令經過此項保險箱,因有聯鎖之節制,必須軌閘搬妥,各近距號誌方能下落,而號誌一經降落,相連之軌閘卽鎖住而不能更易位置。第一道逆車軌閘 (First Facing Switch) 之前,有關鎖桿(Locking Bar),長40英尺,承以擺軸 (Rockers),而與軌閘之制動桿(Switch-operating Lever) 相連屬,故關鎖桿上方,有車輛行動或停駐時,軌閘卽不能更易位置。遠距號誌線上附有鋸齒條(Traeger Rack),與近距號誌線上之鉤桿(Clutch)犬牙相錯,故必須近距號誌首先降落,遠距號誌方能降落。此項設置,雖不完全可恃,然於行車上究可增多一層保障,蓋以號誌房中各號誌之制動桿,已有嵌制條及鎖鍵(Tappets and locks)爲之聯鎖也。又因號誌制動桿之聯鎖,故車站一端之近距號誌降落時,其他端之近距號誌自不能同時降落。夜間則近距及遠距號誌均以綠燈示安全,紅燈示險阻。

各大站,如西直門,南口,康莊,張家口,大同,綏遠及包頭,通至各倉場或枝線之岔道甚多,惟尚無聯鎖之設備,擬於近期內妥爲計畫,陸續採用機械聯鎖,而輔以電力,以供保障行車之用。

(九)各項養路問題

沿線養路工作,時時遇有種種問題,均關重要。即如關溝內緊促曲線上軌距之加寬,曲線外軌之適宜超高度,緊促曲線上鋼軌之油潤,關溝及其餘各處鋼軌之爬行,冬季軌道之隆起,潮濕路塹之處置,鋼筋混凝土軌枕之試驗,彈性襯圈之施用,用氧炔法銲補殘毀鋼軌等類是也。茲以篇幅所限,不能殫述,異日當另文詳敘之。

(十)枝　綫

全路共有三枝綫。各線情形已於以上各節內略述。惟自民國二十三年以來,因平包通車及特別快車均不經豐台西直門段,而以北平之前門東站爲之訖站。按其行車情形,環城枝線已成爲幹線之一部,但其修養工作,則除曾抽換新枕木七千根外,均尚未照幹線標準制辦理,此亦一缺憾也。

(十一)擬建之展綫枝綫

(參閱第三圖)

修建京張線時,原擬展至外蒙古之庫倫,嗣以故改經大同以途綏遠。迨民國九年,路線修至平地泉,遂決由平地泉接修至庫倫。及外蒙宣告獨立,此平庫線僅有在內蒙之一段尙可籌設。民國十四年時,曾測量平滂枝線,由平地泉以達內外蒙交界之滂江,約長242公里,最峻坡度(Ruling Grade)1:150,即0.7%,最小曲線半徑400公尺(100英尺弦所涵之中心角爲4度22分),共估價一千一百萬元,購車輛費二百三十四萬元在內(照當時物價估計),惟至今迄未興工。

民國十四年時,擬由包頭沿黃河左岸展修至當時之甘肅重鎭,而今爲甯夏省城之甯夏。此線須經過五原及西鐙口。爲繞避黃河左側之沙漠起見,須由西鐙口下游約50公里處過河上行,至西鐙口上游約45公里處,再過河折回,計需建大橋二座。其各段路線之長度,最峻坡度,及最緊曲線如第七表。

第七表

路段	線長(公里數)	最峻坡度	最緊曲線
包頭至五原	172	1:400即0.25%	4度(弦長100英尺)
五原至西鐙口	208	1:200即0.5%	同上
西鐙口至甯夏	173	1:200即0.5%	同上

路線建築費,照當時估計,共需三千一百九十三萬元,內有購車輛費六百二十一萬元。迭經設法進行,惟迄今尙未建築。

民國十八年,復派遣測勘隊承察哈爾省政府之命,前往試勘張家口至察哈爾東境蒙古重鎭之多倫。此線經過張北,康保以至多倫,共長323公里,其首段47公里內最峻之折減坡度(Steepest Compensated grade)略定爲1:40(2.5%),最緊之曲線爲12度(弦長100英尺),其餘276公里之一段,定爲1:80(1.25%)及10度。距多倫約28公里處,須鑿一隧道,長約3,000英尺。路線建築費,照當時預算,連購車輛費一百三十四萬元在內,約共需一千一百萬元。惟測勘竣事之後,迄未進行。

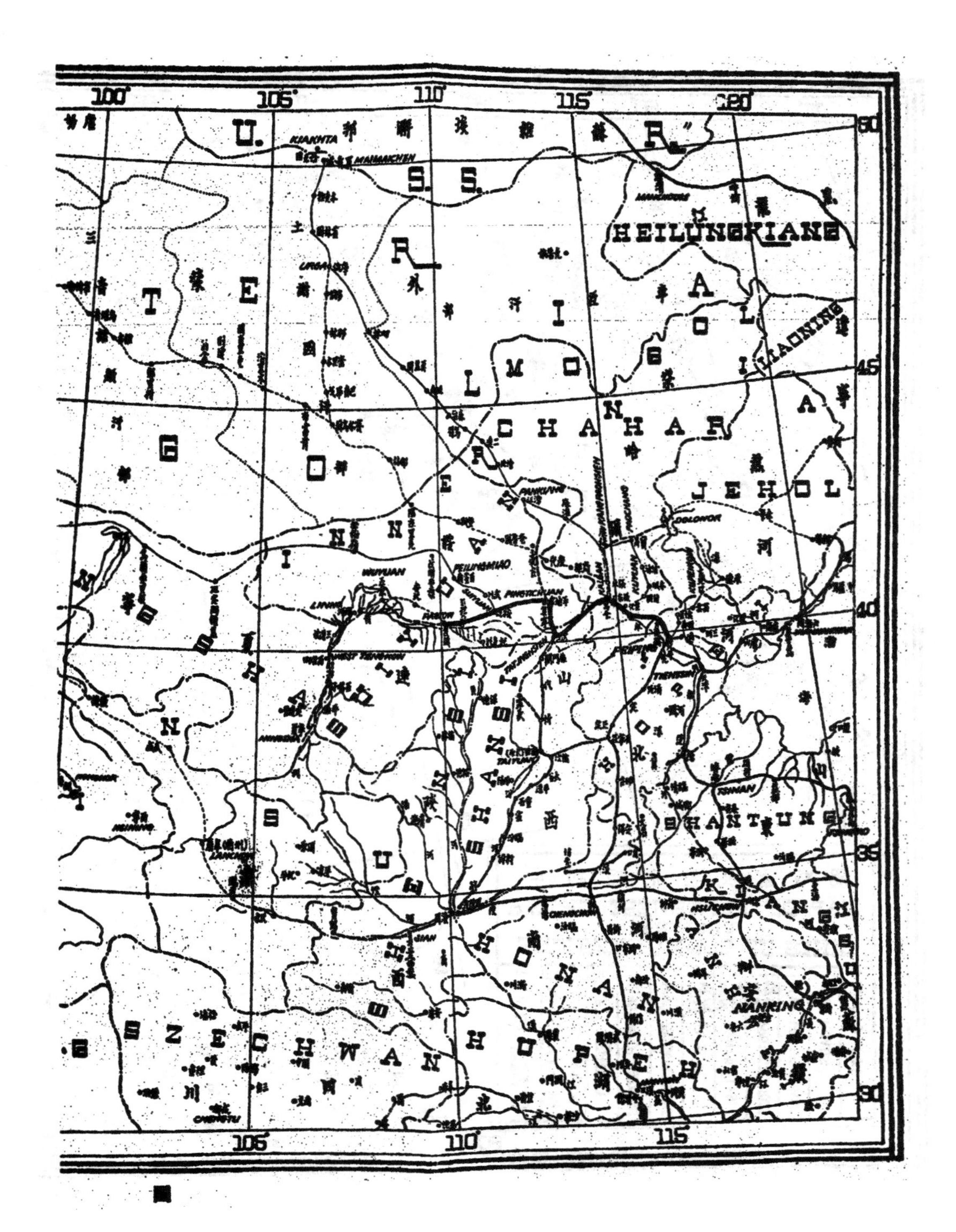

U. S. S. R.
HEILUNGKIANG
LIAONING
CHAHAR
JEHOL
SHANTUNG
HONAN
SZECHWAN
HUPEH
KIAKHTA
NANKING

圖

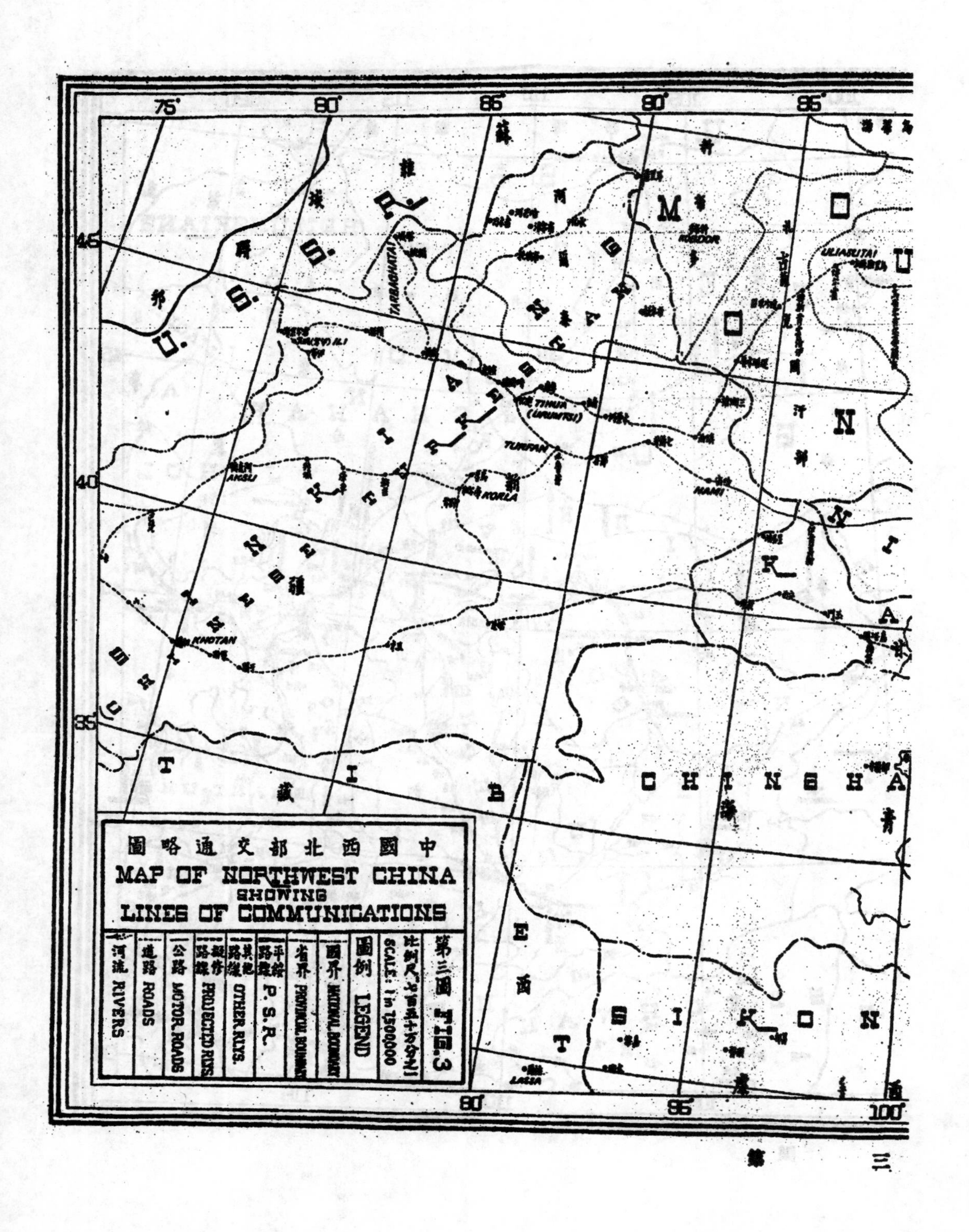

中國西北部交通略圖
MAP OF NORTHWEST CHINA
SHOWING
LINES OF COMMUNICATIONS
第三圖 FIG.3
比例尺一比七百五十万分之一
SCALE: 1 in 7,500,000
圖例 LEGEND
國界
省界
平綏路線 P.S.R.
其他路綫 OTHER RLYS.
擬修路線 PROJECTED RLYS.
公路 MOTOR ROADS
道路 ROADS
河流 RIVERS
75°
80°
85°
90°
95°
100°
45°
40°
35°
TARBAGHATAI
TIHUA
(URUMTSI)
TURFAN
AKSU
KORLA
HAMI
KHOTAN
ULIASUTAI
KOBDOR
LASSA
CHINGHAI
青海
西藏

此外尚有擬建之短途枝線頗多,且有已經實行勘測者,似可無須贅述。

(十二)啣接路綫之汽車路

(參閱第三圖)

與平綏路沿線相啣接之道路,可供汽車用者甚多,或與鐵路爲客貨之競爭,或以客貨供鐵路之運輸,亦有專供軍用者。茲將按期行車各汽車路擇要列下:

一.北平至古北口(每日運客),

二.張家口至察哈爾東境之寶昌沽源(每日運客),

三.張家口經康保縣滂江以達庫倫(有時開行運貨),

四.大同至太原(每日運客),

五.綏遠經百靈廟以達新疆省東境之哈密(每月約開客貨車二次)。新疆省內哈密以西,亦有汽車開行。

六.包頭至五原臨河(每日運客貨)。

(十三)養路組織

工務處設於北平總局。處內分二課,曰稽核課,曰工程課。稽核課掌管案卷,帳目,冊籍,及一切雜務,課長下設各級員司28員。工程課掌管工作,設計繪圖,估價及材料帳目,課長輔助處長處理一切重要職務,課長下設工程司及工務員共17員,各級員司10員。

全路幹線枝線共分二總段。第一總段分爲三分段,各設分段長一員,第一分段駐南口,另設辦事處於西直門,第二及第三分段駐下花園及張家口,總段長由工務處長兼領,不另設辦公處所。第二總段駐大同,分爲第四至第八分段,共五段,分駐大同,平地泉,卓資山,綏遠及包頭,第五至第八分段各設分段長一員,第四分段由第二總段長兼領,各段所轄路線公里數如第八表。

第八表

總段	分段	幹　　　綫	枝　　　綫
1	1	88.392	37.448
	2	85.344	
	3	124.968	
2	4	118.872	20.544
	5	109.728	
	6	91.440	
	7	121.920	
	8	73.152	
統	計	813.816*	57.992

*平綏綫起點不在首站豐台,而在距豐台站3.89公里之柳村。自豐台至柳村一段路綫,係北寧路所有,由平綏路租用。表內所列工務路綫813.816公里,再加3.89公里,方爲車務部分之行車公里數。

每分段在分段長下,設有幫工程司1－2員,工務員實習生1－3員,司帳,司料,司牘及材料收發各1員,繕寫3—4員。除總局工務處人員及總分段長不計外,全路八分段共有工程司,工務員及實習生37員,各項員司61員,襄助各分段長進行一切職務。

沿綫共有總監工14人,監理一切養路及新工工作,由各分段長直轄。每總監工一人,下設監工4—7人,分駐各站,管領各道班。全路共有監工57人。飛班則直隸於總監工。

養路工班共有兩種,一爲道班,一爲飛班。每道班大率保管路綫一萬英尺(關溝內有八道班,各保管七千五百英尺,門頭溝枝綫各道班,各保管一萬四千四百英尺或以上)。普通每道班有工頭1名,工人4名,廚役1名。惟關溝段及特難保管各地段,准增設工人一二名。統計全路287道班,共有工人1,806名。飛班每班有工人10名或以上,凡道班不能便利從事之大宗工作,均由飛班承辦。全路38飛班,共有工人563名。

民國二十三年制定軌道工人數通則,以全路道班飛班合併計之,每一折合公里(Equated Kilometre)應有工人2.1名。其折合公里數之計算法如下:

(甲)幹綫或枝綫上,每軌道1公里,作正綫1公里計算。

(乙)幹綫或枝綫上每環綫(Running loop)1公里,作正綫0.75公里計算。

(丙)岔道1公里,作正綫0.50公里計算。

(丁)幹綫或枝綫上,正綫道叉每8處(8Sets of turnouts)作正綫1公里計算。

(戊)其餘各次要道叉,每14處作正綫1公里計算。

此項通則所訂每折合公里工人2.1名之數,亦有變例,即如前述之關溝段及其他情形特異之某某地段,其最著者也。

修養全路橋梁,涵洞,房屋,一切建築物,號誌,給水等項,並辦理其他各項工作,所用工人,除道班飛班外,計有閘夫17名,測地夫42名,軋車夫56名,材料小工54名,木匠及小工146名,瓦匠及小工143名,鐵匠及小工55名,銲匠及小工7名,辦公處差役小工45名,信差10名,更夫11名,道口旗夫87名,看橋夫73名,橋梁木匠8名(保管臨時橋),山洞口旗夫13名,水夫9名,苗圃工人28名。

照民國二十四年十月分工務處薪工單計算,共有工人3,173名。此數不得視爲過鉅,蓋以本路一切工作悉用手工,而工人工資均甚低廉也。茲將是月全處薪工單撮要列表如下:(第九表)

第九表

	職名	民國二十四年十月分薪工元數
總局工務處	員司	7,766.00
	差役	251.50
工段	員司	10.900.00
	工人	33.812.37
統計		52,729.87

(十四) 養路用費

6953

養路用費,從前向未分類統計,自上年起,始從事檢閱各項帳目報單,以核算每年度(每年七月一日至次年六月三十日爲一年度)每折合公里路線之修養費。民國二十一年度及二十二年度養路費用之分配,如第十至十二表。

第十表

門類 \ 年度	二十一年度	二十二年度
	元	元
監 理	354,030.57	300,543.55
路基及路綫保護	51,337.49	39,717.02
隧 道	59.00	849.73
橋 工	40,932.34	40,312.29
軌 道	159,794.95	767,013.43
信號及軌閘	30,129.77	5,382.13
車站及房屋	66,581.96	81,452.17
修 機 廠	8,835.72	7,117.63
機件及器具	12,451.53	12,265.96
臨 時 費 用	4,098.26	6,125.98
零小新工作	13,816.00	27,351.95
其 他	18,741.81	23,067.55
總 計	1,060,809.40	1,311,199.39

第十一表 工資

項目 \ 年度	二十一年度	二十二年度
	元	元
員 司	261,184.69	243,315.26
道 班	210,805.59	213,683.82
飛 班	81,211.72	80,294.68
雜 工	18,246.40	13,143.26
鐵 工	12.434.09	23,320.39
木 工	23,022.78	17,387.71
測地夫等六項工人	48,190.72	49,749.50

材料長夫等七項工人	23,612.03	24,400.37
臨時僱工	37,466.82	40,859.96
包工工資	3,813.91	5,511.06
加班費	1,677.45	1,089.70
差費	3,913.20	6,068.15
免費車證	36,062.75	——*
總計	761,642.15	718,819.86

*由二十二年度起免費車證不復列入營業用款。

第十二表 材料

項目 \ 年度	二十一年度	二十二年度
鋼軌	3,458.87	— 15,801.84 44,738.72
鋼軌配件	9,514.08	— 6,214.03 17,985.35
軌枕	168,702.04	— 6,898.10 438,937.79
手工用具	3,895.75	— 6,019.23 14,491.10
油及燃料	7,055.71	10,420.85
鋼鐵及釘類	15,297.02	— 5,681.49 16,084.34
圬工及屋頂材料	33,664.22	— 1,188.04 57,681.65
木料	10,019.44	— 2,103.78 17,139.21
油漆	5,864.74	— 366.83 7,480.60
機具及車輛	6,271.59	— 7,327.48 1,242.06
號誌及電話材料	2,319.88	— 16,554.22 9,175.25
小五金	1,328.68	— 134.00 1,155.74
其他各項材料	31,775.23	— 1,642.41 25,803.32
總計	299,167.25	*592,379.53

有頁號(一)各項,係將料按折舊價值入料帳。
*此總數係本頁正負兩項總數相減之差。

按全路折合公里數 1,101.422 計算,可求得民國二十一年度及二十二年度每折合公里路線平均修養費如下:

二十一年度	每折合公里 963.13 元
二十二年度	每折合公里 1,190.46 元

由上列各表觀之,二十二年度修養費,較二十一年度爲高,然是年員工之薪工較之上年減省甚多,惟用料費則多至一倍以上,可見二十二年度修養軌道及各項建築物所用料具,較之二十一年度超過甚多,故其情狀自必遠優於上年。

(十五) 養路標準及規則

各項養路標準,大都爲享有建築京張路盛譽之第一任總工程司詹公天佑所定,嗣後隨時有所增加。自民國十一年北京交通部頒布全國國有鐵路工程及養路標準後,平綏路各項工作,在情勢許可範圍之內,均遵照辦理。近數年內又增訂補充標準及圖式,如新式車站房屋,鋼筋混凝土版橋之類,均已施行。舊定各項標準,因歷時既久,有不適用者,擬酌加修改,以符時勢。

至於關繫養路工作之各項規章,有明文規定者甚少。養路工人之工作,大率遵從上級員工之指導,或前輩之口述。本年曾由國內外各鐵路搜集養路規章册籍,指定工程司及工務員共五員,採取適合平綏路情勢各條,編輯草案,其要目計有三項:

(甲)行車安全規則,

(乙)養路工作規程,

(丙)養路工作安全規則。

全書至二十五年夏間,當可殺靑。

(十六) 工作機械

國外各鐵路採用省工機械之利,吾人知之已稔。惟此類現代機械,用於平綏路則多有未便,其理由計有下列數端:

一,我國工價極廉,北方尤甚。

二,平綏路之財力不能多購此類機械。

三,此類機械均須購自外國,而國外匯兌率太昂。

四,國內通行之利率,較諸外各國爲高(年利至少一分至一分二厘)。

五,一年之內,此類機械停歇時間居其大半。

六,路上現有之工人,如厲行裁汰,則失業者衆,轉貽附近地方之害。

雖然,此非謂一切機械均須禁絕也。凡工作須急速完成,或須求其準確精美,以及一切手工不能勝任之工作,仍須藉助於機力。故近四年內本路曾購用下列各件:

(甲) 布達式(Buda Make)摩托軋車四具,供工程司查路之用(其一爲8馬力,用於關溝段,餘三具各爲六馬力,其他各處用之)。

(乙) 布達式橫動底起重機(Bridge jacks with traversing bases),舉重50噸及25噸者各十架,供建立預製鋼筋混凝土版梁或舉運他項重物之用。

(丙) 30噸螺旋起重機(Screw jacks)四具,10噸桿式起重機(Lever jacks)十具,爲普通起重之用。

(丁) 布達式15噸軌道起重機(Track jacks)七十具。

(戊) 氧炔銲用具一副,供修補毀損軌閘軌叉及軌端之用。

此外各項機械,俟財力充足時,尚當隨時添購。

(十七) 員工之教育

本路各工程司及工務員,多係有名大學土木工程專科畢業,具有精深之學識。管段各工程司,大都對於工程修建有十年至二十年之經驗。爲增加其新學理及實驗智識計,每年由海外定購最近出版之工程書籍及各種雜誌,如 "Railway Engineering and Maintenance", "A.R.E. A. Bulletins", "Engineering News-Record", "American Builder"之類,按期寄發各段,交工程司工務員輪流閱讀。書報內如遇特要文件,並指譯國文,或令各將所得經驗著為論文。此項譯著之作,擇要採入本局發行之技術彙刊,按期送閱,以資研討。

全路工人能讀書寫字者甚少,故欲於工作餘暇施以教育,頗非易事。現定凡招收新工,除體力試驗須合格外,並須粗通國文,書寫成字,藉以提高根本程度,以便將來施以教育。

(十八) 結 論

現在平綏路全線工事,有待改善者,固尚不勝枚舉,但近三年中之長足進步,實亦未可湮沒。此項成績之取得,不僅由於工務處內外員工之努力從事,即全路其他各處員工之相互合作,亦一重要原因。其中出力最多,值得特別提出者,蓋有二人:一為前任局長沈君昌,一為工程課長梁君信瑚;前者主持大計,力排衆難,勉籌鉅款,撥濟工需;後者於各項工作之進行,事先作妥慎之籌畫,隨時為嚴密之監督,相助為理,功有足多,此則應特予申謝者也。

滹沱河灌溉引水工程之施工與防汎概況

徐宗溥

1. 概論

河北省平山縣與靈壽縣,位於滹沱河之南北兩岸。平山以有冶河之水,足資灌溉,年獲豐收,地方殷實,而靈壽則以滹沱河岸高,乏引水之術,時遭旱患,地瘠民窮。故兩縣地位雖僅隔一水,而窮富則懸殊。二十年冬,靈壽縣政府擬以機力吸水灌田,函請華北水利委員會代爲測量設計,嗣所工款支絀,未能即時舉辦。延至二十二年夏,河北省政府以此項計劃爲利甚溥,决議以農田水利基金,撥充工程經費,成立工程委員會及工程處,從事進行。全部工程於是年十月間開工,二十四年六月間竣工。

引水工程地點,在靈壽縣牛城村東約一公里處之滹沱河奎壘峽,蓋以此處河面之寬度,僅五百餘公尺,且南岸係石底,可利用之以爲閘基,其形勢較附近上下游任何處爲佳也。此項引水工程,包括下列各部工程(參閱第一圖):

(一) 攔水堰

(二) 北洩水閘及引水閘(總名爲北閘)

(三) 南洩水閘(總名爲南閘,本期先築洩水閘,引水閘則俟將來舉辦南岸獲鹿縣灌溉工程時建築之。)

(四) 東洩水閘及進水閘(總名爲東閘)

(五) 引水渠;

滹沱河在奎壘峽附近,河槽緊緣南岸,低水時水面寬度達二

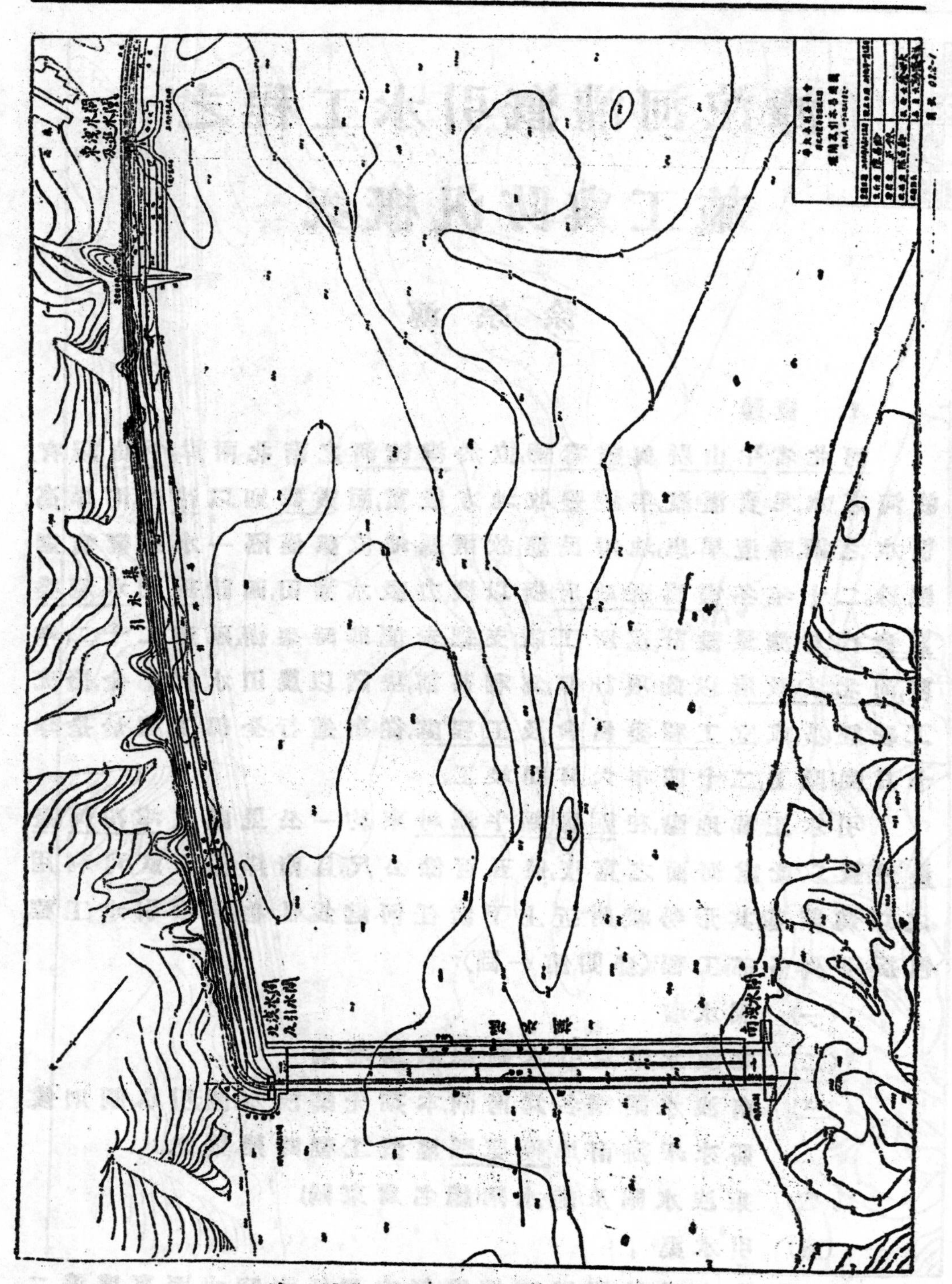

第一圖 堰閘及引水渠總圖

百餘公尺。北岸則爲沙灘。爲施工利便計,全部工程,不得不分段實施,先築北段攔水堰與北閘引水渠及東閘(下稱北岸工程),然後導水使由已成之北閘下洩,再築南段攔水堰及南閘(下稱南岸工程)。原計劃預定北岸工程自二十二年十二月間開工,於二十三年三月底完成,四月初旬導水北流,即接築南岸工程,於六月中竣工。惟承包人同義成公司資本不充,設備欠缺,進行甚爲遲緩,致原定六月中全部完工者,屆期僅將北岸工程勉强告竣。導水及南岸工程因汛期已至,勢難續辦,停工數月,秋後導水工竣,又因天氣已寒,洋灰工程不能進行,又停工月餘,二十四年春再行開工,至六月中旬告竣,延期恰爲一年,工程處與包商兩受損失焉。

2. 採石工程

全部引水工程,需石一萬六千餘華方,由包商大成公司包採。石料大小,分甲乙丙三等:甲等石料約居全部石料百分之六十,其體積爲1/5立方公尺,最小一邊不得小於5公寸;乙等石料約居全部石料百分之二十,其體積爲1/5立方公尺以下,1/20立方公尺以上,最小一邊不得小於3公寸;丙等石料約居全部石料百分之二十,其體積爲1/20立方公尺以下,1/100立方公尺以上,最小一邊不得小於2公寸。此項石料包價爲每華方二元。小於丙等之石料,須堆碼於指定地點,不另給價。

採石規定之時間爲二十二年十月二十日開工,二十三年四月十日完工。惟大成公司經驗不足,管理無方,以致賠蝕。開工閱三月後,工人全體罷工,索取工資,該公司無法應付,遂由工程處接管,設立採石管理所,並將甲乙丙三項石料之百分數,稍事變更,即甲等石料改居百分之二十,乙丙各改居百分之四十,並混合碼方,以求迅速。自二月初復工之後,至六月二日,共開石一萬一千餘華方,連同大成公司所開四千七百餘華方,共約一萬六千華方,已足敷用。

採石地點,爲南岸之馬鞍山,離工地僅三四華里。石料係石灰

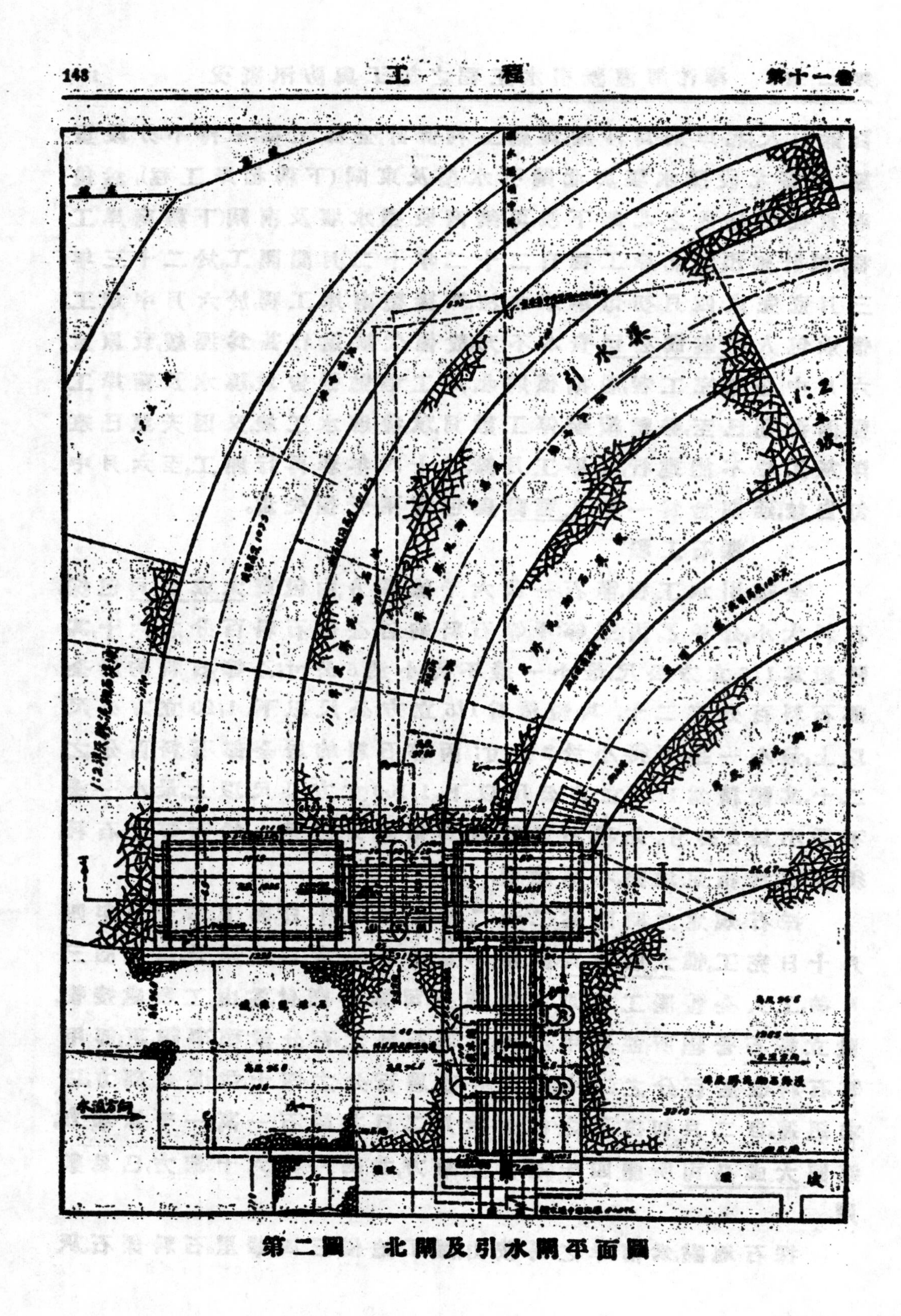

第二圖　北閘及引水閘平面圖

石,質尚堅硬,重量亦大,惟性稍脆。開採時,鑿眼碼方,皆用人工,火藥亦在工地配製,以求便利。

3. 北閘工程(參閱第二圖及影1—3)

北閘工程,全部築於沙灘之上。自二十三年二月下旬,開始挖基,至三月下旬,大致挖竣,即開始打樁,共打165棵,樁為本地去皮大楊木,徑大上下平均約10½英寸。當設計時,樁皮之安全承量,假定為每平方英尺為200磅。施工時曾將樁基各部打樁情形,順便紀錄,再用威靈登(A. W. Wellington)或「工程新聞」公式計算各樁之承量,所得之數大都在每平方英尺200磅以上。

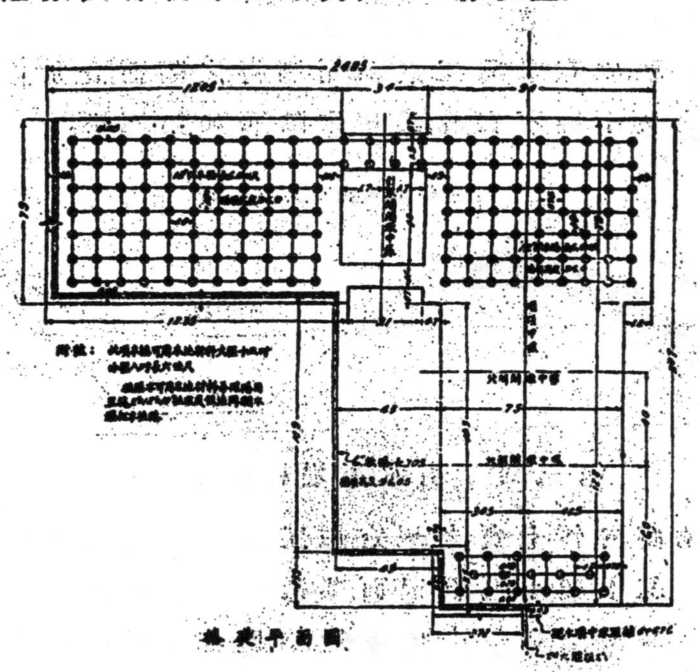

第二圖(甲)　樁礎平面圖

四月上旬,打樁工作既畢,即砌築海漫。惟原計劃海漫之上下游兩端,各有隔水牆一道,深2公尺。惟築閘前之滹沱河水面高度,約為98.2公尺,而海漫底高度為95.8公尺,故砌築時,須將水面用抽水機低2.4公尺,已覺不易,若砌築隔水牆必須再抽低2公尺,則必為事實所不許,當將隔水牆改為楊木接筍板樁,長三公尺餘,打入後,較隔水牆深一公尺餘,並使其與攔水堰板樁相接,以期增固。既成,即接築上部工程,至六月十日完竣。

北閘全部工程,築於沙灘之上,築成之後,有無沉陷情形,自不得不予以注意。在二十三年六月間,曾將閘上各部,抄平一次。歷九個月後,至二十四年三月間,又在原點抄平一次,以爲比較。據此兩次抄平測量之結果,知各部高度,大致尙無變化。

4. 引水渠工程(參閱影4)

引水渠位於東閘及北閘之間,其所經路綫,地面爲夾雜圓石之紅土,深六七寸,其下爲沙土。渠身挖出之土,完全爲建堤之用,若令包工人自由挑築,將來築成之堤,勢必紅土在下,沙土居上,抵流力量,勢必薄弱,故在未開工之前,用測得之斷面,詳加計算,務使沙土居中,紅土與小圓石在外,其規定斷面如第三圖。

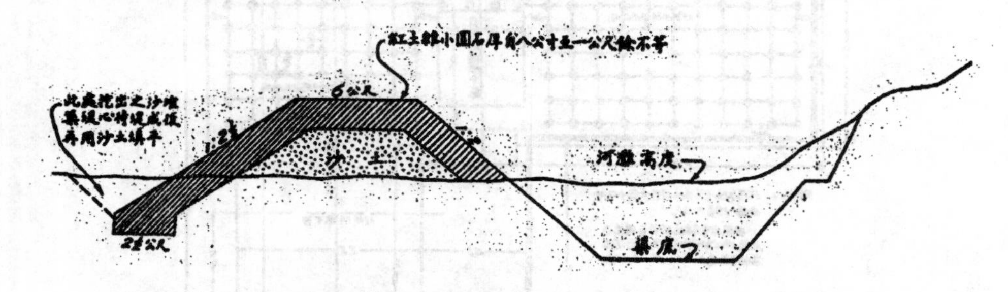

第三圖 引水渠堤標準橫剖面

此項斷面內外土質之規定,施工時雖稍覺困難,然其利有三:

(一) 紅土與小圓石包面,其抵流力量,必遠過於沙土。

(二) 若沙土與紅土任意堆築,堤身各層土質不同,即各段亦不同,將來長草,必不整齊,既礙觀瞻,又易沖刷。

(三) 堤心爲沙土,不易爲鑽穴動物所破壞。

引水渠土工,自二十二年十二月下旬開工,至二十三年二月中旬,大致完工,共計土13,000華方。

5. 東閘工程(參閱第四圖及影5與6)

東閘位置,在滹沱河北岸高岡之下,挖基費工頗多。以其離河

影(1)北閘椿基情形

影(2)北閘正面

影(3)北閘全景

影(4)引水渠挑挖時情形

影(5)東閘正面

影(6)東閘全景

影(7)攔水堰竣工後情形

影(8)南閘正面

影(9)南閘全景

影(13)洪後攔水堰上下游河底情形

影(10)龍口樁架

影(14)北閘下游石坡損壞情形

影(11)合龍後澆戧情形

影(15)南閘下游石坡 ,、壞情

影(12)攔水堰頂過水情形

(水深約2公寸)

影(16)攔水堰坡損壞情形

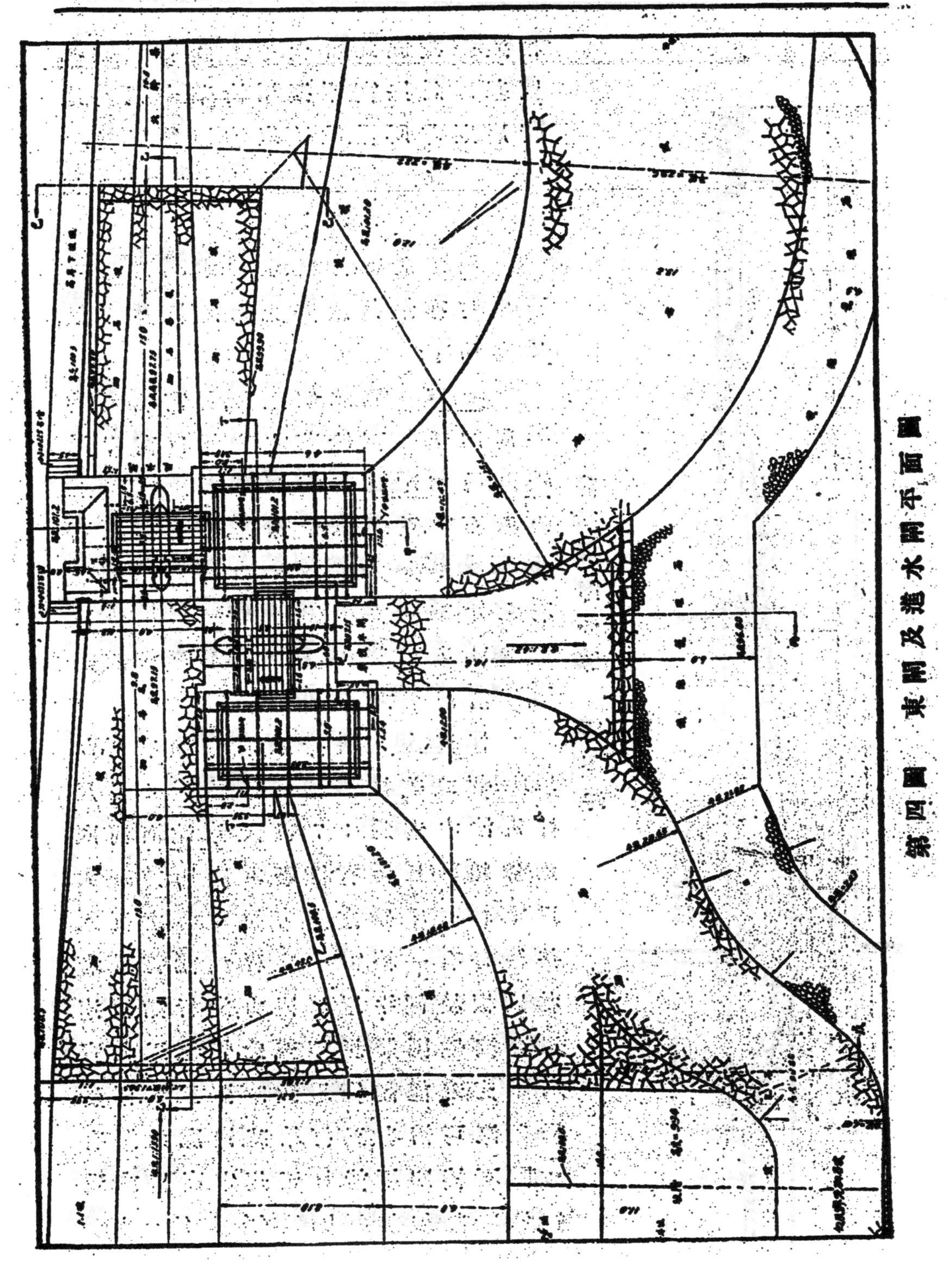

第四圖　東閘及進水閘平面圖

稍遠，基礎純爲紅土，中央圓石，遠較北間基礎爲堅實。原擬用樁基，今觀實地情形，則非所需，故予取消，以節工費。

6. 攔水堰工程（參閱第五圖及影7）

引水全部工程，以攔水堰爲最重要，費時亦最久，茲將施工時困難各點，條述如下：

運石　攔水堰工程，所需石料，約一萬四千一百餘華方，均運自南岸馬鞍山。過滹沱河處，築有運石便橋（影五。此項石料，重者二千餘磅，輕者亦數百磅，完全用人力推運，裝卸均甚困難，運石之平車及輕軌鐵道，時遭損壞，修理之費，亦屬不貲。運石平均距離，約四華里，運價每華方一元。

打板樁　沿攔水堰中綫，有"Wakefield"式美松板樁一道，樁長4公尺，打入沙中者爲3.70公尺。滹沱河河底，均爲粗沙，且含有圓石，其磨阻力甚大，以重約一千磅之人力拉鉈打之，沉入甚緩。每有一樁，需一晝夜始能打畢者。後將板樁刨平，以減阻力，進行始稍速。若用汽鉈，困難想不至此。惟包工人資本不充，未能設備，以致時間工費，兩受損失，深可惜也。又打樁時，河底如遇有大圓石，樁即不能打至規定高度，或致接筍脫離，須加打圍樁（參閱第六圖），

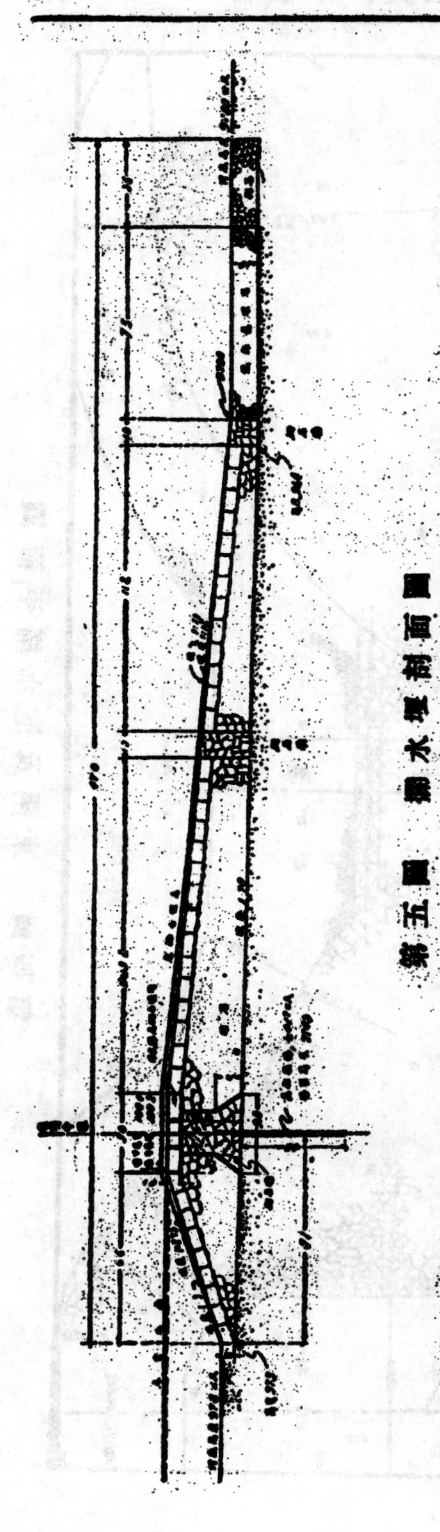

第五圖　攔水堰平面圖

以免發生弱點,致有隔水力量不均之弊。

第六圖　加打圍椿略圖

北段河底,較南段為堅實,圓石亦似較多,故北段打椿工作,進行較緩,加打之圍椿亦較多。

砌石　攔水堰身,除隔水牆外,餘為乾砌石。石塊既大,抬運自難,尤以砌面時為甚。平均每砌堰身一華方,約需工六工,每砌堰面一華方,約需工十工。

抽水　攔水堰基槽高度,在西端較河水約低一公尺,在東端約低一公尺又半,沙質漏水甚易,基槽面積又大,於是抽水問題,發生極大困難。包商同義成,僅有八馬力之抽水機一架,必不敷用,遂由工程處代為購新抽水機一架,並代為借用整理海河善後工程處及華北水利委員會十馬力之抽水機各一架,始勉强敷用。

砌築隔水牆　攔水堰共有隔水堰三道,除沿中綫一道,基槽較高,尙易砌築外,其餘兩道,因槽底之水,每不能完全抽乾,以致膠泥砌石,進行困難。及南閘將行築成之時,南北兩段相接之處,積土挖去,南北基槽之水,匯集一處,更不易抽乾,在水內部份之隔水牆膠泥砌石工作,無法進行,於是改用模型,打築1:3:6混凝土以為替代,雖費水泥較多,然舍此更無善法。

7.　南閘工程(參閱第七圖及影8及9)

南閘工程,自導水工程見後)合龍之後,即開始抽水挖基,基底石質,半為頁岩及腐石,開鑿進行,甚為遲緩,炮眼損失亦甚多。茲將此項挖基工作,作一統計如下:

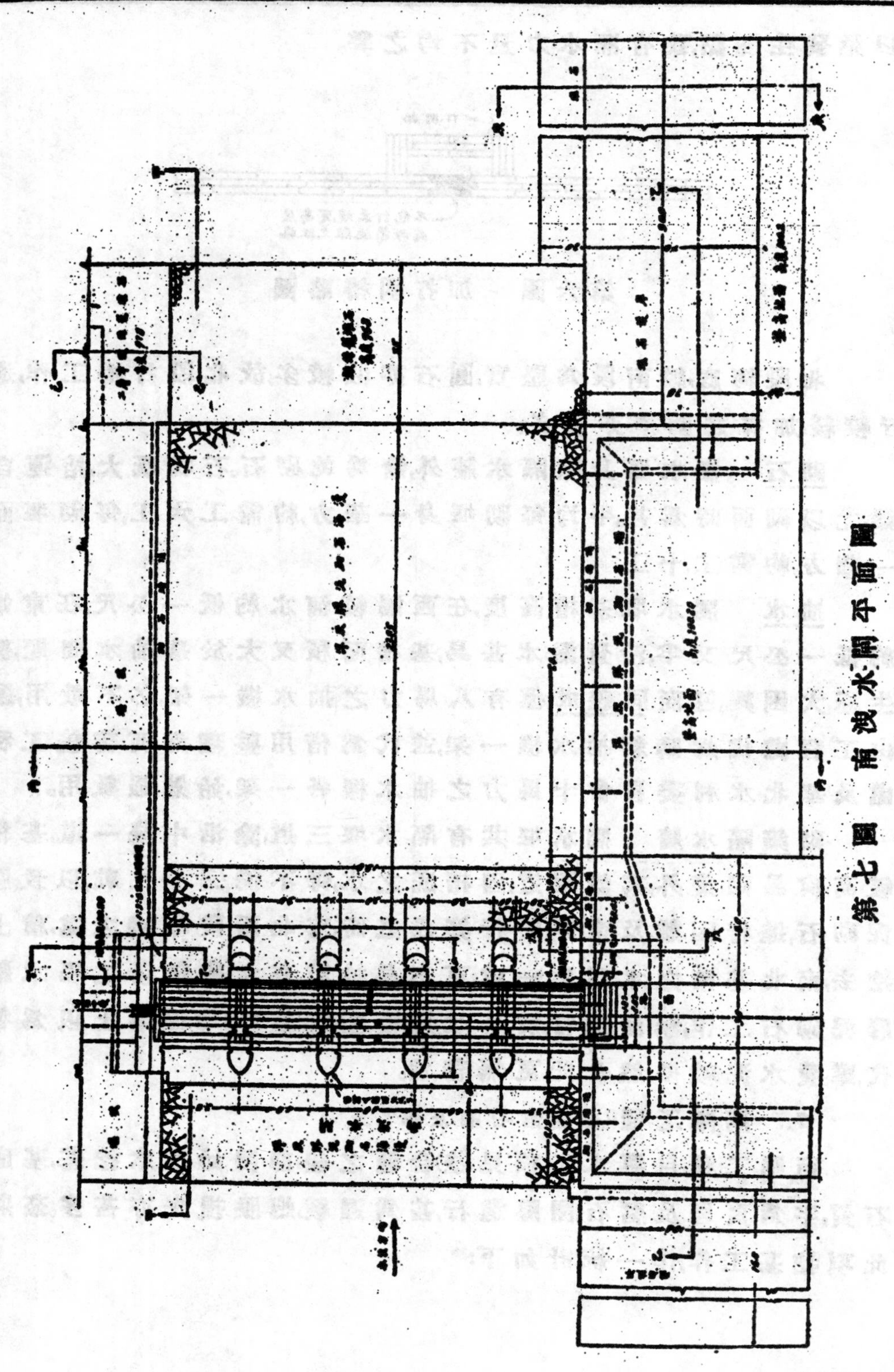

第七圖 南洩水閘平面圖

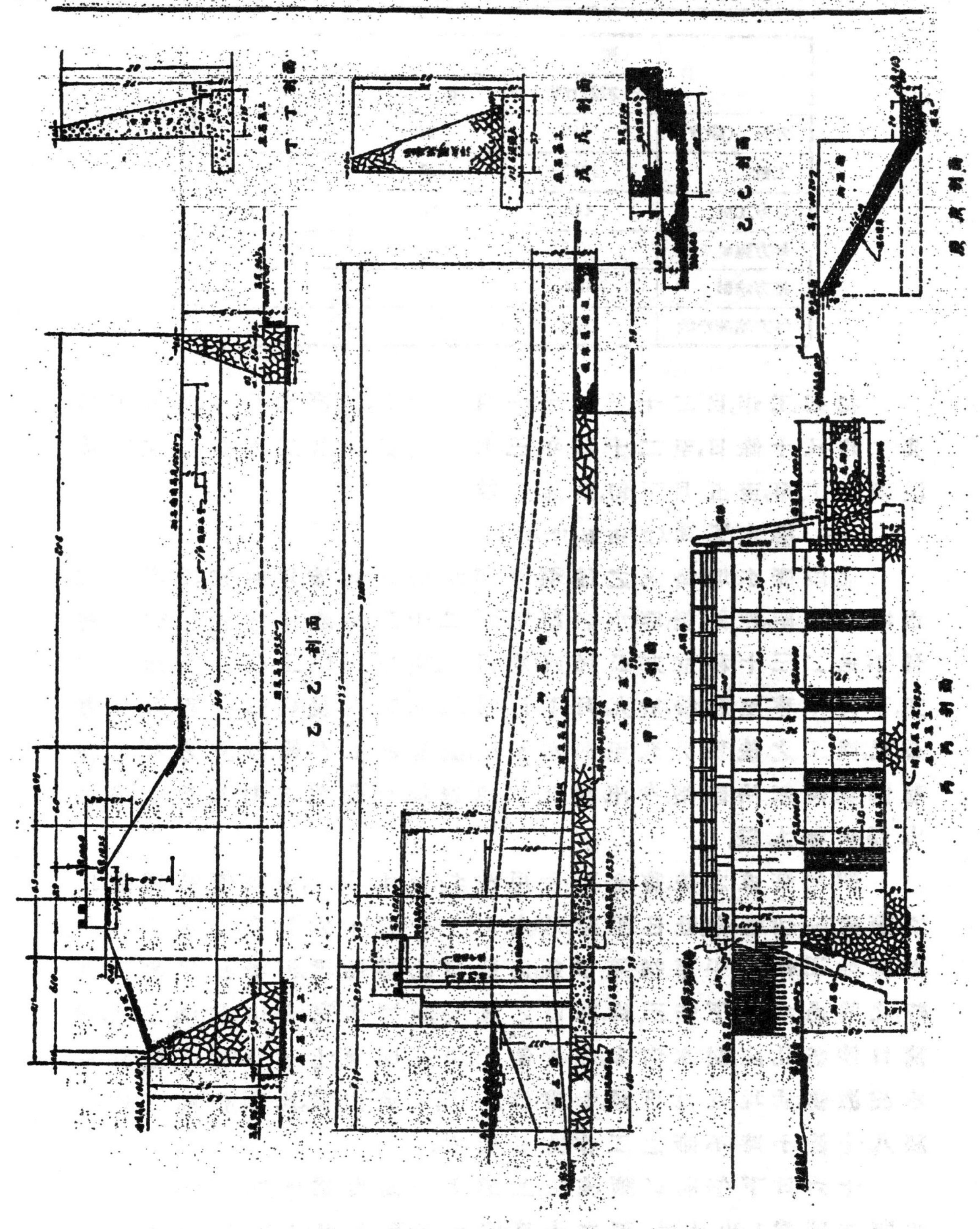

第七圖(甲) 南洩水閘剖面圖

項目	開石		挖沙
	石及頁岩	磨石	
方數（華方）	415	285	327
工數	5982	3236	733
每方工數	14.4	11.4	22
每方鑿眼尺數	13.5		
每方炮數	10.0		
每方炮藥斤數	2.64		

挖基工作,自二十三年十一月下旬起,除雨雪及凍期停工外,共工作八十餘日,至二十四年三月下旬始告竣工,即開始砌石及混凝土工事,至五月下旬,全部告竣。

8. 導水工程(參閱影10及11)

北段攔水堰築成之後,須將河水導使北流,以便建築南段攔水堰及南閘。原計劃導水之期,定爲二十三年春汛之後,以彼時流量不過二三十秒立方公尺,成功尙易。旋以北段工程,不能如期完工,不得不移至秋後,於九月下旬開工。其時流量約爲一百秒立方公尺,開工之後,秋汛又至,河水激漲,流量達五百餘秒立方公尺,合龍圍堤,幾無法修築。幸汛後流減,迅速進行,合龍之期雖稍延展,於大局尙無大礙。

圍堤築成之後,將合龍所用沙袋,運堆堤上,並舖輕軌鐵道,以便運輸。一切籌備,既已就緒,乃定爲十一月十六日合龍。是晨六時,即開始工作,用平車推運沙袋,向龍口上游拋堆,河流被阻漸漲。九時,北閘過水至下午三時,龍口之流全斷,河水完全由北閘下洩。惟龍口沙袋孔隙,漏水尙多,趕澆膠土,以期閉氣。十七日晚,大風驟至,水流激蕩,新堤岌岌可危,幸搶護終宵,未致出險。此項合龍工作,共歷八十餘小時不斷之工作,方始告成。

十六日下午龍口斷流時,上游水面高度爲99.70,下游爲97.80,水頭相差爲1.90公尺。至二十日,因北閘海漫淤土,完全刷去,洩量漸大,上游水面亦即漸降,龍口上游為99.07,下游為97.07,相差1.32公尺,較初合龍時少0.58公尺。合龍既畢,即趕築下游圍堤,至月終全部告成。

9. 防汛工作(參閱影12—16)

防汛工作,共歷兩次,一為二十三年之防汛彼時北岸工程已成,南岸工程,尚未動工,河槽仍靠南岸。在汛期內,最大流量,亦不過一千二百餘秒立方公尺,仍由舊槽下洩,堰上未過水,北閘雖已經洪;然惟時甚暫,故未發生任何險象。又北段攔水堰在六月間暫告一段落時,其臨河埽頭,曾施以特別保護,將其砌成直一橫五之斜坡,並以寬9公尺之鐵絲籠堆石,繞圍埽頭,以為保護坡脚之用。經洪之後,此項石籠,毫無沉陷現象。至二十四年之防汛,則在全部工程已竣之後,河流被攔水堰橫斷,洪水頭由堰頂漫流,其情形之嚴重,非二十三年汛期所能比。在七月間,最大流量不過三四百秒立方公尺,攔水堰上游水位(以北閘上游約十餘公尺處翼牆上之水尺為標準)最高達100.35公尺。堰上雖已過水,惟深僅十餘公分,工程全部,毫無變化。至八月初間,洪水驟至,最大流量達三千餘秒立方公尺,歷時共有十日之久,為民六以來所未有。茲將發洪時逐日防護之情形,分述如下:

四日　天陰,上午九時漲水,十一時漲至高度99.8公尺,下午一時續漲,三時由堰頂漫流,六時堰頂水深2公尺,七時後又猛漲,十二時堰頂水深平均1公尺,攔水堰下游流量,估計為一千五百秒立方公尺,十二時後水漸落,至次晨三時,共落四公寸,一夜之中,上下導水圍堤之殘餘部份,以及沙坵等,完全冲刷無餘。

五日　天陰,早八時,水落平堰,北閘下游之引水渠外坡砌石,因北閘出水過猛,坡脚石籠下沉,以致場陷,約長50公尺,當即沉石保護。南閘下游拋石坡,亦稍沉陷,當即拋石補充。下午六時驟雨,十時續漲,次晨三時再與堰平。竟夜大雨,工作進行,頗爲困難。

六日 天氣陰霾,上午細雨濛濛,水無漲落。引水渠石坡,及南閘下游拋石岸坡保護工作,仍繼續進行。十時水又漲,下午大雨滂沱,河水續漲不已。至夜午,堰頂水南北兩端約一公尺五六公寸,中部較高二三公寸,平均水深約一公尺八公寸有奇。當時堰上水勢湍急,驟如奔馬,流速約每秒三公尺餘,水躍位置在石籠上,南北兩閘,水勢洶湧,澎湃之聲,可聞數里。入夜雨降不止,南北兩閘下游之石坡,更形危險。南閘下游石坡,被迴漩沖激,逐漸內陷,拋石掛柳,均未生效,繼用沙袋,始行搶住。引水渠石坡,沉陷範圍亦漸擴大,當就堤上取土,裝袋沉護,幸未出險。當洪水達最高峯時,北閘上游水位,達102公尺,而引水渠內水位低至99.6公尺,一堤之隔,水頭相差三公尺餘,殊覺危險,故當時將引水閘略啓,放水入渠,增高水位,以策安全。

七日 晨七時,北閘上游水位爲101.7公尺,全日無變化,細雨斷續,尙無放晴之望。石坡保護工作,仍繼續進行。至晨十時,攔水堰突然發生危險,在下游坡脚與北閘翼牆連接處,沉陷一小部,寬五六公尺,長十餘公尺。當在閘上拋石,以期冲入陷處,以爲補充。同時距南閘約40公尺處之下游堰面,亦發生同樣情形,沉陷奇速,頃刻之間,向北展長五六十公尺,此時形勢險惡,達於極點,幸未繼續發展,否則不堪設想矣。

九日 天氣放晴,水位續落,上游高度爲100.7公尺,其時北閘降近攔水堰上游,發生橫流,斜入閘口,出閘之後,餘勢猶在,直撲堤坡,勢如奔馬,以致衝陷十餘公尺。當時除用沙袋護坡外,並將閘門降下,入水2公尺,以抑溜勢,形勢遂得改善。本日水落甚緩,一晝夜之久,僅降1公寸。

十日 晨七時上游水位爲100.6公尺,引水渠石坡及攔水堰情形,俱無變化,惟南閘下游石坡,洪流淘刷更烈,拋石保護,隨拋隨去。考其原因,蓋由於石坡臨流太近,溜力過大,石不能存。

若仍繼續拋石,必徒勞而無功。當卽改變方針,以退作進,除翼牆部份,以巨石保護外,餘均暫行放棄,任其內陷,待至相當程度,距溜稍遠,拋石保護,自易爲功。自採用此項辦法後,形勢爲之一變,翼牆得保無虞。

十一日　昨夜上游暴雨,天明水續漲,水位由 100.40 公尺漲至 100.75 公尺。引水渠石坡及攔水堰情形無變化,惟一漲一落之間,南閘溜勢,又行變遷,保護翼牆之巨石,亦被冲去。連夜編鐵絲籠裝石沉護,徹夜工作,始得轉危爲安。當翼牆危急時,曾降落閘門,入水 2 公尺,期抑溜勢,惟其情形與北閘不同,故未生效。旋卽開啓,以免閘墩發生危險。

十二日　晨七時,上游水位爲100.5公尺,南閘翼牆,繼續編籠裝石沉護,他處無變化。晚十二時,水位落至100.4公尺。

十三日　水繼落,晨時堰頂斷流,上游淤沙已滿,中部與堰頂平,南北兩端較低三四公寸。河流情形,亦與洪前不同,一股沿南岸直趨南閘,一股直冲攔水堰中部,至距堰二三十公尺處,又分爲兩股,一南流,一北流,沿堰後挑流短壩壩頭,分入南北閘。此項挑流短壩,爲原計劃所無,當工程將竣時,以餘石堆成之,共九道,每道長二十餘公尺,距離爲50公尺,壩底高爲98.0,壩頂高度爲99.5,較堰頂低7公寸。當洪水降落,堰後發生橫流時,倘無此項短壩挑流,則上游堰坡,岌岌可危矣。

十三日之後,堰頂從未過水,無復洪水之可言。

10. 修復計劃

自經此次洪水,工程各部均有損壞,除修復外,並應增固,俾後遇有類似或更大之洪水,不致再蹈覆轍。

(一)修復堰面　此次洪水,堰頂水深,平均達一公尺八公寸有奇,堰頂流速每秒三公尺以上,堰坡倍之,以致損壞頗鉅。以面積論,共1,400平方公尺,約居全堰面積百分之九,估計體積,爲1,900立方公尺。此等冲壞之處,石塊逐流而去者半,陷入堰底者亦半,修復時所需石料,須開採補充。惟堰面部份,如仍用巨石碼砌,不但運輸困難,且甚費工,茲擬改用高約1公尺之鐵絲籠裝石鋪面,以爲替代,雖不與他處一律,其鞏固或倍之也。

(二)堰面抹灰 巨石砌面,隙縫甚多,悍流乘虛而入,以致掀起石塊,此爲堰面冲壞原因之一。查去年舉辦導水工程時,曾將北端一段,用白灰抹縫,以防漏水。經洪之後,此段堰面,毫未損壞。茲擬仿此辦法,將下流堰面,除改鋪石籠及抹灰部份外,餘均用 1:2 白灰沙子膠泥灌抹,以求鞏固。

(三)重砌堰坡隔水牆 南段損壞最甚之處,第一道隔水牆,大部沉陷,第二道隔水牆,大部碎裂。修復辦法,裂者重砌,沉陷者加高。惟沉陷過深,牆頂在水內者,可逐段加板打築1:3:6混凝土,待出水面後,再行砌高。

(四)修理堰下游鐵絲籠 下游鐵絲籠裝石沉陷之處,尚不甚多,惟籠蓋鐵絲,以大樹順流而下,割斷多處,應行修理,以免擴大。

(五)加固堰後短壩 經洪之後,北閘上游河灘淤積甚高,平均高度約100.7公尺,面積三百餘畝。有此淤地之後,洪流情形,爲之一變。曩日自西而東,直趨北閘者,今須繞行,斜入閘口,出閘之後,餘勢猶在,橫掃堤坡,以致塌陷,茲擬將北段短壩,加長20公尺,並加高至高度101公尺,以矯流勢,使其直入閘口,又堰後其他各短壩,均極收挑流之效,亦須稍事加固,以期永久。

(六)南北兩閘添築消力檻 查南北兩閘底高度,均較河床爲低,過閘之水,流速增大,冲刷力極强,故此次洪汛,兩閘下游之石籠,均遭冲陷,有深達3公尺者。茲爲減殺過閘之水勢計,擬在南北閘各築消力檻兩道,其一貼靠閘門之前,一則築於砌於海漫之前端,均用1:3:6 混凝土建築,與海漫接合,在南閘檻高7公寸,北閘高5公寸,藉可節制水勢,減小冲刷之力。

(七)添鋪南北閘石籠 兩閘海漫下游石籠大部沉陷,茲擬加築石籠一層,較原範圍稍大,爲避免施工時抽水挖槽工作之困難,將石籠堆置已淤平之土面上,裝置完竣後,啓閘放水刷沙,使其下沉。惟新加之籠,其高不必皆爲1公尺,蓋以原籠沉陷之深淺,各處不同,施工時須先用鐵釬軋驗,如低不及1公尺者,籠高卽照其差數,在一公尺之上者,卽用一公尺,務使新籠沉陷之後,無高出海漫之弊。

(八)修理北閘下游堤坡　北閘下堤坡,不必修復原狀,擬用拋石方法,替代砌石。自海漫附近起,向東80公尺內,凡坡面在高度99公尺以下者,加拋石均厚8公寸。惟在小水時,河底淤高,拋石不易沉至坡脚,可先將高出河底部份拋築,餘石存於堤上,待下次汛期時續拋之。

(九)重築南閘拋石岸坡　南閘下游拋石岸坡,完全冲毀,擬就現狀,加以修理,以護翼牆。

(十)修理北閘下游圓石壩　閘下白灰砌石堤坡東端,原堆有圓石挑水壩若干道,其近閘一道,經此次洪水後,完全沉陷,應行補充。其餘各圓石挑水壩,略有損毀者,亦須修理。

桿距730公尺過江電線工程

鮑國寶

導言

二十四年春,福州電氣公司奉閩建設廳命,建造二十三公里之三萬伏高壓輸送線,由福州供電長樂縣之蓮柄港,以灌田五萬畝。線路中段,經過閩江之南港,地名峽兜。據閩江局之測量,江流最狹處約 490 公尺。因預定供電之時間之短迫,且該處常有輪船下錨,故決定採用架空導線。三月開始測量,當卽購定材料,六月起施工,中間阻於天時及人事上之困難,工程頗多停頓。至八月初,全部工程始告完竣。茲將設計及施工概要報告於下,以待國內工程界之指正。又此項工程,雖由作者主持,然鐵塔之設計,多係趙仕安君之工作,其他設計及施工,福州電氣公司各技師亦均多襄助,特附誌於此。

設計綱要

1. 鐵塔地位之選擇　江之南岸為一峭巖,山巔距水面極近,故選擇山巔為鐵塔位置,最為經濟。江之北岸,山坡較平坦,斜度約在20度左右,選擇鐵塔地點,頗需研究。若離江過近,則地勢太低,若離江過遠,則桿距過長,弧垂(sag)較大,均需建較高之鐵塔。故須擇較近江面而地勢較高之地點,折中桿距及地勢二者,以求鐵塔高度之最經濟。同時並須避免墳墓,遠開電話電報線。測勘數次,選定南岸建鐵塔地點,距尋常水面高69.8公尺。北岸建鐵塔地點,距尋常水面高35.4公尺。兩鐵塔接導線處之距離,爲730公尺。

2. 導線之選擇　福州每歲均有颶風,峽兜地高而空曠,風勢尤烈。且該處船舶來往甚多,導線與江面必須保持相當之距離,以便航行無阻。故選擇導線,以耐拉强度爲最重要條件。參考歐美習慣,桿距較長之導線,多採用鋼心鋁線(steel reinforced aluminum wire)及鋼心銅線(copper weld steel wire),唯鋼心鋁線耐拉强度不如鋼心銅線,故以用鋼心銅線較爲經濟。所用導線爲七股之鋼心銅線,每股直徑4公厘,內爲强度極高之鋼線,外包紫銅,其特性如下:

重量	每公尺	0.7282公斤
直徑		12.2公厘
截面		87.99方公厘
耐拉强度		6,338公斤
每條線長		762公尺

共購線四條,以一條爲預備。同時購套筒式銅接頭,以備接線之用。

3. 兩岸鐵塔高度之計算

(1) 導線與江面之間隔

據調查結果,該處最高船桅桅頂距離水面…………33.5公尺

爲安全計導線最低點距離尋常水面定爲…………40公尺

(2) 線距

據初步計算,導線弧垂約40公尺,三角形佈線及三線橫互式之佈置方法均不適用,故決定三線同架設在同一垂直平面內,以免風大時導線之相觸。參考英國架設高壓線習慣,如導線架設在同一垂直平面內,線距(wire spacing)至少應爲桿距百分之一。唯參考日本木曾河桿距850公尺之過河線(154,000伏),線距爲7.00公尺,台灣電力會社606公尺之過河線(154,000伏),線距爲6.096公尺。本工程電壓較低,線距似可較小,因決定線距爲4.57公尺。

(3) 導線負荷

W_1＝導線每公尺重量＝0.7282公斤。

W_2＝導線每公尺風力＝0.89×導線直徑×平面每方公尺風力。

0.89係七股絞線側面所受風力與同一投影面積(projected area)之平面所受風力之比例係數。

平面每方公尺風力＝.004×(風速每小時英里數)^2×$\frac{10.8}{2.2}$

$=.004\times(130\times.621)^2\times\frac{10.8}{2.2}=127$公斤。

$W_2=0.89\times.0122\times127=1.365$公斤。

W＝導線每公尺負荷總數$=\sqrt{W_1^2+W_2^2}$

$=\sqrt{(0.7282)^2+(1.365)^2}=1.55$公斤。

(4) 兩岸鐵塔高度(參閱圖一)

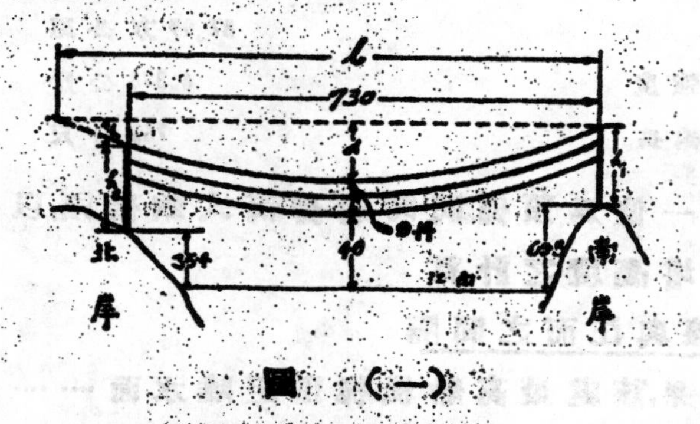

圖(一)

s＝導線最大拉力＝$\frac{\text{導線耐拉强度}}{\text{安全率}}=\frac{6338}{2.5}=2535$公斤

h＝兩岸鐵塔頂部高度之相差。

L＝導線之幻想桿距(imaginary span)$=730+\frac{2\times s\times h}{730\times1.55}=730+4.47h$

d＝弧垂$=\frac{L^2w}{8s}=\frac{L^2\times1.55}{8\times2535}=0.0000765l^2$

h_1＝南岸鐵塔離地高度$=(d+9.14+40)-69.8=d-20.66$

h_2＝北岸鐵塔離地高度$=(h_1+69.8)-35.4-h=h_1+34.4-h$

南岸之地勢,旣高於北岸34.4公尺,則h之大小,可於0至34.4公尺之限度內變更,以求兩鐵塔之最經濟高度。茲列表於下:

h	l	d	h_1	h_2	h_1+h_2
34.4	884	59.8	39.14	39.14	78.28
30	864	57.1	36.44	40.84	77.28
25	842	54.2	33.54	42.94	76.48
20	819.4	51.4	30.74	45.14	75.88
15	79.7	48.8	28.14	47.54	75.68
10	774.7	45.9	25.24	49.64	74.90
5	752.4	43.3	22.64	52.04	74.68
3	743.4	42.3	21.64	53.04	74.68
1.5	736.7	41.4	20.74	53.64	74.58
0	730	40.8	20.14	54.54	74.68

研究上表,似以 h=0 至 h=10 一段,較爲經濟。唯鐵塔之價值,並不與高度成正比,欲求正確之兩鐵塔最低價值,必須每種鐵塔高度,詳細計算其價值,手續至繁。而實際上尙有其他問題,如南岸山勢峭削,運輸不便,且線路過鐵塔後(線路由北而南),山勢向下傾斜,故南岸鐵塔不宜過高,以免導線對於鐵塔後之電桿施過大之拉力。北岸山勢較平坦,運輸及工作均較便利且鐵塔前之電桿,地勢較鐵塔所在處之地勢爲高,故北岸鐵塔稍高,工作困難較少。故決定南岸鐵塔高度爲 20.7 公尺,北岸鐵塔高度爲 53.7 公尺, h=1.4 公尺。

4. 導線拉力及弧垂

$$L=730+\frac{2\times 2535\times 1.5}{730\times 1.55}=736.7$$

M = 楊氏係數(Young's Modulus)=16.3×10^9 公斤/方公尺

A = 導線截面=87.99 方公厘 =87.99×10^{-6} 方公尺

C = 膨脹係數(Coefficient of Expansion) =12.95×10^{-6} (攝氏表每度)

S = 在最大風力及最低溫度 (t_1)時導線所受拉力=2535 公斤

福州氣候溫和,溫度鮮在冰點以下,玆假定 $t_1=-2°$ (攝氏表) S_2= 在溫度 t_2 度及無風時導線所受拉力:

$$t = t_2 - t_1 = \left(\frac{w_1^2 L^2 MA}{24 S_2^2} - S_2 - \frac{w^2 L^2 MA}{24 S^2} + S\right) \div CMA$$

d = 在溫度 t_2 與無風時導線之弧垂 $= \frac{L^2 w_1}{3 S_1}$

茲變更 S_2 之數量,列表於下:

S_2	t	t_2	d
1250	10	8	39.6
1245	15.7	13.7	39.7
1240	21.4	19.4	39.8
1235	27	25	40.1
1230	32.7	30.7	40.2
1225	35.7	33.7	40.4
1220	41.3	39.3	40.6

放線時,室外溫度約30°C,故選定放線時之拉力應爲 1230 公斤,弧垂應爲 40.2 公尺(參閱圖二)。

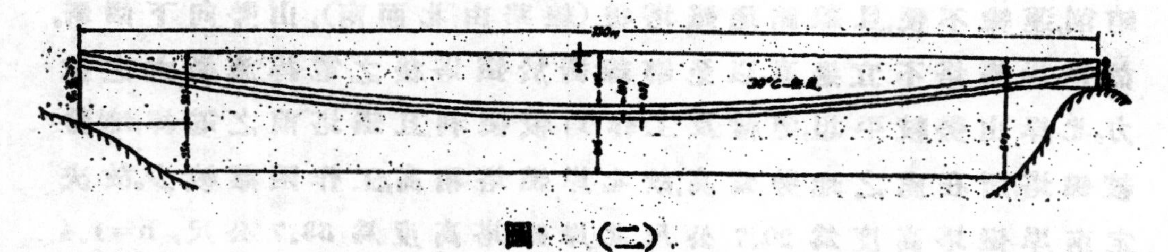

圖(二)

導線 7/4 公厘銅心鋼線(Copper Weld Wires)

最大耐拉力 6338 公斤 安全率 2.5

假定最大風力每小時 130 公里

最低溫度 —2°C

每條導線長度 $= L + \frac{8d^2}{3L} = 730 + \frac{8 \times (40.2)^2}{3 \times 730} = 735.9$ 公尺

所購之導線,每捲 762 公尺,故中間毋需接頭。

5. 鐵塔之設計

(1)鐵塔所受負荷

(a) 鐵塔本身及所載導線重量,其性質係垂直之負荷。

(b) 鐵塔本身所受風力,性質係側面負荷。

每小時風速＝130 公里

每方公尺受風面積所受風力＝127 公斤(計算詳前)

受風面積＝$1\frac{1}{2}$ × 鐵塔一面之面積

(c) 導線所受風力性質係側面負荷。

每條導線風力＝長度 × 每公尺風力

＝736×1.365＝1000 公斤

每鐵塔所受每條導線負荷＝每條導線風力 ÷ 2

(d) 導線拉力,性質係縱面負荷。

每條導線最大拉力＝2535 公斤

因導線均架在鐵塔之中心面,故雖斷線,鐵塔仍不受扭力(torsion),故設計鐵塔,並不計算扭力。

(2)鐵塔各部分安全强度

設計所用各部分材料之安全强度,均不超過建設委員會屋外供電線路裝置規則第一等建築之規定。並參照各國法規,增加重要肢體之安全率。

(3)設計程序

(a) 參考相類鐵塔之設計,規定此岸塔頂寬度爲 1.52 公尺,塔底寬度爲 10.96 公尺,約合鐵塔高度五分之一(圖三)。

北岸山勢向江面傾斜,故利用地勢,離江較遠之二脚,各較其餘二脚縮短 3.05 公尺。

參考相類鐵塔之設計,暫定各部分之主要尺寸。

(b) 依鐵塔之形狀分鐵塔爲十八級,將每級之重量及受風面積算出,然後計算每級所受之風力。

(c) 根據導線所受風力及鐵塔各級所受風力,用圖解法求得鐵塔各部分所受之拉力及壓力。

(d) 根據導線拉力,用圖解法求得鐵塔各部分所受之拉力及壓力。

(e) 根據(a),(b)及(c),計算各主要及次要肢體所受之總拉力及

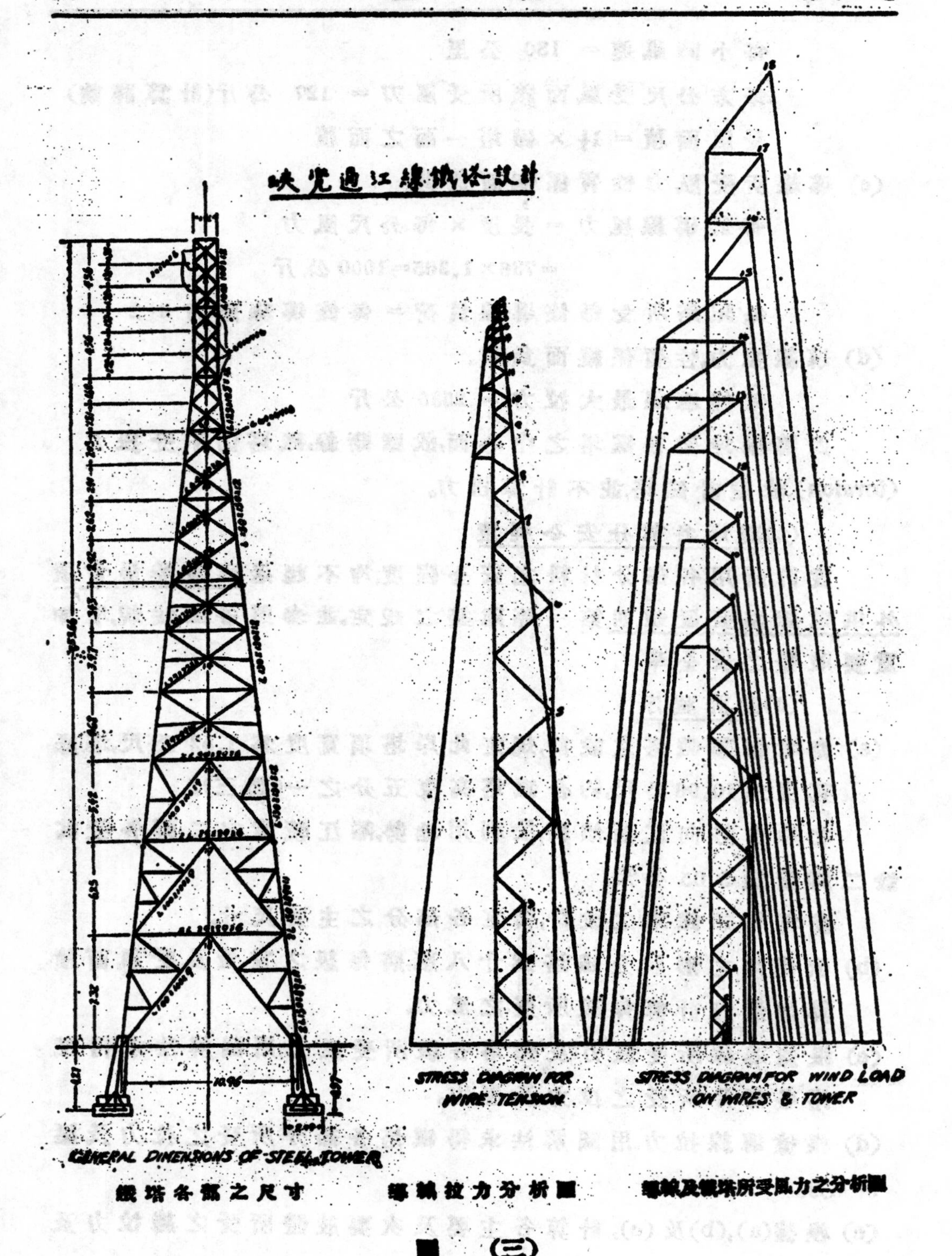

鐵塔各部之尺寸　　導線拉力分析圖　　導線及鐵塔所受風力之分析圖

圖 (三)

壓力。將所得之數量與該肢體截面乘安全强度之積數比較。根據此種比較,再增減暫定之尺寸,以符合安全及經濟之原則。不重要之肢體之大小,則參考相類鐵塔之設計酌定之。

(f) 北岸鐵塔之大致構造及受力圖,如圖(三)。其詳細尺寸及計算,因太繁鎖,姑從略。

(g) 南岸鐵塔之設計,即取北岸鐵塔上部 20.7 公尺一段,稍更動其近基礎部分之設計,以求設計及工作之簡便。

4. 基礎設計

(a) 受拉力之二脚

根據鐵塔之受力圖及鐵塔重量,鐵塔每脚基礎所受最大之壓力,爲 82,400 公斤。假定地土之安全受壓强度爲每方公尺14公噸,基礎面積 $=\frac{82400}{14000}=5.9$ 方公尺。規定基礎底部面積爲2.44公尺 × 2.44 公尺。

(b) 受拉力之二脚

根據鐵塔之受力圖及鐵塔重量,鐵塔每脚基礎所受最大之拉力,爲63,000公斤。

假定泥土每立方公尺重1,600公斤。基礎底部面積 $= 1.8\times1.8=3.24$ 方公尺。

地面上與基礎發生關係之泥土面積

$= b\times b = (1.8+2\times4.57\tan30^\circ)^2$

$= 50.2$ 方公尺

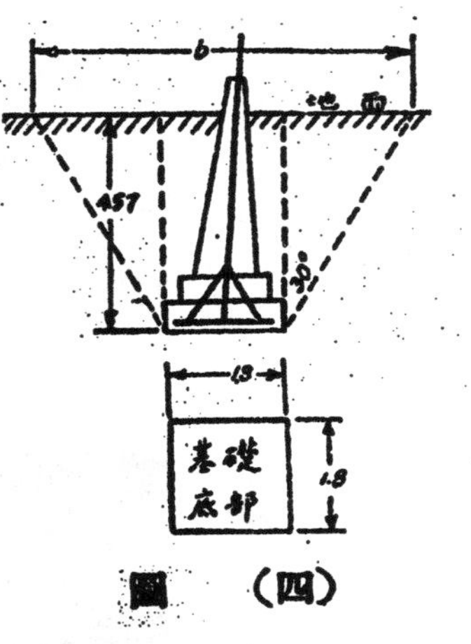

圖　(四)

每基礎受泥土壓力 $=\frac{4.57}{3}(3.24+50.2+\sqrt{3.24\times50.2})\times1600$

$=162,000$ 公斤。

受拉力之基礎,安全率在 2 以上。

施工概況

1. 南岸鐵塔之製造及建築

全座鐵塔,在工場用螺絲釘配製完善,依鐵塔之構造,拆開爲四節,頂部約5公尺爲一節,中部約9公尺爲一節,底部9公尺,分爲前後二節。每節均在工場將帽釘完全打好,分開用船運至山脚,然後衆用人力及起重設備運上山巔。在山巔將鐵塔全部裝好,帽頂打齊,乃整個吊起放在已開掘之基礎上。俟方向及中心線校正後,灌入三合土,二星期後,方開始放線。

據作者經驗,分節在工場將帽釘打好,然後運至山巔,對於打帽釘工資,雖較爲節省,然以山巔過高,運輸不便,運輸工資,增加不少。似以全部拆開,帽釘工作均在鐵塔位置旁進行,較爲經濟也。

2. 北岸鐵塔之製造及建築(參閱圖五)

圖(五) 建築53.7公尺高鐵塔工作情形

北岸鐵塔長度,超過工場之空場長度,須分段裝配。原定裝配程序,係由頂部至底部。因時間之忽促,不及待全塔配製完畢,即須在山上開始裝置。故變更程序,先裝配鐵塔之底部,待底部約27公尺裝配完竣,即將下端之18公尺拆卸,運至山上。將上端之9公尺移至空場之一端,進行裝配鐵塔其餘部份。

在山上裝置程序,係先將四角之主要肢體(legs)豎立在已掘好之基礎上,隨後將主要橫撐(webs)吊上,用螺絲釘聯接,再將次要橫撐裝好。

已於豎立之四角主要肢體上,各縛木桿一條,頂端掛葫蘆,以吊起次上層之主要肢體。待橫撐裝配完畢後,再將四角木桿移高,以爲吊起再次上層主要肢體之用。依同一程序,將全塔裝好。塔上縛長竹梯數具,以便工人之升降。

鐵塔裝配完畢後,用經緯儀校正鐵塔之中心線,乃灌基礎部分之三和土。待基礎稍堅硬,即進行打帽釘工作。

塔頂四角各安置葫蘆一具,鐵塔之兩邊各用繩由葫蘆掛下可移動之木架一座,隨時依帽釘工作進行之程序,漸將木架放低,以爲工人安置工具及工作之用,以免去每層搭架之困難。

鐵塔在工場製造及裝配工作約費時二星期,在山上裝配工作費時五日,帽釘工作費時一星期。此種鐵塔若不用帽釘而用螺栓,則工作可較省。唯福州無適宜之鍍鋅設備,故不能不用帽釘也。

3. 鐵塔之基礎

南北兩鐵塔基礎之構造,大致相同。北岸鐵塔之基礎,離地深4.57公尺。近江之兩座,底部面積爲5.9方公尺。不近江之兩座,底部面積爲3.24方公尺。上層均逐漸縮小,在地面處之面積爲0.21方公尺。南岸鐵塔之基礎,離地深2.74公尺。四座基礎之底部面積,均爲3.24方公尺。材料均係用1:3:6之三合土。

做基礎方法,係先將土方開好,底部土質春固,然後灌入約30公分厚之三合土,縱橫每距離0.3公尺均放16公厘方鐵筋。受拉力之基礎,每座安放垂直之16公厘方鐵筋12條,以聯絡底層及次上層之三合土。

每座鐵塔對角之兩脚永久接地。接地之法,於基礎掘好,三合土未灌之先,在基礎之底部,開掘0.3公尺見方,1公尺深之孔,孔內滿置焦炭,然後灌入合25公斤蘇打(Soda)之飽和溶液。乃將4公分徑,1.8公尺長之鍍鋅鐵管打入孔內,用七股十四號英規之銅線,連接鐵管與鐵塔之底部。焦炭之功用,乃幫助吸收水分,而蘇打之功用,則係增加土質之導電性也。

4.放線工程

初次使用放線方法,係將導線安置在木船上,線頭繫在岸邊,用小汽船拖木船依照線路之方向進行。同時木船上工人,逐漸將線捲轉動,展放導線於江內,如施放水底電纜之狀。但因天氣不佳,風鉅流急,汽船太小,不能按照預定方向作直線之進行,此法竟告失敗,乃改用下述方法。

係照線路方向,在江中每隔約50公尺,停木船一隻,將錨拋下,以固定其位置,共用木船十隻。以鐵管穿線捲擱於木架,放置在南岸江邊,用繩及木樁將木架繫緊。線頭繫一長綜繩,用小汽船引長繩渡江,每行過一木船,即將繩引上木船,置於木棍或竹棒上,以作臨時之支架。待汽船行抵北岸,乃由岸上工人將繩拉緊,逐漸將導線牽引過江,一如岸上放線之狀。待導線拉至相當程度,乃將線頭吊上北岸之鐵塔頂部,同時南岸之線頭,亦用葫蘆吊至南岸鐵塔之頂部,夾緊於掛式碰子之線夾內,乃在北岸將導線拉緊,碰子裝好。

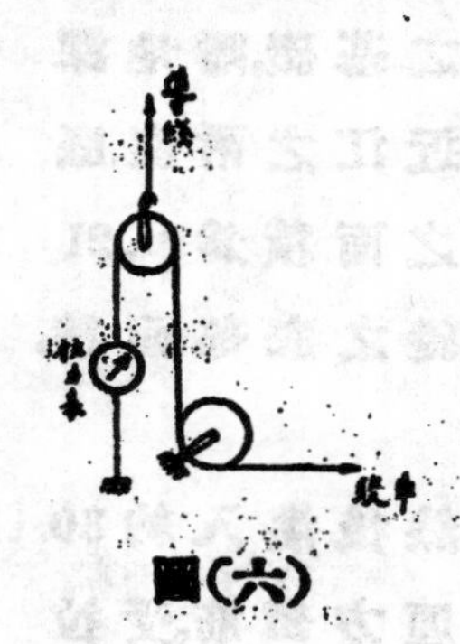

圖(六)

所備拉力表,祇有一千公斤之容量。因用圖(六)之佈置,使拉力表僅受導線拉力之一半,即每次拉線,拉力表上應指示615公斤也。

因天氣時有風雨,工作時作時輟,共費時三日,放線工作始告完畢。

工料統計

本項工程之工料決算,超出預算頗多,其重要原因如下:

(1) 因時間短促,製造及裝置鐵塔,均須趕做夜工,其間全夜趕工,亦有多日,而職員則須日間工作,晚間未能監工,致晚間工作效率甚低,耗費工資甚多。

(2) 未能及早設計,以致材料多向滬閩購買現貨,價格既高,用料亦不經濟。例如北岸鐵塔底部,本欲用 200×200×14 公厘角鐵,但因無現貨,改用兩條 150×89×11 公厘角鐵配合而成,增加鑽孔及帽頂工作不少。

(3) 鐵塔附近之鄉民,惑於輿地之說,對於建造鐵塔工作,羣起反對,開掘基礎時,阻撓更甚,以致工人時作時輟,遷延頗久,糜費工資及增加用費不少。

(4) 此類高大之鐵塔,閩地尚係創舉,設備既不完全,工人更無經驗,以致工作遲緩,效率甚低。

(5) 兩岸運輸,均極困難,事前又無充分之籌備,故運輸所費之工資,不在少數。

除上列數點外,尚有設計上不能週到,亦係未能達到最經濟結果之大原因。若能在測量上多費功夫,設計務求詳盡,購料預早進行,羅致有經驗工人,嚴行監督,運輸妥籌辦法,工具研究精良,附近人民預爲疏通,則必可事半功倍也。

茲將工料統計之大綱,列表於下:

1.測量……………………………………………………………$ 50

2.北岸鐵塔,重量38.6公噸,福州電氣公司機工場製造

a.鐵塔材料	$ 6,400
b.製桿及裝配工資	3,190
c.運鐵塔及起重	500
d.基礎	1000

3.油漆及其他雜費　　300

共……………………………………$ 11,390

1.南岸鐵塔,重量6.35公噸,廣州電氣公司鐵工場製造

a.鐵塔材料　　$ 1330

b.製作及裝配工資　　650

c.運鐵塔及裝置　　200

d.基礎　　400

e.油漆及其他雜費　　50

共……………………………………$ 2,630

4.導線,三綫每綫762公尺,住友電線製造所製造……………………$ 2,230

5.礙子,每線每端用250公厘掛式礙子三隻,連線夾等,

美國Ohio Brass Company製造……………………$ 220

6.放線費用及工資……………………………………$ 250

總計……………………………………$ 16,770

漢口既濟水廠之新凝澄池

錢慕甯

(一)擴充之需要

本廠取源于襄河,水質在微菌方面雖屬優良,但言渾濁則異常惡劣;每年以七,八,九三個月爲最甚,其渾濁度有時高達三萬(百萬分率)。製水工作因之甚感不易,加之原有沉澱池構造欠佳,滲水甚多,雖可容一日之流量,而實際停留時間不過十二小時。且其排泥方法必須空池,積泥充塞爲患甚烈,故送入快性沙濾池之水,其渾濁度常達三百,而快濾池之出水亦不免增至五十以上,雖將礬量增高至每加侖七英厘(grain)亦鮮效用。

在此種情況之下,補救之策不外改造舊有沉澱池及另建凝澄池之二途。因改造舊池頗多難期澈底之處,故最後决定添造三百萬加侖容量之新式凝澄池一座,以爲一勞永逸之計。

(二)設計之概要(參閱第一圖至第四圖及影1至8)

關於新池之設計,完全由本廠工程師負責辦理,但爲審愼起見,事前作者曾遍游京,滬,杭等處,觀察各該地水廠新建凝澄池之成效。認閘北水廠之凝澄池式樣較優,堪資楷模,但有下列兩點未能盡善,殊有改進之必要:

(甲) 池底每九斗共一出泥水閘。當水閘開放時,近閘各斗之泥勢必最易洩空,乃以後斗底仍繼續暢通,未免耗廢水量,而靠裏積各斗之泥,則因出路被佔,反難順利排出。

(乙) 池旁放泥水閘所採用之普通鐵壳水門,因其上腔內部常有存水,當冬季嚴寒時,水門壳子每易凍裂。

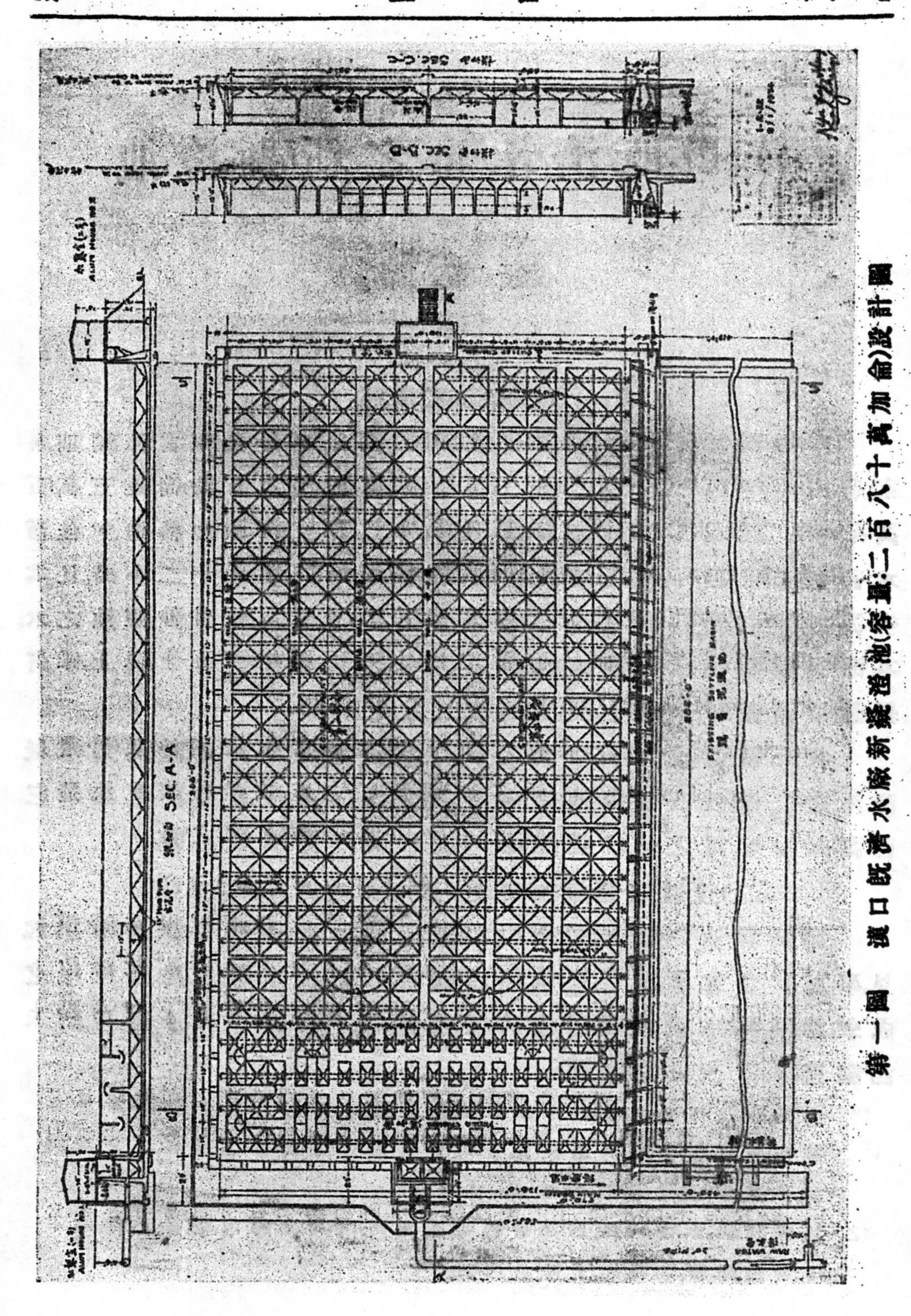

第一圖 漢口既濟水廠新凝澄池(容量:二百八十萬加侖)設計圖

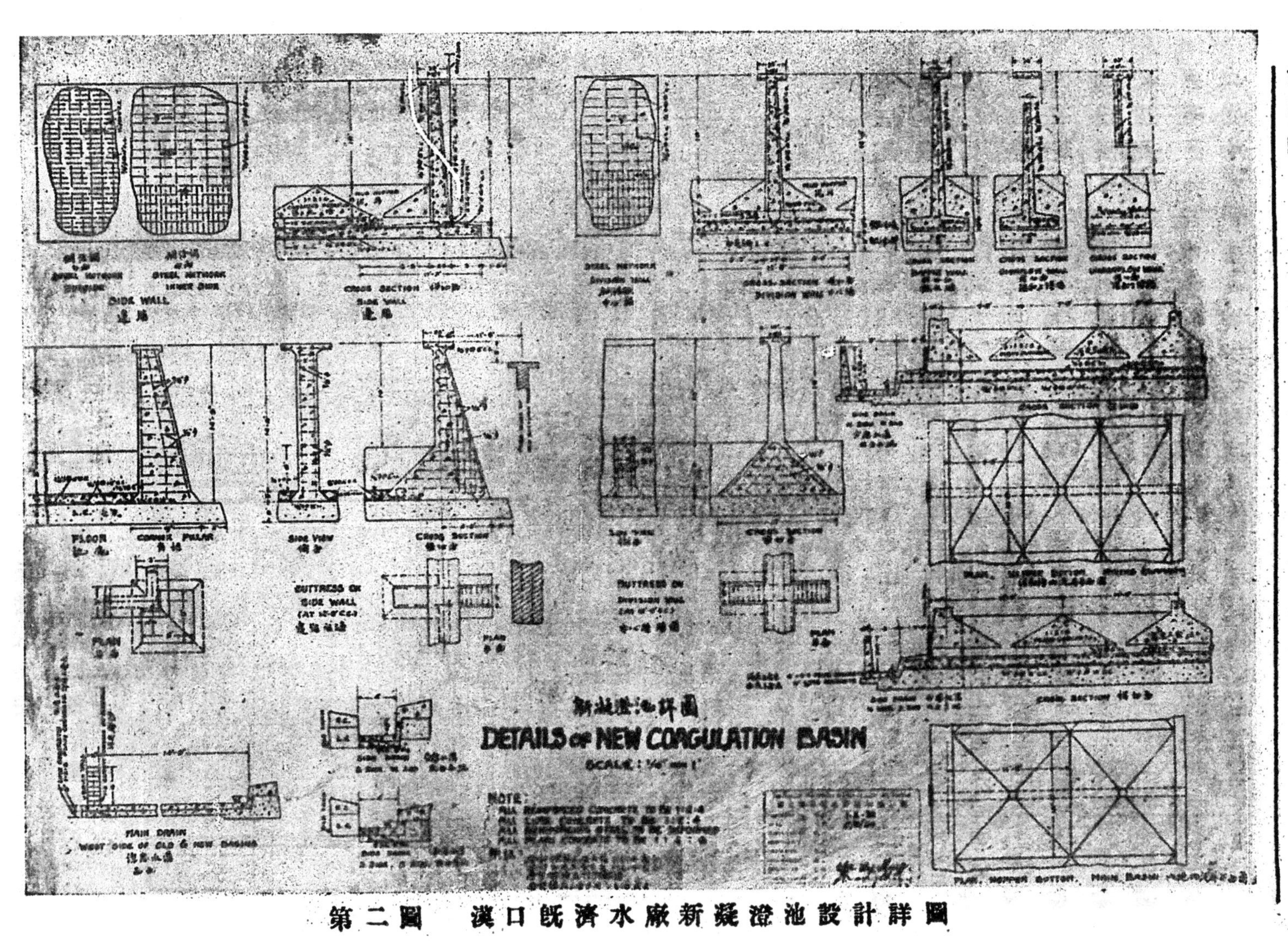

第二圖　漢口既濟水廠新凝澄池設計詳圖

故本池設計時曾於池面加設活動吊車,上懸生鐵斗底蓋子,可任意昇落。當靠外第一斗之汚泥放空後,即將蓋子懸下,關塞其底孔,以便第二斗之積泥得不受阻滯,向門排空。如是循次向內工作,以至第九斗。當第一排完竣後,乃將吊車推移至第二排,依法進行,如此不啻每斗備一開關,完全在池面控制,既節水量,復增出泥效率。此項吊車計有六座,每座應付一池格,均可沿鐵軌推動以達全部池面。其設計製造,均由本廠自辦。

又本「池」之「放泥」水閘,其閘門係自行設計者,省除上部売子,而使其他功效相等。門外不接生鐵灣管,而在池旁做成洋灰灣頭,故

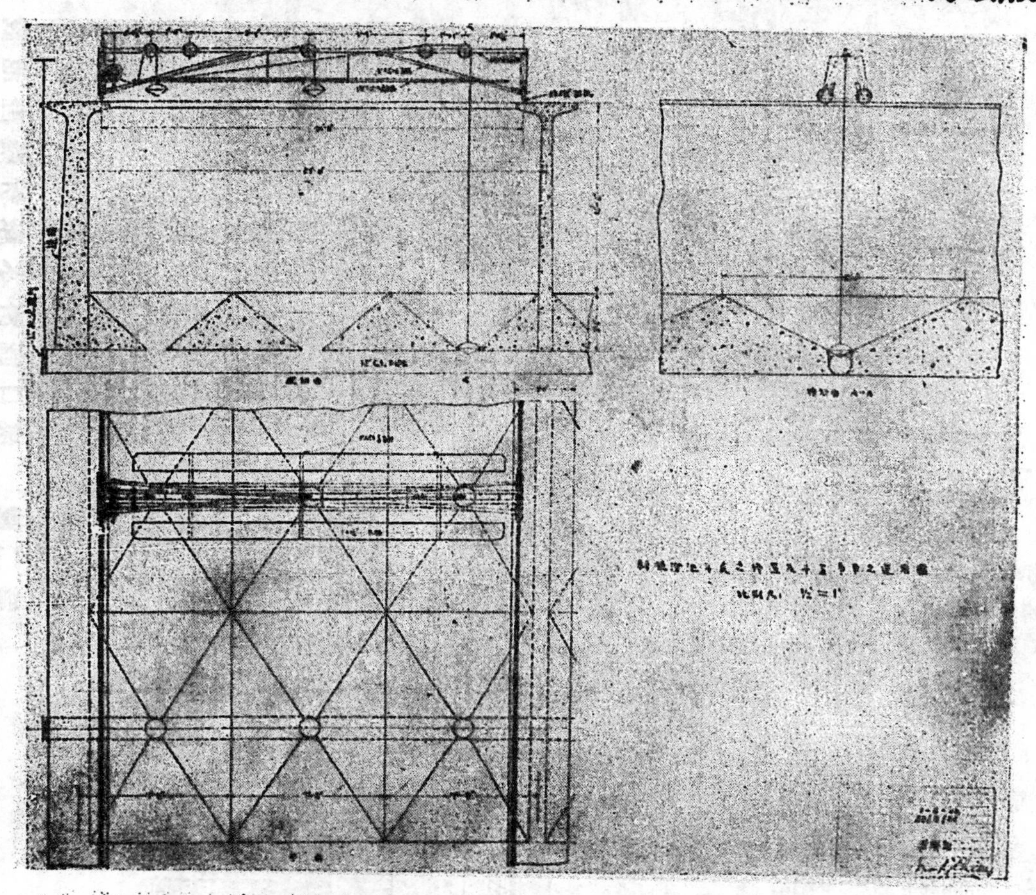

第三圖　漢口既濟水廠新澂澄池斗底之佈置及斗蓋吊車之運用

(1)斗蓋吊車

(2)混和槽

(3)池底泥斗

(4)池旁放泥閘門

(5)進口總管及礬室

(6)出口閘門

漢口既濟水廠新凝澄池攝影(1)——(6)

(7)高架出水槽

(8)總廢水溝

(9)池基加打松椿情形

(10)池底及池牆紮鐵情形

漢口既濟水廠新凝澄池攝影(7)——(10)

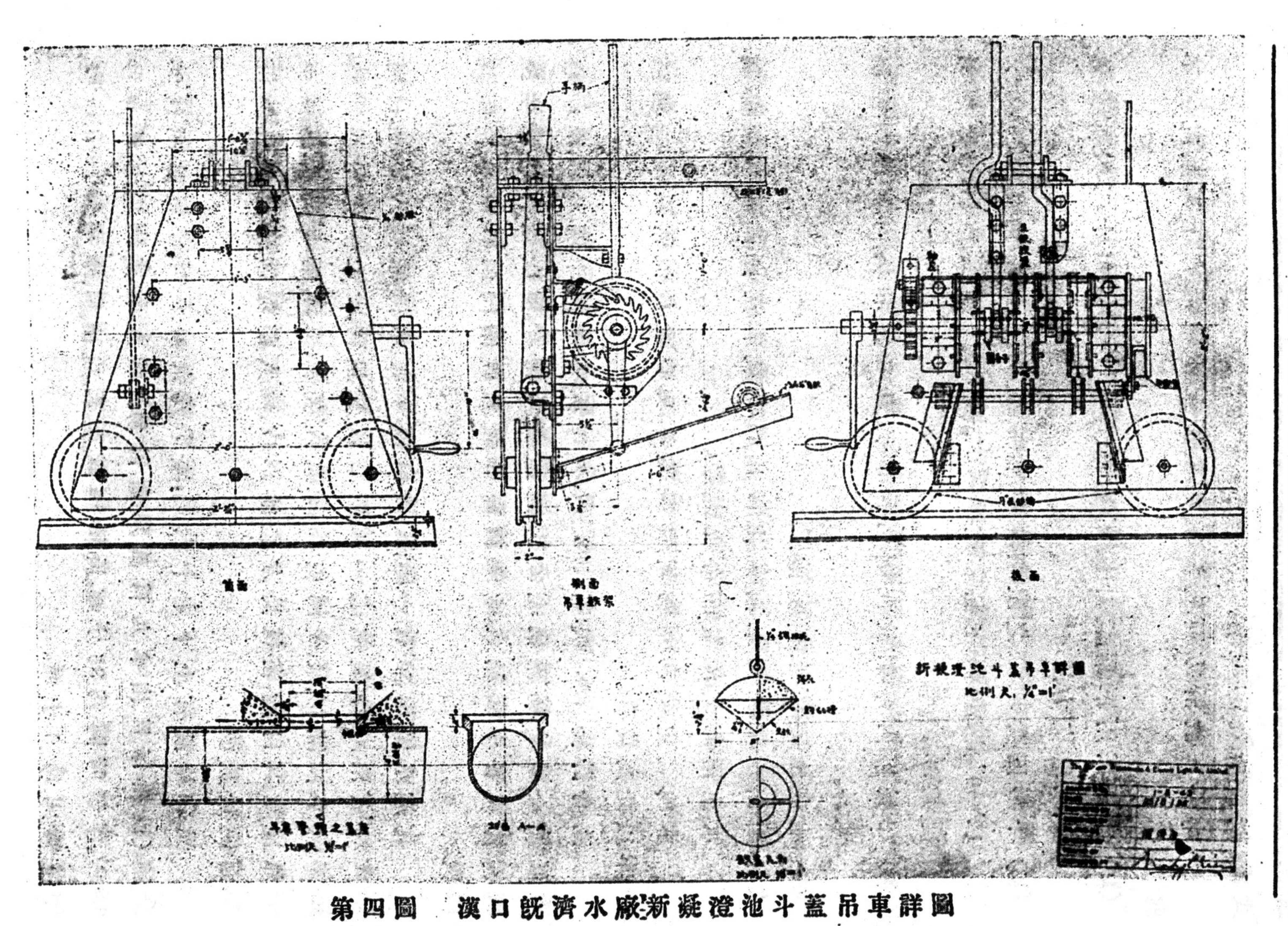

第四圖　漢口既濟水廠新凝澄池斗蓋吊車詳圖

式樣較簡,所費亦較省。

此外在設計方面,既濟水池較閘北水池尚有下列數點之不同:

(1) 邊牆係用單層,設計採用挑桿(cantilever)式,每十二呎加設外梁,以增支力。

(2) 斗形因受地位之限制,未能恰成正方。在長格內為 11′－6″×12′－0″共240個。在混和格內為7′－8″×11′－6″共72個。斗底傾斜度為33°。

(3) 在長格內每個放泥閘門控制六斗,在混和格內則每門控制九斗。

(4) 池底未設清水儲蓄池。

(5) 因出水溝係向單面流出,故出口均裝有活動閘板,以便節制水池兩部之流量而令其相等。

本池之主要功用為增加澱澄率,與自動放泥兩點;故一切設計非以此為目標。

池身計長 288 呎;寬 138 呎,深10呎,外加泥斗深 3 呎,用中心間牆將全池分為兩個完全相同之獨立部分。池底埋有12吋生鐵放泥管與各斗底相通。池旁兩面各設放泥閘門24只,中心相距為12呎。

其進水係用30″管一道,直接由河下打水機輸送入池。進口處分成20″管兩道,各進池之一部,加適當礬量後,由中部進至混和格,經多次來回翻折,最後轉至外面,進入長格,再經兩度回折,仍轉至中部出池。其目的在就長方之池形內,使大部泥沙均得在外格沉落,而便於放洩。

混和格設有上下走十六道,流率為每秒 5 吋,停留時間為25分鐘。(根據每日出水九百萬加侖計算),並左右走四道,流率每秒0.9吋,停留時間為35分鐘。長格內設左右走兩道,流率每秒 0.45 吋,停留時間為 6 小時。

經過凝澄池之水再由高架洋灰水槽平行分配於舊有之三座高沉澱池,其流率減至每秒 0.07 吋,約再停留12小時後始送入快性沙濾池。

新凝澄池之頂較舊沉澱池池面計高 4 呎 6 吋,使新池之出水槽適可擱置於舊池之上。此項高架水槽寬 4 呎,高 4 呎 6 吋,長約 400 呎,其底與邊均厚 6 吋,底面高出地面 10 呎,支架開檔爲 15 呎,其架樑與水槽之鐵條不生關連,俾水槽得自由漲縮。

爲防止水槽因縮短而罅裂起見,每隔百呎嵌置鉛皮漲縮接頭一個,係用3/16"厚之青鉛皮嵌入槽底及槽壁中心部分而成。兩面各插入 3 吋,並有多數小孔俾與鋼條鈎連,中部則灣成一吋半深,一吋寬之 U 字以便自由伸縮。

新凝澄池之進口設有每日出量二噸之乾粉加礬機兩座,任何一機均可施礬於池之任一部分。其出口處亦設有同樣礬機一座,以便於水質混濁度最高時作第二次加礬之用。

新池距廠前河岸約二千呎,池旁放出之汚泥由寬二呎半之廢水溝運洩河中,溝底傾斜度爲千分之四。

因水池基地頗欠堅實,故底脚一律加打 6 吋徑,10 吋長之松木樁,樁心開檔兩向均爲 3 呎。

水池各牆及底部之洋灰三合土爲 1:2:4 成分,以其最宜防漏建築;次要部分則用 1:3:6 成分;池底之石灰三合土基脚爲 1:2:4 配合。

池底須抗上下兩方之壓力,故鋼條亦分上下二層。下層主要爲 5/8 吋徑圓條,6 吋開檔,上層主要爲 1/2 吋徑圓條,6 吋開檔。池牆鋼條亦分內外二層,主要爲內層之直立 7/8 吋徑圓條,開檔由下部之 6 吋增至上部之 3 呎;外層主要爲 1/2 吋徑圓條,開檔 4 吋,係爲防縮之用。擱水牆鋼條則爲單層,主要爲直立之 5/8 吋徑圓條,開檔 6 吋至 3 呎。

(三)施工之情形 (參閱影 9 及 10)

本池建築工程係由明巽公司承包,於二十三年六月八日開工,至十一月十六日完全竣工,計曆一百三十晴日。

漢口夏季素以炎暑著稱,而二十三年夏尤屬酷熱特甚,溫度常超出百度以上,其影響於水池工程計有下列兩點:

(1)暑氣過烈,工作效率不免相當減低。

(2)洋灰受熱膨脹過甚,至冬季遇寒縮短,易生罅裂,幸因設計時牆內曾置防縮鋼條頗密,故未發現不良結果。

水池施工程序計分下列各項:

(1)檢平地面

(2)打樁

(3)倒白灰三合土底脚

(4)倒做洋灰三合土池底

(5)裝池底生鐵放泥管及閘門等

(6)倒做周牆及攔水墻

(7)倒做泥斗

(8)做出水槽及廢水溝

地基原址地勢不平,東北角低窪,須加填高。因新土不宜做脚,故先舖片石厚 6 吋至 12 吋,再將原定之白灰三合土底脚由 2 呎增至 4 呎,並於其外周圍以 3 呎寬,2 呎高之1:3:6洋灰三合土底圍一道,以抗向外壓力。其西南角則曾挖土 265 方,再做白灰三合土底脚。

所打木樁為 6 吋徑,10 呎長之松木,兩向皆開檔 3 呎。打樁用六百磅之鐵錘,最後三錘由十呎高墜落,樁頭伸出地面 1 呎,以便插入白灰底脚而增加其結合力量。計用樁架十二座,每座約二十人工作,每日可打樁約六十根。

所有裝置水管水門等工作均由廠方自行派工辦理,幸管料如期到廠,裝配工作迅速,未致發生延誤。

本池最要之部分為池底及四週之鋼筋洋灰工程,故工作時極爲愼重,除工料格加注意外,務使工作敏捷,接頭減至最少數。因恐弊多於利,故未開做夜工。

包工人曾備電動三合土攪拌機三座,每9小時可倒洋灰約30方。洋灰池底係於10日內趕成,至週牆則係分上下兩層倒做,下層高8呎,於4日倒成,計有接頭三處,均成45度之斜角。下層完成後再倒上層,計高5呎,於6日倒成。

茲將本池所用各項材料及其數量分列於左:

(1) 木樁	5,610根
(2) 鋼筋三合土	914英方
(3) 洋灰三合土	868英方
(4) 白灰三合土	932英方
(5) 磚工	193英平方
(6) 挖土	390英方

(四)使用之成效

新池於二十三年十一月五日接通水管後開始進水,爲使水池逐漸受壓起見,每日僅放水二呎許,至十一日晨始完全裝滿。當即正式走水,並作下述各種試驗:

(1) 水池載水試驗　水池經裝水後,較空時全部壓下計半吋。池底並無滲漏情形,四週及中心牆亦無走動或裂漏現象,足證基脚堅實,構造合法。惟邊牆中部及新舊洋灰接縫之處稍現水印,此係因牆週過長而又未備脹縮接頭之必然結果,然建池時溫度爲110度,而試水時則已降至40度,相差約70度之鉅,成積尙能若此,堪稱滿意。

(2) 澄清效率試驗　十一月十四日曾作新池之澄清效率試驗當時進水之渾濁度爲三千度,(百萬分率)經新池後出水減至八十度,所得全池澄清效率爲爲百分之97.3;即渾水所含泥砂設爲一百磅,其中九十七磅可在新池內沉澱分出,僅餘三磅送入舊沉澱池,結果可稱優越。再經舊池後其混濁度更可減至三十,濾合快濾池之需要。是日所用洋礬為四包,約合每加侖1英厘之礬量,較之未設新池前同樣混濁度所施者約減三分之一,而水質澄清效率則改善一倍。

(3) 水池出泥試驗 池底所設多數方斗,由池側閘門放洩積泥,極威靈便。新設之池面斗蓋弔車運用於水池全部後,各斗所存積泥均可能隨時盡量宣洩,對於水量之消費又可節省,完全達到預期之功效。

新池自開用以來,每日規定將各閘門開放一次,用水約六萬加侖。同時並利用活動弔車鐵蓋輪流冲放裏面泥斗,約計兩週可使全體泥斗清洗一次,如此冲洗時,每日用水約五十萬加侖。故新池使用業近一載,而斗內積泥尚無停池清洗之必要,水池工作,似可繼續永久。

就本廠製水工作而論,使用新池後所得之優良結果約有下列四端:

(1) 舊沉澱池之澄清效率不過百分之八十五,故其出水常達二三百度(百萬分率),最高時且至六百度,而快濾池之去濁效率不過九十,故所出清水常超過二十度,有時竟達六十度之鉅。自新凝澄池完成後,沉澱池之出水已能控制至三十度以下,故當二十四年七月河水渾度增至二萬度時,快濾池之出水亦不過五度。可知以後本廠清水水質在任何情況之下,均不難維持合格之標準(參閱第一表)。

(2) 本廠有快濾池七座,每座每日通常可出水一百萬加侖,但在以前夏秋之間水源渾濁時,須將出水門關小,藉免水質過劣,所出水量約減少三分之一。自使用新池後因沉澱池出水濁度之降低,快濾池之出水量不但未減,且依試驗結果每座每日可出水一百三十萬加侖,即較規定容量增多百分之三十。

(3) 河水所含泥沙之九成既可在新池內沉下,由閘門隨時排洩,則舊定水池三座原有最困難之停池出泥問題,幾可完全解決。

第一表　新池使用前後渾濁度之比較

月份＼項別	河水渾濁度(百萬分率，每月平均數)			定水渾濁度(百萬分率，每月平均數)			沙濾水渾濁度(百萬分率，每月平均數)		
	23年	24年	比較	23年	24年	比較	23年	24年	比較
1	900	700	−200	100	40	−60	4	3	−1
2	800	500	−300	100	36	−64	0	0	0
3	1,500	700	−800	150	35	−115	0	0	0
4	1,500	900	−600	160	40	−120	6	5	−1
5	4,100	1,100	−3,000	200	23	−177	7	0	−7
6	3,600	1,500	−2,100	170	32	−138	7	0	−7
7	6,000	4,000	−2,000	180	36	−144	5	1	−4
8	7,300	5,000	−2,300	260	30	−230	14	0	−14
9	11,200	3,600	−7,600	230	24	−206	28	0	−28
總計	36,900	18,000	−18,900	1,550	296	−1,254	71	8	−62
平均	4,100	2,000	−2,100	172	33	−139	8	1	−7
百分數	100%	49%	−51%	100%	19%	−81%	100%	12.5%	−87.5%

第二表　新池使用前後礬量之比較(快性沙濾池部分)

月份＼年別	23年(噸數)	24年(噸數)	比較(噸數)
1	3.3	2.2	−1.1
2	3.1	3.0	−0.1
3	6.4	6.5	+0.1
4	12.4	9.9	−2.5
5	29.8	11.6	−18.2
6	22.8	12.0	−10.8
7	39.0	38.0	−1.0
8	56.1	49.3	−6.8
9	41.1	28.8	−12.3
總計	214.0	161.3	−52.9
平均	23.8	17.9	−5.9
百分數	100%	75.2%	24.8%

以前每年須全體清洗兩次者,此後只須三年或四年清洗一次。以每池清洗一次需六十人工作三星期估計,每年所省工費約在萬元以上,而減少停池時間所獲之便利尤屬顯著。

(4) 因新池設有混和格,使礬質與泥沙能充分融和,結成顆粒以增大其下沉速度,加之採用乾粉加礬機後,管理精確而便利,故施礬效率較前增進,每年節省礬量約達四十噸左右(參閱第二表。)

清華大學環境衛生實驗區(北平市內一區)

飲水井改良問題之研究

陶葆楷　謝家澤

(I)引言　北平自來水公司,雖成立有年,然以水量之不敷需要,配水管網之不完備,迄今市民之飲用自來水者,僅占全市人民百分之十五左右。就北平市之現狀,自來水公司之擴充及改良,既尚有待,而飲水井之使用,又不能立卽取消,故飲水井之改良,實爲平市環境衛生問題之急待解決者也。

平市水井有二種:一曰深井,或名甜水井,一曰淺井,或名苦水井。* 淺井之水僅供洗濯潑洒,深井之水,則供飲用烹調。本文所論飲水井,卽指深井而言。內一區共有深井35口,此種深井之水,多取自地面下50公尺深處,若不經外界之污染,當無帶菌之可能。惟以位置不宜,構造簡陋,與管理失當,年來細菌檢驗之結果,除大牌坊胡同新建之水井外,大腸菌常超過衛生標準,且每公撮雜菌數亦甚高。自民國二十一年夏季起,乃採用漂白粉溶液消毒法。此種消毒方法,僅爲消極的或臨時救急之辦法,其缺點有四:

(一)井水常被汲取,氯液消毒如有間斷,則危險依然存在。

(二)井水污染之程度,因時因地而異,且各井之情况,又多不一致,所需漂白粉溶液量,亦因而不同,水井消毒之應用,亦因而困難。

(三)井水消毒,須由專人負責,且漂白粉耗量甚多,頗不經濟。

*參閱中國工程師學會工程週刊第三卷第十期——陶葆楷,王衛方:北平市第一衛生區環境衛生工作之進行。

(四)井水既經消毒,再經汲取及運輸之接觸,又被污染。

民國二十一年及二十二年夏季,每井每日消毒一次。自民國二十三年八月一日起,增至每日兩次,且採取水樣作細菌檢驗之時間,皆限於消毒後一小時至一小時半之間。然經檢驗之結果,各井水之大腸菌仍超過衞生標準,雜菌數仍高,由此知此種水井消毒方法,效率既難求大,實施又多困難,以之救急則可,以之長期管理飲水井則不可。故飲水井管理問題之澈底解决,要以水井構造之改良為前提,當無疑義。

(II) 北平飲水井之構造 平市飲水井,皆係掘井下設一鑽井。鑽井深度自地面達深水層,約50公尺,普通用竹管或鐵管導水上溢。鑽井以上為掘井,口徑約 1.5 公尺,其深度約為 6——9 公尺,自井管上溢之水,全部貯蓄其中。掘井之壁內砌磚石,外沫灰泥;因工藝不良,再受溫度變遷之影響,不數月而裂痕生矣。

上述諸井,除少數有井欄外,無一有井蓋者。井口築有井台,用為水夫工作之地, 2.5——3 公尺見方,高約70公分,或為碎石所砌,或為泥土堆成,工料不佳,經時無幾,中部磨損,而井台面乃傾向井口傾斜矣。

(III) 井水之汲取及運輸 市民汲取井水之方法,多係用一柳罐,上繫繩索,恃轆轤曳之上升,注入一毫無掩蓋之水槽中。水夫再以木戽自水槽灌入水車,輸送直達用戶。水車為單輪手車,上載木箱,并附木桶二。箱之兩旁,下端設有口門,用木塞啓閉。箱之容量約為 270 公升,水夫運至各戶,用手將木塞啓放,注水入木桶中,再挑至各戶之水缸。故井水送達各戶,至少與水夫之手接觸三次。至於井邊廢水,或導入滲水井,或引入下水道,頗不一致,視各井之情況而定。

(IV) 井水污染之淵源 井水原甚清潔,因井之構造欠佳,及汲取輸送之方法不良,遂被污染,已略如上述。茲再將井水污染可能之淵源,依序臚列如下:

(一)地下污染,卽附近廁所或溝渠中穢水自井壁裂痕滲注入井。

(二)地面污染,卽井台上之穢物,廢水,及水夫脚下所攜之穢物由井口下墜入井。

(三)井水汲取之污染,卽水夫手上之穢物,被其所用之繩索及柳罐帶入井中。

(四)蓄水箱之污染,蓄水箱無掩蓋,又不常洗刷,儲水其中,最易污染。

(五)輸送之污染,井水送達用戶,幾經水夫之手接觸,污染自所難免。

至於上列五種污染之淵源,是否完全存在,究以何者爲最重要,則有待於實驗之決定。

(V)地下污染,地面污染及汲水時之污染　本區水井之構造,已略如上述,其位置多鄰近廁所或溝渠,而本市廁所及溝渠之構造,又萬難阻止四週之滲漏。是以井水之被污染,與附近廁所或溝渠中穢水之滲注,不無相當關係。故於民國二十三年十月間擇本區水質最劣之蘇州胡同水井,作地下污染之實驗。在該井附近13公尺內有滲坑一,牛廐一;30公尺內有廁所一。環境之劣,爲本區各井冠。又井壁上部已略有損壞。乃令井主將井壁及井底完全用1:2洋灰砂子,從新舖抹5公分厚,然後取水作細菌檢驗。自十月至十二月,據檢驗結果(第一表),水質並不見改良,於此可得下列結論:

(一)磚砌井筒,再用1:2洋灰砂子舖抹5公分厚,不足以阻止地下水之滲漏;或

(二)井水污染由於地下沾污之成分甚小,故井筒之舖抹情形,對污染之關係不大。

上列兩種結論,究以何者爲是,又有待於實驗之決定。故自二十四年四月一日起,令該井改裝唧機取水,並將井口掩蓋嚴密。自唧機出水管口取水,作細菌檢驗,水質乃完全改好。自四月一日至三十日止,採取水樣凡十七次,大腸菌醱酵試驗結果廢氣百分率

第二表 蘇州胡同公用飲水井二十三年九月至十二月細菌檢驗結果

取檢日期			攝氏37° 培養48點鐘後發生腐氣之百分率		攝氏37° 培養48點鐘每公撮內發育雜菌數	附註
年	月	日	5 c.c.	1 c.c.		
23	9	11	30	10	980	此井於二十三年九月底將井壁用 1:2 洋灰砂子舖抹5 公分厚，于十月二日竣工，於十月五日起採取水樣作細菌檢驗結果，大腸菌仍然存在，雜菌數亦不見減低。
23	9	20	80	60	952	
九月份平均			55	35	966	
23	10	11	60	30	740	
23	10	24	5	0	450	
十月份平均			32.5	15	595	
23	11	5	70	50	680	
23	11	6	70	60	數目過多	
23	11	10	40	35	870	
23	11	22	80	70	760	
23	11	28	70	5	258	
十一月份平均			56	44	642	
23	12	11	70	60	140	
23	12	19	35	20	150	
十二月份平均			52.5	40	145	
總平均			49	33.5	587	

最高爲5%,每公撮雜菌數最高值60,已達到吾人指定之飲水衛生標準,見第二表。由此可知地面污染,及汲取井水時之污染,對於井水之影響最大,而地下污染之關係較小。故北平市水井之改良,宜從減除地面污染與汲水污染方面着手。

本區大牌坊胡同新建之飲水井,其建造方法,按照本區之水井建築標準,自二月份起亦作細菌檢驗,結果如第三表。同樣試驗

第二表　蘇州胡同公用飲水井初次改良試驗結果

採樣日期			每公撮雜菌數	一公撮水樣醱酵試驗腐氣%	附註
年	月	日			
22年3月至23年9月之平均			1034	30	自二十四年四月一日起，用抽水機汲取井水井口掩蓋嚴密。
24	1	16	380	30	
24	1	23	418	40	
24	1	28	274	50	
24	2	13	30	5	
24	2	20	280	5	
24	2	27	120	40	
24	3	6	420	5	
24	3	11	260	20	
24	4	1	12	0	
24	4	2	10	0	
24	4	4	10	0	
24	4	8	14	0	
24	4	9	8	0	
24	4	10	12	0	
24	4	11	16	5	
24	4	15	5	0	
24	4	16	2	0	
24	4	17	8	0	
24	4	18	18	5	
24	4	22	20	0	
24	4	23	24	0	
24	4	24	18	0	
24	4	25	60	0	
24	4	29	18	0	
24	4	30	3	0	

又在北井兒胡同水井舉行。據七月間細菌檢驗之結果(第四表)，每公撮雜菌數雖較高，大腸菌醱酵試驗腐氣百分率俱爲零。

第三表 北井兒胡同公用飲水井改良試驗結果

採樣日期			每公撮細菌數	一公撮水樣醱酵試驗產氣%
年	月	日		
22年3月至23年9月之平均			468	22
24	7	3	258	0
24	7	4	50	0
24	7	5	320	0
24	7	6	20	0
24	7	10	346	0
24	7	11	36	0
24	7	12	324	0
24	7	13	270	0

第四表 大牌坊胡同新建公用飲水井水樣細菌檢驗結果

採樣日期			每公撮細菌數	一公撮水樣醱酵試驗產氣%	附註
年	月	日			
24	2	2	4	0	此井係二十三年新建，其建造方法，完全按照本區水井建築標準，于二十四年二月開始售水。
24	2	4	50	0	
24	2	6	6	0	
24	2	7	2	0	
24	2	18	3	0	
24	4	16	6	0	
24	4	18	2	0	
24	4	22	2	0	
24	4	23	5	0	
24	4	30	12	0	
24	5	1	2	0	
24	5	2	8	0	
24	5	6	3	0	
24	5	8	16	0	

根據上述三井之試驗,吾人乃假定:北平之飲水井苟能有嚴密之井蓋,及完善之抽水機,可以消除地面污染及汲水污染之機會,水質即可改良,而漂白粉消毒亦可省去。

(VI) 蓄水箱與井水輸送之污染　本市各井之蓄水箱,多放置於平地上,水儲其中,毫無掩蓋,灰塵穢物之侵入,固所不免,且水夫及取水者之手亦常浸置其中,易受污染亦不待言。故蓄水箱應當加架,使取水者不能將手伸入其中;又將其嚴密掩蓋,以免穢物侵入;此外裝設適當放水龍頭,可使水直接注入水車中,不經人手之接觸。蘇州胡同之實驗水井,自二十四年六月一日起,將水箱加蓋,高架,並按裝放水龍頭,逐日自該龍頭取水檢驗,結果良好,見

第五表　蘇州胡同公用飲水井二次改良試驗結果

取樣日期			水樣取自			每公撮雜菌數	一公撮水樣用膽汁試驗產氣百分率	附註
年	月	日	蓄水箱龍頭	水車	水祖			
24	6	3	1			16	0	該井蓄水箱自二十四年六月一日起高架，加嚴密白鐵蓋，並設放水龍頭二。
24	6	4	1			14	0	
		5	1			64	0	
		6	1			8	0	
		10	1			4	0	
		20	1			4	0	
		20		1		26	0	
		20			1	20	10	
		24		1		38	0	
		24			1	46	0	
		25		1		60	0	
		25			1	48	0	
		26		1		28	0	
		27	1			16	0	
		27		1		14	0	
		27			1	170	0	

第五表。至於井水輸送時之污染,自六月二十日起,分別自蓄水箱龍頭,水車及水桶中採取水樣作細菌檢驗。結果:六月二十日自水担所取水樣,大腸菌酸酵腐氣爲百分之十,其餘皆爲零(見第五表)。此項試驗尙須繼續舉行。但井水運送時污染之可能,已有指示,故本區擬令水車裝按龍頭,使水夫之手不與水接觸。

(VII)本區飲水井改良之標準　由上述試驗之結果,可得本區飲水井改良之標準如下:

(一)井壁現有裂痕,應用1:2洋灰砂子舖抹5公分厚,以防地下污染。此項費用約需工料洋十五元。地下污染之關係雖小,但因此種舖抹需費極少,故仍採用之。

(二)所有飲水井,一律改用唧機汲水,普通唧機及鐵管全份連同裝按約需洋三十元,但本區水井較深,須用搖輪式雙筒唧機,約需洋七十元。

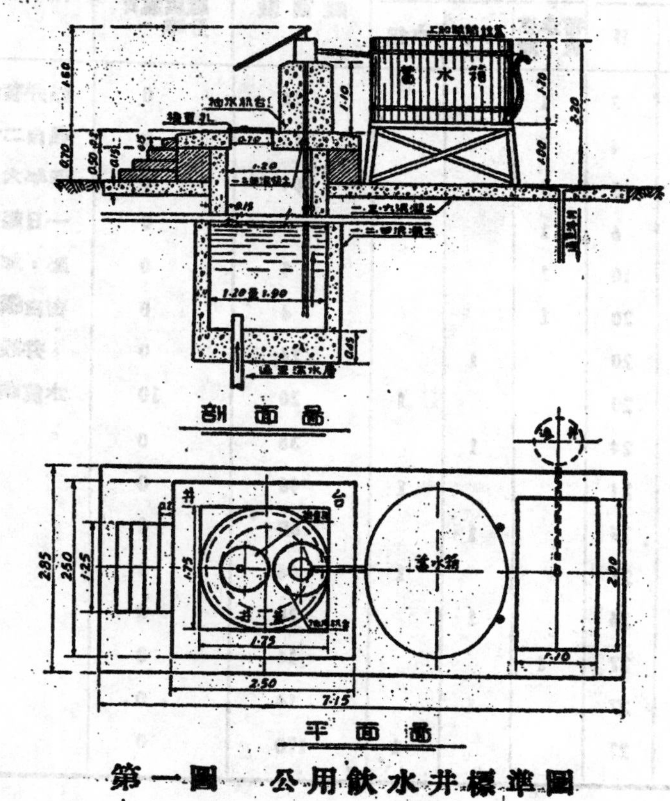

第一圖　公用飲水井標準圖

(三)所有各井井口必須嚴密掩蓋。無論使用鐵蓋木蓋,或混凝土蓋,總以能防止地面污染爲條件。其用混凝土,蓋者應預留進人孔,其用鐵蓋及木蓋,如遇必要時,須易於揭開,以便消防救急及清刷水井之用。木蓋六七元即可,混凝土蓋十數元亦足。

(四)井水由唧機汲取,直接壓入蓄水箱。蓄水箱必須嚴密掩蓋,架高離地面約1公尺。並附設放水龍頭。此項工程,約需洋十餘元,

第二圖 水井所用之唧機

第三圖 新建之大牌坊胡同水井

就上列標準,井水可以避免污染,每井所費不過百十元之譜。輕而易舉,而其影響公共衛生實大。現本區飲水井經督策鼓勵之結果,已有十三處。按照是項標準修改完竣。檢驗結果。水質均稱良好同時平市其他各區,亦擬仿效改良,則北平百分之八十五市民之飲料,在最近之將來,當可達清潔衛生之境地,是吾人所深切希望者也。第一圖爲本區所用之飲水井標準圖樣。第二圖示改建水井所用之唧機,第三圖爲新建之大牌坊胡同水井。

游泳池水質之清潔與處理

鄧 汀 若

引言 游泳雖爲娛樂之一種,然亦爲鍛鍊身體上極奏成效之方法。歐美各國提倡甚力,我國現亦頗爲注意。游泳既與人生之關係漸臻親密,則與之有事涉切膚之衞生問題,當然不能忽視。蓋人類大多數疾病,皆由傳染而得。游泳池既爲人羣聚集之處,當亦不免爲傳染疾病之媒介。故池水須有嚴格方法以處理之。

池水處理之標準方法,簡言之,爲用抽水機使水循環流動,經過清潔機械,使之清潔消毒,再回至池內,以供應用。清潔機械大旨包括四個部份:

1. 氧化器 使水中有機物氧化,以增加濾漉效率。
2. 加礬器[(1)] 使污質凝結,以便濾漉。
3. 濾水器 濾漉污質。
4. 滅菌器 使水消毒。

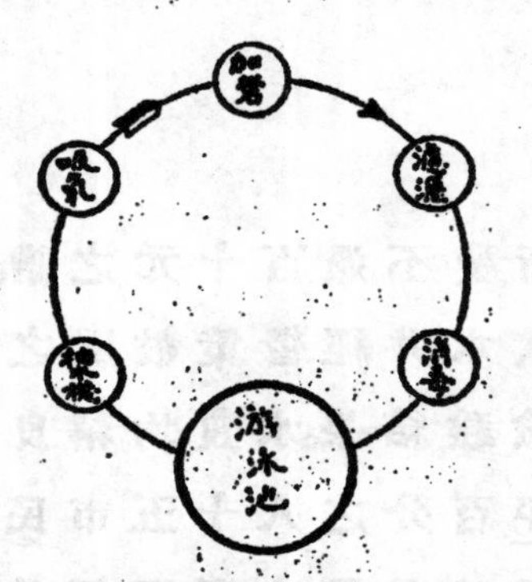

游泳池池水處理步驟

處理步驟,如左圖所示。但因種種關係,有時或僅用濾水器與消毒器二者,或另加其他手續,以期水質更爲完善。此點論者頗多,一般注意於自來水學者都深知之,故不再贅論。

池水清潔之意義與處理之手續,在

(1)如採用加礬手續,必須另用鹼性藥物中和之,並使池水略呈鹼性反應。

大體上,與自來水廠方面初無二致。但有幾點可稱爲游泳池之特性,其中尤爲顯著者,爲下列三點:

1. 池水繼續受入池者之玷污,故對於消毒方法,受相當限制。
2. 池水所含病菌,不僅限於腸道方面者,能引起其他傳染病症之球菌,其傳染機會,亦不亞於腸病菌類。
3. 循環濾水,對於池水本身,即使無外來污質之加入,並假設濾瀝效率可得100%,水質終不能得絕對清潔。

本文所擬論點,特別注重於游泳池之特性方面。茲爲便利起見,分兩部份討論之。

池水之品質　所謂水之清潔,不外乎三種看法,即(1)物理的,(2)化學的,及(3)微菌的。

物理的清潔,就游泳池而論,除包含一般的見解外,尙有一極重要之目的,即在避免溺斃之危險,蓋因水質混濁,往往使游泳者視線阻礙而易致溺斃也。美國公共衞生協會所定標準爲:「池在使用時,池水必須透清,能使具有白底之6英寸直徑黑片,置在池之最深處,而自片處橫量,在10碼以內,各處皆得明晰之覩見」。

至於化學的清潔,就衞生立場而論,其主要意義,不過在防止水中之有機物質含量太高,致有附殖微菌之虞。然游泳池之水,來源如確屬可靠,處理方法適當,以及微菌檢驗能認眞從事,則其化學成份,可不必過份留意。此種見解,或有以爲失於偏執者,但作者深信一般經驗家必加贊同也。曾有多數游泳池,經極長時期之繼續使用後,其水質就成份分析而論,仍不失爲良好,然習慣上往往在相當時期內,因須洗刷池身及其他工作,不待池水不堪應用,亦須換新,故池水僅因化學成份不合而傾棄,固極鮮之事。

故池水之清潔與否,首重微菌檢查。至於檢驗之方法與標誌(Index),是否可以採用飲料所取之同樣手續,或須另闢蹊徑,迄今尙無定論。茲介紹美國公共衞生協會所建議之方法,及近來正在倡議之最新學說,以供讀者之參考。

美國公共衛生協會對於池水對於微菌關係之清潔標準,建議暫試採用與飲料相同之法則,即注重於腸道病之菌類,故檢驗標誌,亦以大腸桿菌(B.Coli)爲主。其XXV B節云:

「用海草膠或立脫墨司乳糖海草膠培養24小時,溫度37°C。在任何相當時期中,以百分之十之水樣計,每一公撮含菌數,不得逾100個。任何水樣中,每一公撮含菌數不得逾200個」。

又XXV C節,關於一部份的確定試驗:

「當游泳池在使用時,以同日所採集之五次水樣,不得有二次水樣,在每10公撮中有大腸菌之發現。或在不同日期中,任何十次之連續水樣,不得有三次在每10公撮中有大腸菌之發現」。

按池水雖非飲料,然難免常被游泳者吞入腹內。是則採用飲料同樣之手續與標誌以檢驗池水,不無有相當理由。但同時游泳者全身浸入池水之中,其耳目口鼻及週身皮膚,莫不與池水連續接觸,故應注意之病菌,决不能以生殖於人身腸道中者爲限。吾人在設備簡陋之池中,可以傳染各類疾病,上文已經略述。因此專用大腸菌一類方法以檢驗池水,似有疑向。

近來頗有人主張用串球菌(Streptococci)或其他球菌類作檢驗池水之標誌者。據Gould氏及Shwachman氏等研究,[2]發現不少甚有價值(至少亦極有興趣)之資料,以供研究此問題者,其結論如下:

1. 池水本來清潔者,由游泳者帶入之腸病菌,爲數甚小(見第一表),可不必以大腸菌檢驗法檢驗之。
2. 應用血液海草膠培養法檢驗溶血性串球菌(Hemolytic Streptococci),或用Gelpi氏檢驗法檢驗在乳糖汁沉澱中之串球菌,則在不發現大腸菌之池水內,其串球菌仍見存在(見第二表);反之,串球菌絕跡之池水,大腸菌亦同時絕跡。
3. 用海草膠培養劑檢驗法以檢驗微菌總數,頗有價值(參閱第一第二表),應仍採用。但須加以修改如下:

(2)"Indices of the Sanitary Quality & Swimming Pool Waters" J.A.W.W.A. Vol.25, No.1 Jan. 1933.

「用海草膠於溫度攝氏37°培養24小時後所檢得之黴菌數,在三個月之間,以百分之十之依次連續所採得之水樣內,每公撮不得過200個。……」

4. 池水中含有過剩氯。應在百萬分之0.3份至0.5份之間(見第二表)。

總觀以上論述,姑不論吾人所應採用之微菌標誌如何,若用氯質滅菌法以保持池水之清潔時,最好使過剩氯不降至百萬份之0.3份之下(美國公共衛生協會標準:0.2－0.5),此處理池水者應特別注意者。

然則池水苟含適量之剩餘氯,是否可以確定水質之安全乎?就學理上言,曰可。但實際上吾人於採用剩餘氯測驗法之外,尚需求助於微菌檢驗,如是,可多一層證明。

不過氯質消毒,[3]幾可認爲對於游泳池之唯一良法,此亦不可不知者。蓋池水繼續受入池者之玷污,惟有效力能及於施點以外者方濟於事。若紫外光,臭氧等等消毒方法,姑置其他問題不談,即以其滅菌效力僅限於一處而論,已不能與氯質相較矣。

循環濾水之理論與計算　使池水清潔,近來多採用循環濾水之手續。良以使用該法,除經常費大可減省外,又可使池水保持相當穩定之品質,非若舊式游泳池,俟水質污至不可復用時,始行完全傾棄,另換新水,僅起始若干人得享用清潔水質之機會。

所應注意者,即循環濾水,池中污水僅被清水逐漸滲淡,污質次第減少,但決不能絕對消除。此種清潔方法,稱之謂「滲淡清潔法」(Purification by dilution)。按滲淡清潔之理論,對處理池水之設計,頗有一顧之價值。玆請略述其梗概如下:

今設濾水效率爲100%,並設每一循環之池水流動分爲無限

---

(3)除用純氯質外,用氯氨化合物(Chloramine)者亦日見增多,前途實未可限量。氯氨較純氯之長處,在(1)減除由氯質發生之特殊氣味,(2)可免微菌復生(aftergrowth),(3)制止水藻生殖。惟滅菌作用較爲遲緩,是其短處。又氯與氨之混合不得其法,亦能影響其結果。

7017

第一表

1931年三月在Cambridge及Boston二處各游泳池水中所得微菌總數以及溶血性串球菌與大腸菌之存在

游泳池名稱	以溫度37°C在洋菜膠中培養24小時後之微菌總數	在一公撮中之溶血性串球菌	在一公撮中之大腸菌
Harvard University	2	O	O
Radcliffe College	100	+	O
Cambridge Y.M.C.A.	350	+	O
Boston Athletic Association	250	+	O
Roxbury Boy's Club	400	+	O
Cabot Street	1500	+	O
Uuiversity Club	50	O	O
Boston Y.M.C.A.	150	+	O
Boston Y.W.C.A.	50	O	O
Winsor School	40	O	O

第二表

微菌總數,串球菌及溶血性串球菌之存在,與池水所含之剩餘氯等等之相互關係

游泳池名稱	串球菌之存在用Mallman氏與Gelpi氏之檢驗法	溶血性串球菌之存在	總數	剩餘氯每百萬份之含量
Harvard University	O	O	2	0.50
Radcliffe College	+	+	100	0.20
Cambridge Y.M.C.A.	++	+	350	0.25
Boston Athletic Assosiation	++	+	250	0.20
Roxbury Boy's Club	++++	+	400	0.20
Cabot Street	+++	+	1500	0.00
University Club	+	O	50	0.30
Boston Y.M.C.A.	++	+	150	0.25
Boston Y.W.C.A.	O	O	50	0.30
Winsor School	O	O	40	0.25

片段(或次數)。

又令　d＝一片段之極微分數之水量流動。

n＝片段總數,使n·d＝1(即一循環之水量)。

a＝水中起始所含之污質量。

p＝污質存留率。

則第一片段濾過後之 $p=\frac{a-d\cdot a}{a}=(1-d)$

第二片段濾過後之 $p=\frac{a(1-d)-d\cdot a(1-d)}{a}=(1-d)^2$

第三片段濾過後之 $p=\frac{a(1-d^2)-d\cdot a(1-d)^2}{a}=(1-d)^3$

因此池水濾過n片段後(即1循環),

$$p=(1-d)^n \quad \cdots\cdots(1)$$

用對數式表示之,

$$\log_e p=n\log_e(1-d)$$

或　$$p=e^{n\log_e(1-d)} \quad \cdots\cdots(1A)$$

將(1A)式中之指數,$\log_e(1-d)$展開之,得

$$-d-\frac{d^2}{2}-\frac{d^3}{3}-\frac{d^4}{4}\cdots\cdots$$

d既爲極微之分數,凡有方次之項位,皆可不計。故上式亦可寫作

$$\log_e(1-d)=-d$$

以此代入(1A)式,

$$p=e^{-d\cdot n}=e^{-1}=\frac{1}{e} \quad \cdots\cdots(2)$$

故一循環後之污質存留率,即爲自然對數底e之反商,是即爲滲淡清潔之定律也。第三表爲由公式(2)求出之各次循環後之結果。

第 三 表

稀淡次數	污質存留率		清潔率	
	算式	數值	算式	數值
1	$\frac{1}{e}$	.368	$1-\frac{1}{e}$	.632
2	$\left(\frac{1}{e}\right)^2$	.135	$1-\left(\frac{1}{e}\right)^2$	.865
3	$\left(\frac{1}{e}\right)^3$	.050	$1-\left(\frac{1}{e}\right)^3$	.950
4	$\left(\frac{1}{e}\right)^4$	.018	$1-\left(\frac{1}{e}\right)^4$	.982
5	$\left(\frac{1}{e}\right)^5$	.007	$1-\left(\frac{1}{e}\right)^5$	.993
6	$\left(\frac{1}{e}\right)^6$	.002	$1-\left(\frac{1}{e}\right)^6$	.998
7	$\left(\frac{1}{e}\right)^7$	.001	$1-\left(\frac{1}{e}\right)^7$	.999

若濾灑效率爲f,則式(2)成爲

$$p = \frac{1}{ef} \cdots\cdots\cdots\cdots (2A)$$ [4]

以上所論,係假定池水在滲淡時無外來新污質加入之結果。玆再進論有規律之污質加入時,池水中之污質存留率將受若何影響?

按池水受外來污質之玷污,本無次序與規律之可言,但爲便利計,不得不假定爲有規律者,使吾人易於想像水質變化之情形。

Goge[5]氏與Bidwell氏曾假設每日池水內有一定値之污質增積,則水中之污質存留率必依上述滲淡定律而變化。結果,污質雖逐日增積但存留率漸趨一定數値而固定。惜其假設中將池中固

(4)演算方法與步驟,一如不計f者,故不再重複。

(5)據作者所知,Gage氏與Bidwell氏爲最早研究池水滲淡之理論者,其論文儘未得見。但在美國公共衛生協會所決議之「游泳池設計,裝置及管理之標準」中曾有一段中爪之記載。

有之污質與外來者强爲分限:在本循環中之外來污質,須待下一循環方開始滲淡,致去事實太遠,殊難使人滿意。蓋在此情形之下,濾瀝工作必須繼續進行,晝夜不息,實際上已呈過負之象,對於機械及管理上均頗不利。作者因將增積之假設暫時摒棄不用,而以一循環中外來污質總量,平分分成無限小份,於循環開始時至終了時止,繼續加入,如是與實際情形可較接近。茲請觀察池水污質存留率在此假定下之變化:

令　b = 一循環中外來污質之總量。

$$\left.\begin{matrix} d \\ n \\ a \\ p \end{matrix}\right\}\text{意義同前}$$

水經過1.d後,　$p=\dfrac{a-d\cdot a+d\,b}{a}=(1-d)+\dfrac{d\,b}{a}$

水經過2.d後,　$p=\dfrac{a\left[(1-d)+\dfrac{d\cdot b}{a}\right]-d\cdot a\left[(1-d)+\dfrac{d\cdot b}{a}\right]+d\cdot b}{a}$

$$=(1-d)^2+(1-d)\frac{d\cdot b}{a}+\frac{d\cdot b}{a}$$

水經過3.d後,　$p=\dfrac{a\left[(1-d)^2+(1-d)\dfrac{d\cdot b}{a}+\dfrac{d\cdot b}{a}\right]}{a}$

$$-\frac{d\cdot a\left[(1-d)^2+(1-d)\dfrac{d\cdot b}{a}+\dfrac{d\cdot b}{a}\right]+d\cdot b}{a}$$

$$=(1-d)^3+(1-d)^2\frac{d\cdot b}{a}+(1-d)\frac{d\cdot b}{a}+\frac{d\cdot b}{a}$$

因此一循環後,

$$p=(1-d)^n+(1-d)^{n-1}\frac{d.b}{a}+(1-d)^{n-2}\frac{d.b}{a}+\cdots\cdots(1-d)\frac{d.b}{a}+\frac{d.b}{a}$$

$$=(1-d)^n+\frac{d.b}{a}\left[(1-d)^{n-1}+(1-d)^{n-2}+\cdots\cdots(1-d)+1\right]$$

$$\cdots\cdots\cdots\cdots\cdots\cdots\cdots\cdots\cdots\cdots(3)$$

將右項級數簡化之,得

$$\frac{1-(1-d)^n}{d}\cdots\cdots\cdots\cdots\cdots(\text{甲})$$

又由式(1)與式(2),

$$(1-d)^n=\frac{1}{e}\cdots\cdots\cdots\cdots\cdots(\text{乙})$$

以(甲)(乙)兩式代入式(3),

$$p=\frac{1}{e}+\frac{b}{a}\left(1-\frac{1}{e}\right)\cdots\cdots\cdots\cdots\cdots(4)$$

若濾漉效率為f,則式(4)成為

$$p=\frac{1}{e^f}+\frac{b}{fa}\left(1-\frac{1}{e^f}\right)\cdots\cdots\cdots\cdots\cdots(4A)$$

設池水在上述情况中繼續循環濾漉,其污質存留率之變化又將如何?

令m=循環次數,則如上法演算,得

$$p_{m-x}=\frac{1}{e^{fx}}\left(1-\frac{b}{fa}\right)+\frac{b}{fa}\cdots\cdots\cdots\cdots\cdots(5)$$

設循環次數為無限大,則式(5)遂成為

$$p_{m-\infty}=\frac{b}{fa}\cdots\cdots\cdots\cdots\cdots(6)$$

由此可知,b若不大於fa,池水之污質存留率可不致較原來水質增高,而每池每日需要幾次之循環濾漉,亦可藉此理論,稍見眉目。

今假設$\frac{b}{fa}$之比,規定為1,換言之,即水質自清晨開放時始,至晚間停閉時為止,必須一律。

又令 r=每人給與池水之污質量(公分)

s=每小時入池人數,

V=池之容水量(立方公尺),

g=池水起始每立方公尺所含之污質量(公分),

h=一循環所需時間(小時)。

則　$a=Vg$,　$b=rsh$;　因 $\frac{b}{fa}=1$,　或　$fa=b$,

故　$fVg=rsh$　或　$h=\frac{fVg}{rs}$ ……………………………(7)

r 與 g 可用矽砂標準法表示之,即以矽砂代表污質,似頗適宜。按自來水之污濁度,大都規定不得高過10度,苟以此爲標準,則池水起初之相當含砂量,每立方公尺中應爲10公分。致於 r 之相當砂量,作者未有機會實地測驗,但若根據美國公共衛生協會之決議:「每20人需要清水1000加倫」以計算,則應假定爲2.3公分。於是式(7)即成爲

$$h=4.3\frac{fV}{s} \quad\text{……………………………(7A)}$$

結論　本文論述之要旨,歸納之,可得下列幾點:

(甲) 關於管理方面者,

(1) 池水中之剩餘氯,應始終有百萬分之0.3或以上之含量。

(2) 池水每日至少在開放前一小時,應即開始濾淨工作及加注滅菌藥劑;一方面可使池水在開放時即有相當之剩餘氯,即使微菌有復生之可能,亦可藉以阻止,另一方面之利益,即或上次因某種關係而使池水過份玷污時,可藉此一小時之工作得以補救。

(3) 入池游泳者,在最擁擠之時間,應設法限制,使不超過最大之規定額。

(乙) 關於設計方面者,

(1) 濾漉工作時間,在設計時最好假定與游泳池開放時間相等,則苟有過負或增加開放時間時,皆可應付裕如。

(2) 濾水器之能力,應以每小時入池者之最多數額爲標準,以增安全。

(3) 應特別注意於濾漉之效率,因其影響於池水之清潔頗大也。

(4) 池水必須採用氯或氯之化合物以消毒。

雜　俎

鋼筋混凝土模型試驗之研究

凡施行鋼筋混凝土構造物之試驗，如依實物作試驗體，則所需之經費過鉅。故通常皆將原物縮成較小之尺寸以試驗之。惟此種實驗之結果，對於構造物實際所起之應力，及材料之強弱等項，是否適宜，自需加以詳細之考察。玆先就應力方面加以研究。

設一斷面矩形全長均一之梁，上受均佈載重時，又設

L＝跨度，b＝梁寬，h＝梁深，p＝單位面積所負之載重。

則梁上所負之全載重為　$P=p\cdot b\cdot L$

梁上所起之最大彎冪為　$M=\frac{1}{m}p\cdot b\cdot L^2$

梁上所起之最大剪力為　$T=\frac{1}{t}p\cdot b\cdot L$

m與t值視載重之分佈狀態，及梁之兩端之支擱方法而不同之係數。例如單梁全長負均佈載重時 $m=8$，$t=2$。

又斷面率　$\frac{I}{c}=k\cdot b\cdot h^2$

k值視斷面之形狀而異之常數。例如矩形斷面時之 $k=\frac{1}{6}$

由是可得梁斷面上所起之最大彎曲應力為

$$Rf=\frac{M}{k\cdot bh^2}=\frac{p}{mk}\left[\frac{L}{h}\right]^2$$

最大應剪力為　$Rc=\frac{T}{k_1bh}=\frac{p}{t\cdot k_1}\cdot\left[\frac{L}{h}\right]$。

k_1 值視斷面之形狀而異之常數,例如矩形斷面時之 $K_1=\frac{2}{3}$。

就以上所述之結果,施於縮小 n 倍之模型,即縮小梁之尺寸爲

$$L'=nL,\quad b'=nb,\quad h'=nh。$$

則最大彎曲應力及最大應剪力公式化成

$$Rf'=\frac{p'}{m\cdot k}\left[\frac{L'}{h'}\right]^2$$

$$Rc'=\frac{p'}{tk_1}\left[\frac{L'}{h'}\right],$$

實物與模型中關於m,t,k及 K' 諸值數量皆同,$\frac{L}{h}$與$\frac{L'}{h'}$ 亦等,故單使 p=p' 時即可使彎曲應力及應剪力與實物所起者相同。而縮尺比 n 亦可任意選擇。拱圈,支柱等材,皆可得相似之結果。茲不詳述。

凡試驗承受均佈載重之梁,可用與構造物之各部縮成同一比例之縮小模型及縮小載重以試驗之,即得相同之應力。

如試驗承受集中載重P 之梁時,其縮小模型之比例爲 n,必須使用 $P'=Pn^2$ 之載重方可得到相同之應力。

由自重所起之應力與縮小比n成 比正例。

其次關於材料強度之考察。

先就鋼筋說起。鋼筋之彈性限界,視直徑之減小而反增加。大體試驗之結果如下。

直徑(公厘)	25	20	15	8
彈性限界(公斤/平方公厘)	28	29	30	34

即直徑自25公厘至 8 公厘間之變化,彈性限界約增大20%。

抗張強度及彈性係數殆無變化。

伸張度視直徑之增加而減少,約有 8 %左右之出入。

根據以上試驗之結果,在決定鋼筋之破壞應力時,所用之縮小模型,如模型之鋼筋與實際構造物所用者之直徑不同時,應選

7025

用具有同彈性限界之鋼筋。

關於混凝土,雖用同量之水泥,如混合材(石子砂)之粒徑較小,則抗壓强度亦隨而減小。爲證明此點起見,曾施行次列之實驗。

第一實驗:先造成二種立方體,各邊之比爲 4 與 1。混凝土之配合如下:

邊長20公分之立方體		邊長 5 公分之立方體	
石子10至20公厘	30公斤	粗砂2至5公厘	30公斤
石子 5 至10公厘	24公斤	中砂0.5至 5公厘	30公斤
粗砂 2 至 5 公厘	14.4公斤	細砂0.5公厘以下	15公斤
中砂0.5至 2公厘	14.4公斤	水泥(每立方公尺)	300公斤
細砂0.5公厘以下	7.2公斤	水(每立方公尺)	200公升
水泥(每立方公尺用)	300公斤		
水(每立方公尺用)	200公升		

試驗所得之平均强度如下:

材 齡	邊長20公分之立方體	邊長5公分之立方體
9 日	141 公斤/平方公分	95 公斤/平方公分
14日	170 公斤/平方公分	99 公斤/平方公分

即邊長 5 公分立方體之强度,較諸邊長20公分者在材齡爲9日時約爲67%,在材齡爲14日時爲58%。

第二實驗:欲由實驗定出使用水泥量若干,可使邊長 5 公分之立方體,强度與邊長20公分者相等。爲求達到此目的,在製造第一實驗用之模型,同時造邊長 5 公分之立方體若干個,其使用水泥量每立方公尺用400公斤及500公斤兩種。試驗之結果如次。

材	水泥量400公斤時	水泥量500公斤時
9日	144公斤/平方公分	208公斤/平方公分
14日	147公斤/平方公分	225公斤/平方公分

即欲求邊長 5 公分之立方體與邊長20公分之立方體同强,則材齡 9 日者每立方公尺應用 400 公斤,14日者用 425 公斤。

惟此種比例並無一定,視材料之性質與縮小率,材齡等而變化。

近來對於由模型試驗而努力于公式之創立者實繁有徒,惟偶一不愼,即易得不妥之結果,其能適宜與否,自需愼重注意,詳細考察爲是。　　(趙國華譯)[1]

法意兩國都間汽車專道之大隧道計劃

在汽車顯著發達之今日,連絡法意兩國間之道路,除沿地中海迂迴通行者外,尙無兩國國都連成一直線穿越阿爾卑斯山之道路,引爲憾事。前年(1934)一月十七日法國之 Braise 氏及其他議員二名聯名在下議院提出貫通白郞克峯之汽車隧道計劃建築方案,並向意國政府折衝進行。更於是年三月一日 Bousquet 氏將此案復在土木委員會提出非常有望之報告書。最近法國橋梁道路局長 Caquot 氏,及 Shneider 公司之土木科長 Bénézit 氏,汽車工業委員會會長 Petiet 爵士,以及意國之汽車等道之創造者有名樞密官 Puricelli 氏等組織隧道工程實行委員會,積極籌備進行。

貫通白郞克峯之鐵路用隧道計劃早於 1907 年,經法意兩國協議成功,不幸當時歐戰勃發,即被中止。

此次法政府擬具之汽車等路路線,將巴黎羅馬間連成一氣,其貫穿阿爾卑斯山之隧道,其位置則在法國之 Chamauix 至意國之 Proz 谿谷止,較已開通之 Sanit Gothaid (15 km)及 Sinplon (約 20 公里)尙短,計程 12 公里。該區間內之地質地熱等情形曾徑詳細調查研究,以求施工時不致發生重大困難。

關於地質方面,在 1907 年之隧道計劃時,曾由 Kilian, Franchi, Jacob 等精密調查,最近再由羅森堡大學教授 Lugeon, Duliauoff 兩

(1) 原文載 "Le Genie Civil," 9. Fevrier 1935.

氏重行覆查,以期隧道工程之安全與確實。

隧道北口(即 Chamauix)約 3 公里間之地質為結晶片岩,其深處為組成大理石之花崗岩質之滑石。此種滑石非如花崗岩之質地均勻,乃由石英云母及長石之結晶體所成,而為一種粗鬆之岩石。尤其是長石之結晶,有徑長達10公分及15公分之巨晶混合在內。一部分則為密緻之水成岩所包圍之花崗岩,其中尚殘留中古時代之向斜層。斷層甚多,最大者計三處,皆有考慮湧水防止方法之必要。現下擬定之地點,除一部分需用留土框架外,其他部分可用普通方法即可進行開鑿。

關於地熱問題 在開鑿阿爾卑斯山最高峯下之隧道時,對於內部所起地熱之最高溫度,在工程進行中或隧道使用時,是否適宜,又有詳加檢討之必要。此種地熱之測定方法,計有經驗的方法,計算法,及實驗方法三種。

實驗方法為Simplon工程中之一技師 Pressel 氏所發明。此法以假定山陵為一均質體,用金屬製之縮尺模型,中穿隧道形狀之洞穴,然後用電氣方法測定其內熱。此種方法先前曾在Simplon與Saint-Gathard 工程中造成模型施行試驗,其結果,凡在原山之非均質處,發生部份的差別外,大體傾向,則與實測之溫度曲線殆甚接近。

該問題之數學的決定方法,至今認為尚屬非常困難之事。蓋山嶽不能備具理想上之幾何學的形態,可用公式求出相當之正確數值也。因此只有從經驗的方法,徵諸現存大隧道之經驗,在特種情形之下,另行插入適當物理的或幾何學的條件而推衍之。利用以上種種方法推出該隧道內之溫度約在37.9°C至43.5°C之間云。

關於土壓問題,依技師Heim氏之意見,在某種深度下之岩石,失其可塑性者,其深度可依 $p=\frac{c}{d}$ 式求出之。但c 為破壞載重, d為岩石之密度。如是在p 深處設隧道時,拱圈之厚薄,需足以抵抗其相當深度之靜水壓力而後可。如依彼之學說,則現存之大隧道,在經濟的立場,皆不能實現矣。關於此點Pressel氏謂Heim氏之算法未免過鉅。最近因破壞力之作用較橫壓力爲大之事實漸次明瞭,故有提倡加入此種新的考慮而創造一種複雜算式以推算者。

再,深隧道之拱圈上受非常大之壓力,乃爲一種事實。同時壓力隧道上層之厚,依深度比例增加,因此隧道之可能開鑿之最大深度,自有一定之限制也。依吾人之考察,則以深度2500公尺左右爲限。依地質學者之種種實驗研究之結果,則不宜超越2000公尺。

計劃要旨,在法國方面之路線計劃,自Chamouix(洞口高程1037公尺)向南,大隧道成一直線。大隧道之北首起點,連接二個圓匝隧道,各長1公里,連平地道路共長5公里,至Chamonix時始達1240公尺高之山腹。以南即爲大隧道之北口起點。大隧道貫穿A'iguille山及Gros Rognon峯(高3464公尺)直至高程1340公尺之山腹方始出洞,再沿Proz谿谷至Eutrevis村(意)與已成之道路啣接,計全長19.1公里,主要隧道長爲12公里。

隧道頂上地層之厚,有達2000公尺者,推定隧道內氣溫較既成諸隧道爲低。

主要隧道之設計,爲二道平行之圓管隧道,其中心距爲25公尺,直徑爲6.5公尺。拱圈用平均厚10公分厚之鋼筋混凝土板。拱圈與岩石間不另填塞石料等物。每距1公里另設一寬5公尺之連絡隧道,以便修理或發生事故時規避之用,而免交通杜絕。此種小直徑之平行隧道,在施工上,交通上,皆較設置大直徑單獨者爲有利。此項結論,實從Simplon工程得來。

開掘隧道之計劃,用碎石機向隧道內推進,使岩石立成最大徑在5至6公厘左右之細石屑,然後加水從鐵管內向外排出之。

全段工費預計需300,000,000法郎云。　　　(趙國華譯)[2]

(2) 原文載"Le Genie Civil" Tome CVI. No. 14, 1935.

混凝土作用于模板上之橫壓力

混凝土工程中之模板費用,頗需相當數量,苟能設法節省亦爲一要務。查模板之厚薄,依投入混凝土作用于模板上之橫壓力而定。此種壓力之實驗早經施行,但過去之報告書或教科書上所載之混凝土壓力,皆較實際所起者爲大。依著者之實驗,投入混凝土所起之橫壓力,大致得次列之結論:

(1) 普通成分之混凝土在平常溫度時之橫壓力,在填注速度每小時在3公尺(10呎)時爲3900公斤/平方公尺(800磅/平方英尺)速度在1.2公尺(=4′)時爲2420公斤/平方公尺(700磅/平方英尺),速度在0.6公尺(=2′)時爲2930公斤/平方公尺(600磅/平方英尺)。

(2) 水泥分量多,則混凝土所起之橫壓力增大,其增加之比例約爲40至60%。

(3) 水泥分量少,則混凝土所起之橫壓力減少,其減少量約爲10至15%。

(4) 硬拌(拌時用水較少之謂)混凝土之橫壓力較第(1)條減少20至25%。

(5) 溫度高時混凝土之橫壓力較溫度低時爲小。在100°F時較60°F時所起之橫壓力減少25至40%。

(6) 關於混凝土灌注之高度,在1.3至1.7公尺(4′…5′)以下,混凝土所起之橫壓力與同重量之液體同樣比例的增加,高度在1.7公尺(5′)以上時橫壓力之增加率減少。高度越過一定限度1.7至2.7公尺(5′…8′)時,橫壓力反爲低下。　　(趙國華譯)[3]

(3) 原文見"Civil Eng." March 1935.

北寧鐵路簡明行車時刻表

中華民國廿五年一月一日重訂

41次 普通客車中膳各等	71次 平津客貨三等慢車	3次 特別快車膳車各等	23次 快車膳車各等	301次 平滬特快膳臥各等	5次 平津特快膳車各等	305次 平浦特快膳臥各等	401次 平津客貨平滬通貨	1次 平瀋特快膳臥各等	73次 津唐客貨三等慢車	75次 唐榆客貨三等慢車	下行車	站名	上行車	2次 瀋平特快膳臥各等	302次 滬平特快膳臥各等	6次 津平特快膳車各等	72次 津平客貨三等慢車	42次 普通客快中膳各等	4次 特別快車膳車各等	24次 快車膳車各等	402次 津平客貨滬平通貨	306次 浦平特快膳臥各等	74次 唐津客貨三等慢車	76次 榆唐客貨三等慢車
5.45	7.10	9.30	13.00	15.35	17.10	20.00	20.10	21.15			開	北平前門	到	9.25	10.00	11.38	16.35	17.40	18.25	22.30	23.40	23.15		
6.04	7.56		13.16				20.54				開	永定門	開				16.03	17.23		22.15	23.13			
6.20	9.01	10.00	13.30	16.00		20.26	22.10	21.40			開	豐台	開	9.02	9.36		15.15	17.05	18.03	22.02	22.17	22.50		
6.44	10.24		13.48					21.58			開	黄村	開	8.43			13.53	16.37						
7.39	12.59		14.37			21.20	0.50	22.38			開	廊坊	開	8.05			11.42	15.41		20.54	19.15	21.51		
8.03	13.48		14.53				1.29	22.55			開	落垡	開	7.43			10.28	15.20			18.31			
8.36	15.35		15.20				2.24	23.16			開	楊村	開	7.21			9.01	14.50		20.19	17.30			
9.14	17.28	11.44	15.47	17.51	19.10	22.24	3.43	23.42			開	天津總站	開	6.56	7.45	9.40	7.08	14.14	16.10	19.55	16.22	20.54		
9.23	17.45	11.52	15.55	18.00	19.18	22.32	4.00	23.50			到	天津東站	開	6.45	7.35	9.30	6.20	14.00	16.00	19.45	15.20	20.45	停	
9.35	停	12.05	16.05	18.20	停	23.00		24.00	6.35		開		到	6.30	7.05			13.44	15.48	19.32		20.15	11.45	
10.38		13.04	17.06	開		開		1.01	8.44		開	塘沽	開	5.30	由			12.46	14.55	18.35		由	10.10	
11.46		14.00	18.13	往		往		2.07	12.10		開	蘆台	開	4.26	上			11.41	14.00	17.26		浦	7.39	
12.34			19.00	上		浦		2.58	14.17		開	胥各莊	開	3.30	海			10.45		16.34		口	5.51	
12.47		14.55	19.13	海		口		3.12	14.40		到	唐山	開	3.15	開			10.30	13.05	16.20		開	4.50	停
12.52		15.00	19.18					3.15	停	6.45	開		到	3.10	來			10.23	13.01	16.17		來		21.30
13.06		15.11	19.29					3.30		7.25	開	開平	開	2.55				10.10	12.51	16.07				21.08
13.[illegible]9		15.35	19.54					4.03		8.30	開	古冶	開	2.30				9.44	12.34	15.50				20.08
14.29		16.07	20.28					4.53		10.06	開	灤縣	開	1.32				8.45	11.55	15.07				17.26
15.32		16.49	21.18					5.59		12.30	開	昌黎	開	0.31				7.40	11.14	14.22				14.33
15.56			21.37					6.24		13.18	開	留守營	開	0.01				7.12		13.59				13.20
16.16		17.22	21.55					6.47		14.24	開	北戴河	開	23.42				6.54	10.43	13.45				12.46
16.43		17.42	22.17					7.16		15.30	開	秦皇島	開	23.09				6.25	10.20	13.20				11.45
17.05		18.00	22.35					7.40		16.07	到	山海關	開	22.40				6.00	10.00	13.00				10.45
								8.20		停	開		到	22.00										
								16.40			到	遼寧總站	開	14.00										

膠濟鐵路行車時刻表

民國二十三年七月一日改訂實行

下行列車

站名	到開	第二一次各等	第三次各等	第七一次三等	第七三次三等	第一次各等
青島	開	七·〇〇	[illegible]	[illegible]		[illegible]
大港	開	七·一一	[illegible]	[illegible]		[illegible]
四方	開	七·二〇	[illegible]	[illegible]		[illegible]
滄口	開	七·三六	[illegible]	[illegible]		[illegible]
女姑口	開	七·四八	[illegible]	[illegible]		[illegible]
城陽	開	七·五七	[illegible]	[illegible]		[illegible]
南泉	開	八·一五	[illegible]	[illegible]		[illegible]
藍村	開	八·二七	[illegible]	[illegible]		[illegible]
李哥莊	開	八·三六	[illegible]	[illegible]		[illegible]
膠東	開	八·四八	[illegible]	[illegible]		[illegible]
膠州	到	九·〇〇	[illegible]	[illegible]		[illegible]
膠州	開	九·〇三	[illegible]	[illegible]		[illegible]
芝蘭莊	開	九·一九	[illegible]	[illegible]		[illegible]
姚哥莊	開	九·二八	[illegible]	[illegible]		[illegible]
高密	到	九·三九	[illegible]	[illegible]		[illegible]
高密	開	九·五〇	[illegible]	[illegible]		[illegible]
康家莊	開	一〇·一〇	[illegible]	[illegible]		[illegible]
蔡家莊	開	一〇·二三	[illegible]	[illegible]		[illegible]
塔耳堡	開	一〇·三五	[illegible]	[illegible]		[illegible]
丈嶺	開	一〇·四五	[illegible]	[illegible]		[illegible]
岞山	開	一〇·五三	[illegible]	[illegible]		[illegible]
黃旗堡	開	一一·〇一	[illegible]	[illegible]		[illegible]
南流	開	一一·一〇	[illegible]	[illegible]		[illegible]
蝦蟆屯	開	一一·二〇	[illegible]	[illegible]		[illegible]
坊子	到	一一·三四	[illegible]	[illegible]		[illegible]
坊子	開	一一·四七	[illegible]	[illegible]		[illegible]
二十里堡	開	一一·五三	[illegible]	[illegible]		[illegible]
濰縣	到	一二·〇二	[illegible]	[illegible]		[illegible]
濰縣	開	[illegible]	[illegible]	[illegible]	[illegible]	[illegible]
大圩河	開	一二·二九	[illegible]		[illegible]	[illegible]
朱劉店	開	一二·四一	[illegible]		[illegible]	[illegible]
昌樂	開	一二·五五	[illegible]		[illegible]	[illegible]
堯溝	開	一三·〇四	[illegible]		[illegible]	[illegible]
譚家坊子	開	一三·一七	[illegible]		[illegible]	[illegible]
楊家莊	開	一三·二八	[illegible]		[illegible]	[illegible]
青州	到	一三·三五	[illegible]		[illegible]	[illegible]
青州	開	一三·四六	[illegible]		[illegible]	[illegible]
普通	開	一三·五八	[illegible]		[illegible]	[illegible]
淄河店	開	一四·〇八	[illegible]		[illegible]	[illegible]
辛店	開	一四·二一	[illegible]		[illegible]	[illegible]
金嶺鎮	開	一四·三五	[illegible]		[illegible]	[illegible]
湖田	開	一四·四八	[illegible]		[illegible]	[illegible]
張店	到	一四·五七	[illegible]		[illegible]	[illegible]
張店	開	一五·一三	[illegible]		[illegible]	[illegible]
馬尚	開	一五·二二	[illegible]		[illegible]	[illegible]
周村	到	一五·四〇	[illegible]		[illegible]	[illegible]
周村	開	一五·五三	[illegible]		[illegible]	[illegible]
大臨池	開	一六·〇七	[illegible]		[illegible]	[illegible]
王村	開	一六·一九	[illegible]		[illegible]	[illegible]
普集	開	一六·二九	[illegible]		[illegible]	[illegible]
明水	開	一六·四四	[illegible]		[illegible]	[illegible]
棗園莊	開	[illegible]	[illegible]		[illegible]	[illegible]
龍山	開	一七·〇八	[illegible]		[illegible]	[illegible]
郭店	開	一七·二三	[illegible]		[illegible]	[illegible]
王舍人莊	開	一七·三四	[illegible]		[illegible]	[illegible]
黃臺橋	開	一七·四七	[illegible]		[illegible]	[illegible]
北關	開	[illegible]	[illegible]		[illegible]	[illegible]
濟南	到	一八·〇〇	[illegible]		[illegible]	[illegible]

上行列車

站名	到開	第二二次各等	第七二次三等	第四次各等	第七四次三等	第二次各等
濟南	開	七·〇〇		[illegible]	[illegible]	[illegible]
北關	開	[illegible]		[illegible]	[illegible]	[illegible]
黃臺橋	開	[illegible]		[illegible]	[illegible]	[illegible]
王舍人莊	開	[illegible]		[illegible]	[illegible]	[illegible]
郭店	開	[illegible]		[illegible]	[illegible]	[illegible]
龍山	開	[illegible]		[illegible]	[illegible]	[illegible]
棗園莊	開	[illegible]		[illegible]	[illegible]	[illegible]
明水	開	[illegible]		[illegible]	[illegible]	[illegible]
普集	開	[illegible]		[illegible]	[illegible]	[illegible]
王村	開	[illegible]		[illegible]	[illegible]	[illegible]
大臨池	開	[illegible]		不停	[illegible]	[illegible]
周村	到	[illegible]		[illegible]	[illegible]	[illegible]
周村	開	[illegible]		[illegible]	[illegible]	[illegible]
馬尚	開	[illegible]		不停	[illegible]	[illegible]
張店	到	[illegible]		[illegible]	[illegible]	[illegible]
張店	開	[illegible]		[illegible]	[illegible]	[illegible]
湖田	開	[illegible]		[illegible]	[illegible]	[illegible]
金嶺鎮	開	[illegible]		[illegible]	[illegible]	[illegible]
辛店	開	[illegible]		[illegible]	[illegible]	[illegible]
淄河店	開	[illegible]		[illegible]	[illegible]	[illegible]
普通	開	[illegible]		不停	[illegible]	[illegible]
青州	到	[illegible]		[illegible]	[illegible]	[illegible]
青州	開	[illegible]		[illegible]	[illegible]	[illegible]
楊家莊	開	[illegible]		[illegible]	[illegible]	[illegible]
譚家坊子	開	[illegible]		[illegible]	[illegible]	[illegible]
堯溝	開	[illegible]		[illegible]	[illegible]	[illegible]
昌樂	開	[illegible]		[illegible]	[illegible]	[illegible]
朱劉店	開	[illegible]		[illegible]	[illegible]	[illegible]
大圩河	開	[illegible]		[illegible]	[illegible]	[illegible]
濰縣	到	[illegible]		[illegible]	[illegible]	[illegible]
濰縣	開	[illegible]	[illegible]	[illegible]		[illegible]
二十里堡	開	[illegible]	[illegible]	[illegible]		[illegible]
坊子	到	[illegible]	[illegible]	[illegible]		[illegible]
坊子	開	[illegible]	[illegible]	[illegible]		[illegible]
蝦蟆屯	開	[illegible]	[illegible]	[illegible]		[illegible]
南流	開	[illegible]	[illegible]	[illegible]		[illegible]
黃旗堡	開	[illegible]	[illegible]	[illegible]		[illegible]
岞山	開	[illegible]	[illegible]	[illegible]		[illegible]
丈嶺	開	[illegible]	[illegible]	[illegible]		[illegible]
塔耳堡	開	[illegible]	[illegible]	[illegible]		[illegible]
蔡家莊	開	[illegible]	[illegible]	[illegible]		[illegible]
康家莊	開	[illegible]	[illegible]	[illegible]		[illegible]
高密	到	[illegible]	[illegible]	[illegible]		[illegible]
高密	開	[illegible]	[illegible]	[illegible]		[illegible]
姚哥莊	開	[illegible]	[illegible]	[illegible]		[illegible]
芝蘭莊	開	[illegible]	[illegible]	[illegible]		[illegible]
膠州	到	[illegible]	[illegible]	[illegible]		[illegible]
膠州	開	[illegible]	[illegible]	[illegible]		[illegible]
膠東	開	[illegible]	[illegible]	[illegible]		[illegible]
李哥莊	開	[illegible]	[illegible]	[illegible]		[illegible]
藍村	開	[illegible]	[illegible]	[illegible]		[illegible]
南泉	開	[illegible]	[illegible]	[illegible]		[illegible]
城陽	開	[illegible]	[illegible]	[illegible]		[illegible]
女姑口	開	[illegible]	[illegible]	[illegible]		[illegible]
滄口	開	[illegible]	[illegible]	[illegible]		[illegible]
四方	開	[illegible]	[illegible]	[illegible]		[illegible]
大港	開	[illegible]	[illegible]	[illegible]		[illegible]
青島	到	一八·〇〇	[illegible]	[illegible]		[illegible]

隴海鐵路簡明行車時刻表

民國二十四年十一月三日實行

上行車

站名＼車次	特別快車			混合列車	
	1	3	5	71	73
連雲			10.00		
大浦			↓	8.20	
新浦			11.46	9.01	
徐州	12.40		19.47	18.25	19.05
商邱	17.18				1.36
開封	21.36	14.20			7.04
鄭州南站	23.47	16.17			9.44
洛陽東站	3.51	20.23			16.33
陝州	9. 0				0.09
靈寶	10.06				1.10
潼關	12.53				5.21
渭南	15.37				8.59
西安	17.55				12.15

下行車

站名＼車次	特別快車			混合列車	
	2	4	6	72	74
西安	0.30				8.10
渭南	3.15				11.47
潼關	6.36				15.33
靈寶	9.09				18.56
陝州	10.80				20.27
洛陽東站	16.30	7.36			4.11
鄭州南站	20.50	11.51			10.27
開封	22.59	13.40			13.12
商邱	3.02				18.50
徐州	7.10		8.53	10.30	0.15
新浦			16.48	20.04	
大浦			↓	20.30	
連雲			18.25		

本路73次與平漢62、72次又本路73、74次與平漢61次在鄭州聯接

本路一次特快與平漢21次又本路二次特快與平漢22次在鄭州相聯接

本路一次及二次特快與滬平通車301、302次在徐州聯接

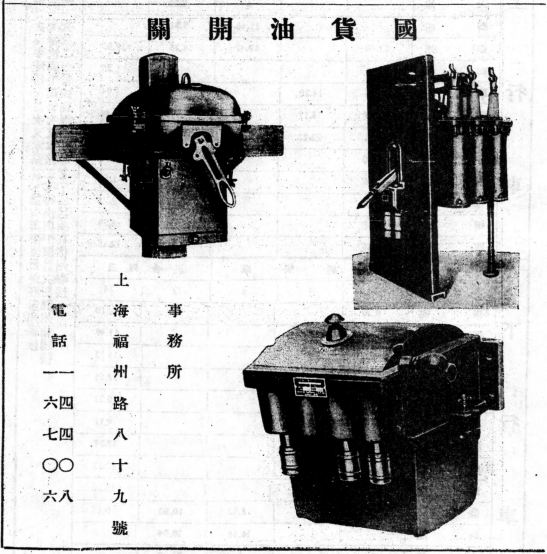

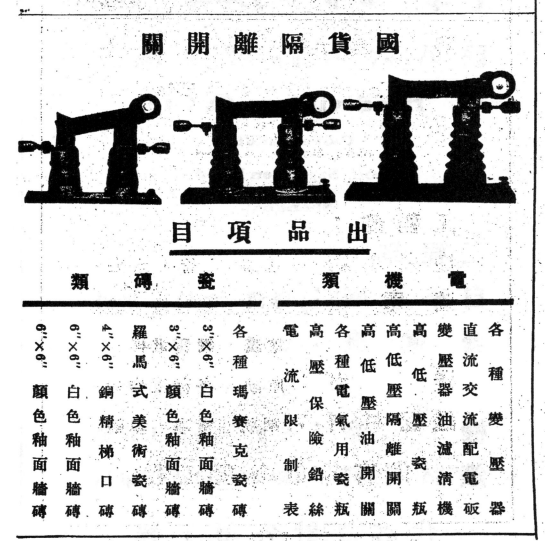

SHELL
殼牌汽油與汽車滑機油
為最高等之物品能使君
之汽車行駛最為滿意
瀝青（柏油）
為舖路蓋屋避免走電等用
滑機油
凡輪船工廠機器上應用
之滑機油各級均備
殼牌礦質松香水
為最有效最經濟之松節油代替品
柴油
為引擎內部燃燒及燒油爐
鍋與蒸熱汽管之用
亞細亞
火油公司

茂偉

請聲明由中國工程師學會『工程』介紹

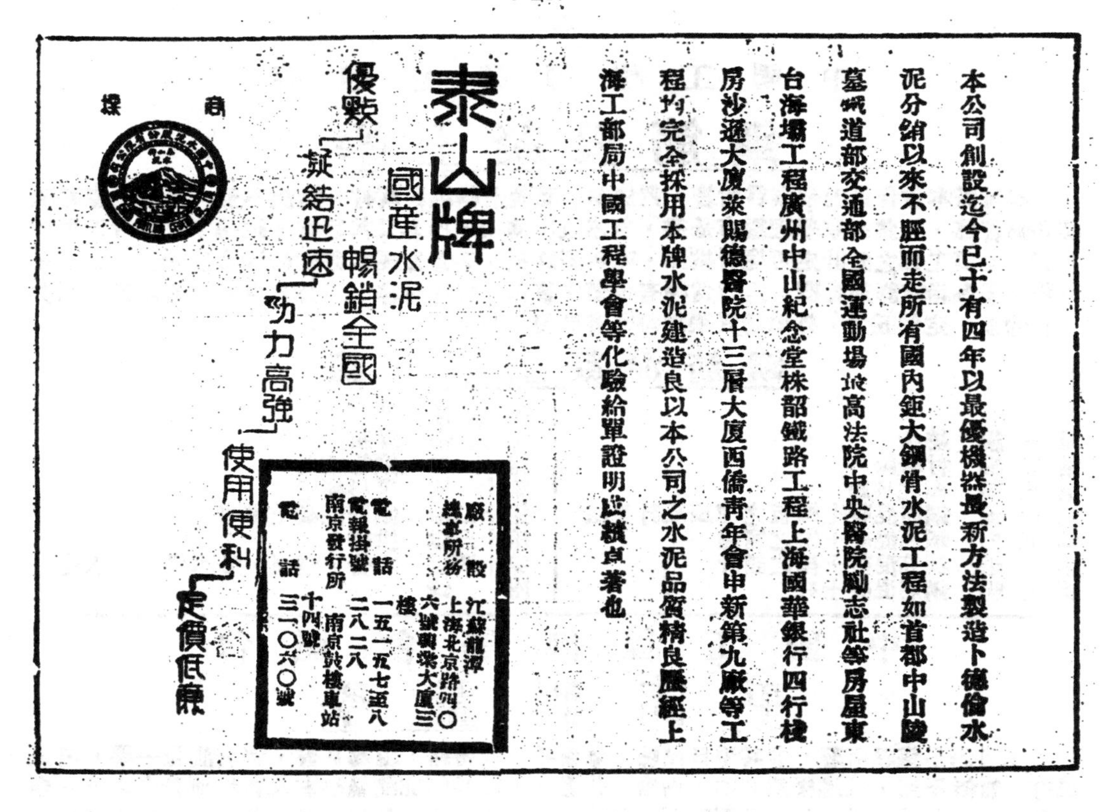
本公司創設迄今已十有四年以最優機器最新方法製造卜德倫水泥分銷以來不脛而走所有國內鉅大鋼骨水泥工程如首都中山陵墓鐵道部交通部全國運動場最高法院中央醫院勵志社等房屋東台海塘工程廣州中山紀念堂株韶鐵路工程上海國華銀行四行棧房沙遜大廈萊賜德醫院十三層大廈西僑青年會申新第九廠等工程均完全採用本牌水泥建造良以本公司之水泥品質精良歷經上海工部局中國工程學會等化驗給單證明成績卓著也
泰山牌
國產水泥
暢銷全國
優點「凝結迅速」「功力高強」「使用便利」「定價低廉」
廠設 江蘇龍潭
總事務所 上海北京路四〇六號興業大廈三樓
電話 一五一五七至八
電報掛號 二八二八
南京發行所 南京鼓樓車站十四號
電話 三一〇六〇號
商標

廣告索引

中國工程師學會叢書

鋼筋混凝土學

本書係本會會員趙福靈君所著，對於鋼筋混凝土學包羅萬有，無微不至，蓋著者參考歐美各國著述，搜集諸家學理編成是書，敍述既極簡明，內容又甚豐富，試閱下列目錄即可證明對於此項工程之設計定可應付裕如，毫無困難矣。全書曾經本會會員鋼筋混凝土工程專家李鏗李學海諸君詳加審閱，均認為極有價值之著作，爰亟付梓，以公於世。全書洋裝一冊共五百餘面，定價五元，外埠購買須加每部書郵資三角。

鋼筋混凝土學目錄

中國工程師學會經售

平面測量學

本書係呂謙君所著，本其平日經驗，兼參考外國書籍，編纂是書，對於測量一學，包羅萬有，無微不至，敍述極為簡明，內容又甚豐富，誠為研究測量學者及實地測量者之唯一參考書，均宜人手一冊，全書五百餘面，每冊實價二元五角，另加寄費一角五分，玆將詳細目錄，照錄於下：

平面測量學目錄

工程 THE JOURNAL OF THE CHINESE INSTITUTE OF ENGINEERS

FOUNDED MARCH 1925—PUBLISHED BI-MONTHLY

OFFICE: Continental Emporium, Room No. 542. Nanking Road, Shanghai.

中華民國二十五年四月一日出版

工程第十一卷第二號

編輯人 胡樹楫

發行人 裘燮鈞

發行所 中國工程師學會 上海南京路大陸商場五四二號 電話九二五八二號

印刷者 中國科學公司 上海福煦路六四九號 電話七一〇四六號

分售處 上海徐家滙蠡新書社 上海四馬路作者書社 上海四馬路上海雜誌公司 南京正中書局南京發行所 南京太平路花牌樓書店 濟南芙蓉街教育圖書社 南昌民德路科學儀器館南昌發行所 南昌 南昌書店 昆明市四華大街啟新書店 太原柳巷街同仁書店 廣州永漢北路上海雜誌公司廣州分店

定報處 中國工程師學會會刊經理處 上海南京路大陸商場五四二號

收稿處 上海本會編輯部

會員及定戶通訊 凡會員或定戶更改地址或有寄報遺失等情請即函知上海本會

交換書報 凡欲與本刊交換者請向上海本會圖書室接洽並請先寄樣本交換書報概請逕寄上海本會圖書室收

本刊價目表

全年六册零售每册定價四角

每册郵費 本埠二分 國內五分 國外四角

預定	册數	書價連郵費 本埠	國內	國外
全年	六册	二元一角	二元二角	四元二角
半年	三册	一元一角	一元二角	二元三角

新疆蒙古及日本照國內 香港澳門照國外

7043

7045

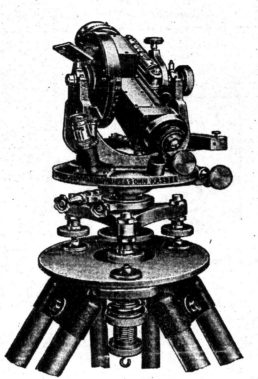

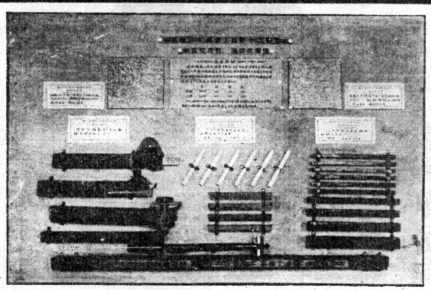